## 1.1 Trennen von Profilen und Blechen

### A. Sägen

Durch Sägen können Stabstähle (z. B. ______________________________ ______ ) und Formstähle (z. B. ______________________________ ) abgelängt werden.

**1. Wirkungsweise des Handsägeblattes**

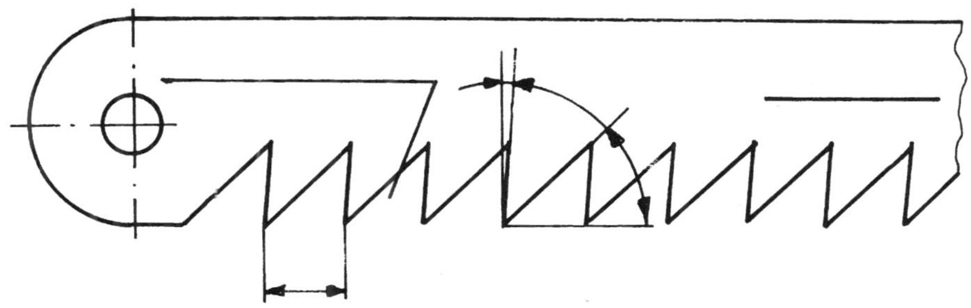

Das gehärtete Sägeblatt besteht aus vielen hintereinander liegenden ____________ -förmigen Schneiden.

**Aufgaben:** 1. Tragen Sie in die Skizze die Winkel der Werkzeugschneide ein.
2. Geben Sie mit einem Pfeil die Schnittrichtung an.
3. Tragen Sie ein: Spanraum, Zahnteilung *(t)*.

Die Winkel an der Werkzeugschneide sind von der ____________________ des zu bearbeitenden Werkstoffes abhängig.

| **Keilwinkel $\beta$** | **Freiwinkel $\alpha$** | **Spanwinkel $\gamma$** |
| --- | --- | --- |
| Werkstoff: z. B. Stahl | Werkstoff: z. B. Stahl | Werkstoff: z. B. Stahl |
| ____________ ° | ca. ____________ ° | ____________ ° |
| ______________________________ | ______________________________ | ______________________________ |

**2. Zahnteilung**

| | | | |
| --- | --- | --- | --- |
| **Zahnteilung** | _________ Zähne auf 1″ = _____________ Teilung | _________ Zähne auf 1″ = _____________ Teilung | _________ Zähne auf 1″ = _____________ Teilung |
| | 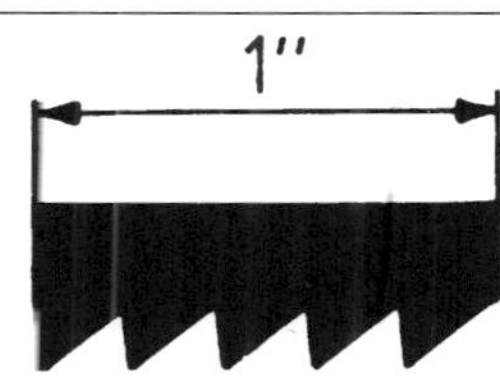 | 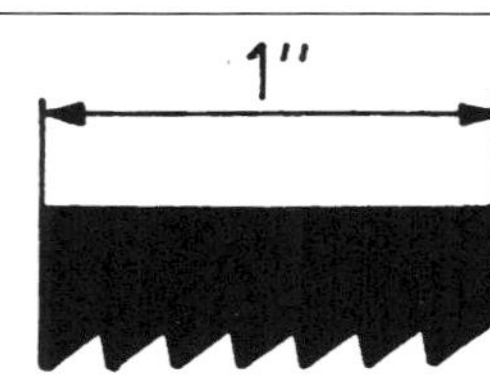 | 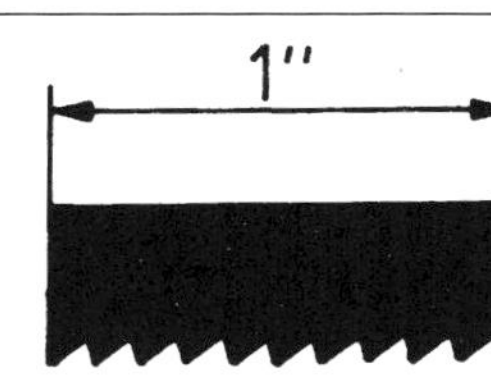 |
| **Werkstofffestigkeit** | ____________ z. B. ____________ | ____________ z. B. ____________ | ____________ z. B. ____________ |
| **Wandstärke des Werkstoffes** | ____________ | ____________ | ____________ |

**Erkenntnisse:** Weicher Werkstoff ________________ Zahnteilung
Kurze Schnittfuge ________________ Zahnteilung

### 3. Freischneiden

Beim Sägen entstehen viele Späne und eine große Reibungswärme.

Das Sägeblatt würde in der Schnittfuge ____________ und ____________. Die Schnittfuge muss deshalb breiter als das Sägeblatt sein = ____________.

Möglichkeiten: ________________________________________

________________________________________

### 4. Maschinensägen (Auswahl)

| 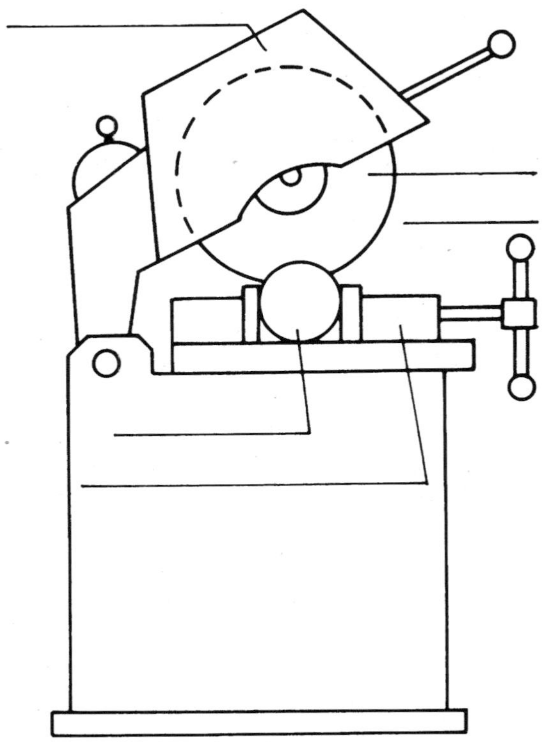 | 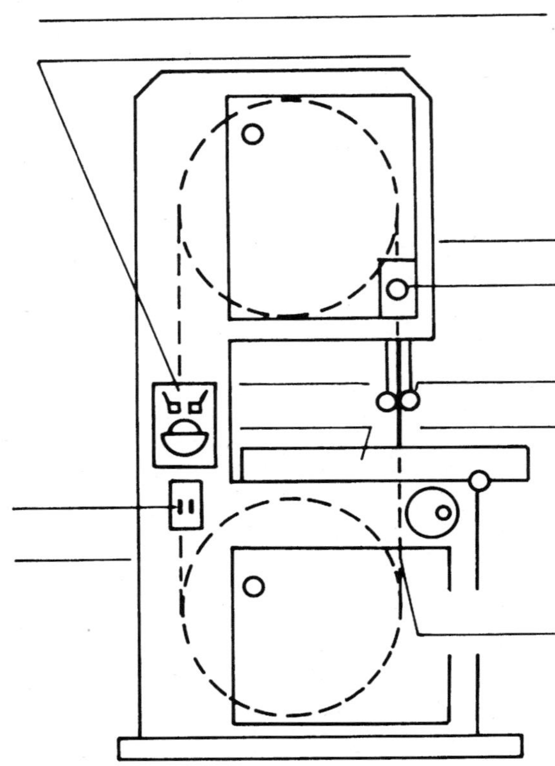 |
|---|---|
| **Maschinen** ____________ | **Maschinen** ____________ |
| Das Kreissägeblatt besteht<br>aus ____________ oder<br>aus Stahl mit aufgenieteten Zahnsegmenten<br>aus ____________.<br>**Nachteil:** Großer Schnittverlust durch<br>____________<br>**Vorteil:** ____________<br>Für das Zuschneiden von Al- oder Kunststoffprofilen<br>(z. B. ____________)<br>verwendet man Doppelgehrungssägen. | Ein ____________ Sägeblatt läuft über<br>zwei große ____________.<br>Führungsrollen verhindern ein ____________<br>____________ des Sägeblattes.<br>**Nachteil:** Sägeband muss durch ____________<br>____________ gespannt werden.<br>**Vorteil:** ____________<br>Maschinenbandsägen werden auch in ____________<br>____________ Bauweise hergestellt. |

Die Werkstücke können ____________ gespannt werden. Der Vorschub ist meist stufenlos regelbar.

Stahlbearbeitung: Schnittgeschwindigkeit $V_c$ = ____________ m/min

Al-Bearbeitung: Schnittgeschwindigkeit $V_c$ = ____________ m/min

**Merke:** Große Werkstückquerschnitte, Harte Werkstoffe } ____________ Vorschub

Kleine Werkstückquerschnitte, Weiche Werkstoffe } ____________ Vorschub

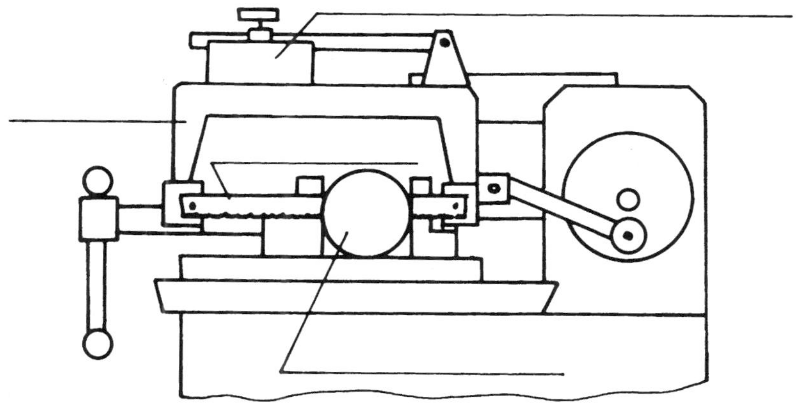

**Maschinen-** ____________________

Das Sägeblatt wird meist durch eine ____________________ hin- und herbewegt.

Beim Rückhub wird das Sägeblatt ____________________ und ist außer Eingriff. Deshalb arbeiten Maschinenbügelsägen ____________________.

Ein drehbarer Schraubstock ermöglicht ____________________.

Beim Sägen von harten oder weichen Werkstoffen können verschiedene ____________________ eingestellt werden.

**5. Unfallverhütung beim Sägen**

- Das Heft der Handbügelsäge muss fest auf der ____________ sitzen.
- Das Sägeblatt soll __________ gespannt sein.
- Am Ende der Sägearbeit den ____________________ verringern.
- Damit bei dünnwandigen Werkstücken das Sägeblatt nicht splittert, sollen mindestens ___ Zähne in Eingriff sein.
- Das Werkstück fest und nahe an der Schnittstelle einspannen.
- Keine ____________________ an Maschinen entfernen.
- Späne mit einem ____________________ oder ____________ entfernen.
  Niemals ______________ verwenden!
- Vor dem Einbau von Kreissägeblättern das Kreissägeblatt auf ____________ überprüfen (Klangprobe).
- Tragen Sie ____________________ Arbeitskleidung.

## B. Zerteilen oder Schneiden

Zerteilen oder Schneiden ist ein ______________________ Trennen eines Werkstoffes.

### 1. Fertigungsverfahren

Wir unterscheiden:

a) ______________ -Schneiden

b) ______________ -Schneiden (Messerschneiden)

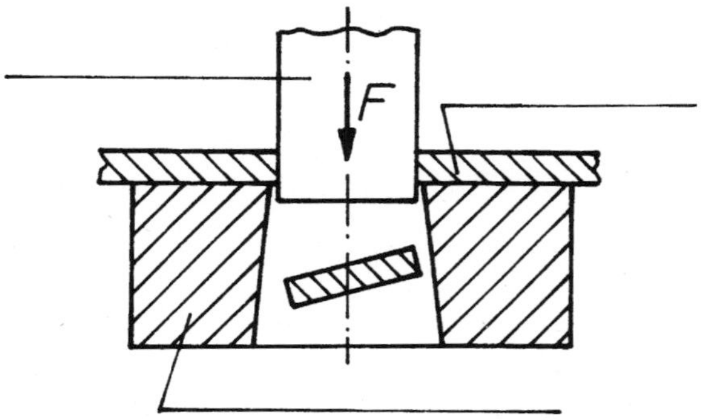


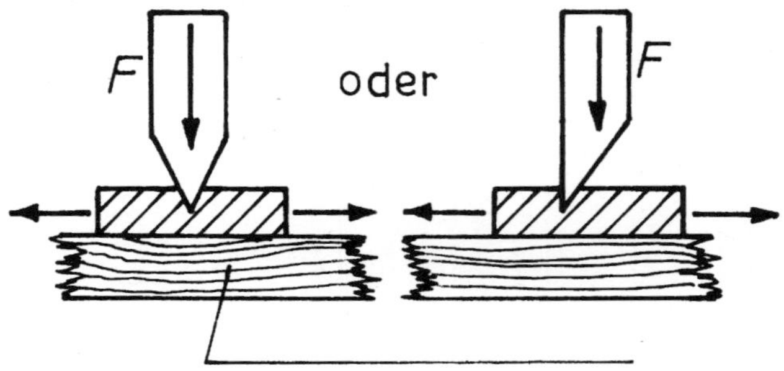


Der Werkstoff wird beim Zerteilen

______________________________ .

Der Werkstoff wird beim Zerteilen

______________________________ .

### 2. Scherschneiden

**a) Geschlossenes Schneiden (Ausschneiden)**

Ordnen Sie den Skizzen zu:

Stauchen, Schneidwerkzeug, Fließen, Werkstück, Lochen, Ausschneiden, Reißen.

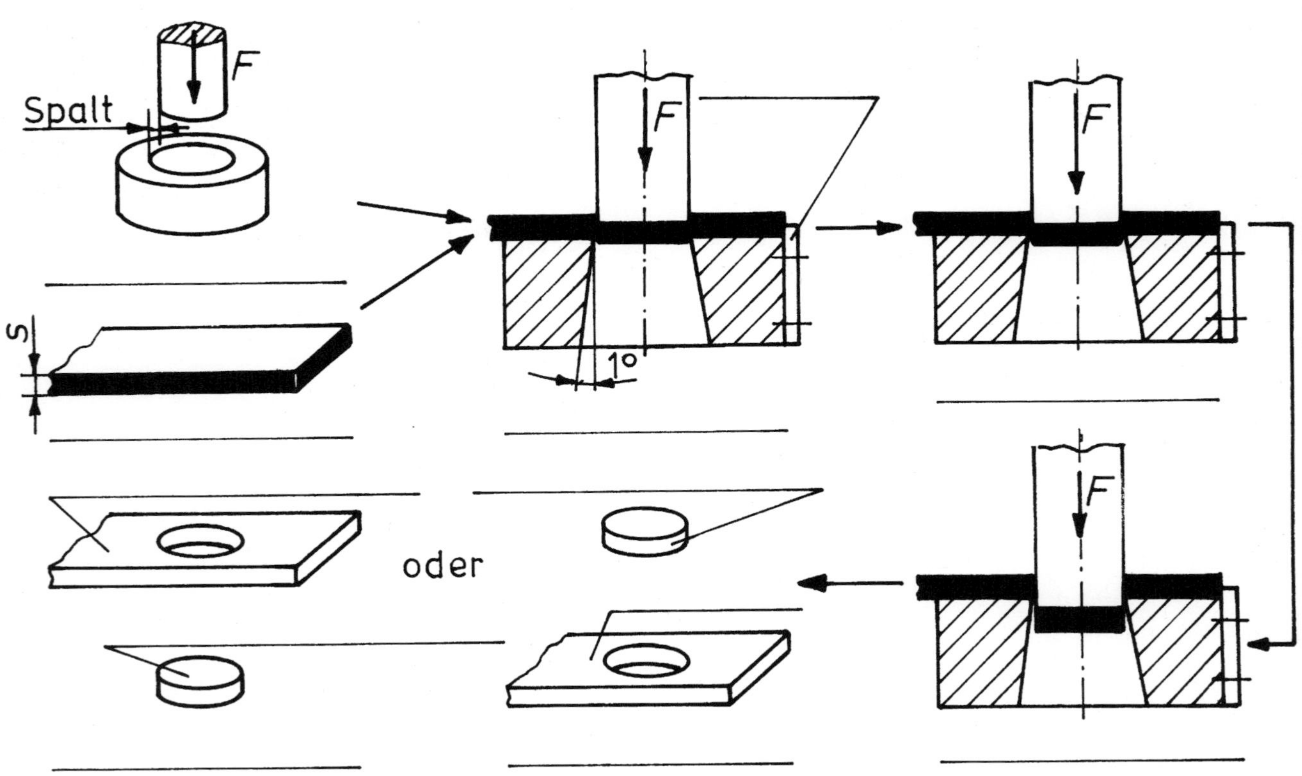


**Merke:** Beim Geschlossen-Schneiden ist die Schnittlinie immer ______________________

(z. B. ○, ▽, □, ▭, ⬭ )

Das Schneidwerkzeug schneidet gleichzeitig auf seiner ______________________. Die Schneidspaltgröße ist von der Werkstück-______________ ($s$) abhängig (Schneidspaltgröße = max. $s$/20).

**b) Offenes Schneiden**

Beim Offen-Schneiden wird der Werkstoff mit ______________________ getrennt oder abgeschnitten.

Eine teilweise Trennung wird als ______________________ bezeichnet. Wir unterscheiden:

**Handscheren**

Benennen Sie die skizzierten Handscheren. Beschreiben Sie die Schneiden und geben Sie Verwendungsbeispiele an.

| | |
|---|---|
|  | **______________-Schere**<br>________ , ________ gekrümmte Schneiden<br>Für ________- und ________-Schnitte |
|  | **______________-Schere**<br>________ , ________ Schneiden<br>Für ________ und ________ Schnitte |
|  | **______________-Schere**<br>________ , ________ Schneiden<br>Für ________ und ________ Schnitte |

**Merke:** Handscheren werden zum Schneiden von ______________-Blechen bis 1,5 mm Dicke verwendet.

Die Schneiden müssen in der Längsrichtung ______________ -geschliffen sein ( ______________ -Berührung)

Bei tiefem Einschieben des Werkstückes und langen Handgriffen der Schere braucht man nur eine ______________ Handkraft. Der Öffnungswinkel der Handschere soll nicht größer als _____ ° sein.

**Maschinenscheren**

Wir unterscheiden:

**Elektro-Handmaschinen (Auswahl)**

Nibbel-Handmaschine
(Elektro-Handknabber)

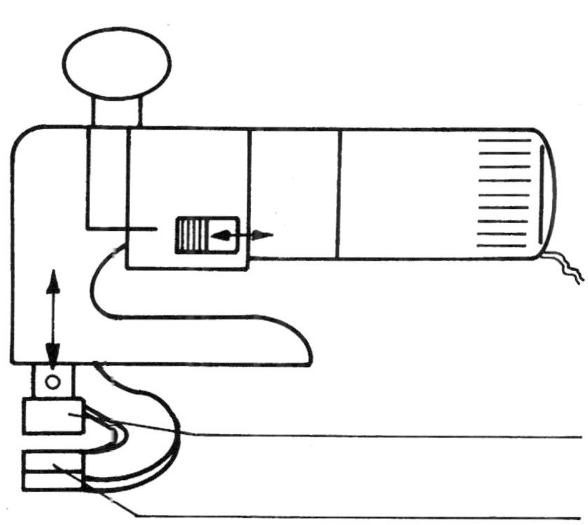

______________________________

______________________________

Elektro-Handschere

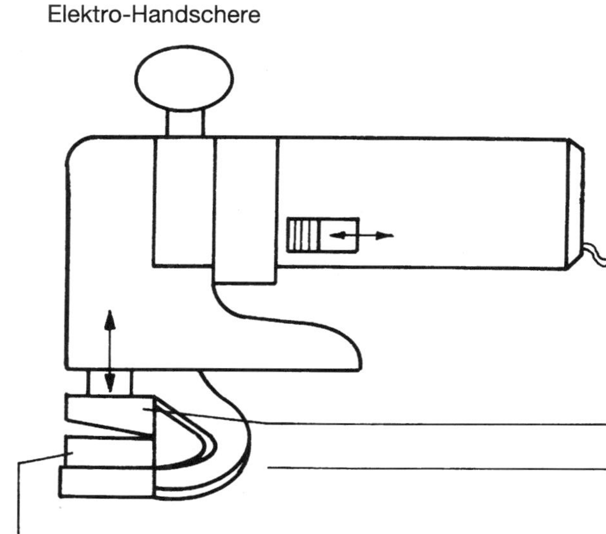

______________________________

______________________________

Bei beiden Elektro-Handmaschinen ist die Schnittlänge ______________________ .

**Hebelscheren**

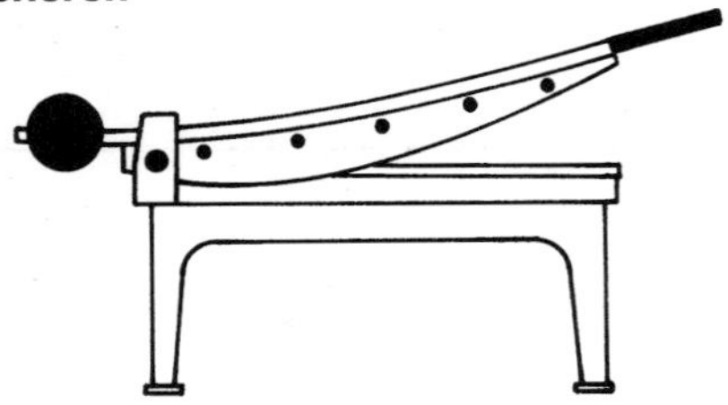

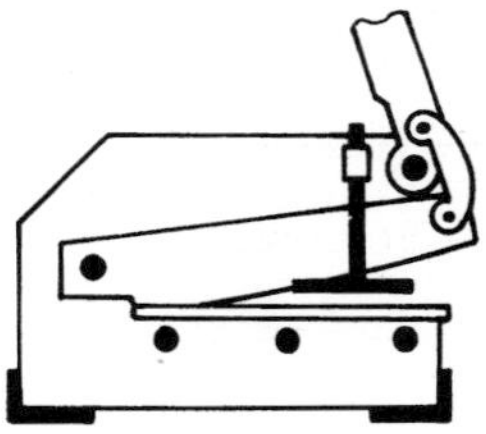

__________ - oder __________ - Schere

Für etwa 2 mm dicke Bleche; also für

__________ - Bleche, die Scherlänge ist __________ .

__________ - Schere

Für etwa 8 mm dicke Bleche, die Scherlänge ist

__________ .

Für das Trennen von dicken Blechen und Profilen verwendet man meist __________ Antriebe.

**Sonderbauarten**

Nennen Sie einige Sonderscheren:

__________

__________

**Formstahlscheren**

Beim Trennen von Profilen müssen Ober- und Untermesser dem Profil- __________ angepasst sein. Der Trennschnitt erfolgt __________ .

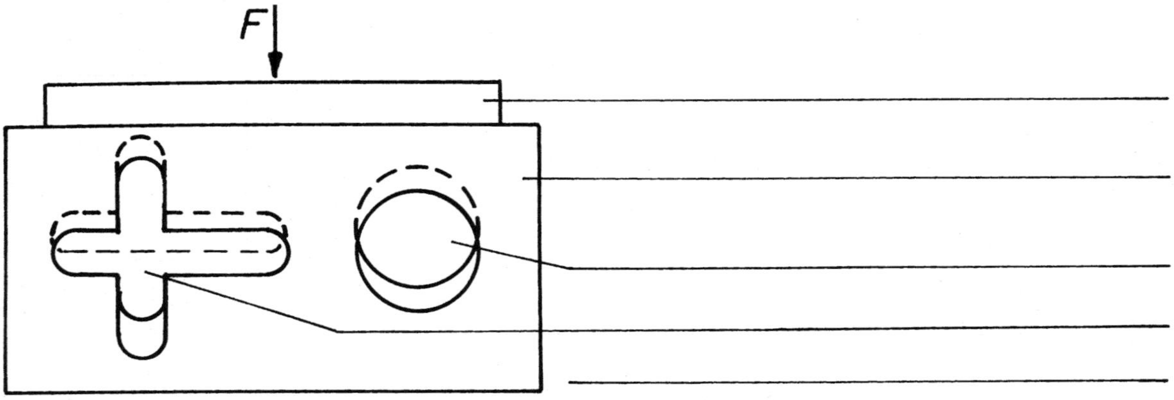


**Unfallverhütung**

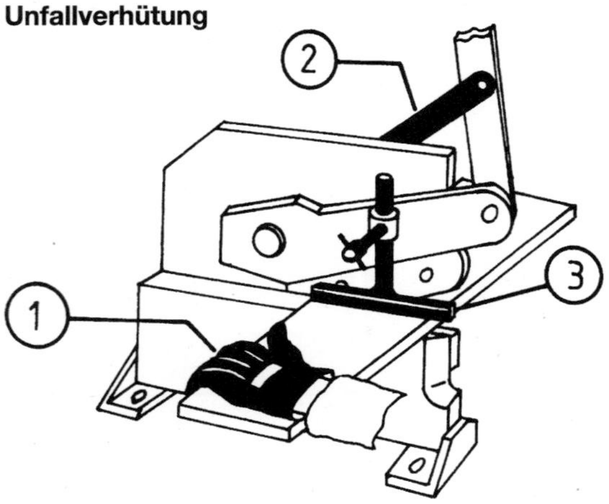


① Durch das Tragen von __________ werden __________ -Verletzungen vermieden! Entgrate alle Schnittkanten.

② Der Hebel von Maschinenscheren muss gegen __________ gesichert sein!

③ Werkstücke können beim Zerteilen in Maschinenscheren kippen.

Deshalb stets __________ verwenden!

④ Schermaschine nicht überlasten (Herstellervorschriften beachten).

⑤ Beim Abschneiden von langen Profilteilen sind passende __________ zu verwenden. Dadurch kann ein Hochschnellen des Profilabschnittes verhindert und die Lärmbelästigung vermindert werden.

**3. Schneidwerkzeug ohne Führung (Freischnittwerkzeug und Lochwerkzeug)**

Ordnen Sie der Skizze zu:
Schneidplatte, Abstreifer, Werkstück, Stempel, Butzen, Pressenstößel.

**Beschreibung**

Bei diesem Schneidwerkzeug wird der Stempel nur vom ____________ der Presse geführt. Ein sehr genaues ____________________ von Stempel und Schneidplatte ist erforderlich. Ein Abstreifer verhindert die Werkstück- ____________________ durch den aufwärts gehenden Stempel. Dieses einfache Schneidwerkzeug wird überwiegend bei der Herstellung ____________ Stückzahlen verwendet.

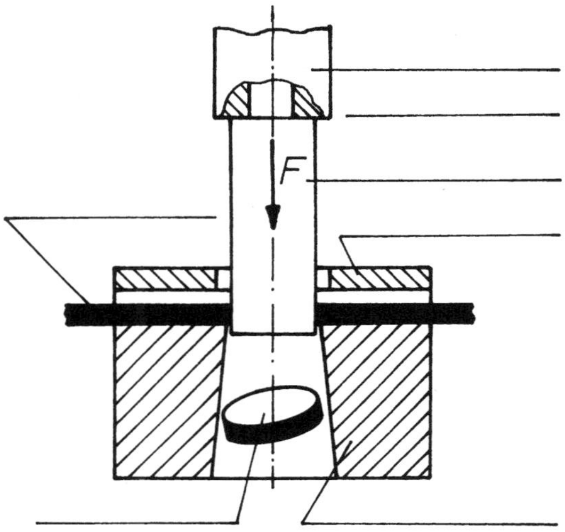


**4. Keilschneiden (Lochen)**

Löcher für Niet- oder Schraubenverbindungen an Blechen können einfach und schnell durch ________________ hergestellt werden.

**Handwerkzeuge**

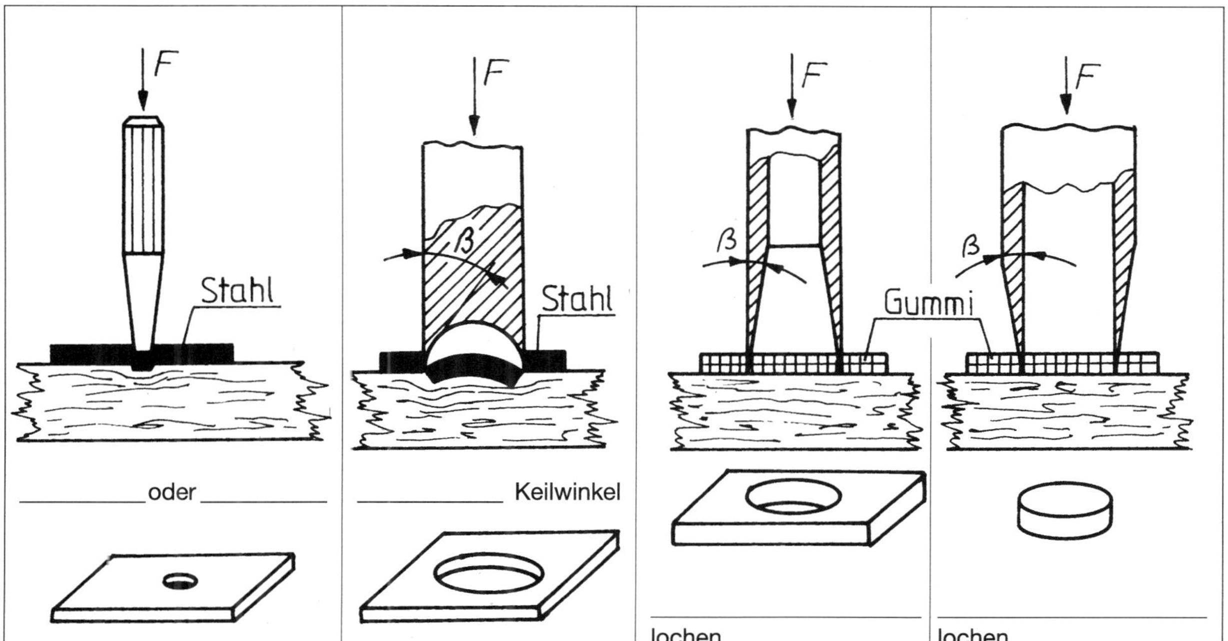


| | | | |
|---|---|---|---|
| ________ oder ________ | ________ Keilwinkel | ________ lochen | ________ lochen |
| ________ | ________ | ________ | |
| ________ | ________ | ________ | |

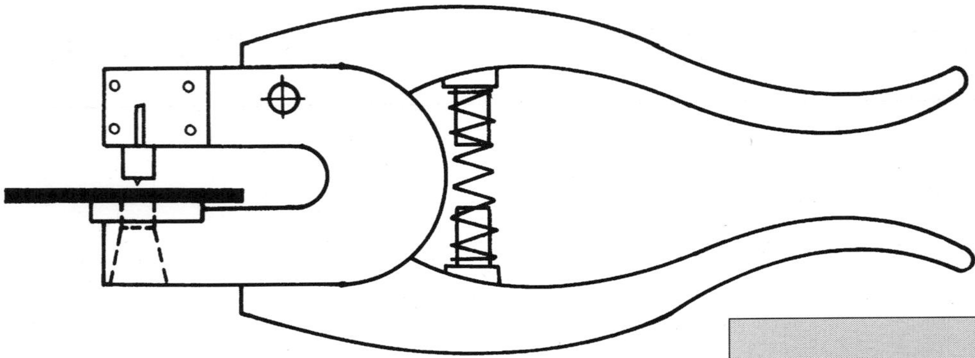

______________________________

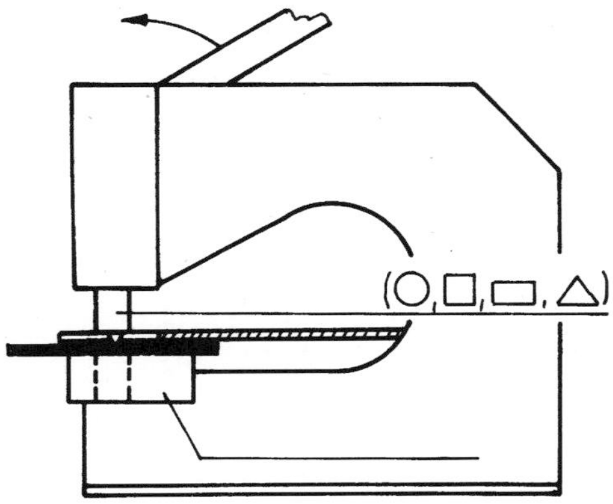


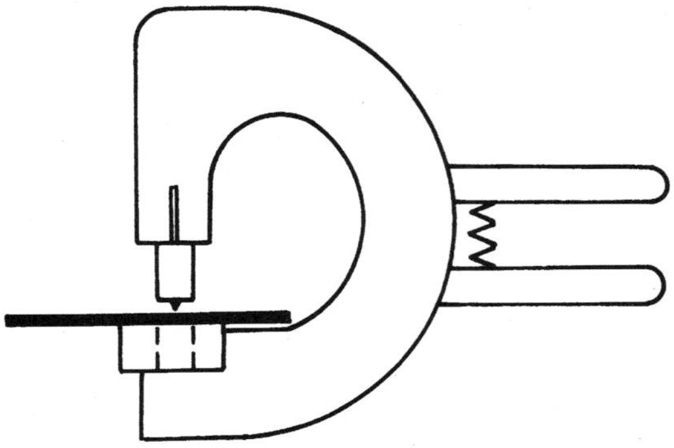

______________________________ ______________________________

## C. Maschinen zum Trennen

Pressen verwendet man zur Herstellung von Stanz- und Schneidteilen mit ______________________ Stückzahlen.

Im auf- und abgehenden Stößel wird das Werkzeug- __________________________ befestigt. Das Werkzeugunterteil wird auf dem Pressen- ______________________ gespannt.

Wir unterscheiden:

**1. Hydraulische Presse**

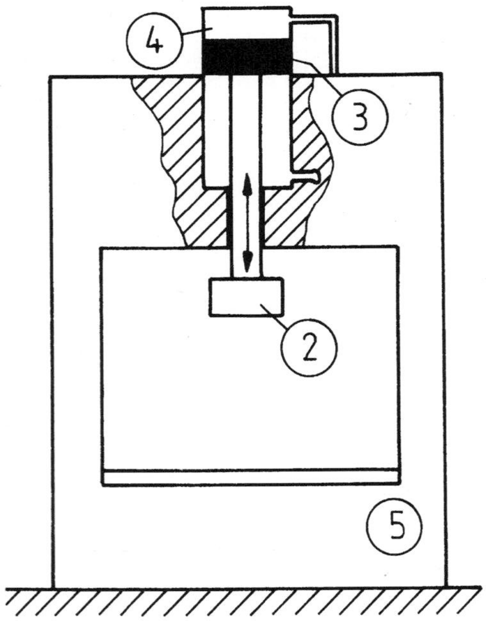


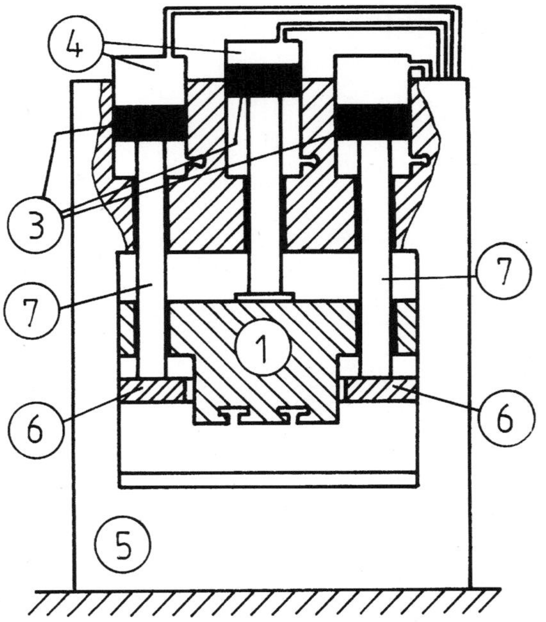


______________________________ -wirkende **hydraulische Presse**

______________________________ -wirkende **hydraulische Presse**

- ◯ Pressenständer
- ◯ Stößelaufnahme (Werkzeugaufnahme)
- ◯ Kolben für Niederhalter
- ◯ Kolben
- ◯ Stößel
- ◯ Niederhalter
- ◯ Zylinder

Bei der doppelt wirkenden Presse bewegen sich Stößel und Niederhalter ______________________ voneinander. Presskraft, Pressgeschwindigkeit und die Höhenlage des Stößels können einzeln eingestellt werden. Präzise Lochungen im Gittermastenbau stellt die CNC-Stanzmaschine her.

Weitere Maschinen zum Trennen: ______________________________________________

**2. Unfallverhütung**

a) Abgescherte Werkstücke immer ______________________.

b) Keine ________________-Vorrichtungen an Maschinen entfernen.

c) Bei Arbeiten mit Blechen Schutz- ______________________ tragen.

d) Niemals mit der Hand zwischen die Scher- ______________________ fassen.

e) Richtig eingestellten ________________-Halter benutzen.

f) Hammer mit ______________________ Stiel verwenden.

g) Nur Handwerkzeuge (z. B. Durchschlag, Lochmeißel) ohne ______________ verwenden.

h) Hebel gegen ____________________________ absichern.

i) Einlege- ____________________________ verwenden.

k) Für lange und große Bleche Auflage- ______________ bereitstellen.

## D. Ausklinken

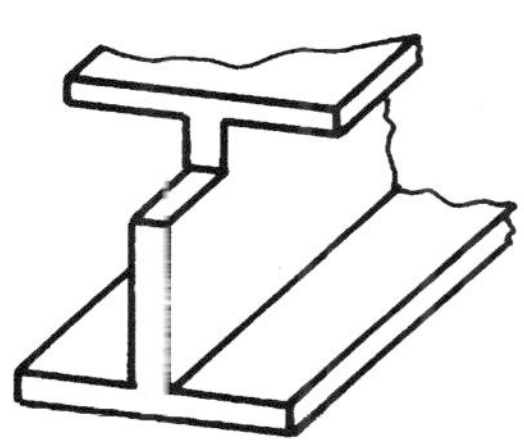
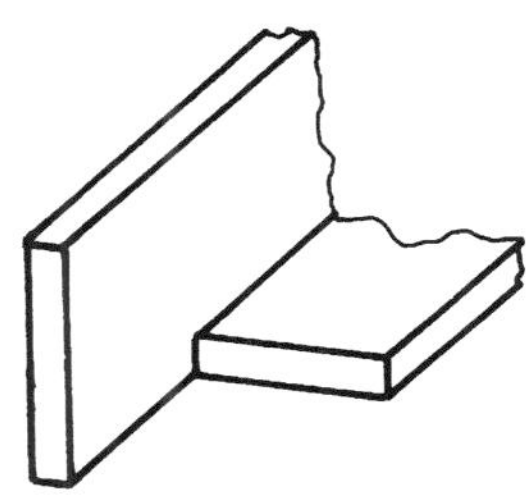
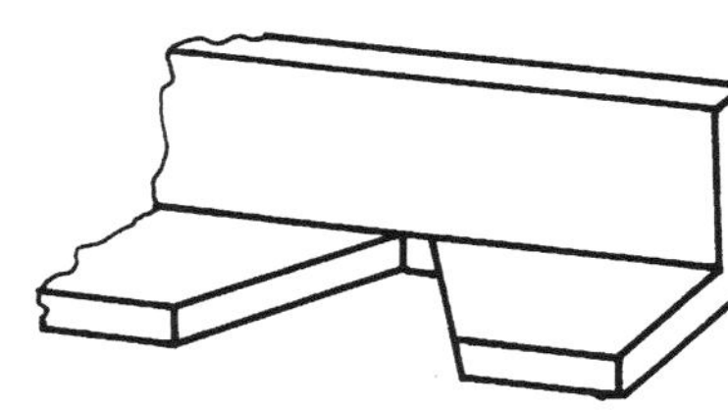

________________________, ______________________________ oder ______________________________-Ausschnitte nennt man Ausklinkungen.
Bestimmen Sie den Gehrungsschnitt-Winkel bei einem scharfkantig gebogenen Winkelstahl.

| Biegewinkel $\beta$ | Ausklinkung | Gehrungsausschnittwinkel $\alpha$ |
|---|---|---|
| 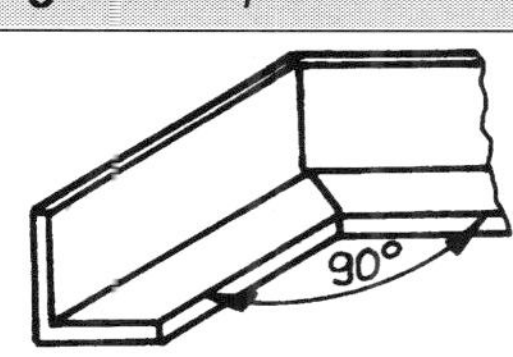 | 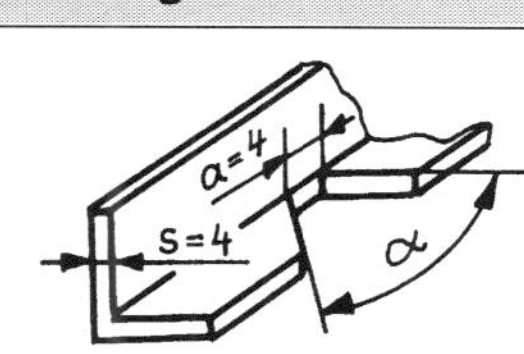 | $\alpha$ = __________° |
| 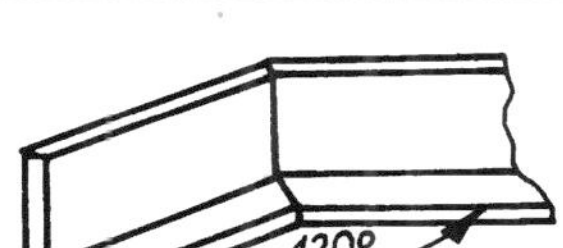 | 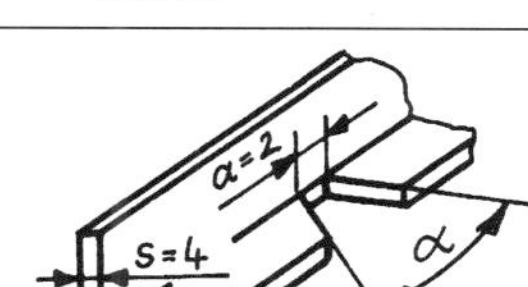 | $\alpha$ = __________° |
| 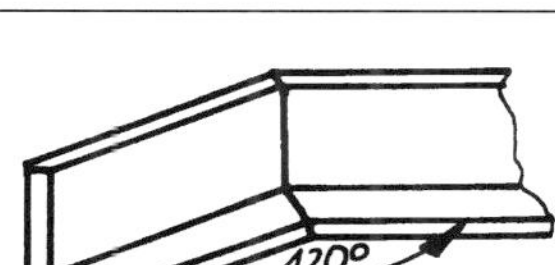 | 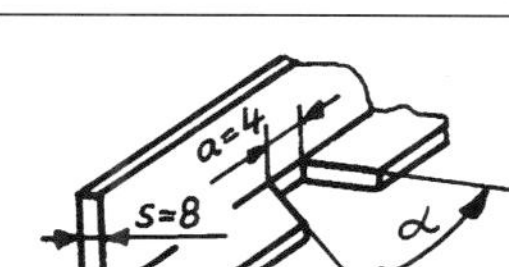 | $\alpha$ = __________° |

**Erkenntnisse:** 1) Biegewinkel + Gehrungsausschnittwinkel = __________°

2) Je größer die Schenkeldicke *s*, desto ______________ das Abstandsmaß *a* bei gleichem Gehrungsausschnittwinkel.

3) Je kleiner der Gehrungsausschnittwinkel, desto ______________ das Abstandsmaß *a* bei gleicher Schenkeldicke.

## E. Plasmaschneiden

Stähle und Metalle, die autogen nicht brennschneidbar sind

(z.B. ______________________________________)
können durch einen Plasmastrahl getrennt werden. Unter Plasma versteht man ein elektrisch leitendes Gas aus ungebundenen Ionen und Elektronen. Das Plasmaschneiden kann von Hand oder maschinell ausgeführt werden.

Vorteile: ______________________________________

______________________________________

______________________________________

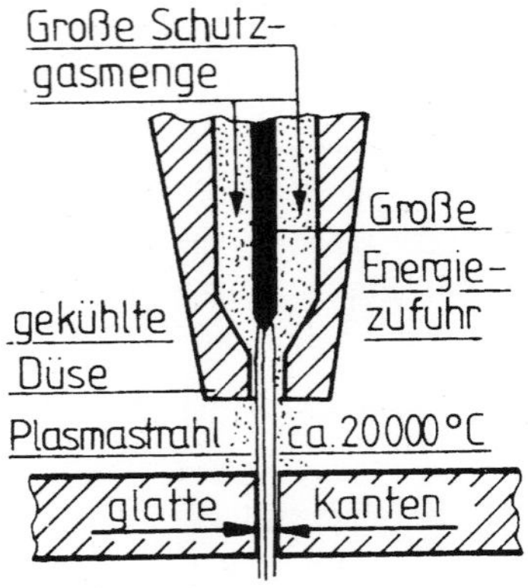


## F. Laserschneiden

Durch Laserschneiden können beliebige metallische Werkstoffe bis ca. 10 mm Dicke und nichtmetallische Werkstoffe bis ca. 30 mm Dicke getrennt werden. Unter einem Laser versteht man einen energiereichen gebündelten

______________________ . Es entstehen sehr hohe Temperaturen, der Werkstoff wird zum Schmelzen

gebracht und das flüssige Material mit einem ______________________ aus der Schneidfuge geblasen.

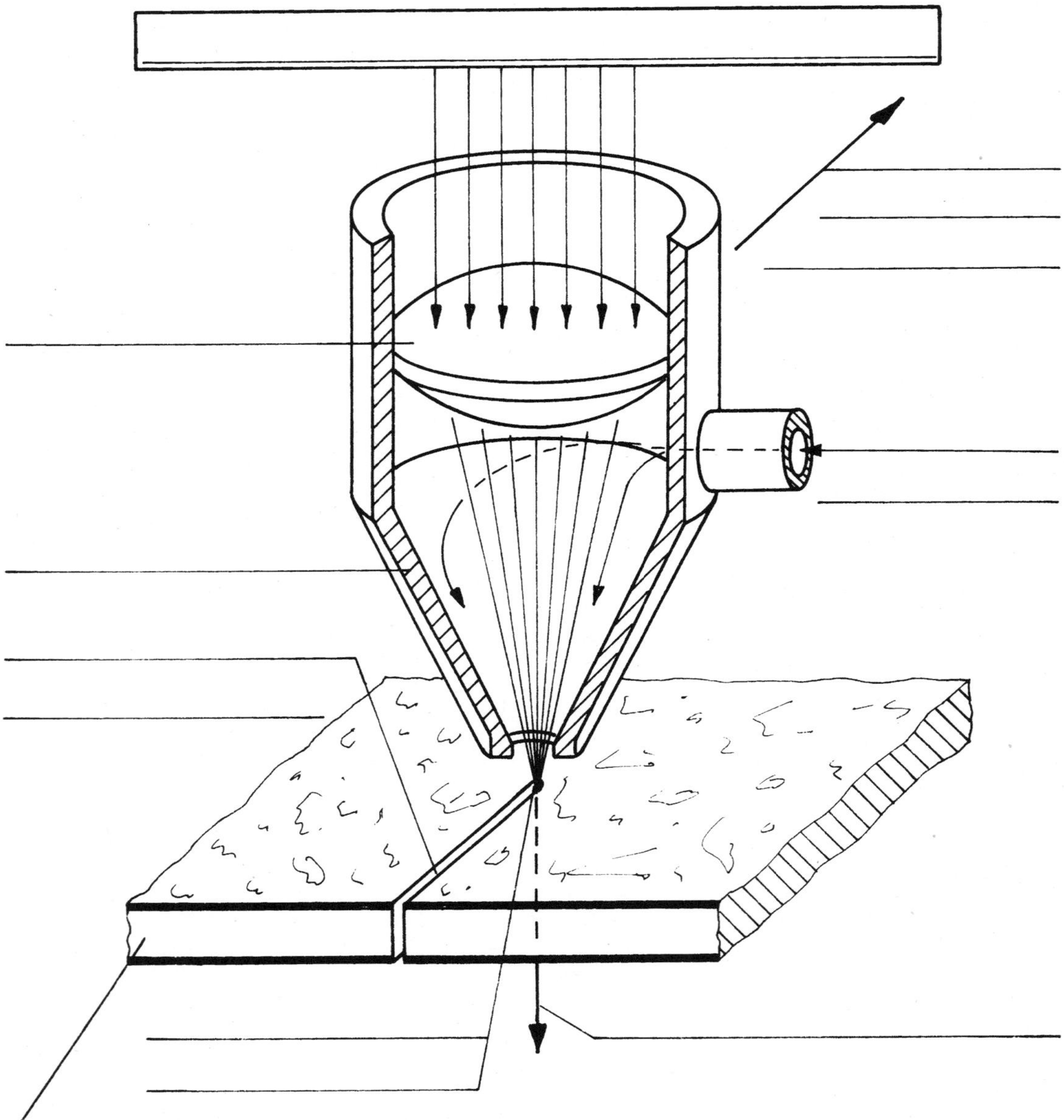

Werkstoffe (Auswahl):

______________________________________

______________________________________

______________________________________

______________________________________

## 1.2 Oberflächengestaltung von Metallbaukonstruktionen

Chemische und elektrochemische Reaktionen verursachen im Metallbau Zerstörungen an Werkstoffen. Diesen Vorgang bezeichnet man als ______________. Zur Vermeidung solcher Schäden muss der Metallbauer für die Oberflächengestaltung der Bauteile geeignete Werkstoffe auswählen.

**Vorteile:** ____________________________________________

____________________________________________

____________________________________________

____________________________________________

**Beachten Sie:**

| Standort der Konstruktion | Art und Aufgabe der Konstruktion |
|---|---|
| Im Freien<br>____________<br>____________<br>____________<br>____________ | Beispiele<br>____________<br>____________<br>____________<br>____________ |
| Im Freien am Meer<br>____________<br>____________<br>____________ | ____________<br>____________<br>____________<br>____________ |
| Im Wohnbereich<br>____________<br>____________ | ____________<br>____________<br>____________ |

### A. Oberflächengestaltung durch geeignete Werkstoffauswahl

| Metalle (Auswahl) | Oberflächenverhalten | | |
|---|---|---|---|
| | Normaler Außenbereich | Außenbereich Industrie | Innenbereich Luftfeuchtigkeit < 60 % |
| Unlegierter Stahl (Baustahl) | ____________ Korrosion | ____________ Korrosion | ____________ Korrosion |
| Niedrig legierte Stähle | ____________ Korrosion | ____________ Korrosion | ____________ Korrosion |
| Hoch legierte Stähle (z.B. Cr- und Ni-Leg.) | ____________ Korrosion | ____________ Korrosion | ____________ Korrosion |
| Al, Cu, Zn, Pb, Ni, Cr | Diese Metalle bilden eine ____________ und ____________ Schutzschicht.<br>Sie sind im allgemeinen ____________. | | |

## B. Oberflächengestaltung durch konstruktive Maßnahmen (Auswahl)

**Beachte:**

1. Die Metalloberfläche ist ______________ zu halten.
2. Vermeiden Sie einen starken ______________-Einsatz der Konstruktion.
3. Profile mit wenigen ______________ verwenden. Z. B. Winkelstahlprofile sind günstiger als U-Stahlprofile, U-Stahlprofile sind günstiger als I-Stahlprofile.
4. Vermeiden Sie ________________________ Werkstoffpaarungen ( ______________-Korrosion).
5. Die Schenkel von z. B. U-Stählen oder Winkelstählen sollen nach ______________ zeigen.
6. Schweißen ist dem Nieten oder Verschrauben vorzuziehen.
7. Vermeiden Sie ________________________________________________________________

   ________________________________________________________________
8. Alle Anstrichflächen müssen ______________________ sein.
9. Verschiedene Werkstoffpaarungen müssen durch ______________________ Beilagen getrennt werden.
10. Unzugängliche Stellen sind dauerhaft vor Korrosion zu schützen.

## C. Oberflächengestaltung durch Beschichtungen (Auswahl)

Damit ein guter Haftgrund für die Beschichtung erreicht wird, müssen ______________- und ______________-Schichten entfernt werden.

### 1. Mehrlagige Korrosionsschutz-Beschichtungen mit Lackfarben

a) Zweifacher Grundanstrich:

________________________________________________________________

Vorsicht! ________________________________________________________

b) Zweifacher Deckanstrich:

________________________________________________________________

c) Werkzeuge:

________________________________________________________________

________________________________________________________________

**2. Korrosionsschutzbeschichtung durch Feuerverzinken**

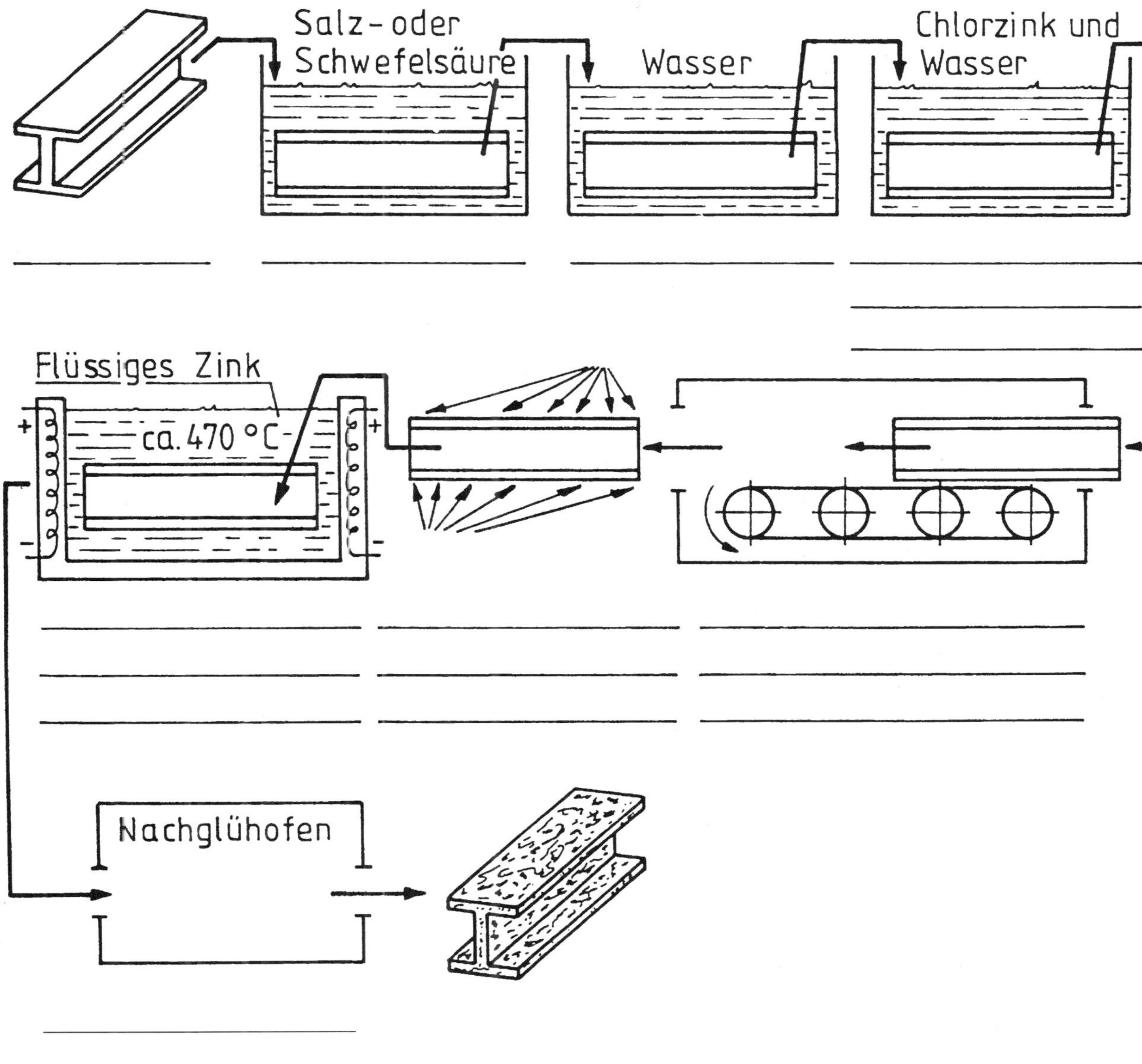


Die Beschichtungsdicke soll zwischen 50 µm und 100 µm liegen (1 µm = __________ mm)

Korrosionsschutzdauer: __________ Jahre

**Merke:** In Hohlprofilen müssen ______________________________ gebohrt werden.

Bei Verletzung der Zinkschicht wird bei Zutritt von Feuchtigkeit die __________ -Schicht zerfressen.

Eine ____________________ ist ausgeschlossen.

**3. Duplex-Beschichtung (duplex = doppelt)**

Feuerverzinkte Bauteile mit einer ________________-Beschichtung bezeichnet man als __________-Beschichtung.

Voraussetzungen für eine gute Haftung der Lackfarbbeschichtung:

a) Abwaschen mit ________________-haltigen Lösungen.

b) Abwitterung im Freien mindestens ________________.

**4. Anodisieren von Aluminium**

Der Luftsauerstoff verbindet sich mit Aluminium zu einer 0,2 µm dünnen Oberflächenschutzschicht. Diese natürliche Schutzschicht kann ______________________ hergestellt werden. Dabei wird die Oberfläche von **Al**uminium **el**ektrisch **ox**idiert = ________________ -Verfahren. Die Oxiddicke beträgt ca. ________ µm. Der Vorgang dauert ______________ Minuten. In die farblose und durchsichtige Oxidschicht können ________________________ eingelagert werden.

**G**leichstrom – **S**chwefelsäure – Anodisierungsverfahren (**GS**-Verfahren)

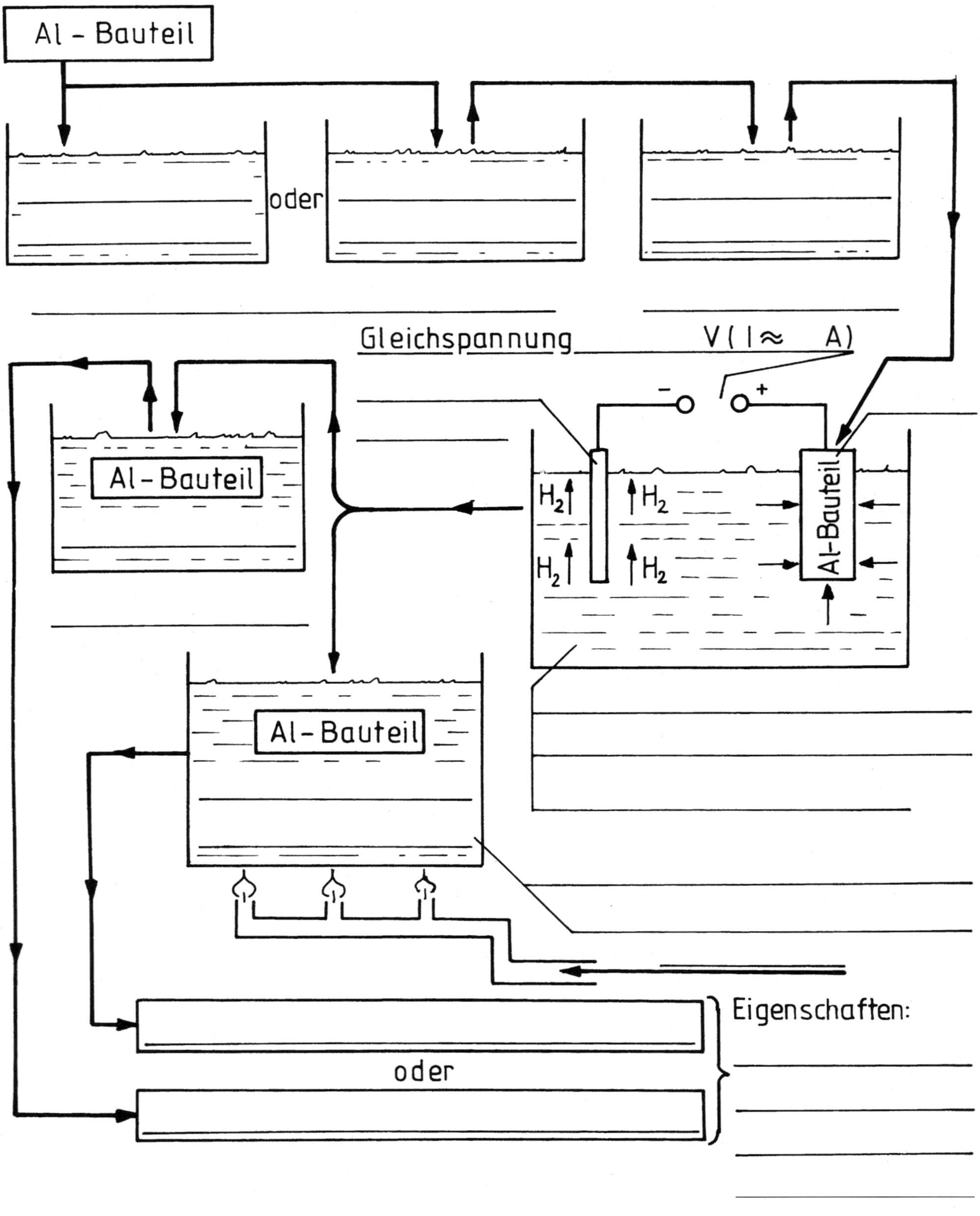


**5. Weitere Beschichtungsarten:**

________________________________________

________________________________________

**D.** Bauteile, die zwecks Oberflächenverschönerung oder wegen einer Beschichtung gesäubert werden sollen, müssen ______________ rein sein.

**1. Mechanische Oberflächengestaltung (Auswahl)**

**a) Sandstrahlen**

Entfernen von Rost, Zunder, Farbe oder eine dekorative Oberflächenverschönerung können schnell und wirtschaftlich durch ________________ hergestellt werden.

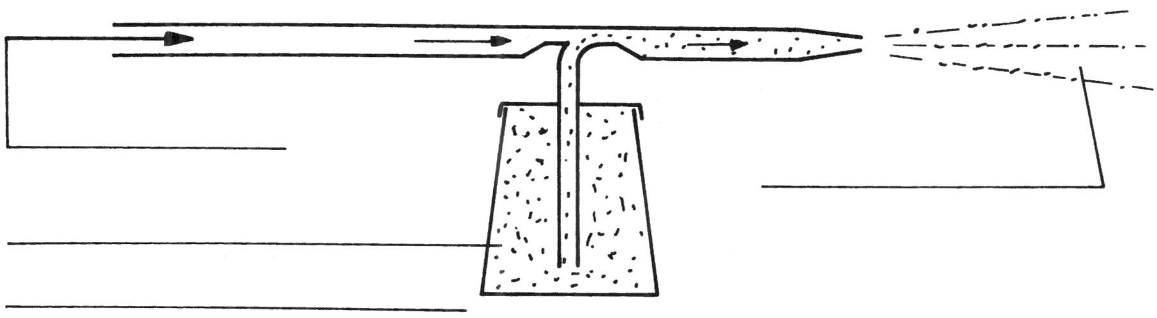

**Beachte:**

| Arbeitsausführende Person | Mitarbeiter auf Baustellen |
|---|---|
| ______________________ | ______________________ |
| ______________________ | ______________________ |

**Merke:** Durchläuft das Werkstück mittels Förderband eine Strahlkammer, so bezeichnet man dies als ________________-Strahlen. Für feinste und samtartige Oberflächenmattierungen oder für weiche Werkstoffe (z. B. ________) wird anstelle von Quarzsand ________________ verwendet.

**b) Bürsten**

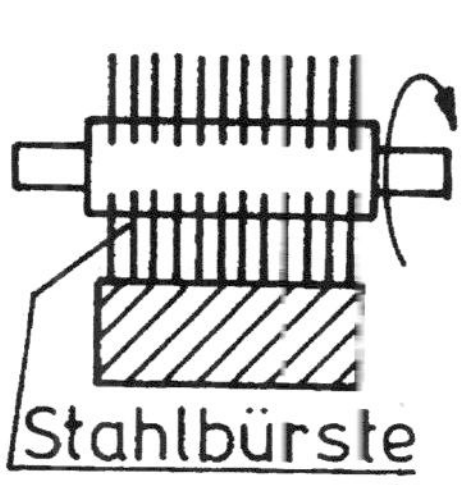


Anwendung: ______________________

______________________

______________________

______________________

Werkstückoberfläche: ______________________

______________________

**c) Ultraschallreinigen**

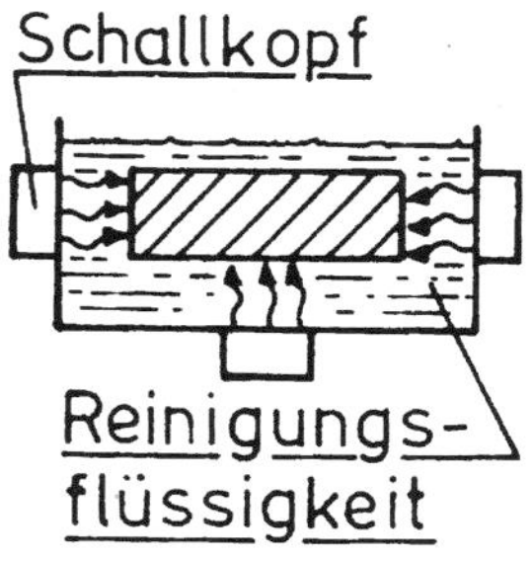


Anwendung: ______________________

______________________

______________________

______________________

Werkstückoberfläche: ______________________

Reinigungszeit: ______________________

### d) Schleifen

Werkstücke mit ____________________ Oberflächen können durch Schleifen bearbeitet werden.

**Werkzeuge:** ______________________________________________

______________________________________________

______________________________________________

______________________________________________

______________________________________________

______________________________________________

______________________________________________

## 2. Chemische Oberflächengestaltung (Auswahl)

Vor einer Oberflächenbeschichtung müssen Werkstücke mit Säuren oder Entfettungsmitteln (z. B. ____________ ____________________ ) gereinigt werden.

**Beachte:** Trichloräthylen (Tri) = ____________________

Tetrachlorkohlenstoff = ____________________

### a) Schwarzbrennen

1. ______________________________

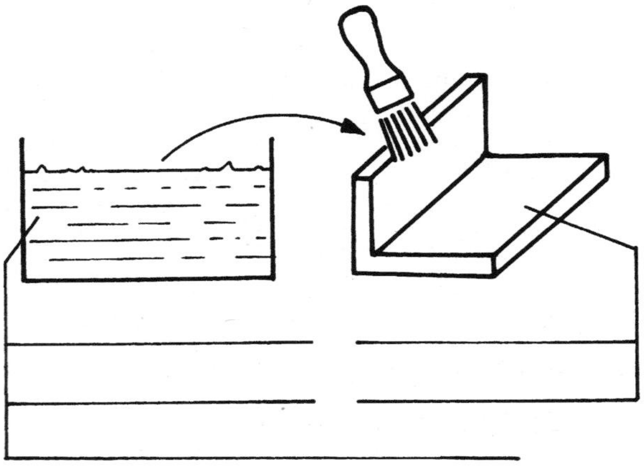

2. ______________________________

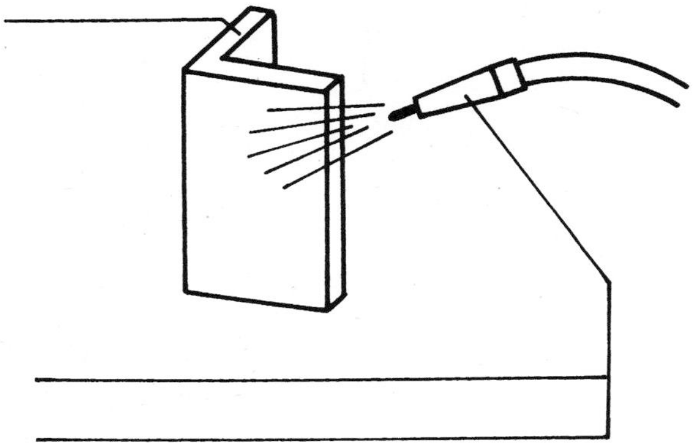

3. Fertigprodukt

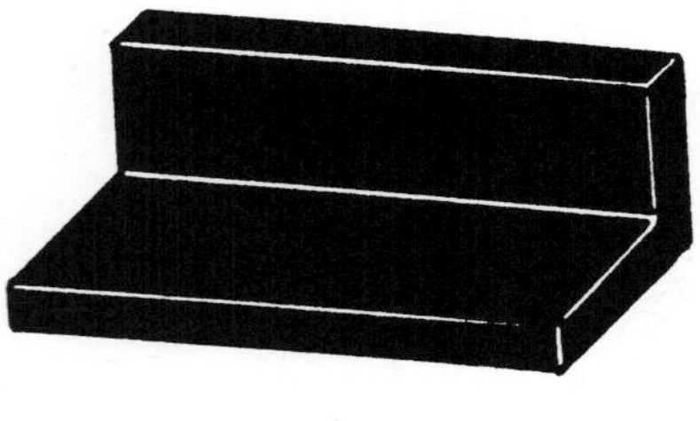

**Merke:**

______________________________

______________________________

______________________________

______________________________

______________________________

______________________________

**b) Ätzen**

Durch Einwirkung von Säure können Muster in gesäuberte Metalloberflächen eingearbeitet werden. Diesen Vorgang nennt man ___________________.

| Tiefätzen | | |
|---|---|---|
| 1. ______________________ | 2. ______________________ | 3. ______________________ |
| 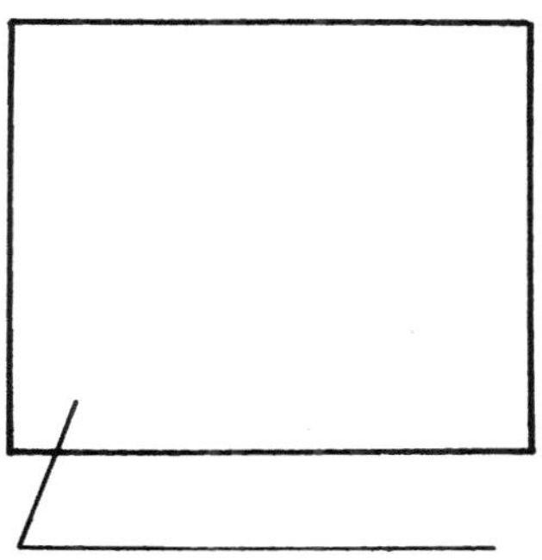 | 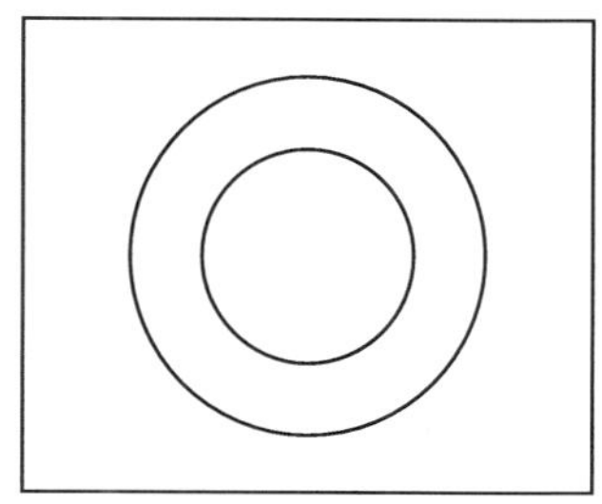 ______________________ | 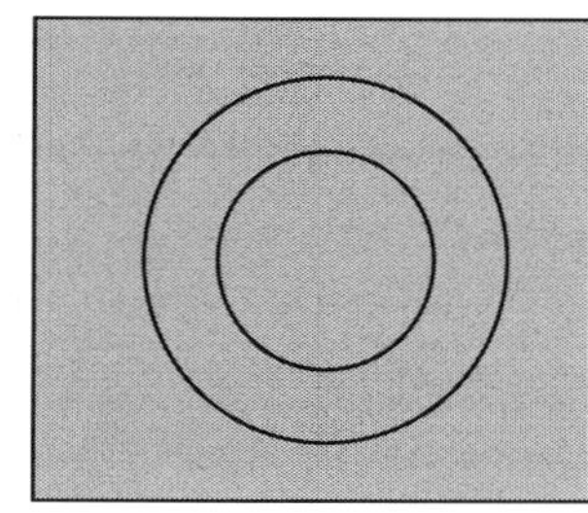 ______________________ |
| 4. ______________________ | 5. ______________________ | 6. ______________________ |
| 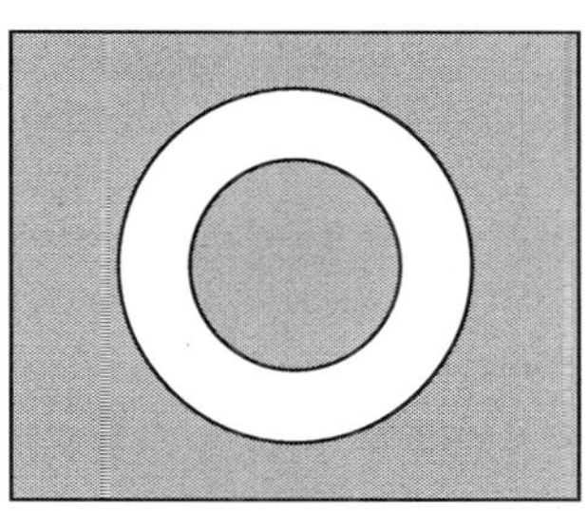 ______________________ | 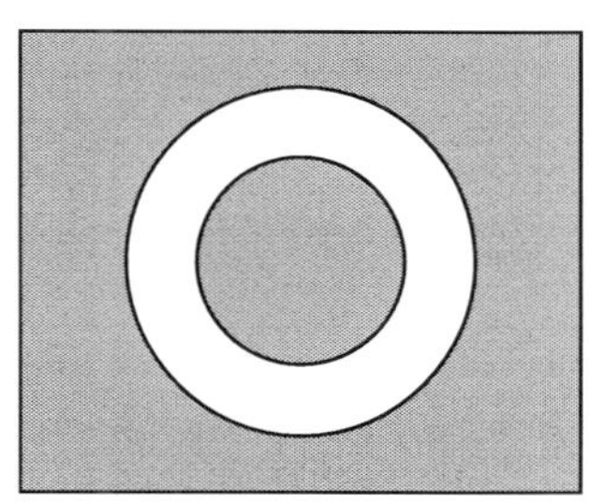 ______________________ | 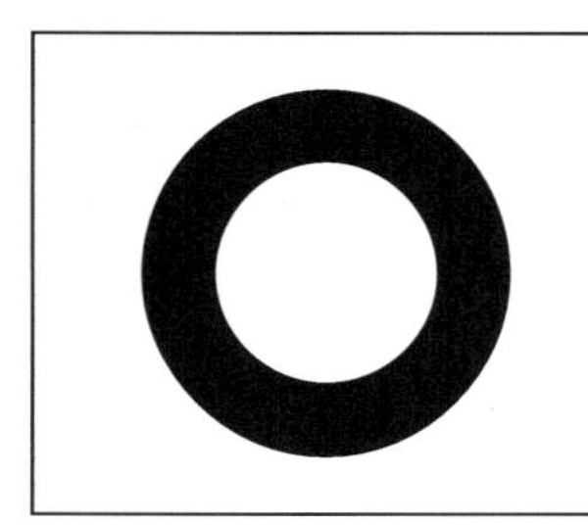 ______________________ |

**Merke:** Die Ätzflüssigkeit löst das Metall an der entwachsten Stelle auf und vertieft sie = ____________________.

Wird beim obigen Beispiel anstelle der Ringfläche die verbleibende Fläche geätzt, so spricht man von ____________________.

| Werkstoff | Ätzflüssigkeit |
|---|---|
| Stahl, CuZn-Legierung (Messing) | ______________________ |
| CuSn-Legierung (Bronze) | ______________________ |
| Kupfer | ______________________ |
| Aluminium | ______________________ |

**c) Beizen**

Säuren und Laugen verfärben Metalloberflächen. Diesen Vorgang bezeichnet man als ______________________.

| Werkstoff | Beizmittel | Oberflächengestaltung |
|---|---|---|
| Al | 10 %ige, heiße Sodalösung | ______________ |
| Al | 10–20%ige Natronlauge | ______________ |
| Al-Cu-Legierung | 10–20%ige Natronlauge | ______________ |
| Mg-Legierung | heiße, 20 %ige Salpetersäure und Kaliumbichromat | ______________ |
| Cu,<br>Cu-Legierung | 10–20 g Schwefelkalium (Schwefelleber) in 1000 g angewärmtem Wasser lösen | ______________<br>______________<br>______________<br>______________ |

## E. Wichtige Arbeitsregeln (Ätz- und Beizmittel)

1. Tragen Sie beim Ätzen und Beizen ______________________, geeignete ______________________ und ______________-Schutz.
2. Beseitigen Sie sofort verschüttete Ätz- und Beizmittel.
3. Beim Verarbeiten von Säuren und Laugen ist ______________________________________ verboten.
4. Augenverätzungen durch Säure- und Laugenspritzer mit der ______________________ mehrmals durchspülen – Augenarzt aufsuchen.
5. Hautverätzungen sofort mit ________________ spülen – Arzt aufsuchen.
6. Giftige und aggressive Gase absaugen.
7. Chemikalien immer in besonders ______________________ Gefäßen aufbewahren. Das Trinken von Säure und Laugen führt zu Zellzerstörungen in Mund und Speiseröhre und zum Gewebstod der betroffenen Organe.

   **Erste Hilfe:** Die aufgenommenen Ätzstoffe müssen sofort ________________ werden, z. B. durch reichliches Trinken von ______________________________________.
8. Beim Verdünnen von Säure immer ______________________________________ gießen.
9. **Merke:** Das Ableiten von Ätz- und Beizmitteln in Flüsse, Seen oder ins Kanalsystem von Kläranlagen ist verboten. Weggeschüttete Säuren und Laugen vergiften den ______________________ ______________________________________.
10. Informieren Sie sich über die ______________________________ der Berufsgenossenschaft der chemischen Industrie.

    **Vorsicht:** Ätz- und Beizmittel gehören zum ____________________ und müssen dementsprechend entsorgt werden.

    Steigern Sie das ______________________________ unter den Mitarbeitern ihres Betriebes.

    Arbeiten Sie aktiv im ______________________________________ mit.

## 1.3 Widerstands-Pressschweißen

### Beschreibung

Beim Pressschweißen werden die Werkstücke ohne Zusatzwerkstoff in ____________________ Zustand durch ______________ verbunden.

Die notwendige Wärme erzeugt ein elektrischer Strom beim Überwinden eines ________________ (z. B. zwei Stahlbleche).

Wir unterscheiden:

A. ____________________________-Schweißen

B. ____________________________-Schweißen

C. ____________________________-Schweißen

D. ____________________________-Schweißen

E. ____________________________-Schweißen

F. ____________________________-Schweißen

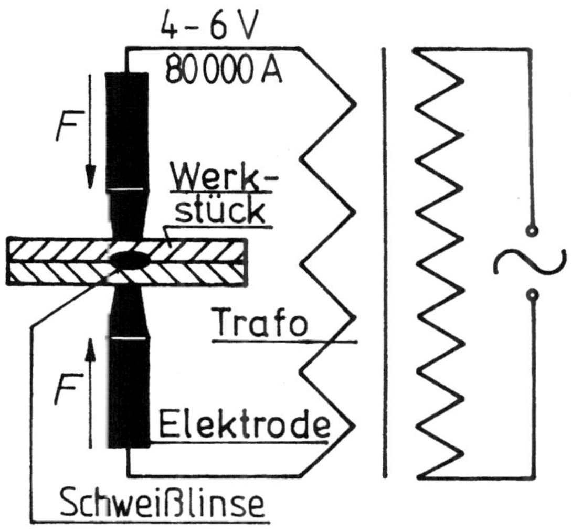


### A. Punkt-Schweißen (RP)

Die übereinanderliegenden Werkstücke werden durch die wassergekühlten ______________-Elektroden zusammengepresst. Der durchfließende elektrische Strom erwärmt ________________-förmig die Werkstücke bis zum ________________ Zustand. Durch den ________________ der Elektroden verschweißen die Bauteile ohne Schweißzusätze. Das richtige Zusammenwirken von Press-__________, Schweiß-__________ und Schweiß-________ wird durch Versuchsschweißungen ermittelt.

**a) Anforderungen an die Werkstoffe**

| Anforderungen | schweißbar | schlecht schweißbar |
|---|---|---|
| Geringe elektrische ____________________ | Al ⟶ 36 $\frac{m}{\Omega \cdot mm^2}$ | Cu ⟶ 56 $\frac{m}{\Omega \cdot mm^2}$ |
| Geringe ____________________ | Al ⟶ 658 °C | Cu ⟶ 1085 °C |
| Geringe ____________________ | Al ⟶ 218 $\frac{W}{m \cdot K}$ | Cu ⟶ 372 $\frac{W}{m \cdot K}$ |

**Wichtige Werkstoffe, die diese Anforderungen erfüllen:**

______________________________________________________________

______________________________________________________________

**b) Einstellwerte beim Punktschweißen**

| Einstellwerte | Erklärung |
|---|---|
| ____________ Schweißstrom<br>____________ Schweißzeit | Sie bewirken kleine Punkteindrücke und eine geringe Elektrodenspitzen-Abnützung |
| ____________ Elektrodenpresskraft | Der Durchfluss des elektrischen Stromes durch die Bleche wird verbessert, der elektrische Widerstand ist dadurch kleiner |

 

**c) Punktschweiß-Elektroden**

**Elektroden-Werkstoffe**

| Anforderungen | Erklärung |
|---|---|
| Große elektrische ______________-fähigkeit | Beim Stromdurchgang sollen sich nicht die Elektroden, sondern die zu verschweißenden Bleche stark erwärmen. |
| Große Werkstoff- ______________ | Die Elektroden müssen verschleißfest sein. Eine Vergrößerung der Elektrodenspitze hat eine schlechte Punktschweißung zur Folge. |

Reine Kupfer-Elektroden besitzen zwar eine große elektrische ______________, aber eine sehr geringe ______________. Die erforderliche Härte wird durch eine Kupfer-______________erreicht.

**Elektroden-Ausführung**

**Aufgabe:**

Beschreiben Sie die skizzierten Elektrodenspitzenformen.
Geben Sie jeweils ein Verwendungsbeispiel an.

______________ Elektrodenspitze | ______________ Elektrodenspitze

Für ______________ Blechoberflächen | Für ______________ Blechoberflächen

**Merke:** Die Elektrodenspitzen müssen immer ______________ gehalten und gegebenenfalls ______________ ______________ werden.

**d) Punktschweiß-Prüfungen in der Werkstatt**

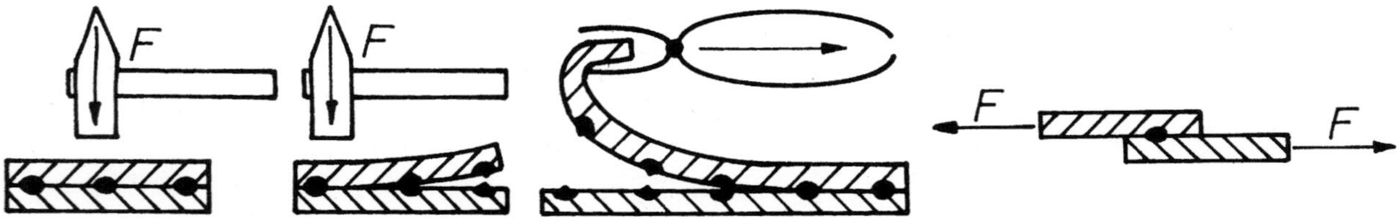


______________-Probe ______________-Probe ______________-Probe

**Weitere Prüfungen**

Ultraschall- und Röntgendurchstrahlprüfung siehe Fachstufe 1–1.8

## B. Rollnaht-Schweißen (RR)

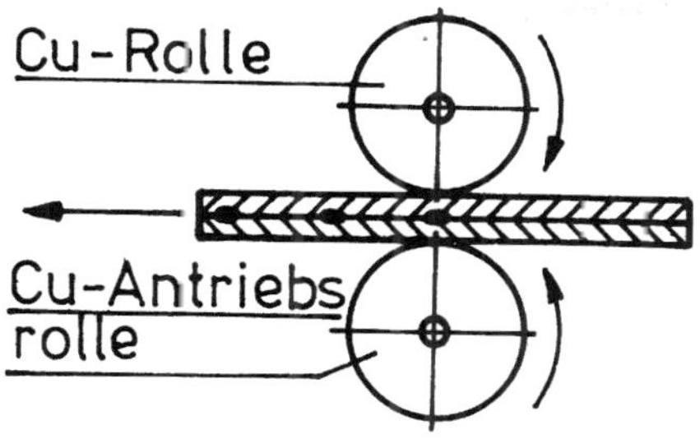


Beim Rollnaht-Schweißen werden anstelle der stabförmigen Elektroden Kupfer- ________________ verwendet.

Die Rollen pressen die zu verschweißenden Bauteile aneinander und bilden die ________________ -Bewegung der Bauteile

Die Schweißpunkte werden über die Rollen durch Strom- ________________ erzeugt.

**Nahtformen**

Ordnen Sie den Skizzen zu:
Festnaht, Dichtnaht, Heftnaht.

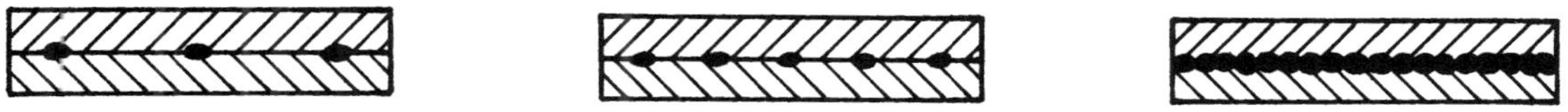

| ________________ | ________________ | ________________ |
|---|---|---|
| Stromimpulse in | Stromimpulse in | Stromimpulse in |
| ________________ Zeitabständen | ________________ Zeitabständen | ________________ Zeitabständen |

**Merke:** Das Rollnaht-Schweißen wird für ________________ -Bleche verwendet.

Maximale Blechdicke für Stahl = ________ mm.

Maximale Blechdicke für Aluminium = ________ mm.

## C. Unterpulver-Schweißen ( ______-Schweißen)

### 1. Beschreibung

Ordnen Sie der Skizze zu:
Werkstück, Pulverbehälter, Schweißrichtung, Drahtelektrode, Bandelektrode, Spule, Schlacke, Pulver, Schweißnaht, Vorschubrollen, Pulverabsaugrohr, Pluspol, Minuspol, Cu-Schiene.

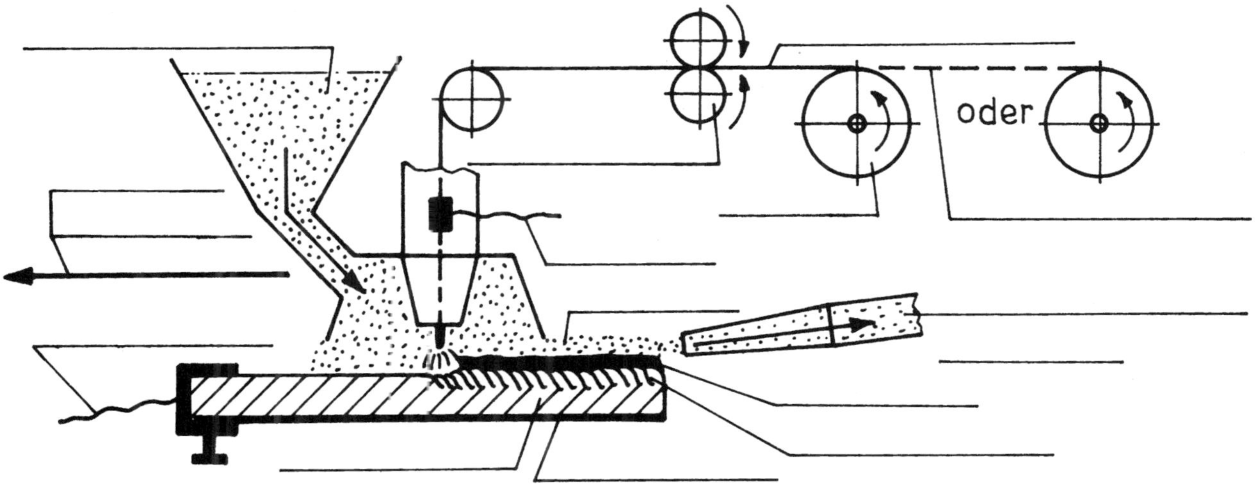


Beim Unterpulver-Schweißen brennt der elektrische Lichtbogen ________________ unter einem ständig zugeführten Pulver ab. Durch die hohe Temperatur des Lichtbogens schmilzt das Pulver.

Die entstehende Schlacke schützt die Schweißnaht vor ________________ und ________________.
Das überschüssige Pulver wird abgesaugt und der Schweißanlage wieder zugeführt.

## 2. Anwendungsbeispiele

______________________-Schweißen
a) Herstellung von Behältern und Kesseln
b) Herstellung von großen geschweißten Rohren
c) Herstellung von Schiffs- und Brückenbauteilen

______________________-Schweißen
a) Korrosionsbeständige Innenbeschichtung eines Behälters für chemische Anlagen
b) Beschichtung abgenutzter Bauteile

**Merke:** Das Unterpulver-Schweißen ist auf ______________________ und ______________________-Schweißpositionen begrenzt und wird vollmechanisch ausgeführt (Führungswagen mit Schiene).

## D. Wolfram-Plasma-Schweißen (__________-Schweißen)

Bei diesem Verfahren wird ein __________-Lichtbogen durch eine wassergekühlte Kupferdüse stark eingeschnürt.

Das hocherhitzte elektrisch leitende Gas (= ______________) wird mit großer Energie der Schweißstelle zugeführt. Ein zusätzlicher Schutzgasmantel umgibt den im Plasmastrahl (20 000 °C) brennenden Lichtbogen und schützt das Schmelzbad vor ________________.
Die Schweißanlage wird nummerisch gesteuert (NC-Maschine).

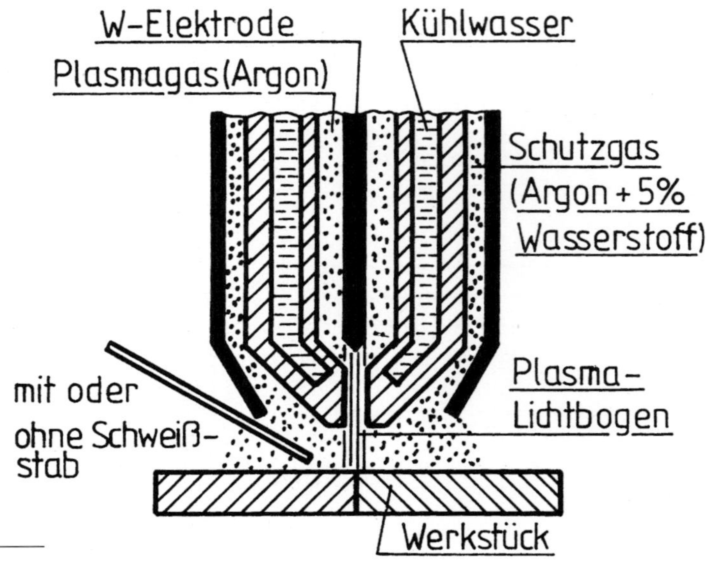


**Vorteile:**

1. ______________________________
2. ______________________________
3. ______________________________
4. ______________________________

Es können dicke und sehr dünne Teile (z. B. __________ mm) geschweißt werden.

**Wichtige schweißbare Werkstoffe:**

______________________________

______________________________

______________________________

## E. Weitere Schweißverfahren

______________________________

______________________________

______________________________

______________________________

______________________________

| Technologie Konstruktionsmechaniker und Metallbauer | Datum: | Fertigungstechnik | F 2 |
|---|---|---|---|
| Name: | Klasse: | | 1 |

## F. Lichtbogen-Bolzenschweißen

Beim elektrischen Bolzenschweißen können Bolzen, Schrauben, Stifte und Buchsen ______________________ mit großer Geschwindigkeit auf ______________________ Metalloberflächen angeschweißt werden.

Beispiele:

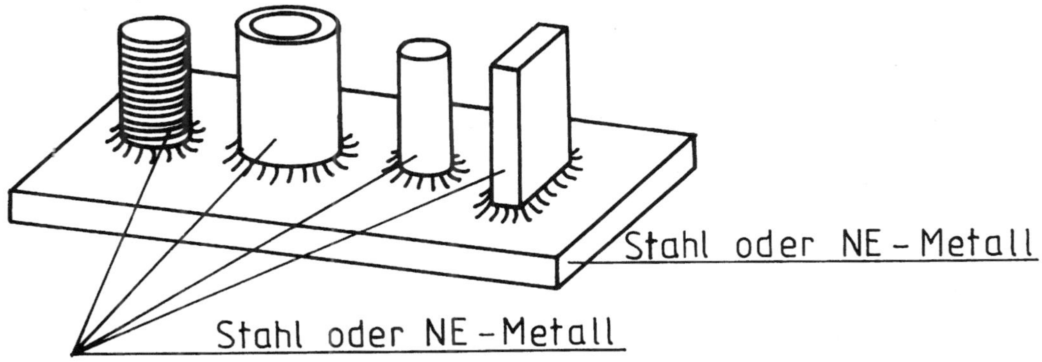


**Lichtbogen-Bolzenschweißen mit Hubzündung**

Beschriften Sie die einzelnen Arbeitsstufen und ordnen Sie folgende Begriffe den Skizzen zu:
Gleichrichter, Schweißpistole, Umformer, Steuergerät.

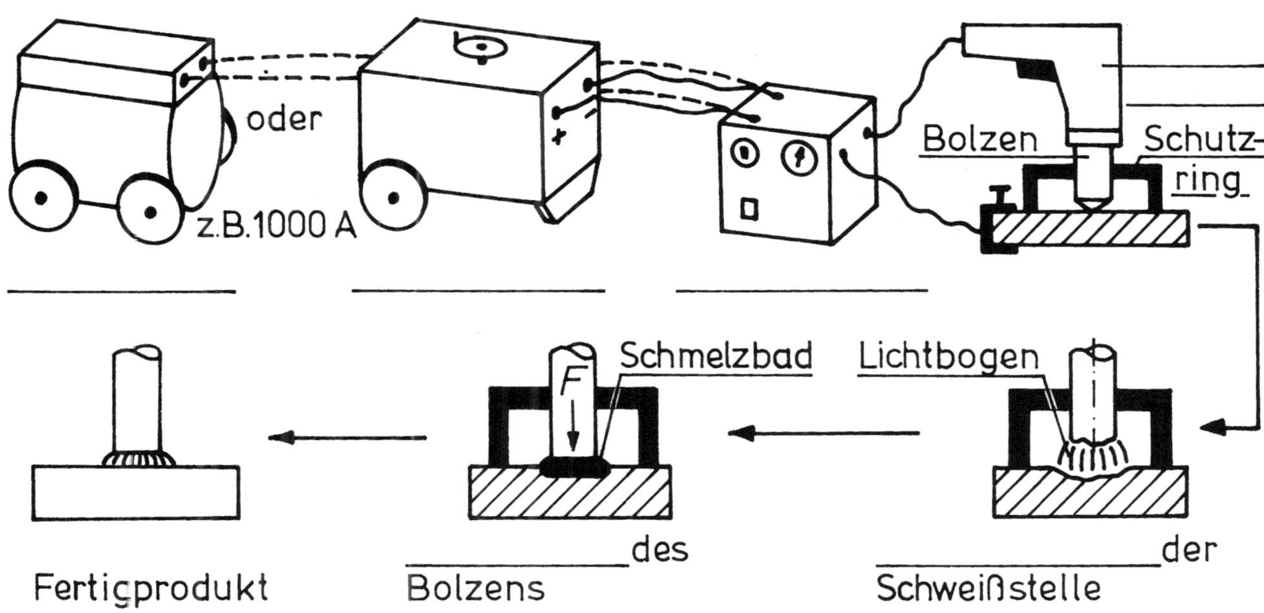


Das Bolzenende ist mit einer dünnen ______________________ -Schicht überzogen.

**Folgen:** 1. ______________________________________________

2. ______________________________________________

______________________________________________

Mit diesem Schweißverfahren können Bolzen bis ________ mm Durchmesser geschweißt werden.

In der Massenfertigung werden nummerisch gesteuerte Bolzenschweißmaschinen ( ______ -Maschinen) verwendet.

Das Lichtbogen-Bolzenschweißen mit Spitzenzündung ist für runde Werkstücke bis 10 mm Durchmesser geeignet.

## G. Automatisiertes Schweißverfahren (Schweißroboter)

Schweißroboter sind mehrachsige, bewegliche Automaten. Sie nehmen dem Menschen schwere, ermüdende oder gefährliche Arbeitsabläufe ab.

Beispiele: ____________________________________________

____________________________________________

____________________________________________

____________________________________________

Der Bewegungsablauf wird durch einen programmierten ______________ gesteuert und laufend überwacht.

Schnell reagierende Elektromotore ( ______________ -Motore) treiben über Zahnriemen, Kupplungen oder Getriebeeinheiten die einzelnen Achsen an.

Schweißroboter sind in der Regel ______________ -Roboter.

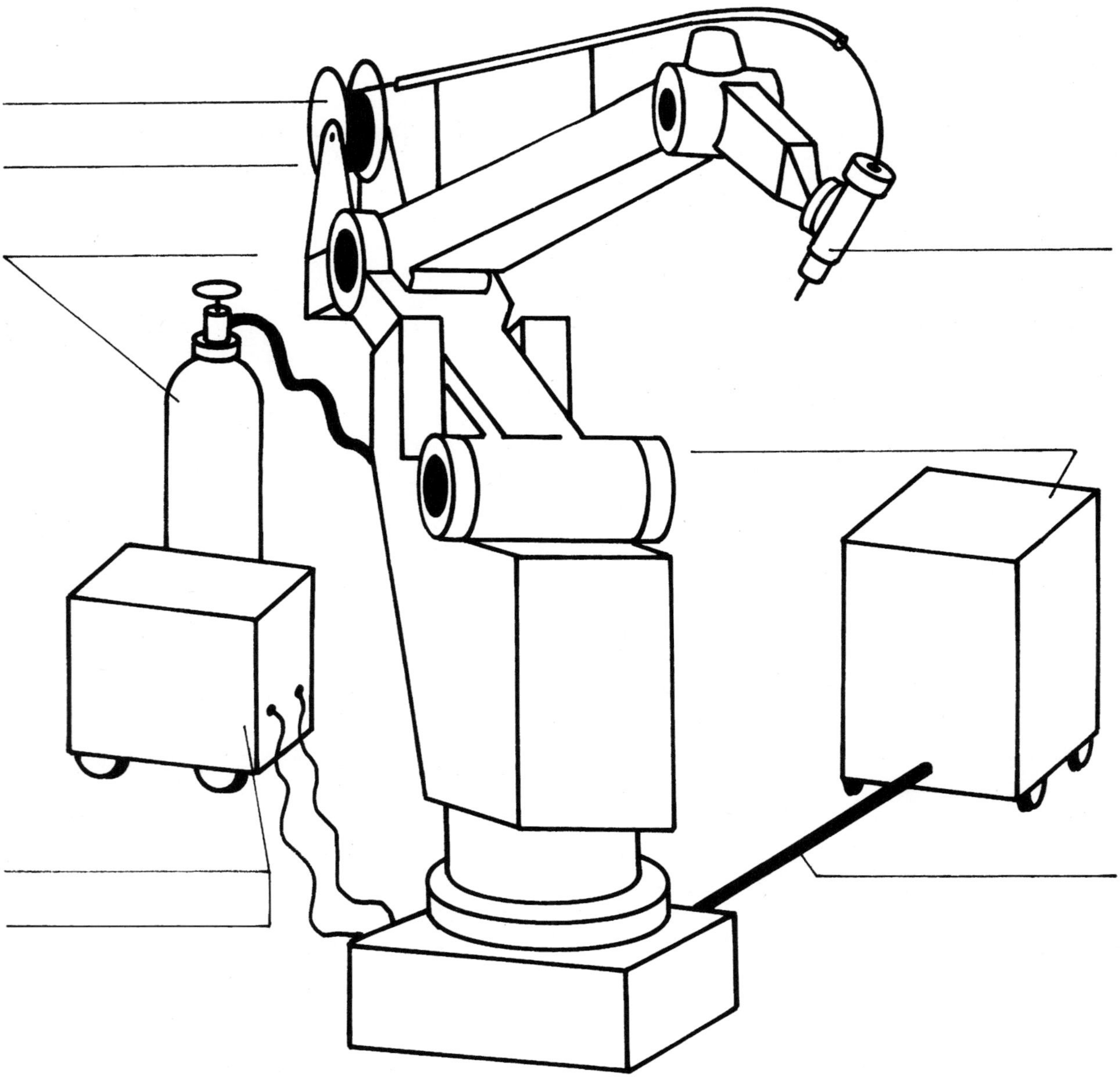

| Technologie Konstruktionsmechaniker und Metallbauer | Datum: | Fertigungstechnik | F 2 |
| --- | --- | --- | --- |
| Name: | Klasse: | | 1 |

## H. Spannungen – Verzug

Beim Schweißen wird der Werkstoff an der Fügestelle über den Schmelzpunkt erwärmt. Dabei dehnt sich der Werkstoff aus. Beim Abkühlen ____________________ die Fügestelle zusammen. Wird die Schrumpfung durch eine Schweißnaht behindert, ergeben sich ____________________ im Schweißteil; die Schweißteile „verziehen" sich. Spröde Werkstoffe, z. B. Gusseisen, können dabei ____________________ .

Beispiele:

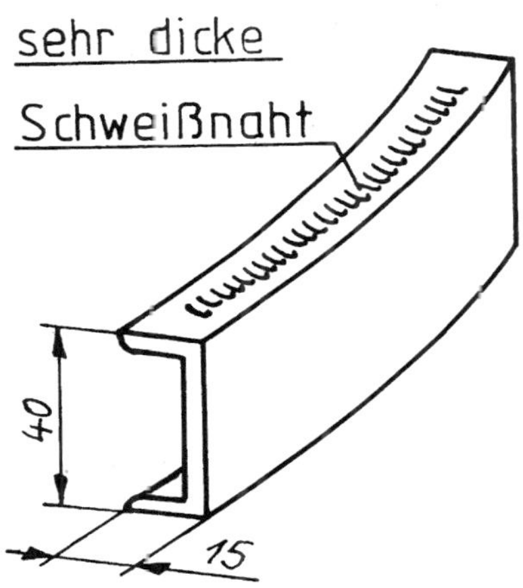


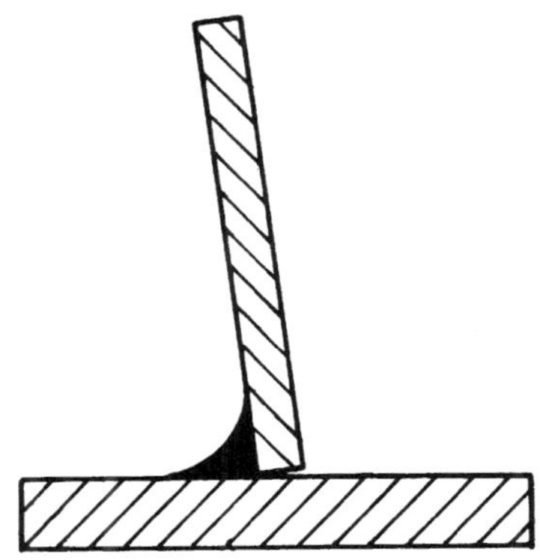

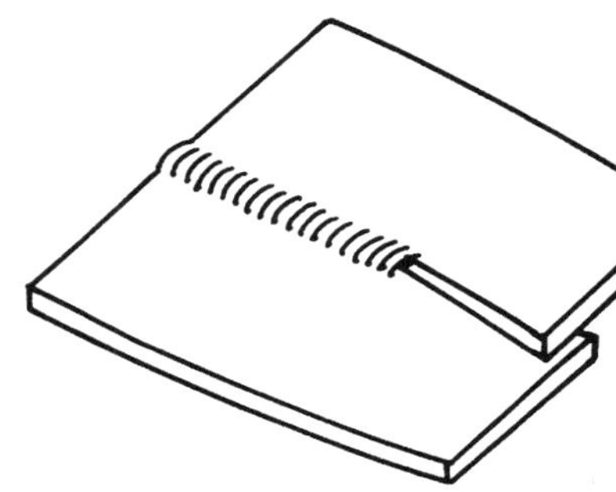

______________________________ ______________________________ ______________________________

______________________________ ______________________________ ______________________________

Der Metallbauer kann durch folgende Maßnahmen Verzug und Spannungen vermindern:

**1. Verringerung der Wärmeaufnahme in das Werkstück**

z. B. ____________________________________________________________

____________________________________________________________

**2. Vermeidung von Schweißnahtanhäufungen**

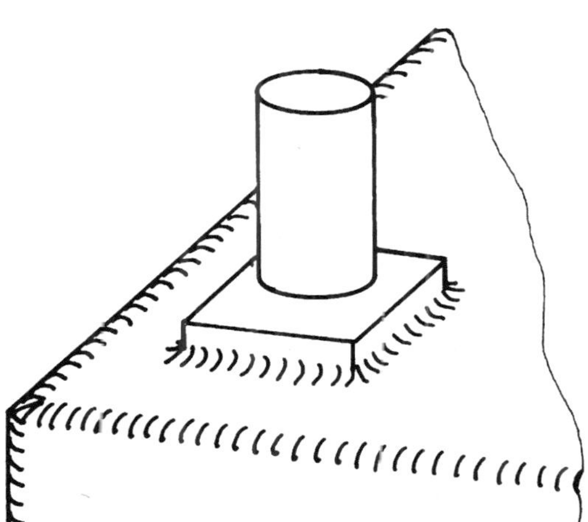

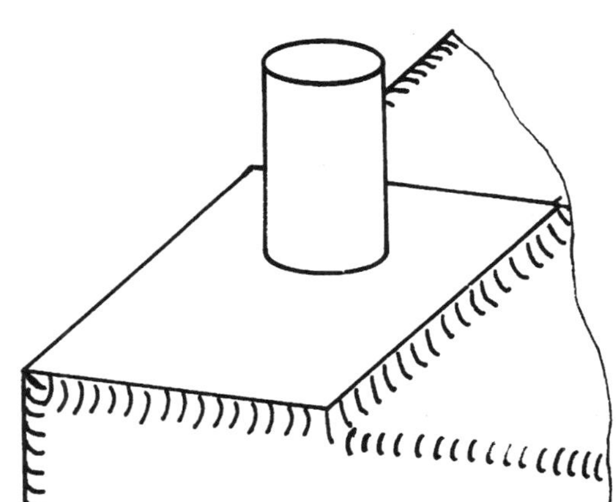

______________________________ ______________________________

**3. Vermeidung von Nahtkreuzungen**

**4. Unterbrechen von Kehlnähten**

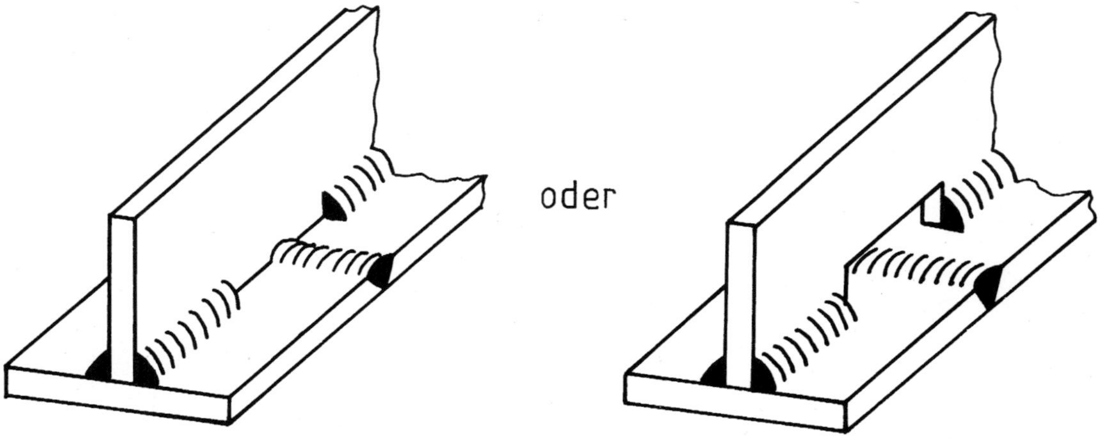


**5. Unterbrochene, versetzte Schweißnähte**

Zeichnen Sie unterbrochene, versetzte Schweißnähte in die Skizzen ein.

Vorderansicht

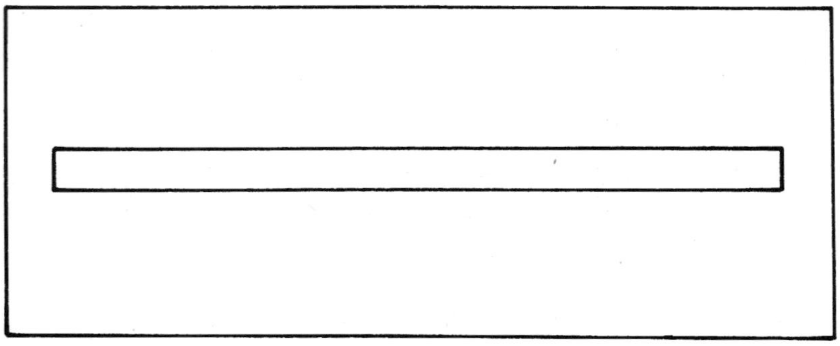

Draufsicht

**6. Gefügeveränderungen durch das Schweißen**

Stahl besteht aus einer chemischen Verbindung von ______________________ und ______________________.
Diese Verbindung wird als Eisen- ______________________ bezeichnet. Der Anteil des Kohlenstoffes bestimmt Festigkeit und Dehnung des Stahles. Die schnelle Abkühlung der Schweißnaht durch die kälteren zu verschweißenden Bauteile bewirkt eine ____________________ -Veränderung. Es entsteht eine „Innenverspannung" des Werkstoffes.

Wie können Werkstoff-Innenverspannungen vermindert werden?

a) ____________________ der Schweißstelle.

Für Stahlbaustähle mit einem C-Gehalt über __________ % beträgt die Vorwärmtemperatur __________ °C bis __________ °C. Beim Schweißen von Edelstählen oder Feinkornbaustählen sind die Vorschriften der Herstellerfirma einzuhalten.

b) ____________________ -Glühen,

Durch das Glühen der geschweißten Bauteile bei __________ °C bis __________ °C (bis ca. 2 Stunden) werden diese schädlichen Spannungen verringert.

**7. Schweißfolgeplan beim Fügen von zwei Blechteilen**

**a) Heften**

Zeichnen Sie sieben Heftpunkte in die Skizze ein.
Beschriften Sie die Heftpunkte mit den Zahlen 1 bis 7. (1 = erster Heftpunkt, 7 = letzter Heftpunkt)

Heftstellenabstand = __________ x Blechdicke

**b) Schweißen** (Pilgerschrittverfahren)

Bezeichnen Sie die sechs Zwischenräume der Heftpunkte mit Zahlen von 1 bis 6. (1 = erste Teilschweißnaht, 6 = letzte Teilschweißnaht). Legen Sie durch Pfeile die Schweißrichtung fest.

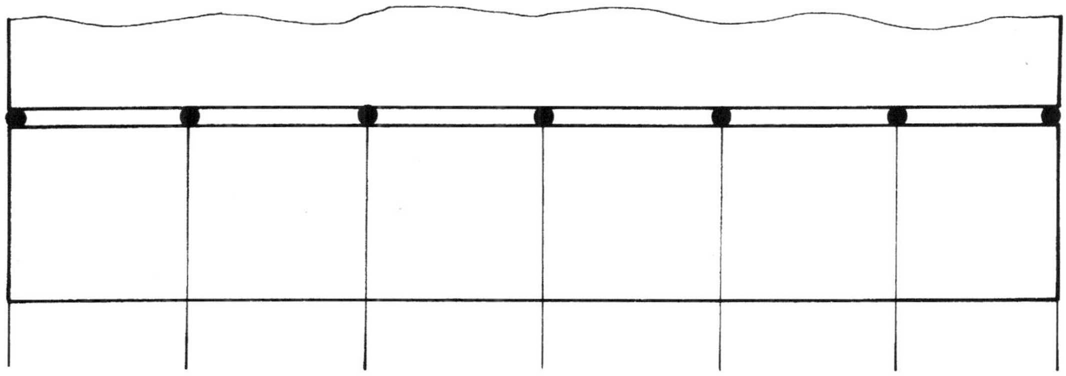

## 1.4 Nietverbindungen

Durch Nieten stellt man ________________ Verbindungen her. Es lassen sich gleiche und verschiedene Werkstoffe miteinander verbinden.

### A. Nietverbindungsarten

**Nietverbindung**

| Lose Nietverbindung | Feste Nietverbindungen | |
|---|---|---|
| | ____________-Nietung | ____________-Nietung |
| 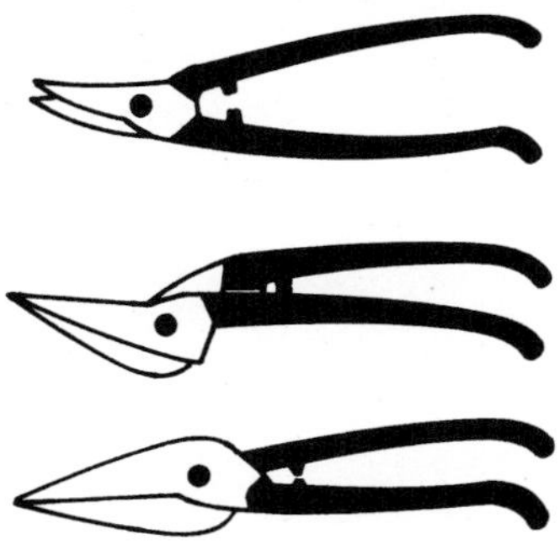 | 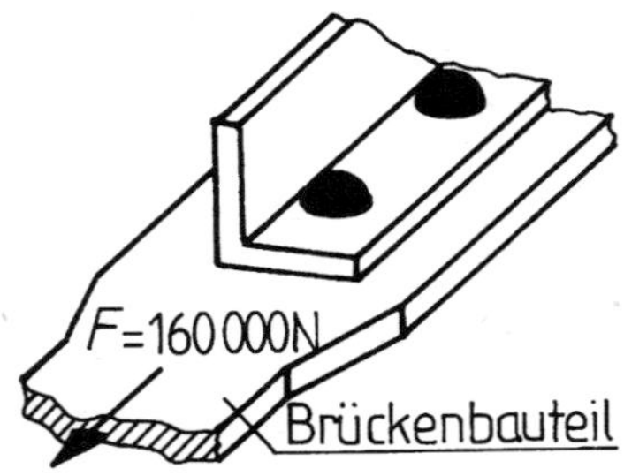 | 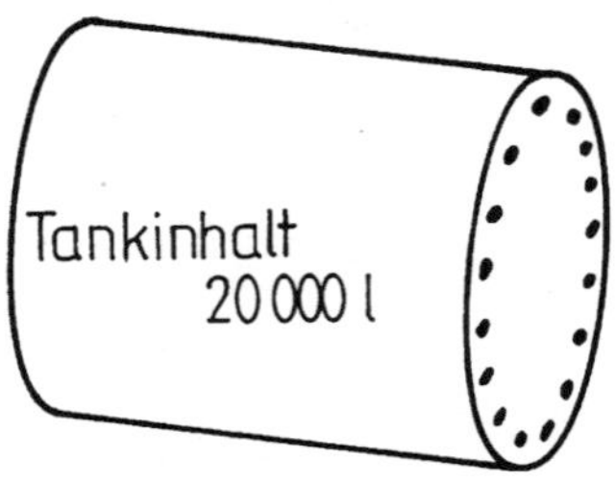 |
| Die einzelnen Teile können ______________ werden. | Die einzelnen Bauteile können nicht bewegt werden. Nietverbindungen im Stahl- und Kesselbau sind durch Schweißen verdrängt worden. | |

### B. Nietvorgang und Nietwerkzeuge

Benennen Sie die skizzierten Arbeitsstufen.

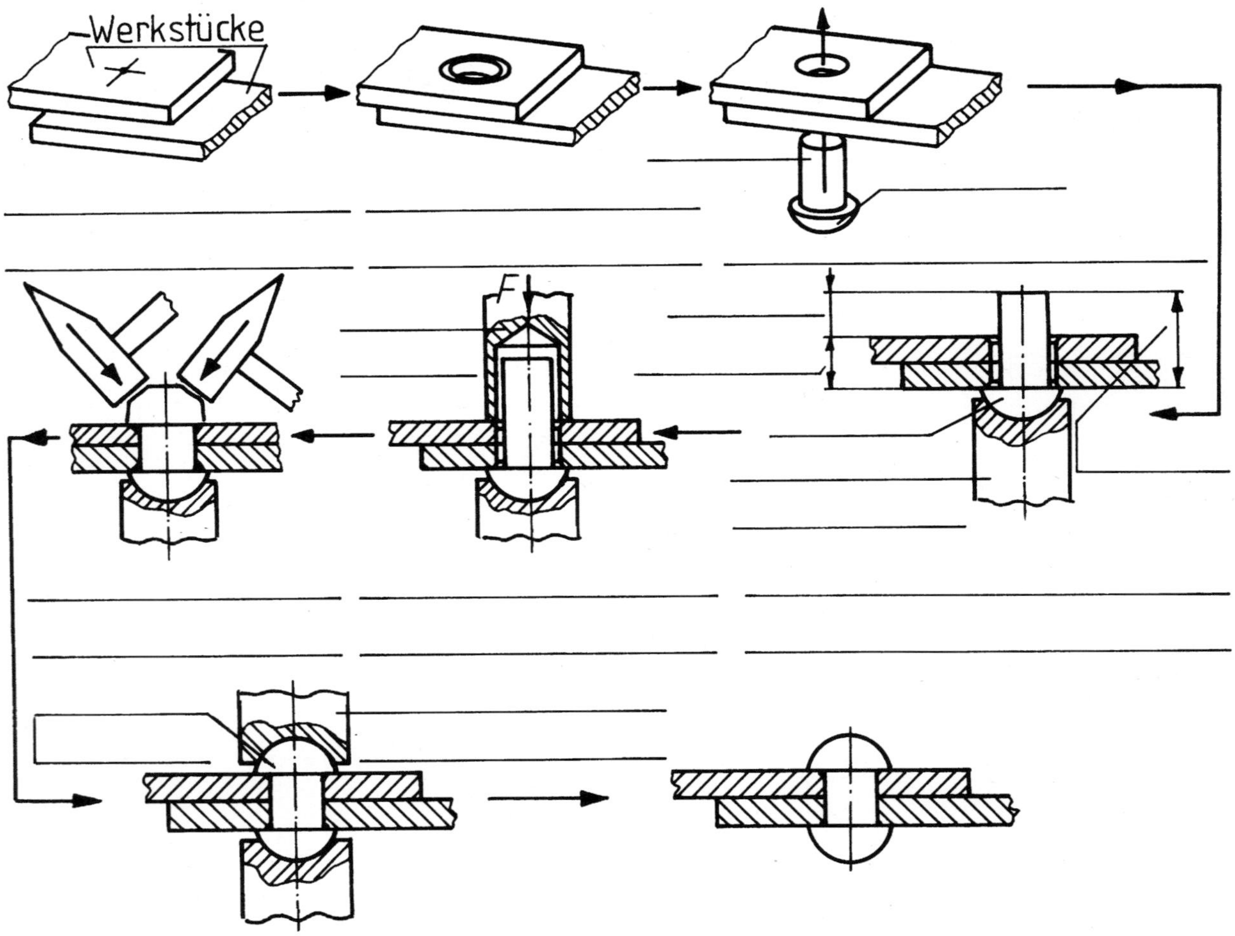


Bei hohen Stückzahlen werden Druckluft-Niethämmer oder Nietmaschinen verwendet.

| Technologie Konstruktionsmechaniker und Metallbauer | Datum: | Fertigungstechnik | F 2 |
|---|---|---|---|
| Name: | Klasse: | | 1 |

## C. Nietverfahren und Beanspruchung der Nietverbindung

_________________ -Nieten (20 °C)

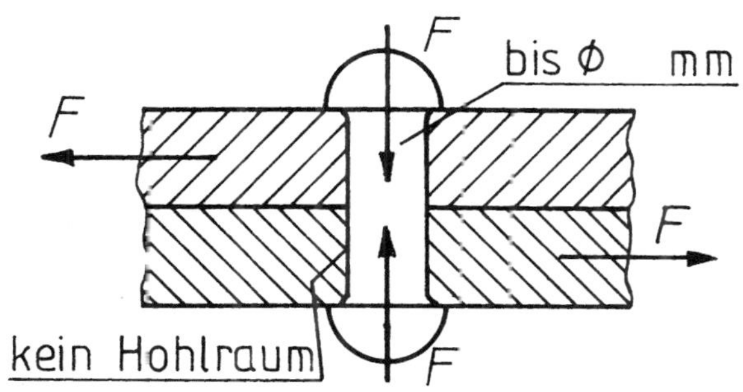


_________________ -Nieten (1000 °C)

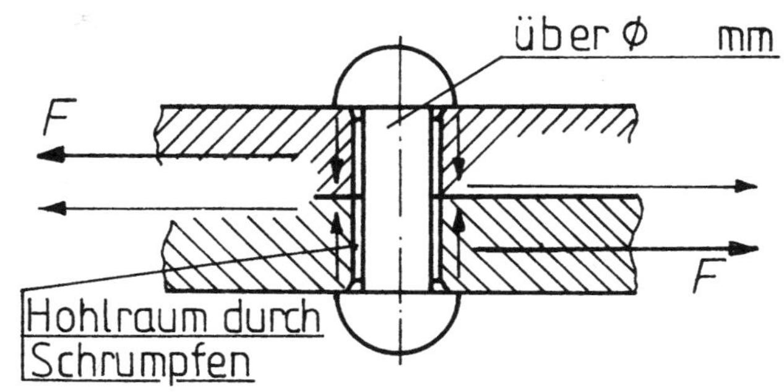


Die Kaltnietung ist eine_________________-schlüssige Verbindung.

Der Nietschaft wird auf _________________ beansprucht.

Die Warmnietung ist eine_________________-schlüssige Verbindung.
Der Nietschaft wird kaum auf Abscherung beansprucht.

## D. Nietwerkstoffe

Werkstoff-
Eigenschaften:

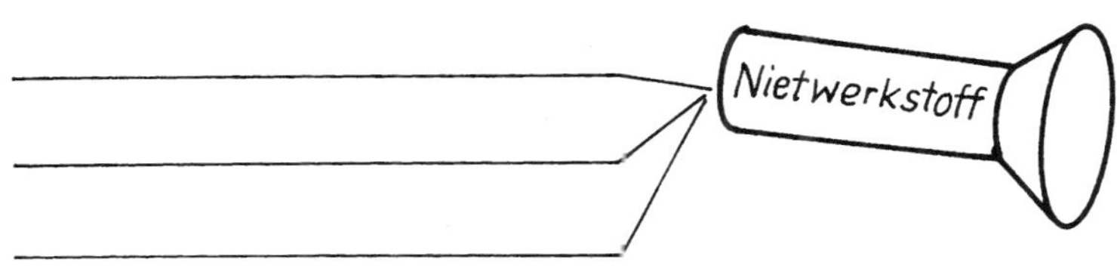


_________________

_________________

_________________

_________________

_________________

_________________

**Merke:** Wegen der großen _________________-Gefahr sollen Niet- und Werkstück-Werkstoffe möglichst aus dem gleichen Werkstoff bestehen.

## E. Nietformen

Benennen Sie die skizzierten Nieten:

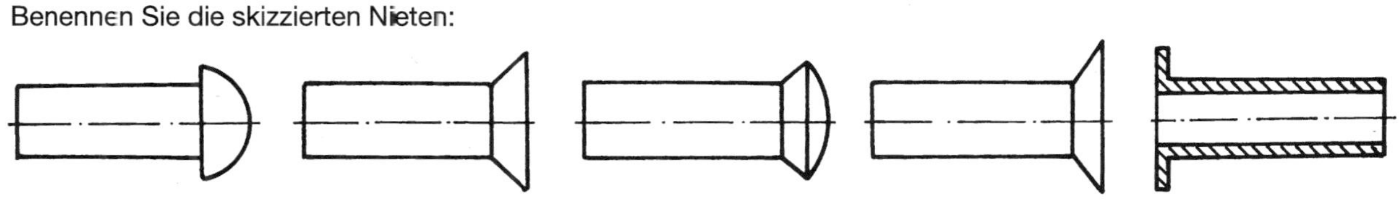

_____________- Niet | _____________- Niet | _____________- Niet | _____________- Niet | _____________- Niet

### 1. Blindnietung

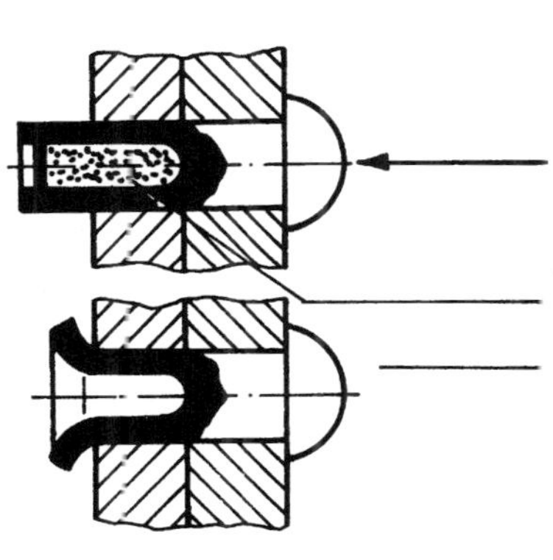

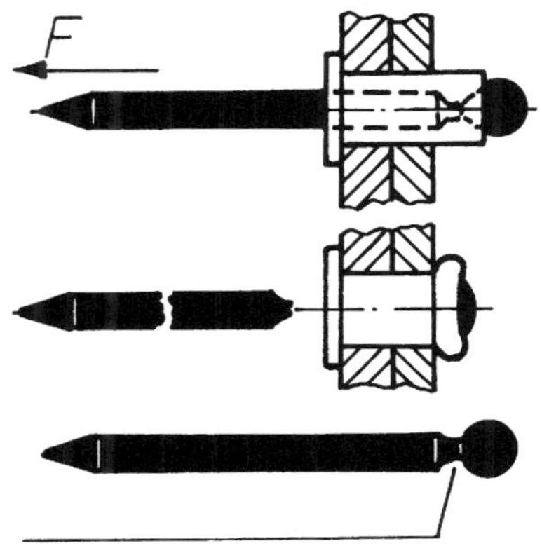


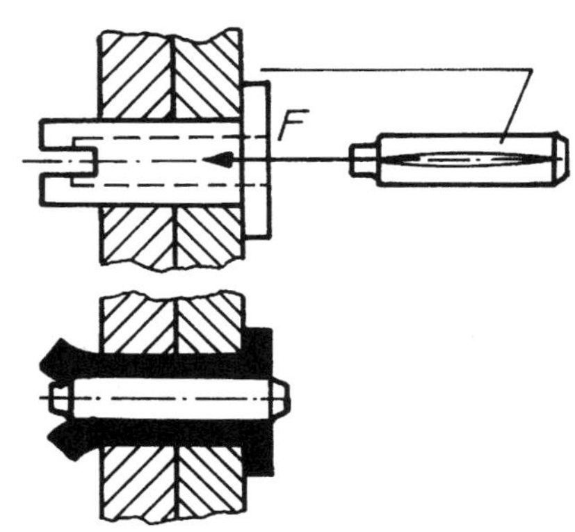


_________________-Niet _________________-Niet _________________-Niet

Anwendung bei _________________ zugänglichen Bauteilen (z. B. Hohlprofile).

2. **Hohlnietung**

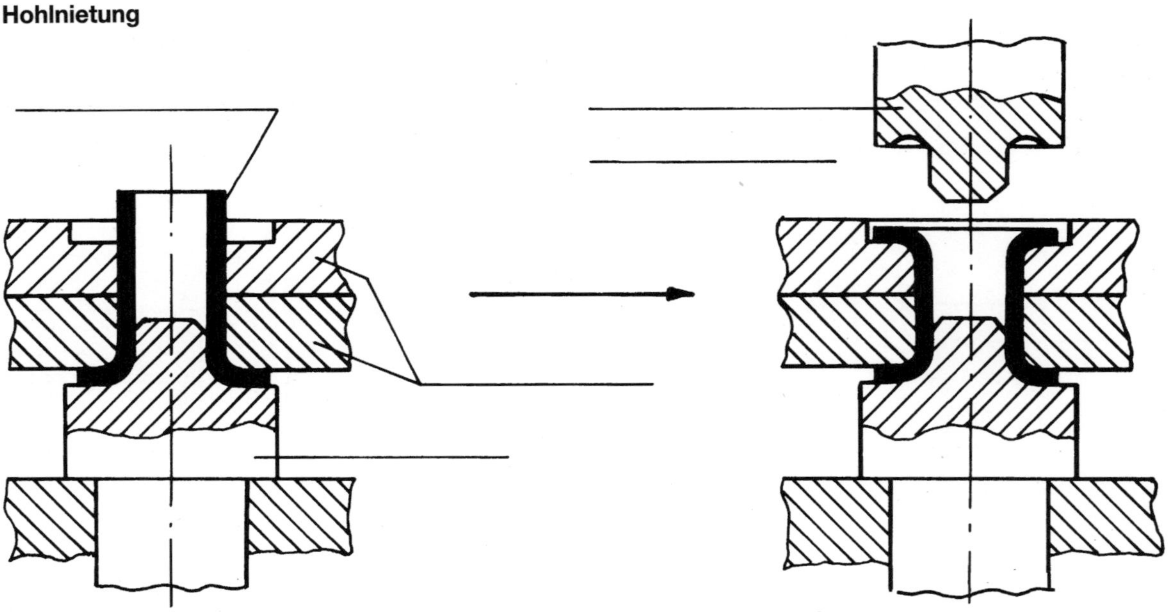

Für Verbindungen mit ________________ Festigkeit z. B. ________________

________________.

In der Kraftfahrzeugtechnik werden Nietungen an Brems- und Kupplungsbelägen durch ________________ ersetzt.

3. **Schließring-Bolzennietung**

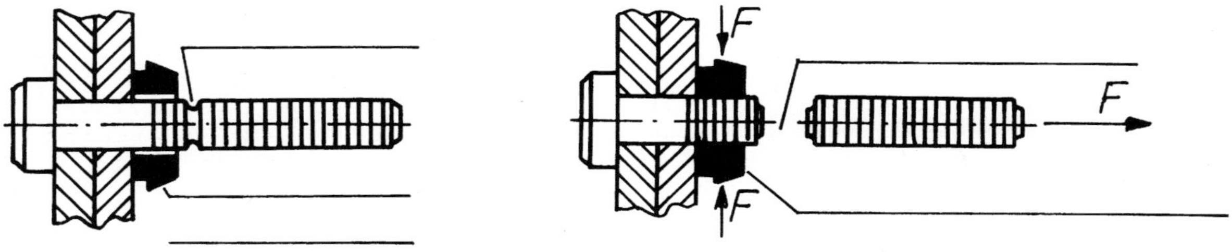


Das Schließen des Ringes und das Brechen des Bolzens wird mit einem Spezialwerkzeug durchgeführt. Schließring-Bolzennietungen können ________________ Kräfte übertragen.

**Merke:** Bei Hohl- und Schließring-Bolzennietungen müssen die Bauteile von ________________ zugänglich sein.

## F. Nietverbindungen im Leichtmetallbau

Nietverbindungen im Stahlbau werden immer mehr durch ____________-Verbindungen verdrängt. Beim Schweißen von kaltverfestigten Al-Profilen ________________ sich die Werkstofffestigkeit. Deshalb sind Nietverbindungen im Leichtmetallbau haltbarer als Schweißverbindungen.

**Gebräuchliche Nietverfahren mit Aluminium-Nieten**

**a) Vollnieten**

Aluminium-Vollnietverbindungen werden ____________ hergestellt. Der Nietschaft muss die entgratete Bohrung vor der Vernietung vollständig ausfüllen. Dies bewirkt eine größere ________________ der Nietverbindung. Niet- und Bauteilwerkstoff sollen ________________ sein.

**Merke:** Harte Vollniete nicht in weichen und weiche Niete nicht in harten Werkstoff schlagen.

**b) Aluminium-Blindnieten** (____________-Nieten)

Beim Vernieten von Bauteilen, die nur von einer Seite aus zugänglich sind, werden ________________-Nieten verwendet.

**Aufgabe:** Vervollständigen Sie die Skizzen.

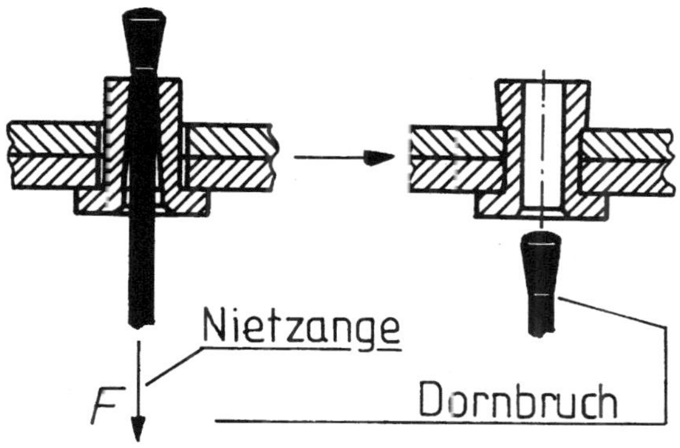


_______________-Vernietung

Nietung ist _______________________

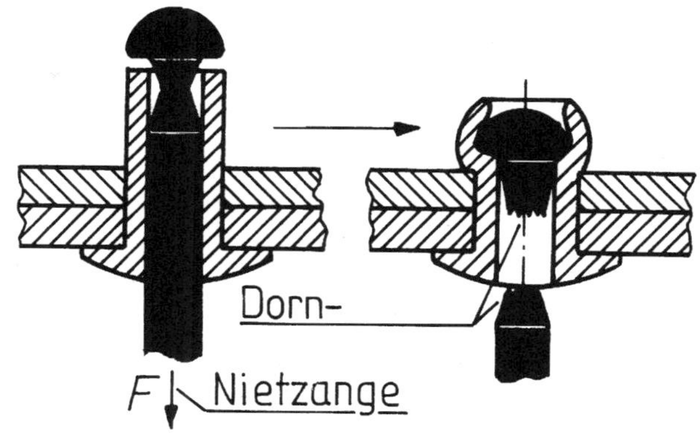


____________-oder ________-Vernietung

Nietung ist _______________________

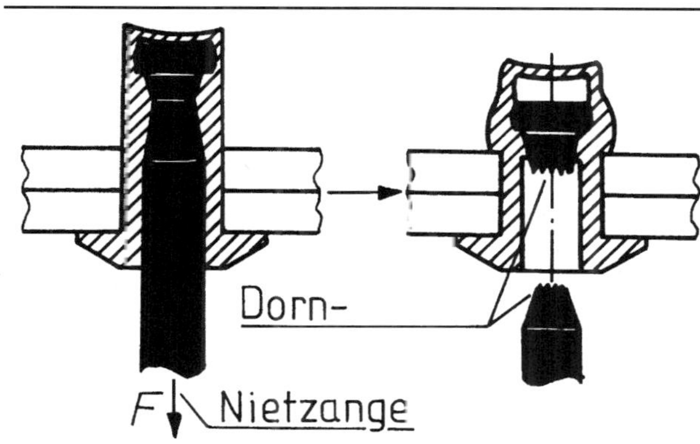


_______________-Vernietung

Nietung ist _______________________

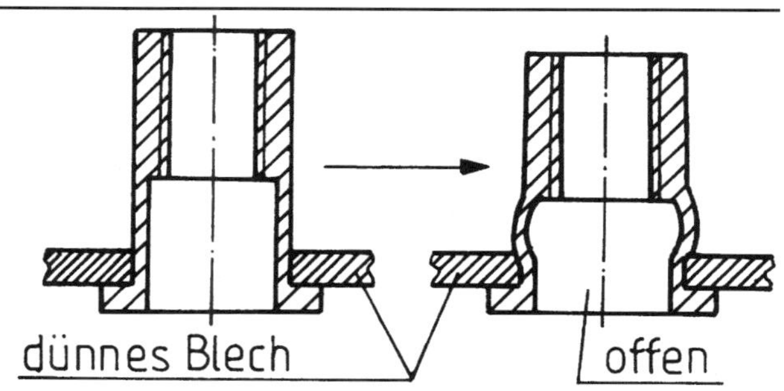


Blind-_______________-Mutter

Es gibt Gewinde-_______________

und Gewinde-___________-Bohrungen

Anwendungsbeispiele für Al-Blindnieten: _______________________________________

_______________________________________________________________

**G. Ausführungsarten**

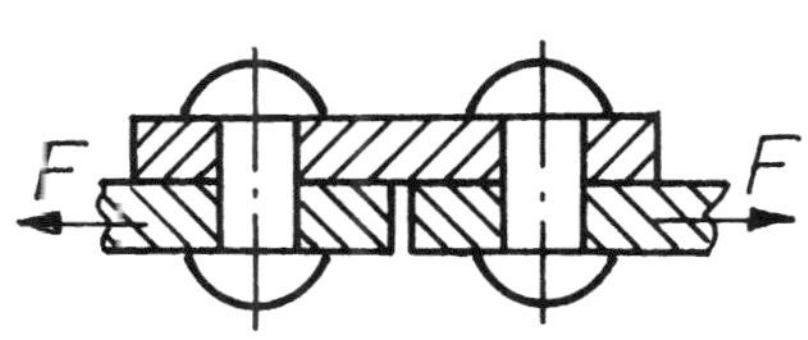


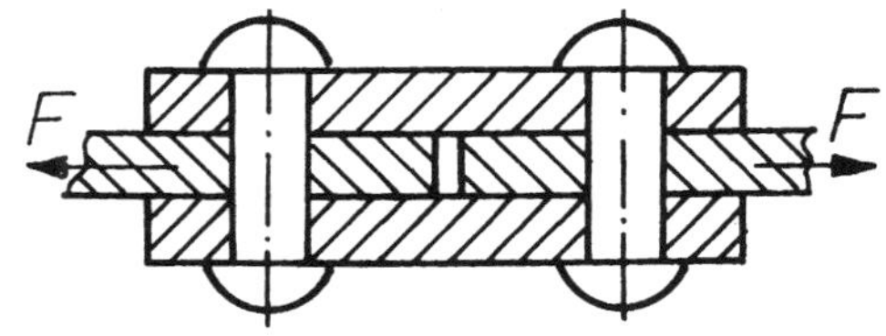


| | | |
|---|---|---|
| ______________ - | ______________ - | ______________ - |
| Nietung | Nietung | Nietung |

**H. Vorteile beim Nieten**

_______________________________________________________________

_______________________________________________________________

_______________________________________________________________

**I. Nachteile beim Nieten**

_______________________________________________________________

_______________________________________________________________

_______________________________________________________________

## 1.5 Schraubenarten und Schraubenverbindungen im Stahl-, Montage- und Brückenbau

### A. **HV-Schraubenverbindungen** DIN 6914

Auf Baustellen ist die Schraubenverbindung einer Stahlbaukonstruktion ________________ als Nieten oder Schweißen. Gegenüber dem Nieten kann der Festsitz der Schrauben durch das Festziehen der Mutter mit dem ________________ -Schlüssel genau durchgeführt und kontrolliert werden. Für diese **h**ochfest **v**orgespannten (angezogenen) Schraubverbindungen ( ______ -Verbindungen, DIN 6914) müssen Sechskantschrauben mit großen Schlüsselweiten verwendet werden. Die Vorspannung der Schraubverbindung muss im ________________ Bereich des Schraubenwerkstoffes liegen. Deshalb haben HV-Schraubenwerkstoffe ________________ Werkstofffestigkeiten (10.9). HV-Schrauben müssen auf der Stirnseite des Kopfes neben dem Namen des Herstellers das Kennzeichen „ ______ “ tragen.

Anwendungen: ________________________________________________

________________________________________________

Vergleichen Sie!

**HV-Sechskantschraube** DIN 6914 (ISO 7412)

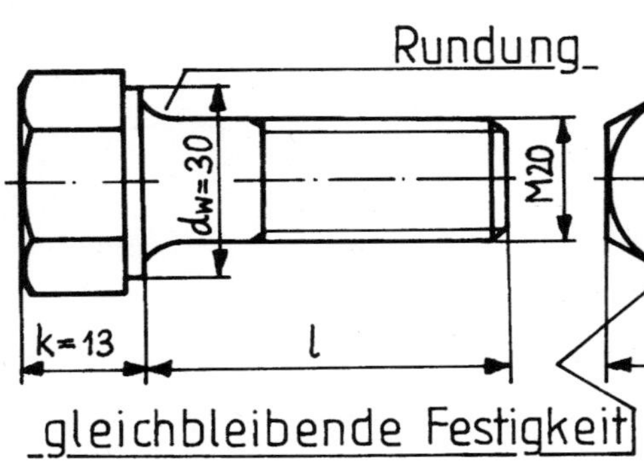


Handelsüblich ab M12 bis M36
Normallänge ab 30 mm bis 260 mm

**Sechskantschraube** DIN EN 24014, ISO 4014

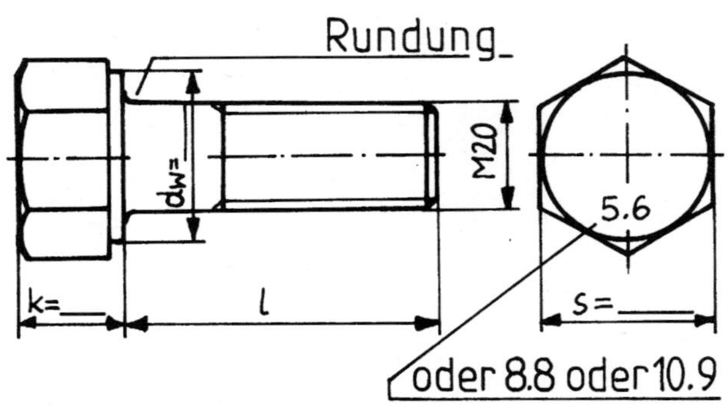


Handelsüblich ab M1,6 bis M56
Normallänge ab 12 mm bis 500 mm

**Merke:** HV-Schrauben besitzen eine ________________ Schlüsselweite als die üblichen Sechskantschrauben (DIN 931), damit sie mit einem größeren Schlüssel ________________ angezogen werden können. Schraubverbindungen ohne Korrosionsschutzüberzüge sind nach der Montage durch einen ________________ zu schützen.
Die vorgespannte Schraube drückt gegen die Bauteile. Diese Pressung bewirkt eine hohe ________________ und einen großen Widerstand gegen das Verschieben der Bauteile.

**Aufgabe:** Erklären Sie die Festigkeitsangabe 10.9 einer HV-Schraube.

________________________________________________

________________________________________________

________________________________________________

**Ausführung einer HV-Verschraubung**

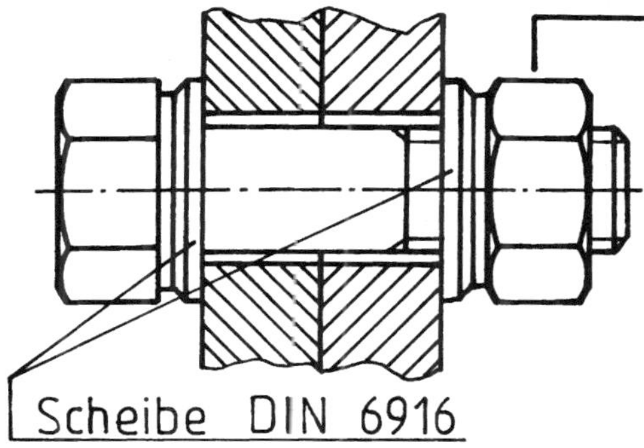


Sechskantmutter DIN 6915 (ISO 7414) mit großer Schlüsselweite ab M12 bis M30. Die Muttern müssen auf der Stirnseite das Kennzeichen „ _______ “ tragen.

Normbeispiel:

Sechskantmutter DIN 6915- _____________

Die große Rundung am Schraubenkopf erbringt eine _______________ Kerbwirkung bei Belastung der Schraube.

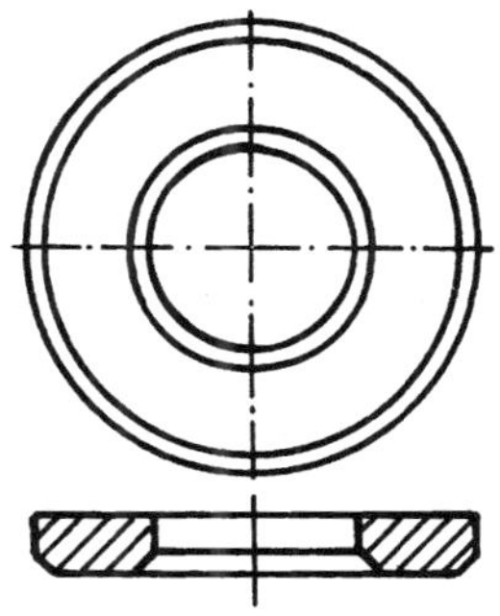

Die _____________ Scheiben (C 45) müssen auf der Unterseite das Kennzeichen „ ______ “ tragen. Eine HV-Verschraubung benötigt immer ______ HV-Scheiben.

Damit die große Rundung am Schraubenkopf aufgenommen werden kann, muss die Scheibeninnenfase stets nach __________________ zeigen.

Normbeispiel:

Scheibe DIN 6916 – ___________ (21 mm = Bohrungsdurchmesser, für Gewinde M20)

**HV-Unterlegscheiben für U-Stähle (DIN 1026) und I-Träger (DIN 1025)**

Vierkant-Unterlegscheiben verhindern an unebenen oder schiefen Auflageflächen (z. B. U-Stähle oder I-Träger) __________________ Belastungen.

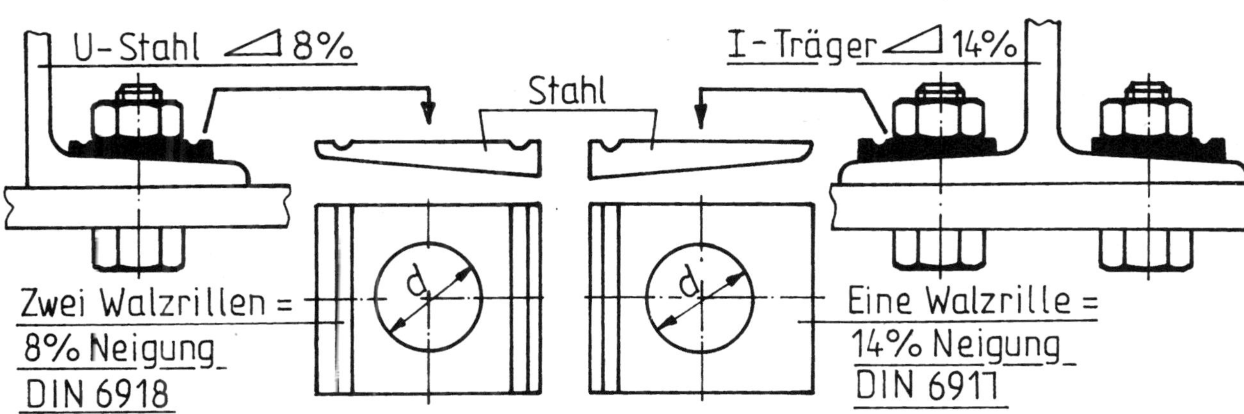


Werkstoff: C 45

Werkstoff: C 45

Handelsüblich ab Bohrungsdurchmesser $d$ = 3 mm bis 31 mm.

## 1. SL-Verbindungen

Die meisten HV-Verschraubungen sind **S**cher-**L**ochleibungsverbindungen (**SL**-Verbindungen).

**Unbelastete SL-Verbindung**

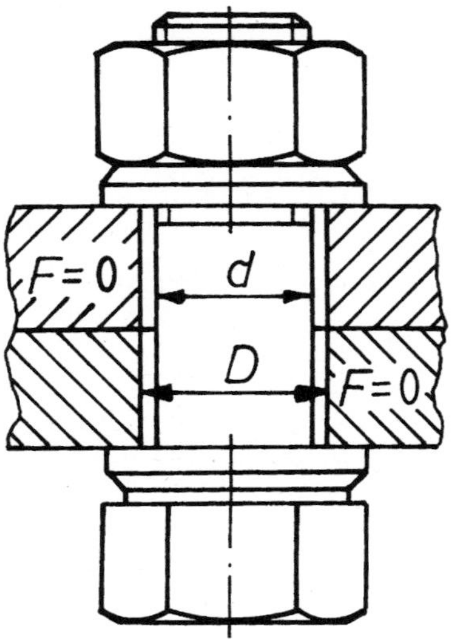


Bauteilbohrung D minus Schaftdurchmesser d = __________ mm

**Belastete SL-Verbindung**

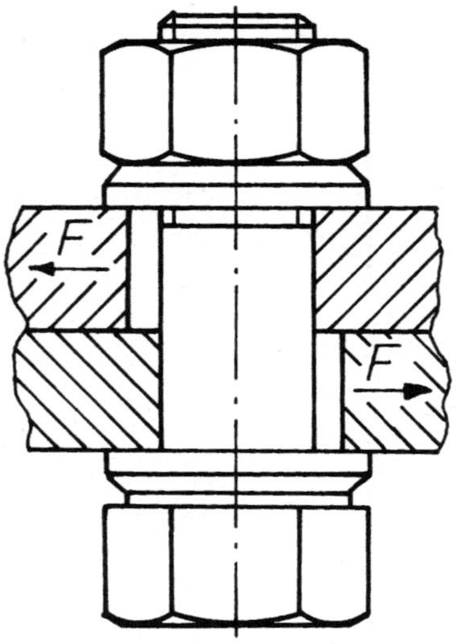


Die Kräfte drücken die Bohrungswandung (Lochwandung) bis zum Schraubenschaft

= ______________________

**Überbeanspruchte SL-Verbindung**

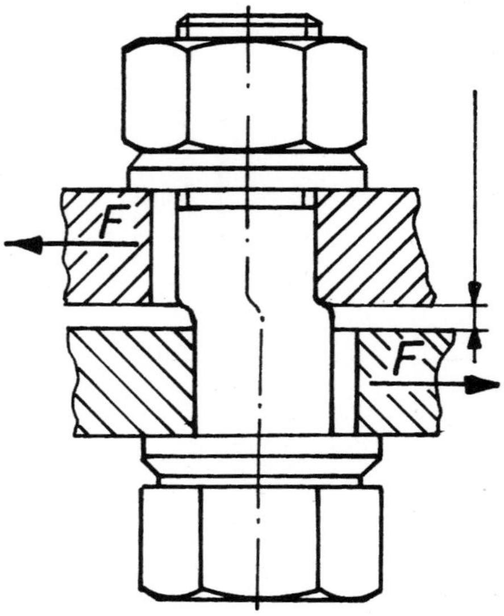


Zu große Kräfte bewirken:

1. Schrauben- ______________
2. __________ zwischen den Bauteilen
3. __________ des Schraubenschaftes
4. __________ der Bauteilbohrung

Markieren Sie farbig die Abscherstelle!

**Merke:** 1. SL-Verbindungen mit HV-Verschraubungen dürfen nur bei ______________ Belastung verwendet werden.

Beispiel: ______________________________

2. Eine HV-Verschraubung kann durch die hohe Werkstoffestigkeit ______________ belastet werden.

**Vorteile:**
1. ______________________________
2. ______________________________
3. ______________________________
4. ______________________________

**2. SLP-Verbindung**

Vergleichen Sie:

______________________________ ______________________________

______________________________ ______________________________

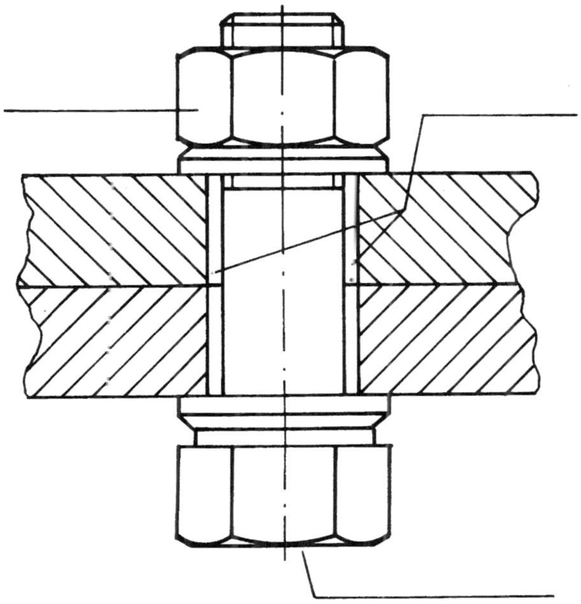

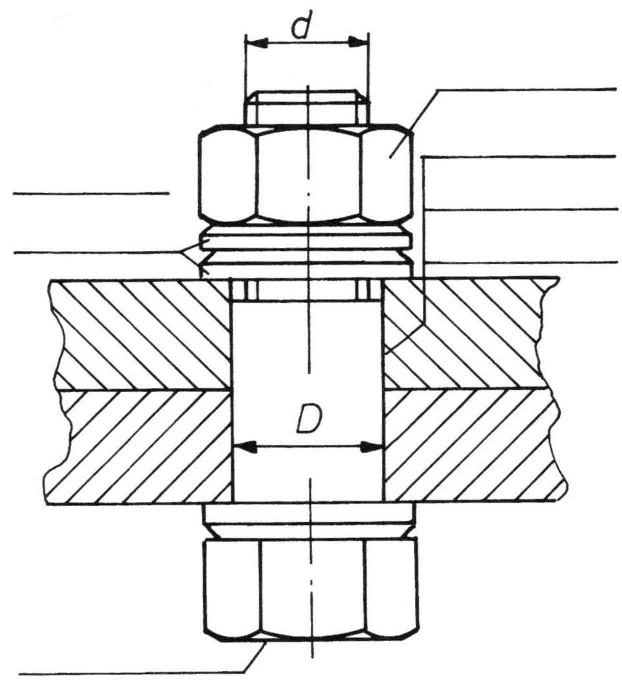


**Merke:** Alle SLP-Verschraubungen dürfen auch bei ______________ Belastungen verwendet werden. Die Mutter muss mit Verliersicherungen gesichert sein. Verliersicherungen: ______________________________

______________________________

SLP-Verbindung = **S**cher-**L**ochleibungsverbindung mit einer **P**assung zwischen der ______________________ Bauteilbohrung und dem Schraubenschaft (Spiel __________ mm).

**3. GV-Verbindungen**

**Belastete SL-Verbindung**

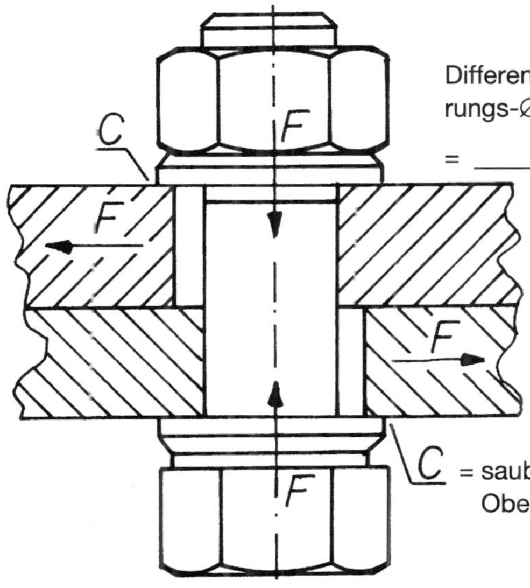


Differenz (Spiel) zwischen Bohrungs-∅ und Schraubenschaft = __________ mm

C = saubere, sandgestrahlte Oberfläche

**Belastete GV-Verbindung =**
**G**leitfeste **V**orgespannte Verbindung

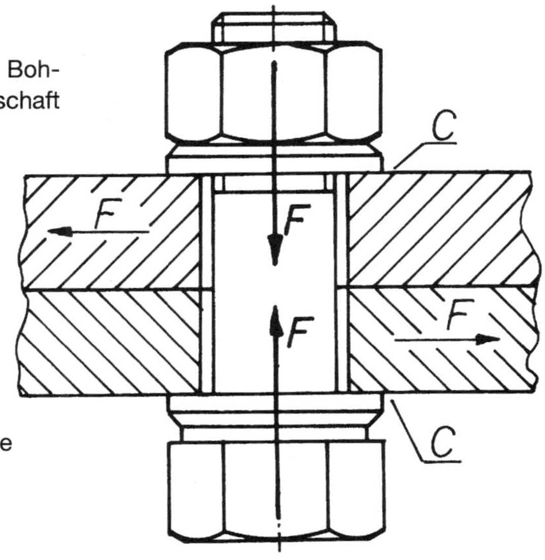


______________________________ ______________________________

______________________________ ______________________________

Beanspruchung auf ______________________

Keine Beanspruchung auf ______________________

### 4. GVP-Verbindung

Es gibt auch **g**leitfeste, **v**orgespannte Verbindungen mit einer **P**assung zwischen der geriebenen Bauteilbohrung und dem Schraubenschaft. (Spiel ______________ mm).

**Werkzeuge zum Vorspannen von GV-Verbindungen:**

______________________________________________

______________________________________________

**Montagetemperaturen von GV-Verbindungen**

Bei einer Außentemperatur unter __________ °C müssen vor dem Verspannen die Schrauben und Muttern vorgewärmt werden.

**Prüfung der GV-Fertigverschraubung**

Es müssen 5 % aller Schrauben, also jede ______________ Schraube, mit einem Prüfgerät auf richtige Vorspannung überprüft werden.

**Anwendungsbeispiele für GV- und GVP-Verbindungen:**

______________________________________________

______________________________________________

______________________________________________

______________________________________________

**Beachte:** Es werden keine Schraubensicherungen verwendet.

## B. Sonderformen

**1. Annietmutter** DIN 987

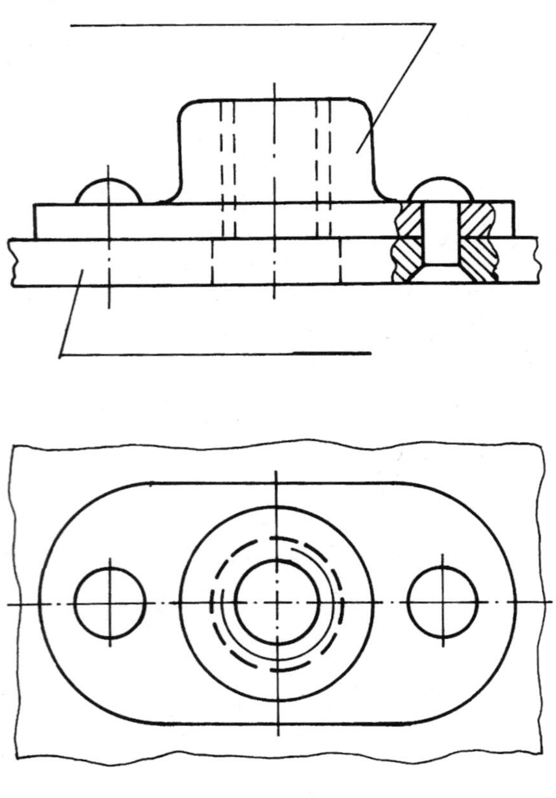

**2. Schweißmutter** DIN 929

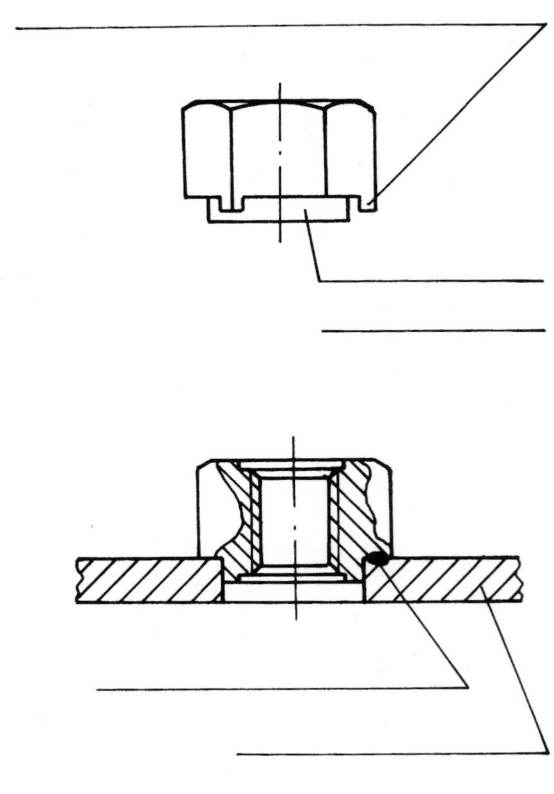

Weitere Sonderformen siehe Fachstufe 1 Seite 8

## 2.1 Fertigung mit NC-Maschinen

### A. Begriffserklärung

NC bedeutet: **N**umerical **C**ontrol = ______________________________

______________________________

### B. Vergleich herkömmlicher und NC-gesteuerter Maschinen

**Handgesteuerte Maschine**

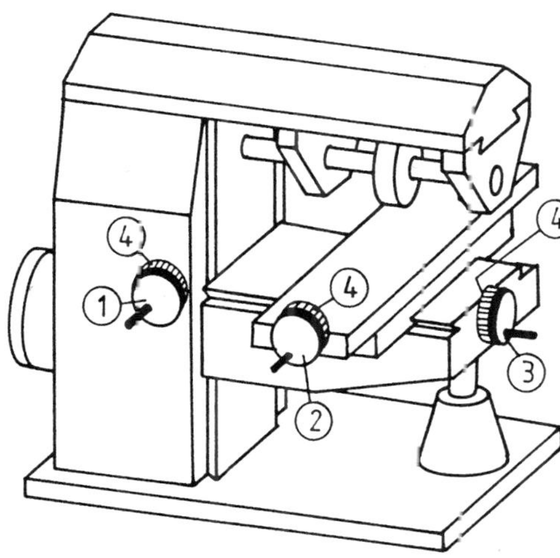


1, 2, 3 = ______________________________

4 = ______________________________

**Merke:**

Vor dem Fräsen muss der Metallbauer die richtige ____________________ der Werkstückbearbeitung festlegen.

Der Metallbauer muss beim Bearbeiten eines Werkstückes ständig ____________________ Werkzeug und Werkstück neu positionieren

(z.B. ______________________________

______________________________)

Während der Bearbeitung ist der Arbeitsraum der Maschine ______________________________.

**CNC-Maschine**

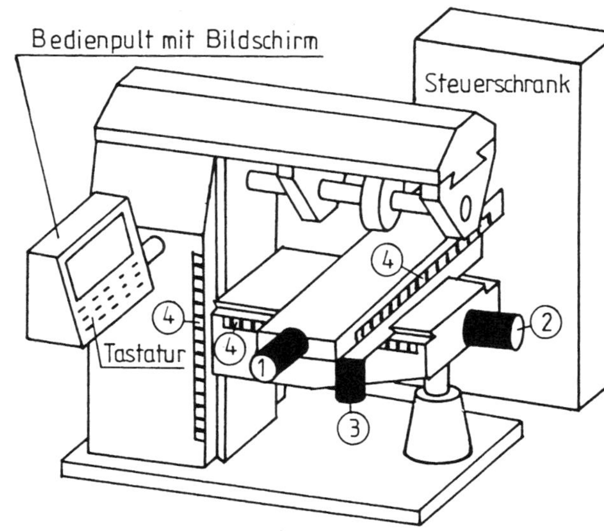


1, 2, 3 = ______________________________

______________________________

4 = ______________________________

**Merke:**

Vor dem Fräsen wird der gesamte Bearbeitungsvorgang in kleine ____________________ aufgeteilt.

Diese werden als verschlüsselte Befehle oder Daten

(______________________________)

über das Bedienfeld der Steuerung mitgeteilt

(____________________).

CNC-Maschinen bearbeiten das Werkstück __________

______________________________.

Während der Bearbeitung ist der Arbeitsraum der Maschine ______________________________.

## C. Prinzip der CNC-Fertigung

Technische Darstellung (______________________________)

↓

| | Arbeits- ______________________________ |
|---|---|
| z. B. Arbeitsplan | 1. Informationen über die Geometrie des Werkstückes:<br>______________________________ |
| | 2. Technologische Informationen:<br>______________________________<br>______________________________ |
| | 3. Zusatzinformationen:<br>Ein-Aus } ______________________________<br>______________________________<br>______________________________<br>______________________________<br>______________________________ |
| z. B. Werkzeugplan | ______________________________<br>______________________________ |
| z. B. Vorrichtungsplan | ______________________________ |

↓

Programmanleitung → ______________________________

↓

Erstellung des ______________ (Gesamtinformations-Erstellung) z. B. ______________

______________________________

______________________________

→ Daten- ______________, Dateneingabe in den ______________

↓

| Bildschirm | CNC-Steuerung |
|---|---|
| ______________ vor der Werkstückbearbeitung | ______________________________ |
| Daten- ______________ während der Bearbeitung | ______________________________ |

Rückmeldung → ______________-Wert

↓

______________-Wert ______________-Kreis Stellbefehl (z. B. Vorschubmotor)

↓

Messen ← Werkstückbearbeitung

**Merke:** Der Regelkreis wird unterbrochen, wenn der Istwert unter Beachtung der Fertigungstoleranzen mit dem Sollwert übereinstimmt = ______________________________.

## D. Vorteile und Nachteile von CNC-Maschinen

**Vorteile:**

1. ________________ Wiederholgenauigkeit beim Bearbeiten gleicher Werkstücke
2. Schnelle und einfache Programmänderungen möglich z. B. ______________________________ ______________________________
3. ______________ Bearbeitungsgeschwindigkeit der Werkstücke
4. Keine Schablonen („Meisterstücke“) notwendig.
5. ______________ Ausschuss,
6. ______________ Kontrolle.

**Nachteile:**

1. ______________ Anschaffungskosten
2. ______________ Wartungskosten
3. ______________________________
Arbeitsplanung
4. Hochqualifiziertes ______________ ______________________________

## E. Baugruppen und Produktionseinheiten

### 1. Antriebe

#### a) Hauptantrieb

Anstelle der herkömmlichen Drehstrommotore mit Stufengetriebe werden in modernen Werkzeugmaschinen drehzahlregelbare ____________________-Antriebe verwendet.

Forderungen an moderne Hauptantriebe:

______________________________________________________________

______________________________________________________________

#### b) Vorschub- oder Servoantriebe

Jede Maschine führt beim Bearbeiten eines Werkstückes Bewegungen aus.

Beispiele: ______________________________________________________________

______________________________________________________________

Für jede Maschinenbewegung ist ein Einzelantrieb notwendig. Dadurch können alle Antriebswellen ______________ ______________ und unabhängig voneinander angetrieben werden.

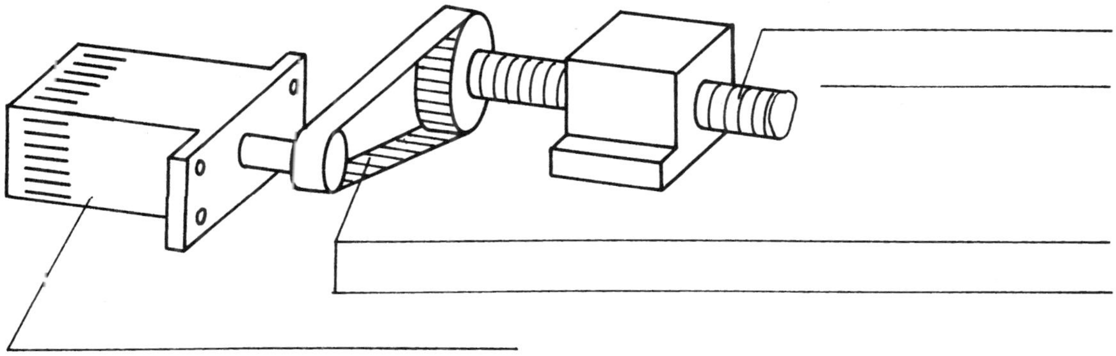

**Vorteile:**

1. ______________________________
______________________________
2. ______________________________
______________________________
3. ______________________________
4. ______________________________

**Nachteile:**

1. ______________________________
2. ______________________________
3. ______________________________
______________________________

**c) Kugelumlaufspindel**

Kugelumlauspindel mit

______________________

Kugelumlaufspindel mit

______________________

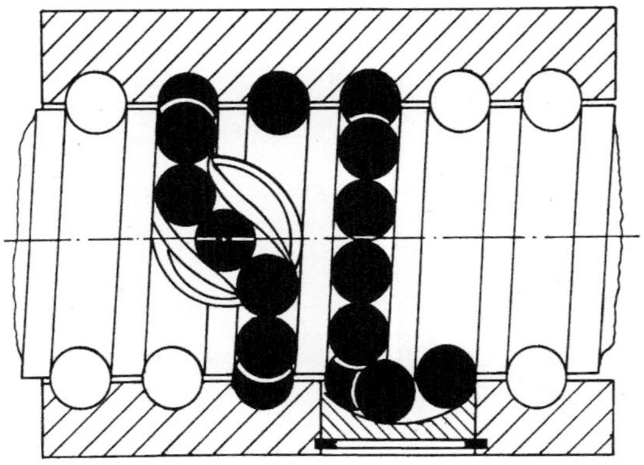

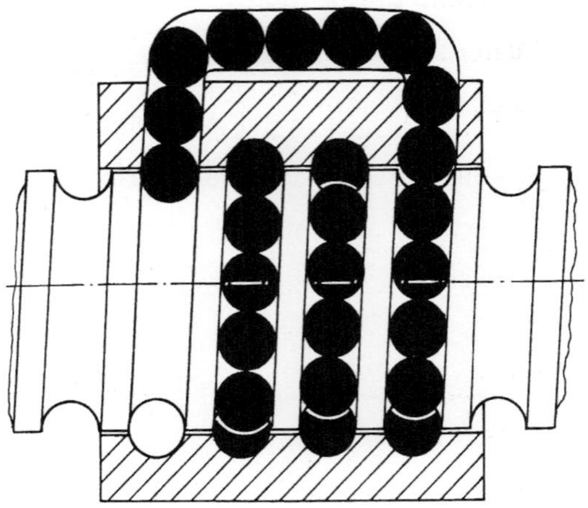

Vorteile der Kugelumlaufspindel gegenüber dem Trapezgewindeantrieb:

______________________

______________________

**2. Bedienfeld einer CNC-Steuerung**

CNC-Maschinen werden über das Bedienfeld gesteuert. Die Symbole sind genormt (Tabellenbuch).

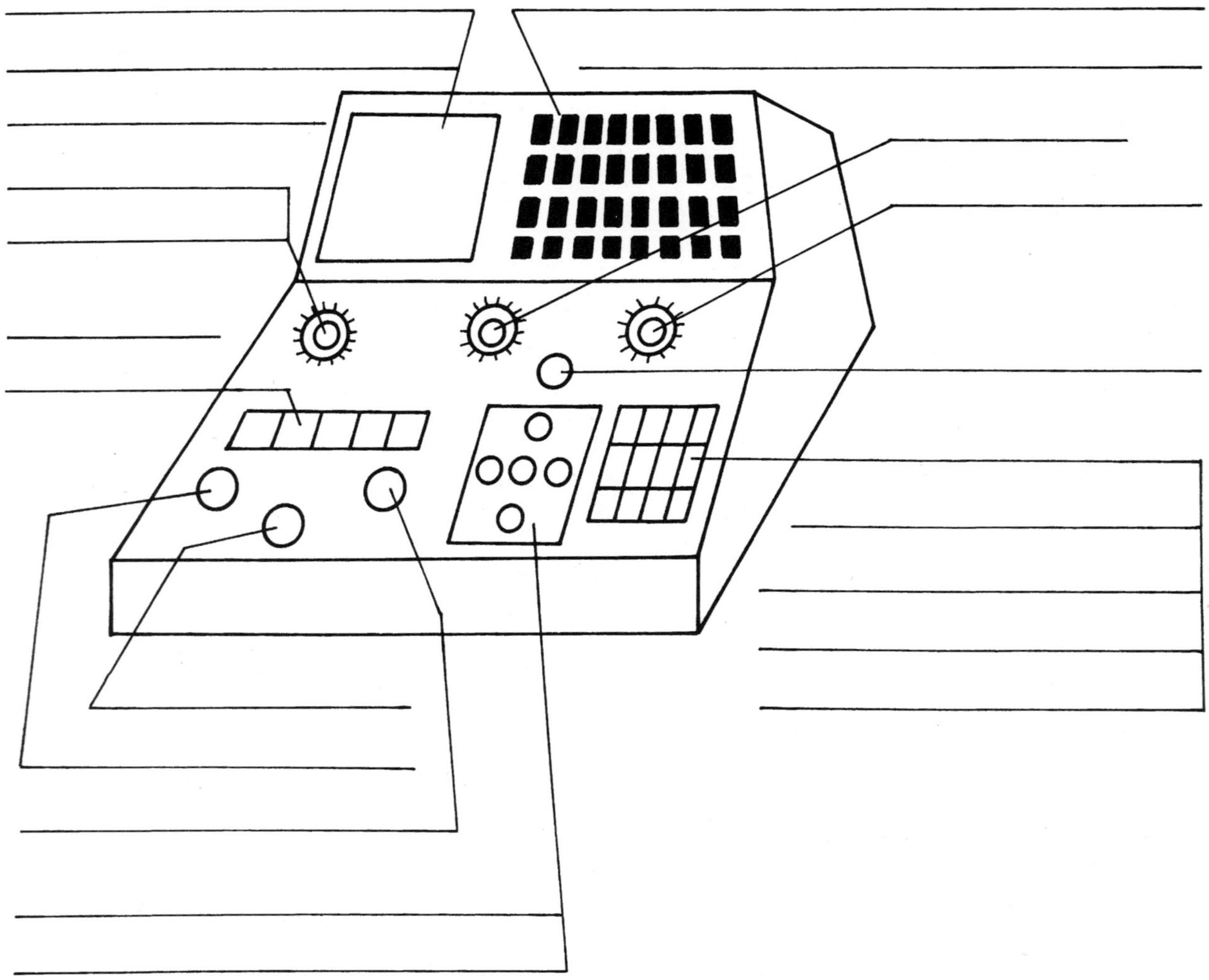

**3. Wegmesssystem z. B. Plasmaschneidmaschine**

Beim Bearbeiten eines Werkstückes mit CNC-Maschinen müssen laufend Ist- und Sollwertvergleiche von Werkstück und Werkzeug durchgeführt werden. Dazu sind ______________________________ erforderlich.

**a) Direkte Wegmessung**

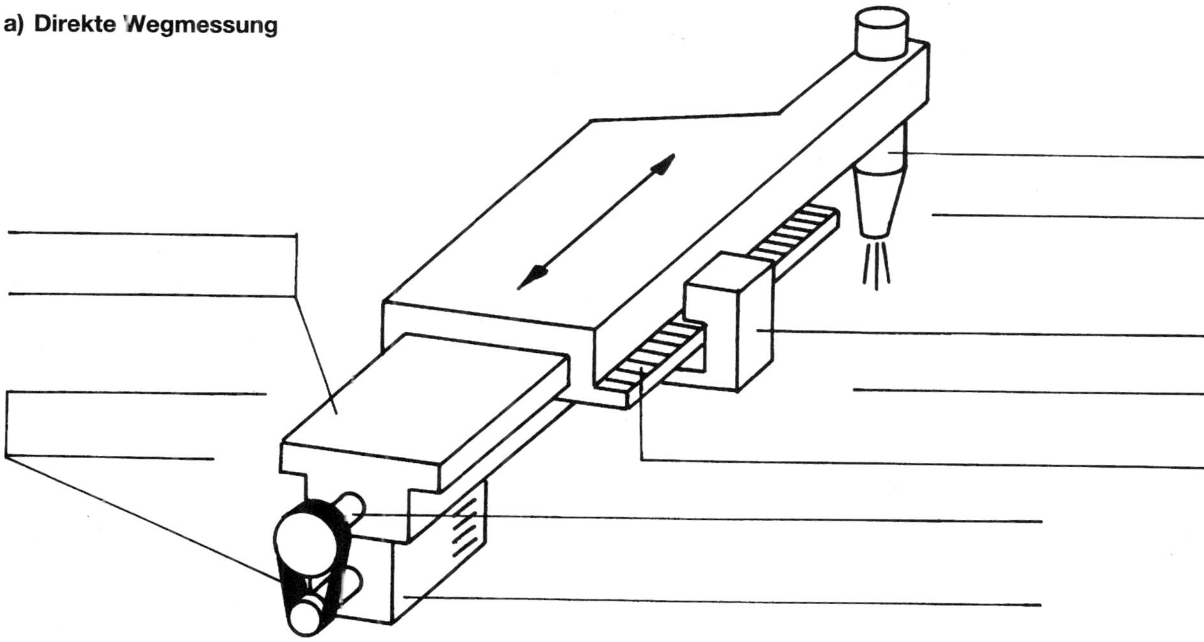

Der Strichmaßstab ist parallel mit dem beweglichen Maschinenschlitten __________________ verbunden. Der festsitzende Messkopf ist am Schlittenunterbau befestigt und zählt die __________________. Diese Istwerte werden der __________________ laufend zugeführt.

**b) Indirekte Wegmessung**

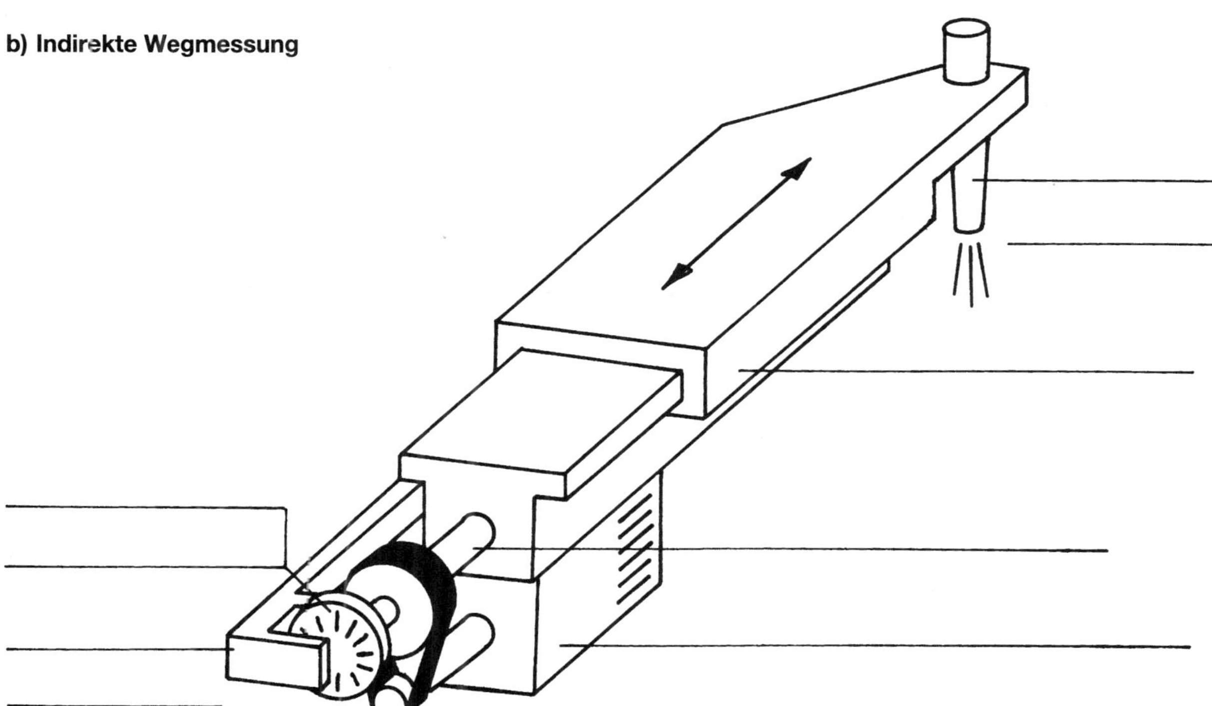

Der Stellmotor treibt über den Zahnriemen die auf der Kugelumlaufspindel festsitzende Strichmaß- ____________ ab. Der Messkopf zählt die vorbeilaufenden Striche, wandelt sie in elektrische ______________ um und gibt diese Istwerte an die Steuerung weiter.

Bei der direkten und indirekten Wegmessung werden die ____________-Werte mit den ____________-Werten verglichen. Der Schlitten bewegt sich solange, bis Soll- und Istwert ______________________________.

**c) Inkrementale Wegmessung**

(Zuwachswegmessung oder schrittweise Wegmessung)

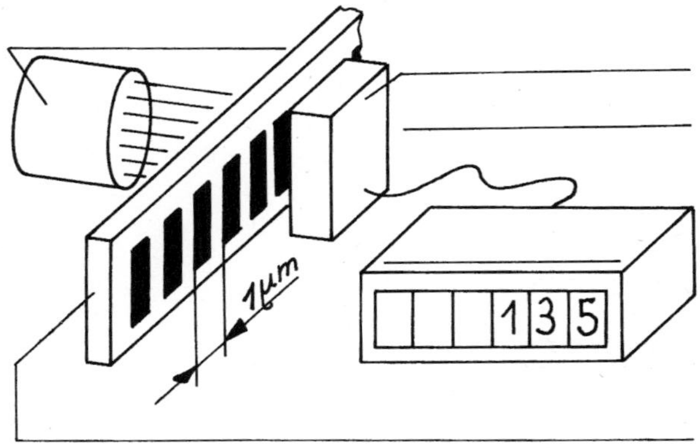


**d) Absolute Wegmessung**

(Bezugswegmessung oder Nullpunktwegmessung)

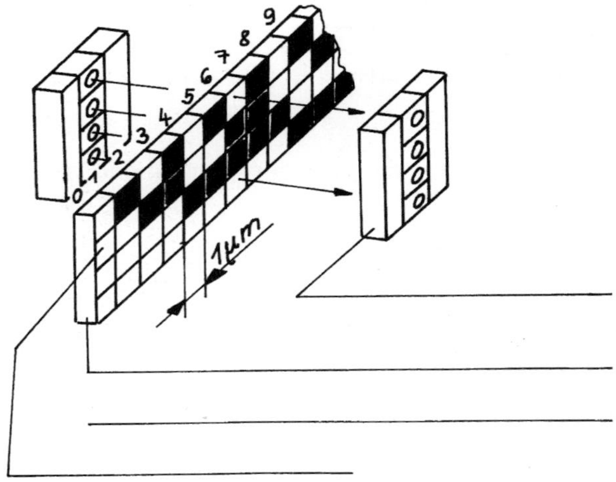


**Merke:** Inkrementale Wegmessung bedeutet „ ________________ "-Messung. Es gibt also keinen Ausgangs- oder Nullpunkt. Es wird immer ________________ aneinandergereiht.

**Merke:** Absolute Wegmessung bedeutet „ ________________ "-Messung. Alle Maße beziehen sich auf einen Ausgangs- oder Nullpunkt. Die Schlittenposition ist jederzeit, auch bei einem Stromausfall, ________________ .

Verändert ein Werkzeugschlitten seine Lage um z. B. 37 mm, so müssen ________ Impulse verarbeitet werden.

## F. Koordinatenbemaßung

### a) Absolute Bemaßung (Bezugsbemaßung)

Bemaßen Sie das Werkstück nach dem absoluten Bemaßungssystem.

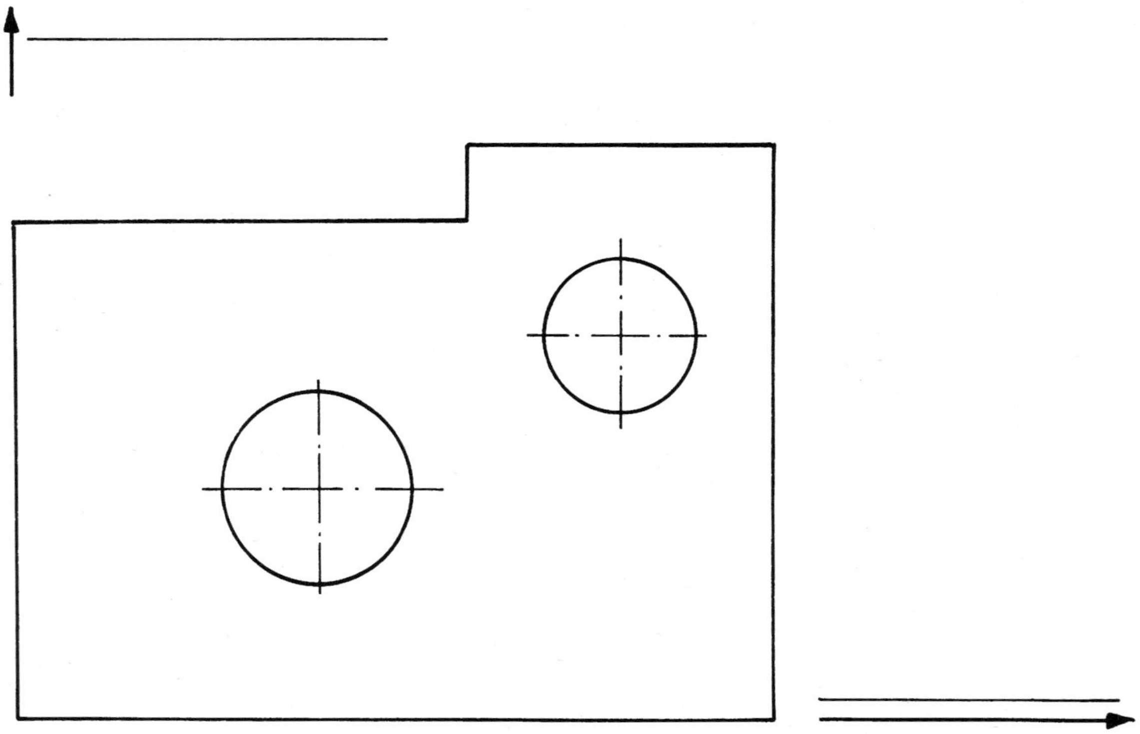

**Merke:** Alle Maße gehen von einheitlichen ________________________

( ________________ ) aus.

**b) Inkrementale Bemaßung (Ketten- oder Zuwachsbemaßung)**

Bemaßen Sie das Werkstück nach dem inkrementalen Bemaßungssystem.

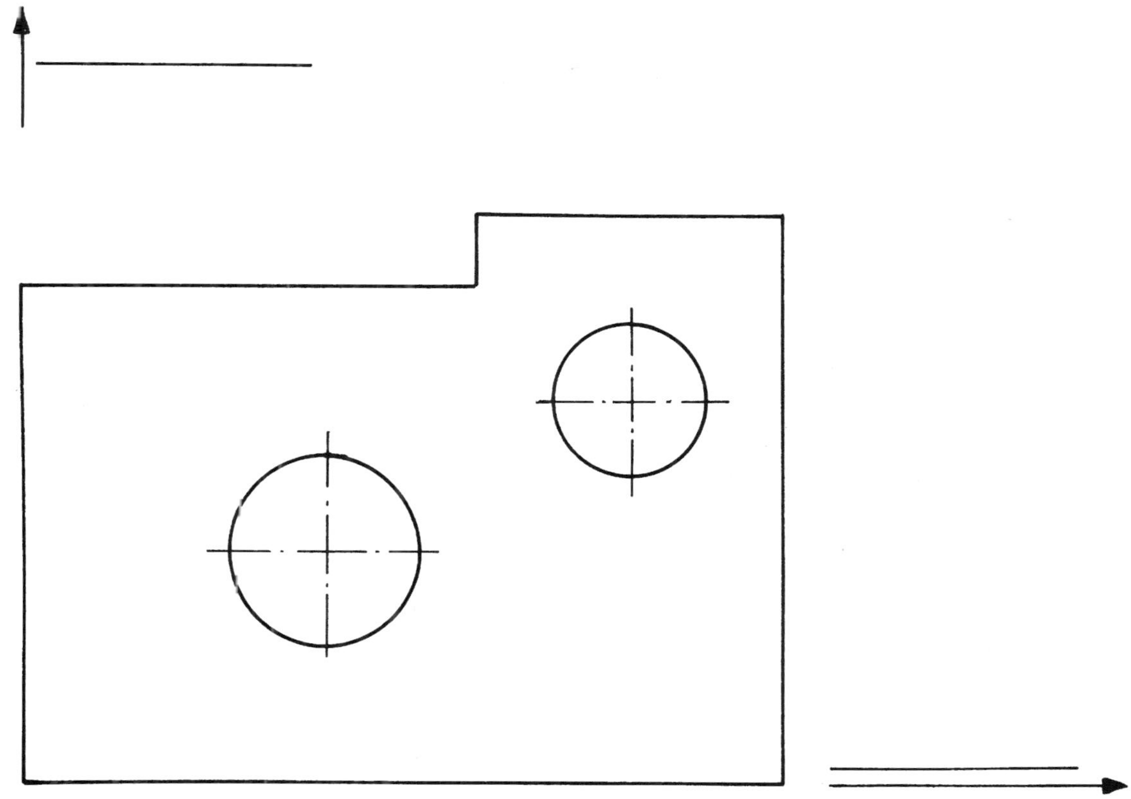

**Merke:** Der Endpunkt des vorhergehenden Maßes ist der ____________________ des folgenden Maßes.

## G. Maschinenkoordinaten

Das rechtwinklige Maschinenkoordinatensystem wird immer auf das ______________________ bezogen.

Wir unterscheiden:

**Zweiachsiges Koordinatensystem**

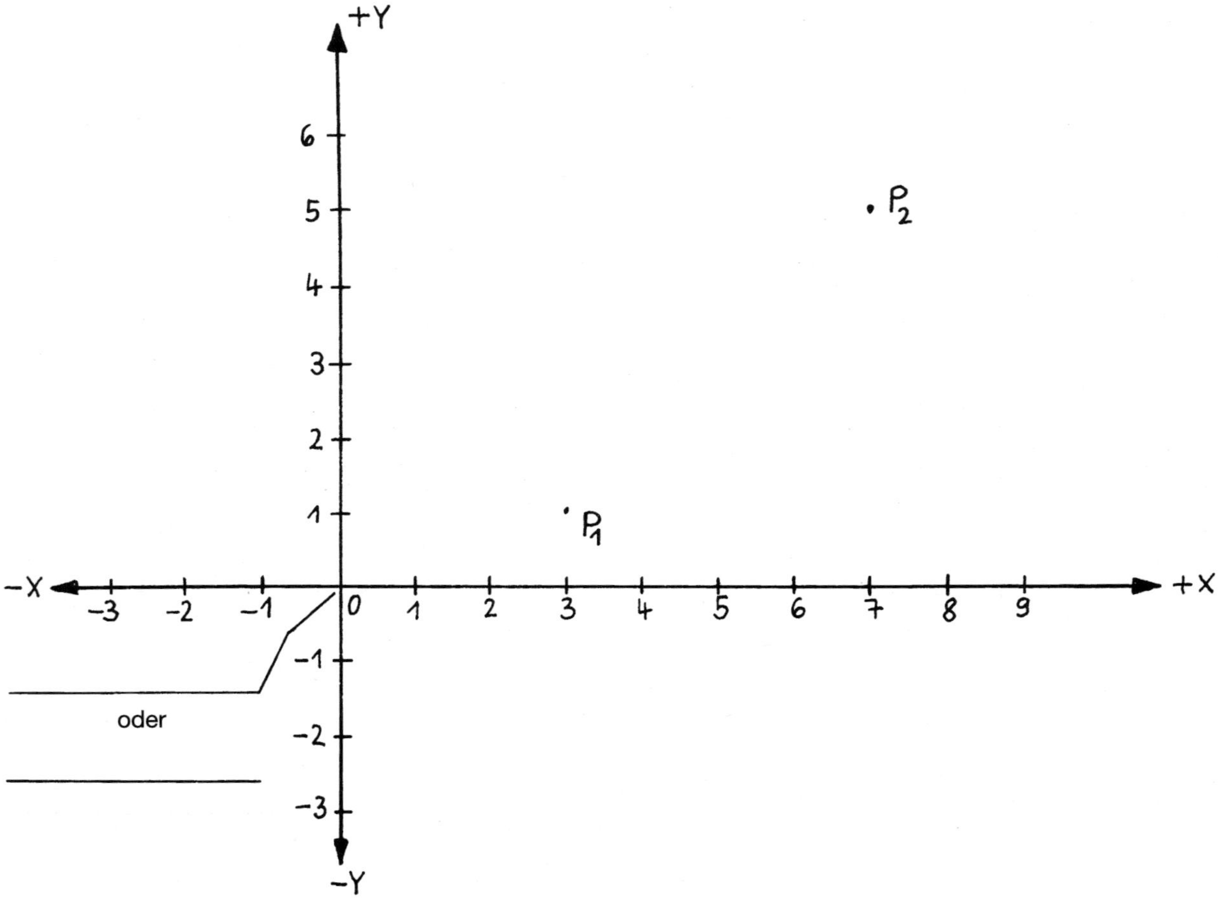


**Aufgaben:** 1. Vervollständigen Sie das gegebene Koordinatensystem.

2. Bestimmen Sie die Koordinaten der gegebenen Punkte $P_1$ und $P_2$.

   $P_1$ ( x-Wert = ________ , y-Wert = ________ )

   Genormte Schreibweise:

   $P_1$ ( ______ /______ )

   ____________

   ____________

   $P_2$ ( ______ /______ )

3. Zeichnen Sie die Punkte $P_3$ (–1/4), $P_4$ (5/2,5) und $P_5$ (4/0) in das Maschinenkoordinatensystem ein.

**Räumliches Koordinatensystem**

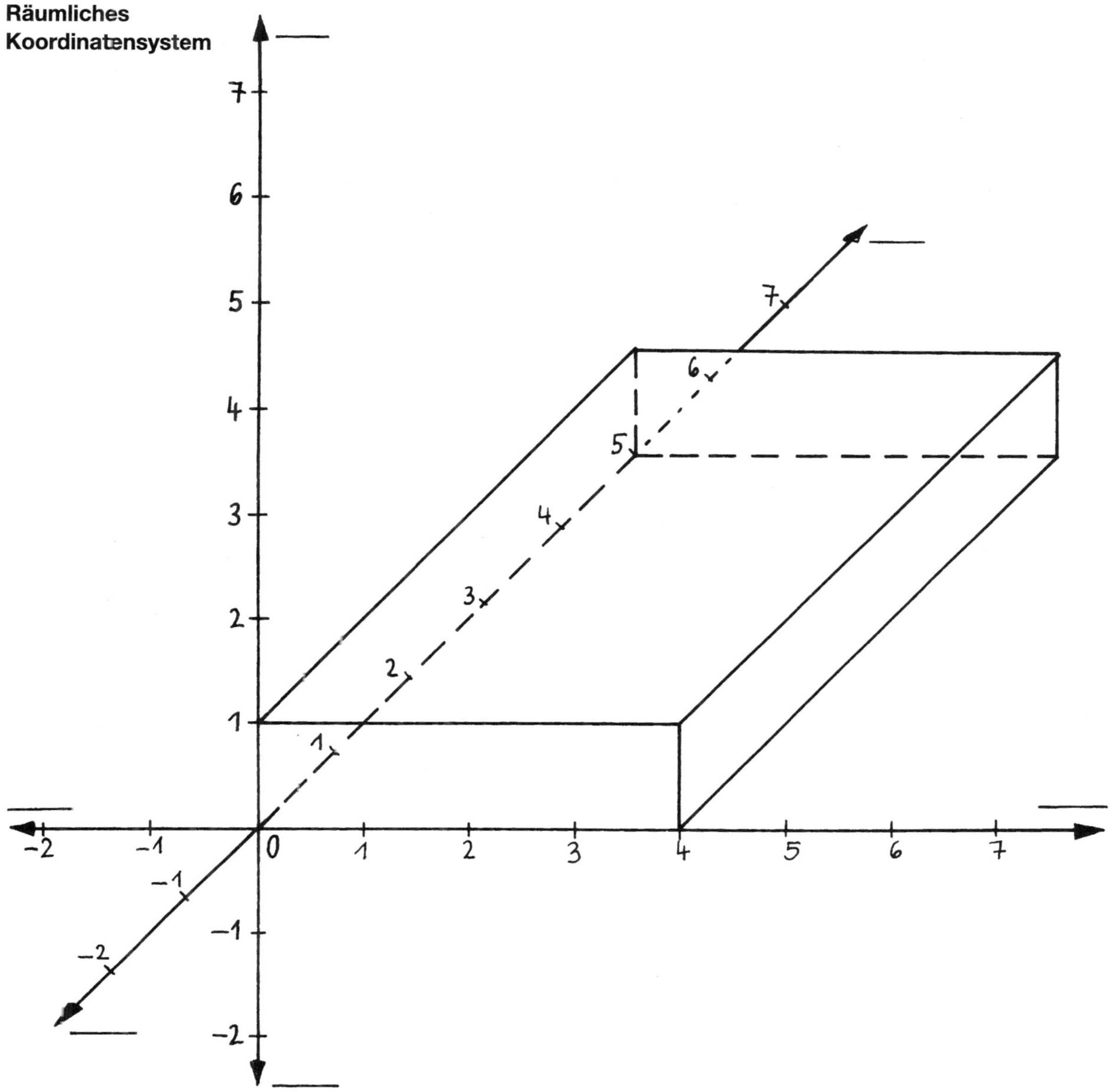


**Aufgaben:**
1. Vervollständigen Sie das gegebene Koordinatensystem.
2. Bestimmen Sie die Koordinaten des Punktes $P_1$.

   $P_1$ ( x-Wert = ______ , y-Wert = ______ , z-Wert = ______ )

   $P_1$ ( ______ / ______ / ______ )
3. Zeichnen Sie die Punkte $P_2$ (2/1/0) und $P_3$ (3,5/4/1) in das Koordinatensystem ein.

**Merkhilfe mit der rechten Hand:**

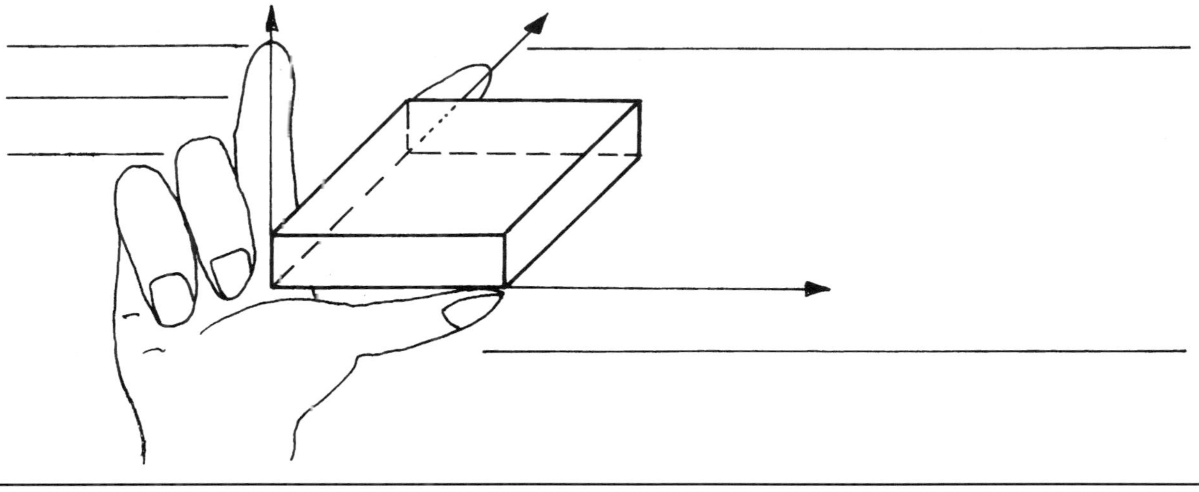

## H. Koordinatenachsen an CNC-Maschinen (Auswahl)

**Senkrecht-Fräsmaschine**

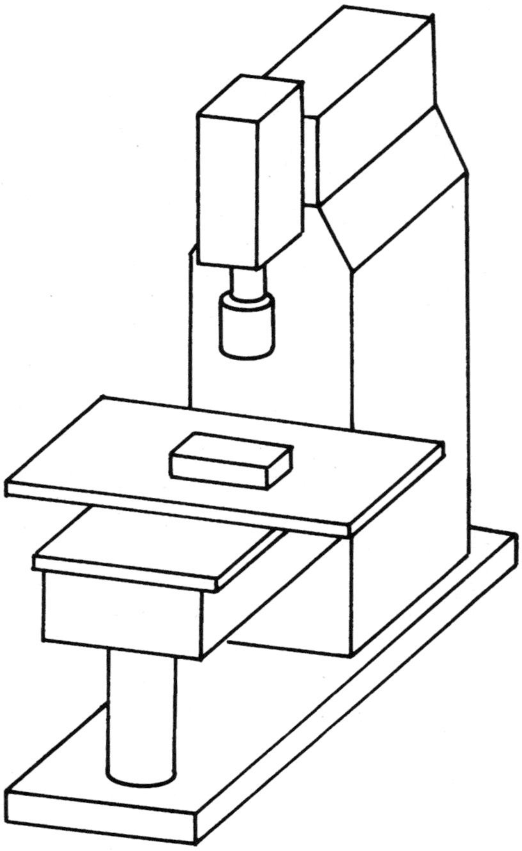

**Waagrecht-Fräsmaschine**

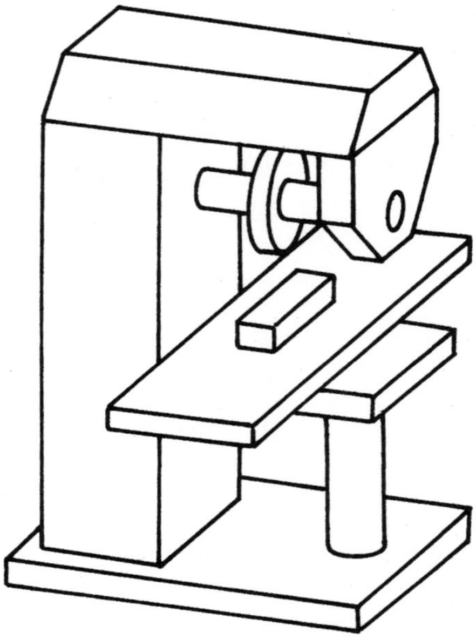

**Aufgabe:** Zeichnen Sie die räumlichen Koordinatenachsen in die Skizzen ein.

**Merke:**

**Z-Achse:** Die positive Z-Achse verläuft immer vom ____________________ zum ____________________ parallel zur Arbeitsspindel.

**X-Achse:** Die X-Achse verläuft immer parallel zum ____________________________________________.

**Y-Achse:** Sie ist durch die Lage und Richtung der ________- und ________- Achse festgelegt (Rechte-Hand-Regel).

**Brennschneidmaschine**

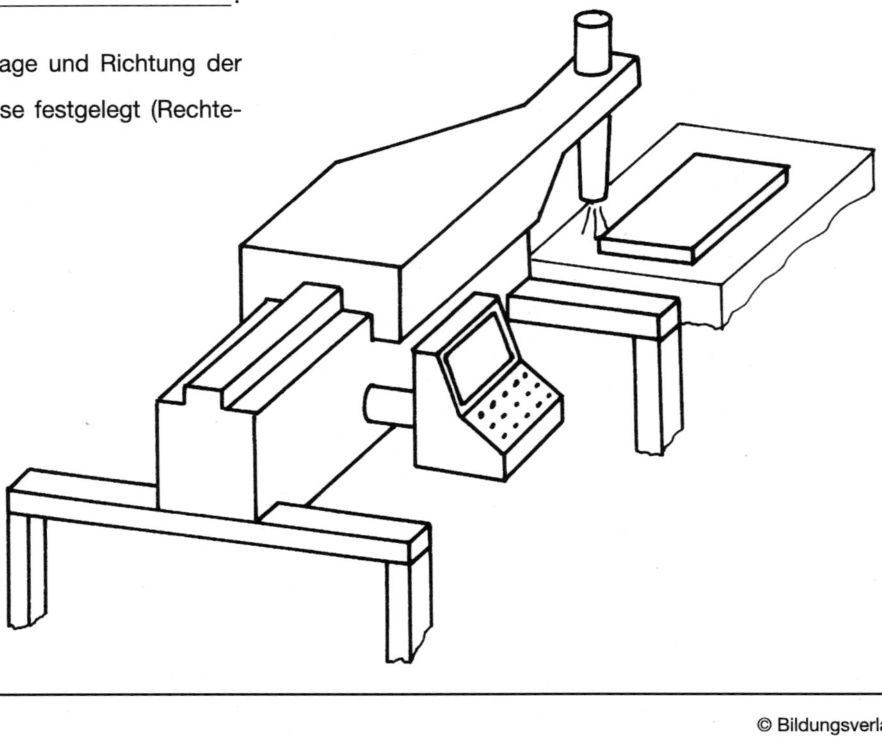

## I. Bezugspunkte (Auswahl)

### 1. Werkstück-Nullpunkt W

Der Werkstücknullpunkt ist der ______________________ des Werkstück-Koordinatensystems. Seine Lage ist ____________________________ und _________________________________. Der Werkstücknullpunkt wird in der Regel für jedes neue Programm neu eingegeben.

Symbol:

**Aufgabe:** Bestimmen Sie die Werkstücknullpunkte.

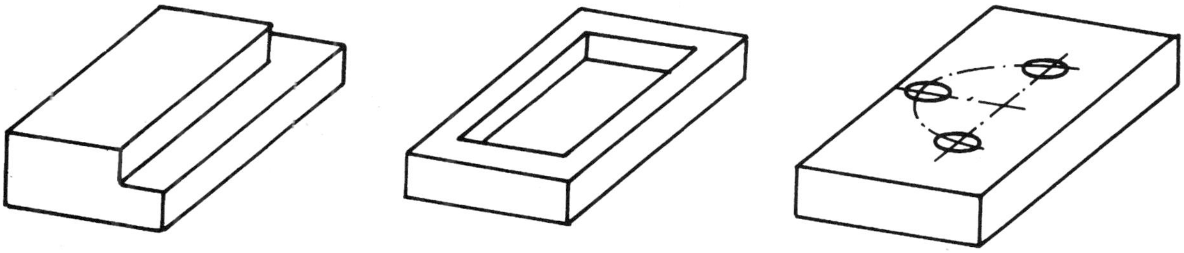

**Merke:** Der Werkstücknullpunkt sollte so gewählt werden,

______________________________________________________________________

______________________________________________________________________

### 2. Referenzpunkt R

Der Referenzpunkt ( ________________ -Punkt) liegt im Ursprung des Wegmesssystems. Seine Lage ist konstruktiv vom Maschinenhersteller festgelegt und somit ___________________________. Der Referenzpunkt liegt in der Regel im ________________________________ des Maschinenarbeitsraumes. Vor jedem Einrichten der Maschine sollte der Referenzpunkt angefahren werden. Nach der Festlegung des Werkstücknullpunktes notiert man sich die drei Koordinatenachsenwerte. Bei einem Stromausfall können diese Werte der Steuerung eingegeben und _________________________________________________.

Symbol:

### 3. Programm-Nullpunkt P

Dieser Punkt stellt den Startpunkt des ____________________ dar. Er sollte so gewählt werden, dass genügend Platz für ______________________________________________ vorhanden ist.

Symbol:

### 4. Maschinen-Nullpunkt M

Der Maschinennullpunkt ist vom Hersteller festgelegt und stellt den Nullpunkt der ________________________ ________________________ dar.

Symbol:

## 2.2 Steuerungsarten

Wir unterscheiden drei Steuerungsarten:
a) Punktsteuerung
b) Streckensteuerung
c) Bahnsteuerung

### A. Punktsteuerung

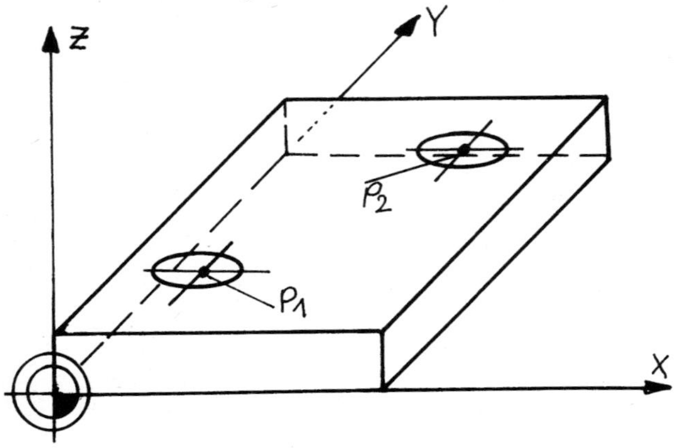


Bei der Punktsteuerung wird jeder Bearbeitungspunkt (z.B. $P_1$ und $P_2$) im ______________ angefahren. Das Werkzeug (z.B. ______________________________________________ ______________________ ist nicht im Eingriff.

Wie können die Punkte $P_1$ und $P_2$ angefahren werden?
Zeichnen Sie die Fahrwege farbig ein.

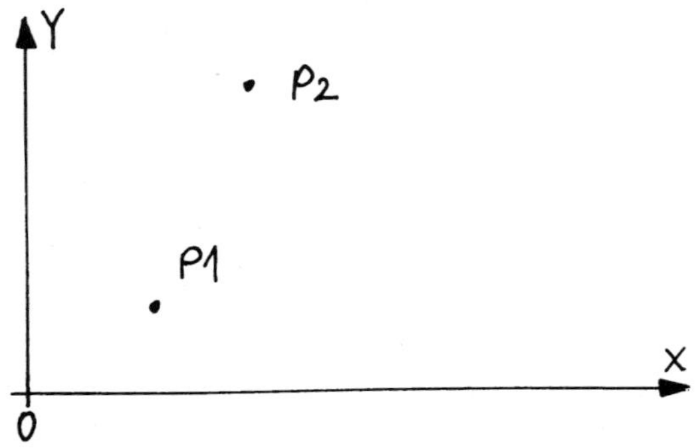


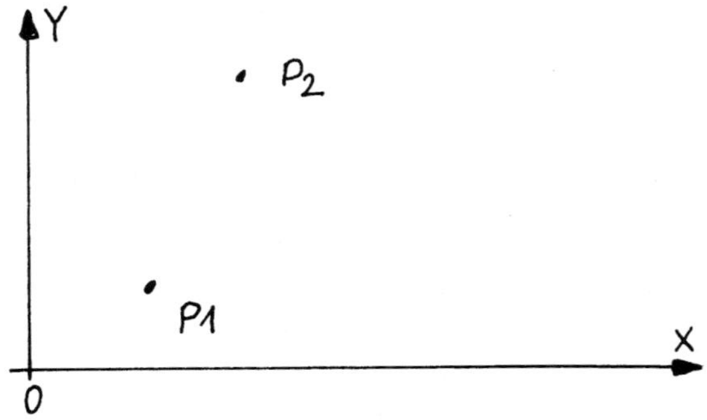


**Merke:** Die Fahrwege können in ______________________ oder ______________________ durchgeführt werden.

### B. Streckensteuerung

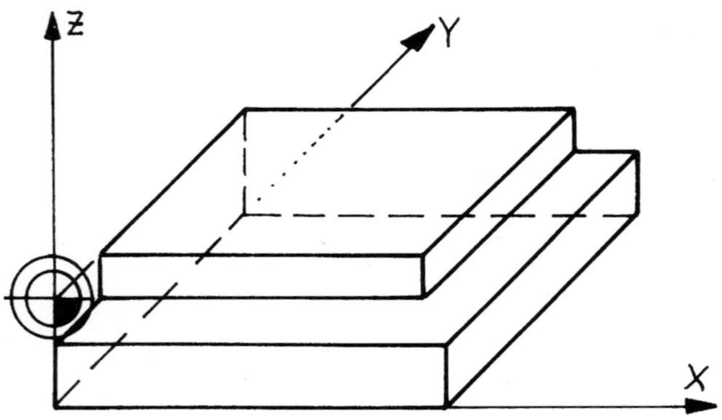


Bei der Streckensteuerung können nur __________ ______________________________ Bearbeitungen durchgeführt werden. Diese Steuerung kann auch als Punktsteuerung arbeiten. Das Werkzeug (z.B. ______________________ ______________________________) wird mittels Eilgang in Arbeitsposition gebracht. Die Bearbeitung des Werkstückes erfolgt mit einprogrammierten Vorschubwerten.

**Aufgabe:** Zeichnen Sie den Weg des Schaftfräsers ein.

## C. Bahnsteuerung

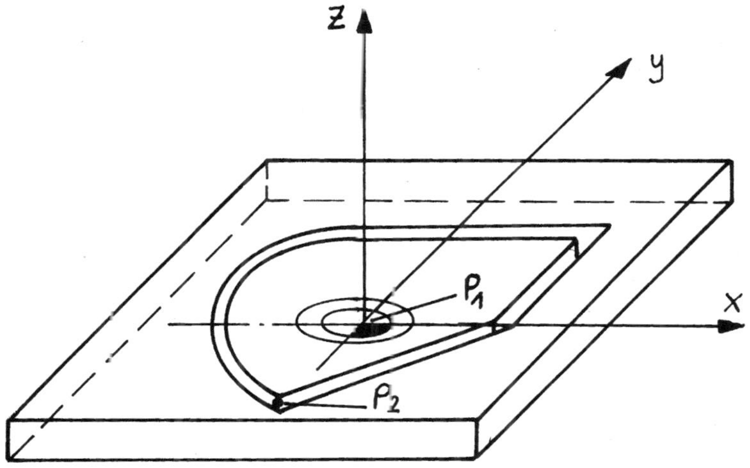


Bei der Bahnsteuerung kann das Werkzeug (z.B. ______________________________ ______________________________) in beliebigen Bahnen fahren.

Die Bahnsteuerung beinhaltet __________ und ______________ -Steuerung.

Zeichnen Sie den Weg der Plasmaschneiddüse in das Koordinatensystem ein.

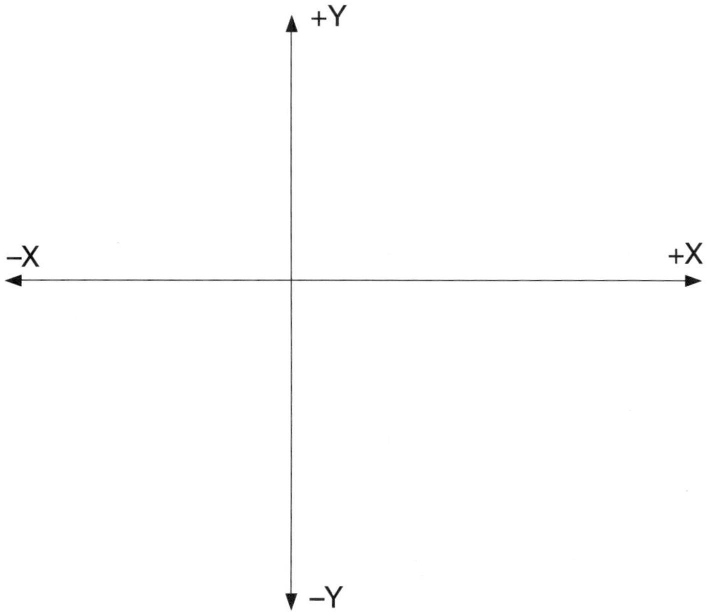


Startpunkt = $P_1$

Einstechpunkt = $P_2$

Zielpunkt = $P_2$

Bahnsteuerung im Uhrzeigersinn.

## 2.3 Datenträger (Auswahl)

### A. Lochstreifen (CNC-Maschinen)

Der genormte Lochstreifen aus ________________ ist als Datenträger wenig störanfällig und vom Menschen ________________. Alle Informationen, z. B. ________________________________________, sind durch Lochkombinationen ________________________________.

### B. ISO-Code für 8-Spur-Lochstreifen

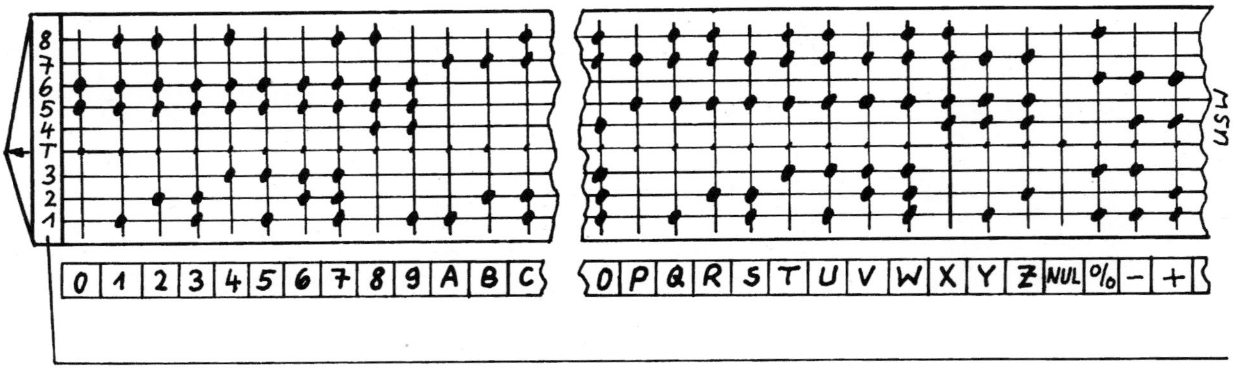


Die Lochstreifenbreite beträgt ____________________.

**Aufgabe:** Programmieren Sie den Lochstreifen mit folgenden Daten:

| Spindeldrehzahl | 1450 $\frac{1}{min}$ | Leerzeichen | X-Achse 60 mm | Y-Achse 298 mm |
|---|---|---|---|---|
| ______________ | ________ | __________ | ________ | ________ |

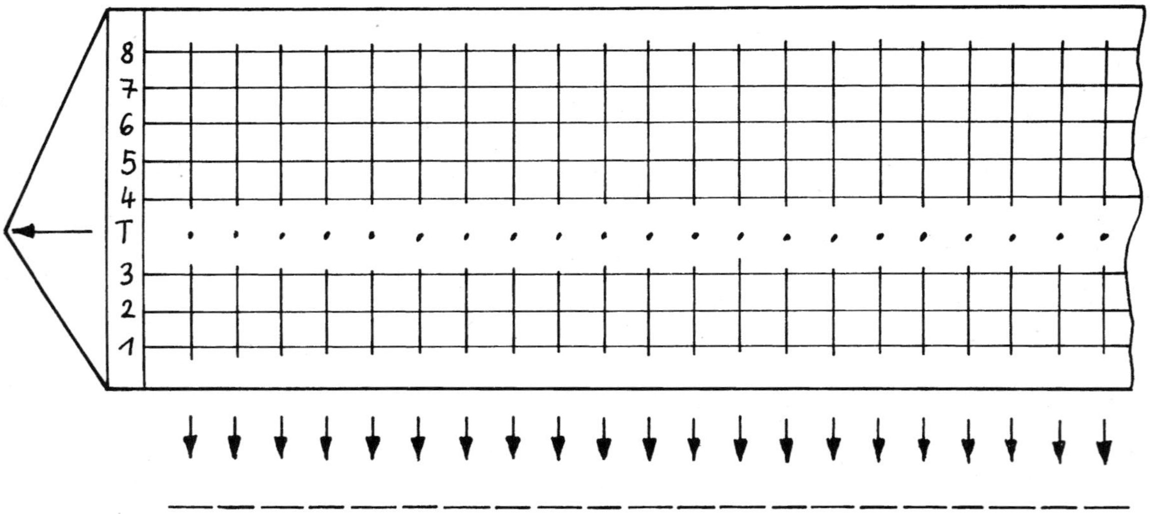


**Nachteile:** ____________________________________________

____________________________________________

____________________________________________

## C. Magnetband – Diskette

Das Magnetband ist ein Kunststoffband mit einer ______________________ Deckschicht. Ähnlich wie beim Lochstreifen sind alle Informationen durch kleinste Magnetpunkte auf Spuren verschlüsselt aufgebracht.

Die Diskette ist eine biegsame ______________________ mit einer magnetisierbaren Oberfläche. Sie wird durch eine Hülle vor Verschmutzung geschützt. Alle Daten sind auf ______________________ Spuren gespeichert.

Wir unterscheiden zwei Diskettengrößen:

| Normaldiskette | Minidiskette |
|---|---|
| Größe: ______________________ | Größe: ______________________ |
| Schutzhülle: ______________________ | Schutzhülle: ______________________ |

**Vorteile:**

______________________
______________________
______________________
______________________

**Nachteile:**

______________________
______________________
______________________
______________________

## D. Dateneingabe – Verarbeitung – Ausgabe

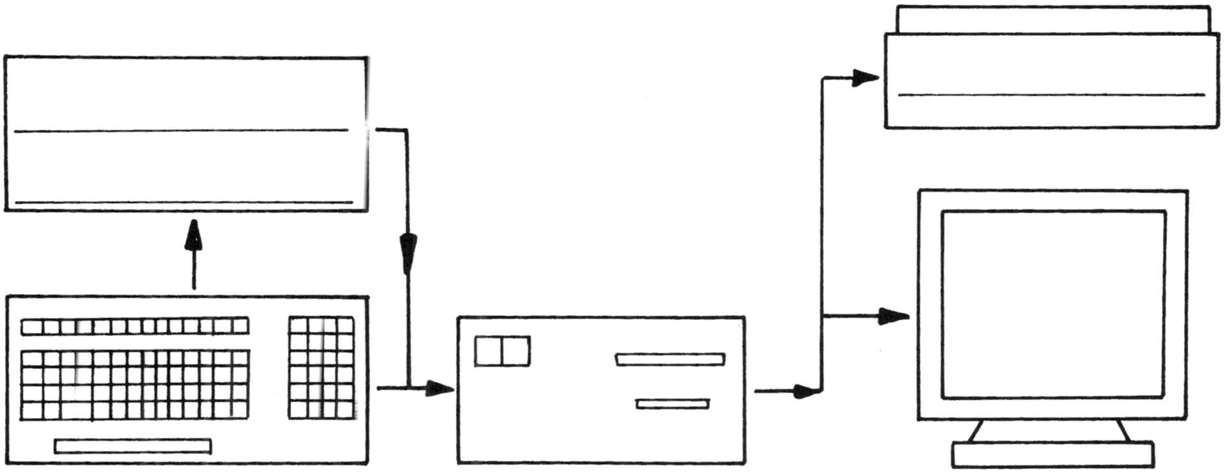

| ______________ von Daten<br>z.B. ______________<br>( ______________ ) | → | ______________<br>von Daten<br>z.B. ______________ | → | ______________ von Daten<br>z.B. ______________<br>______________ |
|---|---|---|---|---|
| ↓<br>____ ingabe | | ↓<br>____ erarbeitung | | ↓<br>____ usgabe |

______ -Prinzip

## 2.4 Programmaufbau zur Steuerung von CNC-Maschinen

Am Anfang eines CNC-Programmes steht das Zeichen für den Programmanfang = ________. Durch die Programmnummer (z. B. __________) kann jederzeit dieses Maschinenprogramm aus dem Speicher geholt und angewendet werden. Die Befehle des gesamten Arbeitsablaufes müssen in einer geeigneten Programmiersprache der Steuerung eingegeben werden.

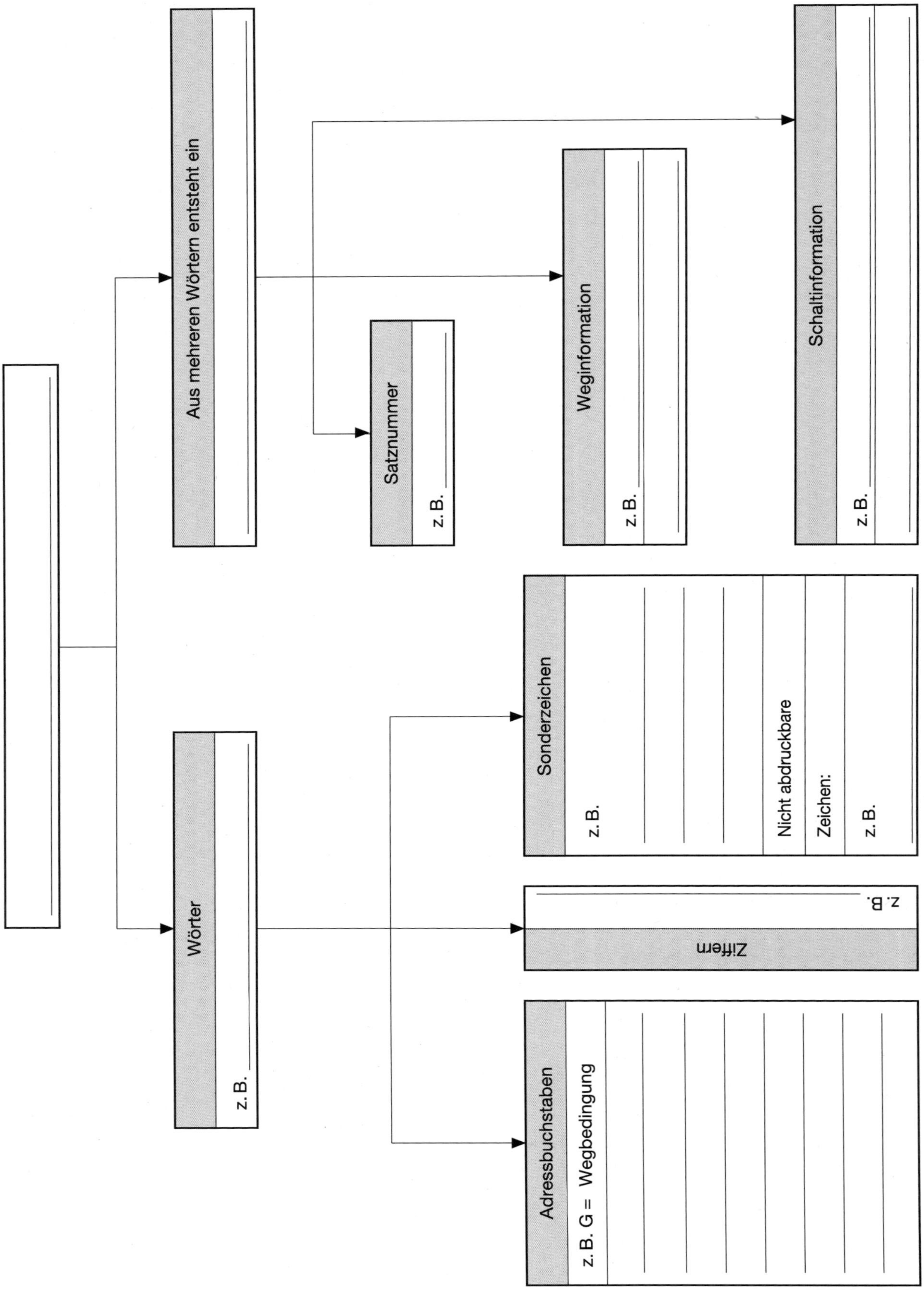


**Merke:** Aus vielen Sätzen entsteht ein ______________________. Diese Daten werden in die Steuerung eingegeben.

**Aufgabe 1:**

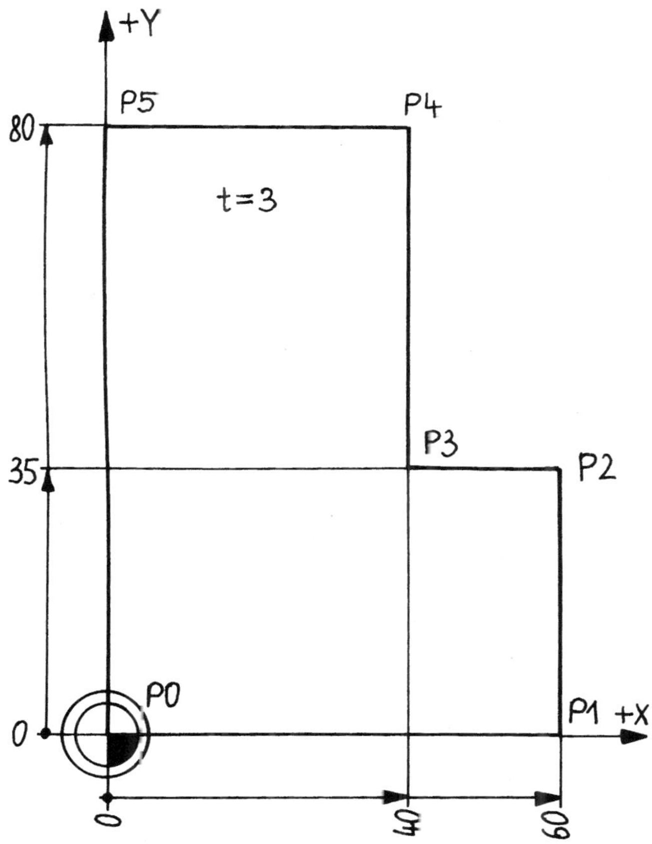


Die technische Darstellung zeigt eine ____________ -Bemaßung (____________ -Bemaßung).

Alle Maße beziehen sich auf einen ______________ (________).

Ergänzen Sie das vereinfachte Programm.

G ______

von P0 nach P1: ______________________________

von P1 nach P2: ______________________________

von P2 nach P3: ______________________________

von P3 nach P4: ______________________________

von P4 nach P5: ______________________________

von P5 nach P0: ______________________________

**Aufgabe 2:**

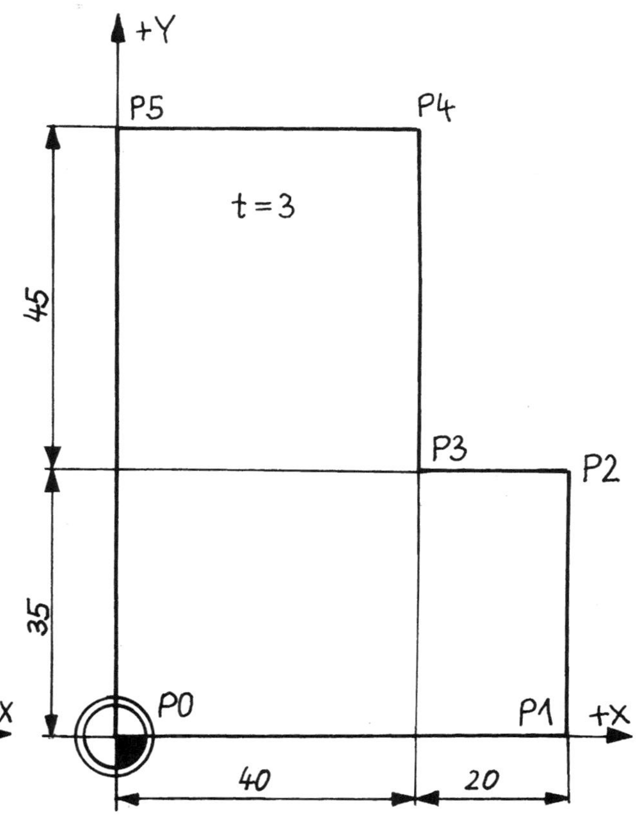


Hier ist die Zeichnung als ____________________ - Bemaßung (______________________________ - Bemaßung) dargestellt.

Jedes Maß bezieht sich auf den ________________ des vorhergehenden Maßes.

Ergänzen Sie das Programm.

G ______

von P0 nach P1: ______________________________

von P1 nach P2: ______________________________

von P2 nach P3: ______________________________

von P3 nach P4: ______________________________

von P4 nach P5: ______________________________

von P5 nach P0: ______________________________

**Merke:** Die Bemaßung einer technischen Zeichnung ist in der Regel eine Absolut- oder Bezugsbemaßung. Deshalb werden überwiegend CNC-Programme im Absolutmaß erstellt.

**Aufgabe 3:**

Mit einem Schaftfräser (∅ 10) soll eine 4 mm tiefe Nut in das Bauteil gefräst werden.

Die Positionierung des Werkstück-Nullpunktes wurde durchgeführt und die Daten der Steuerung eingegeben.

Die Spindeldrehzahl beträgt 800 1/min, die Vorschubgeschwindigkeit 100 mm/min.

Nach dem Nutfräsen soll der Schaftfräser 150 mm über der Werkstückoberfläche in Position X = 200 und Y = 250 stehen.

Schreiben Sie das CNC-Programm.

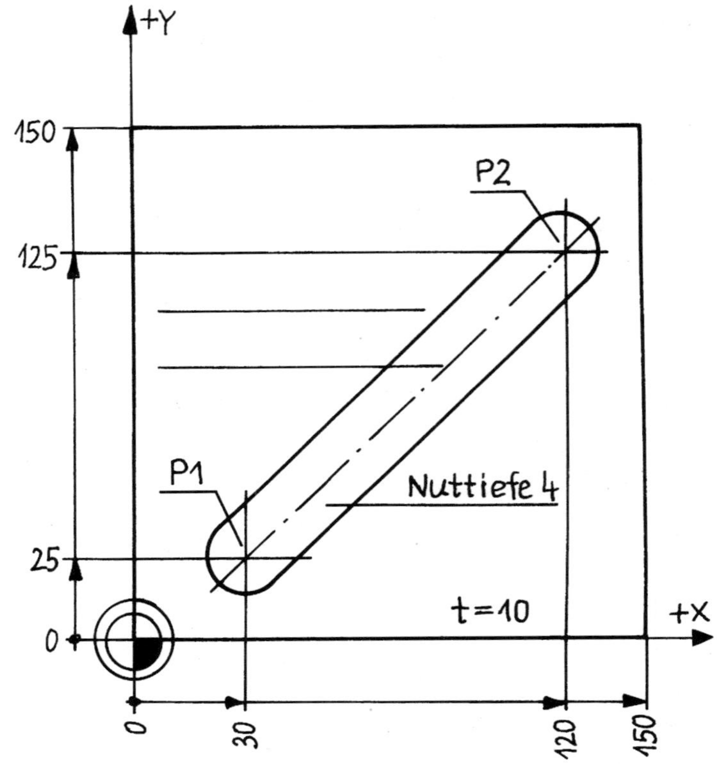


Die Skizze ist nicht maßstäblich.

% ________

| Satz-Nr. | Eingabedaten | Erklärung |
|---|---|---|
| ______ | ______ | ______ |
| ______<br>______ | ______<br>______ | ______<br>______ |
| ______<br>______ | ______<br>______ | ______<br>______ |
| ______<br>______<br>______ | ______<br>______<br>______ | ______<br>______<br>______ |
| ______<br>______ | ______<br>______ | ______<br>______ |
| ______<br>______ | ______<br>______ | ______<br>______ |
| ______<br>______ | ______<br>______ | ______<br>______ |
| ______ | ______ | ______ |

**Merke:** Die Satznummern steigen in ______________-Stufen. Dies hat den Vorteil, ______________-Sätze zur Programmerweiterung einschieben zu können.

**Aufgabe 4 (Plasmaschneidmaschine):**

Eine quadratische Stahlplatte soll durch einen Plasmastrahl ausgeschnitten werden. Die Plasmaschnittfuge ist 1,3 mm breit, die Vorschubgeschwindigkeit beträgt 1000 mm/min.

Erstellen Sie das CNC-Programm.

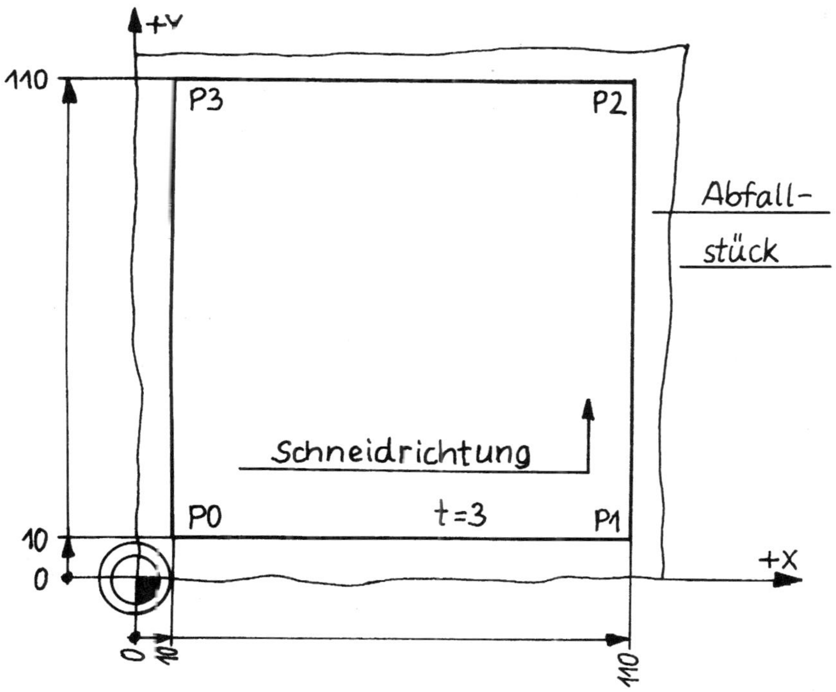


**Merke:**

1. Die Werkzeugkorrektur entnimmt die Spaltbreite 1,3 mm aus dem Werkzeugkorrekturspeicher und korrigiert den Schnitt um 1,3/2 = 0,65 mm ______________________ (Schneidrichtung rechts).
2. Die Z-Achse bleibt unberücksichtigt. Der Abstand Plasmabrenner – Werkstückoberfläche wird durch einen ______________________ aufgenommen und laufend korrigiert.

______________________

| Satz-Nr. | Eingabedaten | Erklärungen |
|---|---|---|
| | | |
| | | |
| | | |
| | | |
| | | |
| | | |
| | | |
| | | |
| | | |

**Aufgabe 5:**

In eine 5 mm dicke Stahlplatte sollen drei Bohrungen gebohrt werden. Verwenden Sie beim Bohren eine Bohremulsion.

1. Erstellen Sie eine CNC-gerechte Absolut-Bemaßung.
2. Die Position des Werkstück-Nullpunktes wurde der Steuerung eingegeben. Das Werkstück ist mit zwei Unterlegleisten festgespannt.
3. Wählen Sie für den HSS-NC-Bohrer (∅ 8) eine geeignete Drehzahl aus.

   $n \approx$ ____________ 1/min, $v_c =$ ____________ m/min

4. Wählen Sie einen geeigneten Vorschub aus.

   $f =$ ____________ mm ____________________________________________

5. Erstellen Sie das CNC-Programm mit der Programm-Nr. 92.

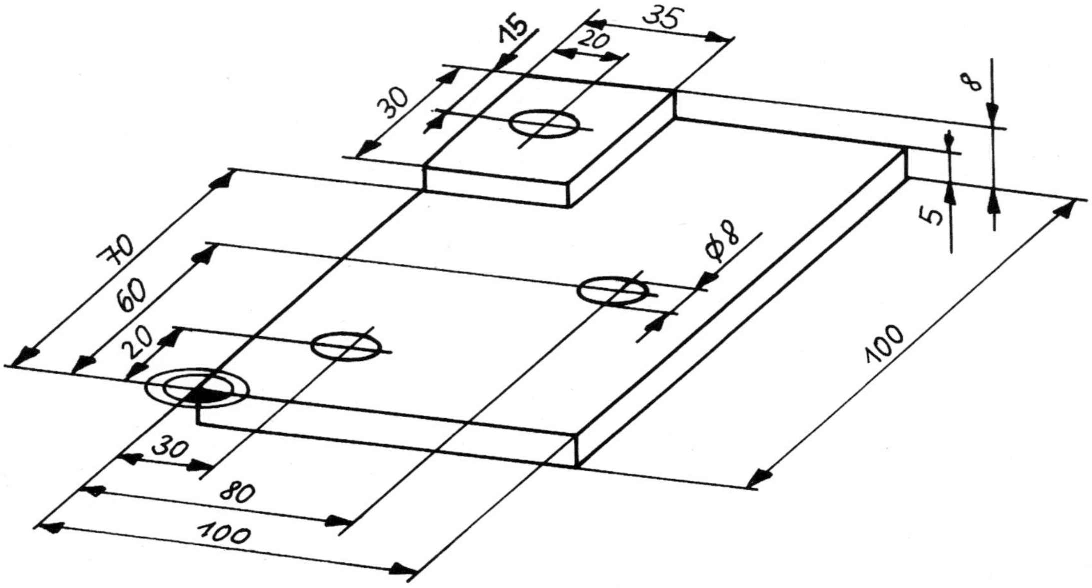


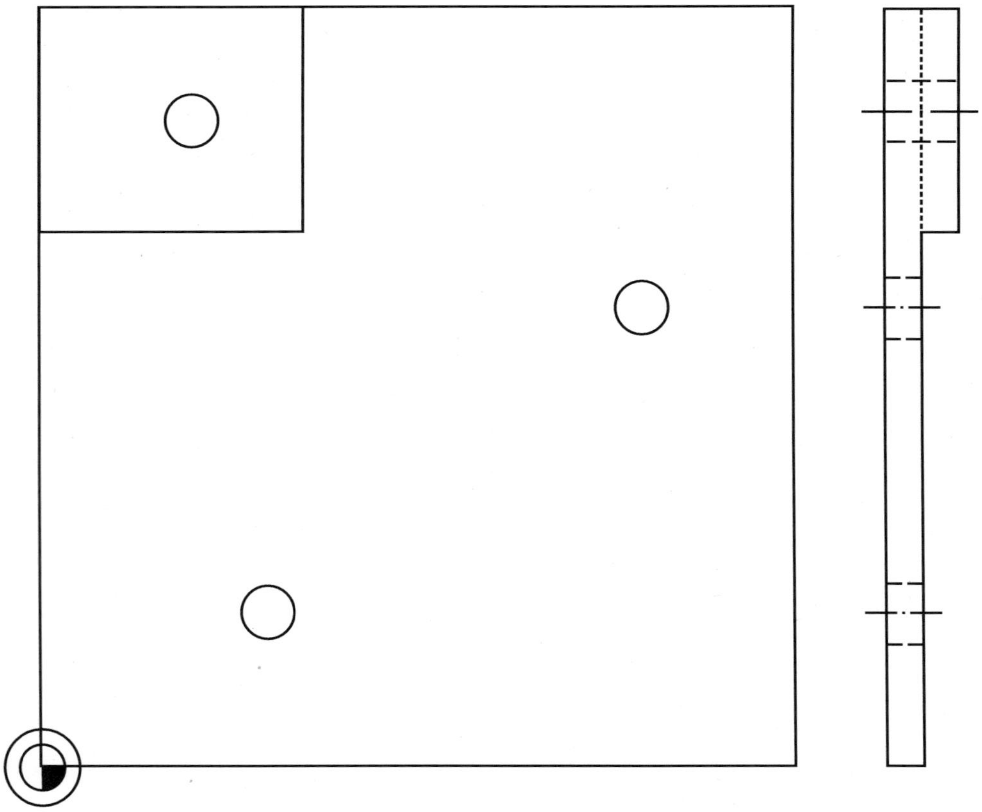

% ________

| Satz-Nr. | Eingabedaten | Erklärungen |
|---|---|---|
| | | |
| | | |
| | | |
| | | |
| | | |
| | | |
| | | |
| | | |
| | | |
| | | |
| | | |
| | | |
| | | |
| | | |
| | | |
| | | |
| | | |
| | | |
| | | |
| | | |
| | | |
| | | |
| | | |
| | | |
| | | |
| | | |
| | | |
| | | |
| | | |
| | | |

**Kreisinterpolation (Kreisbewegungen)**

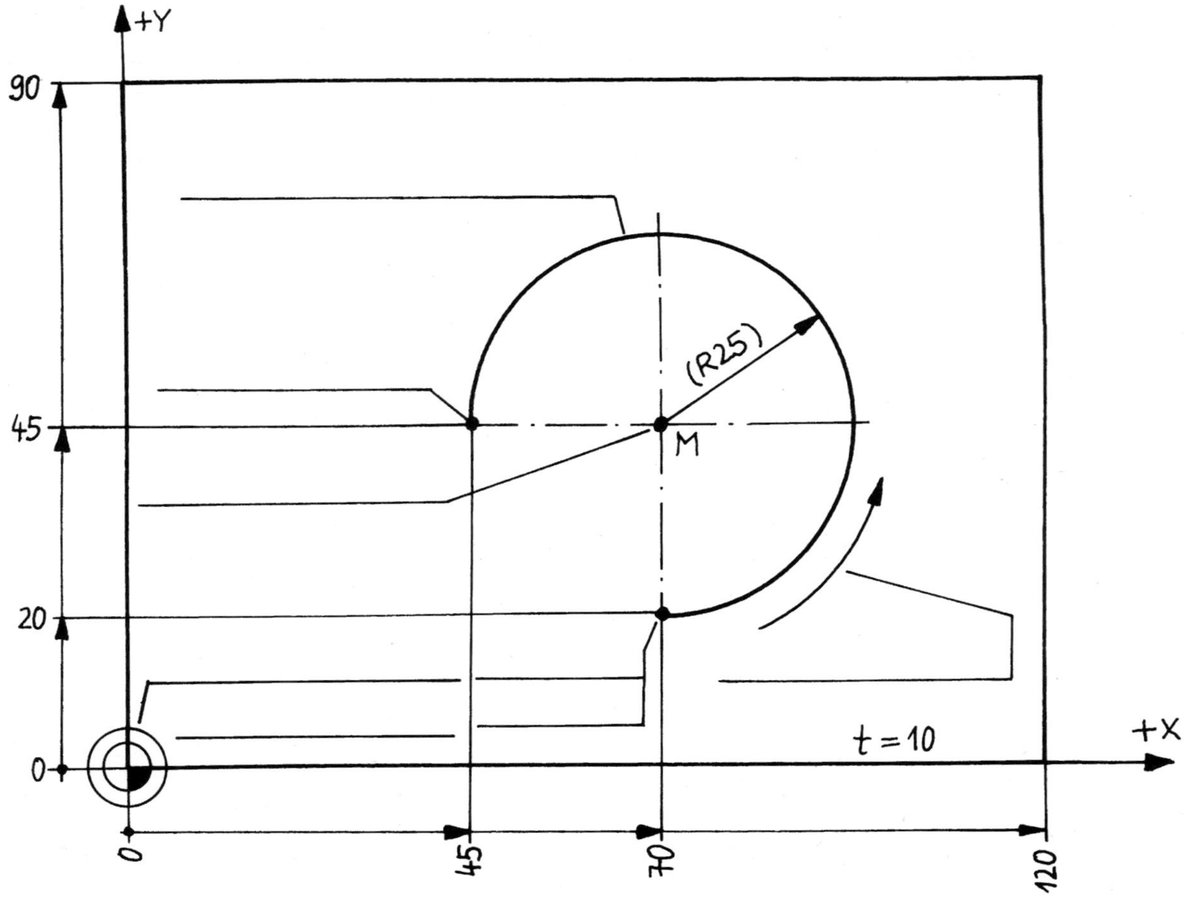


Zusätzliche Daten: ______________________________

______________________________

Für das Programmieren einer Kreisbewegung benötigen wir:

Die Koordinaten werden immer vom Kreisanfang (__________-Punkt) aus inkremental angegeben.

Merke:

I = Parallele zu ______

J = Parallele zu ______

(K = Parallele zu ______)

Beispiel (obige Skizze):

I = ______

(M liegt auf ______________ Höhe wie der Startpunkt)

J = ______

(M ist um ______ mm in Richtung __________-Achse versetzt).

**Aufgabe 6:** Fräsen eines Kreisbogens

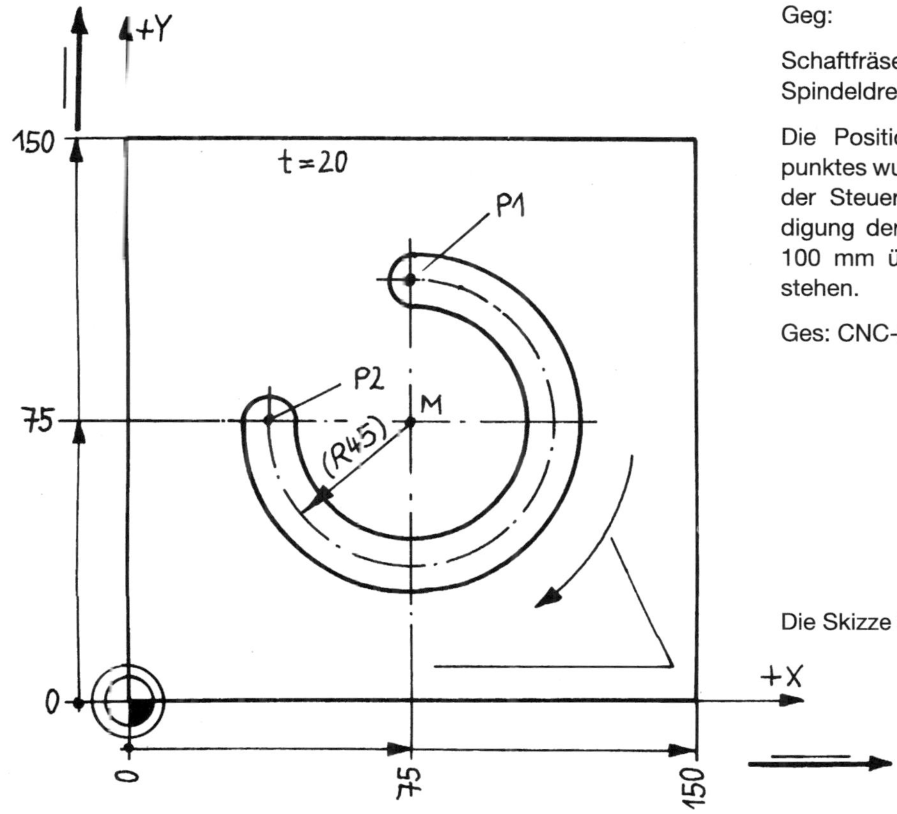


Geg:

Schaftfräser ∅ 10 mm, Nuttiefe 4 mm, Spindeldrehzahl 800 1/min.

Die Positionierung des Werkstück-Nullpunktes wurde durchgeführt und die Daten der Steuerung eingegeben. Nach Beendigung der Fräsarbeit soll das Werkzeug 100 mm über dem Werkstück-Nullpunkt stehen.

Ges: CNC-Programm

Die Skizze ist nicht maßstäblich.

%______

| Satz-Nr. | Eingabedaten | Erklärungen |
|---|---|---|
| ______ | ______ | Absolute Maßangabe |
| ______ | ______ | Eilgang zum Punkt P1, 1 mm über der Werkstückoberfläche |
| ______ | ______ | Spindeldrehzahl 800 1/min, Rechtsdrehung |
| ______ | ______ | Zustellen auf 4 mm Frästiefe, Vorschubgeschwindigkeit 200 mm/min |
| ______ | ______<br>______<br>______ | Kreisbogen im Uhrzeigersinn, End- oder Zielpunkt ist P2<br>I ______ = Mittelpunkt M liegt auf gleicher Höhe wie P1<br>J ______ = Mittelpunkt M ist um ______ mm in negativer Y (J)-Achse von P1 zurückversetzt = ______________. |
| ______ | ______ | Freifahren des Werkzeuges |
| ______ | ______ | Im Eilgang auf Werkstück-Nullpunkt, 100 mm über Werkstückoberfläche. |
| ______ | ______ | Programmende |

**Aufgabe 7:**

Das skizzierte Werkstück soll mit einem Schaftfräser (∅ 12) gefräst werden. Anfangspunkt ist P1, Endpunkt ist P4. Das fehlerhafte Programm ist zu berichtigen.

Die Skizze ist nicht maßstäblich.

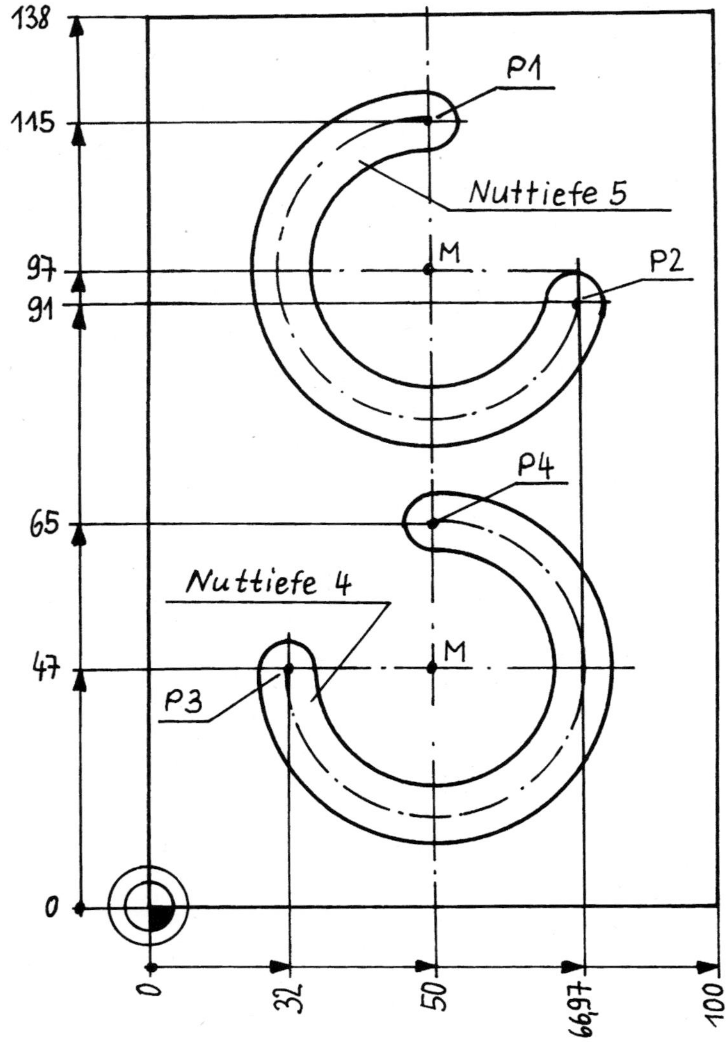


% 114

| | |
|---|---|
| N10 | G00 X50 Y110 Z1,5 S850 M03 |
| N20 | G01 Z–5 F160 |
| N30 | G03 X66.97 Y91 I0 J18 F160 Z–5 |
| N40 | G01 Z2 |
| N50 | G00 X32 Y47 |
| N60 | G01 Z5 F180 |
| N70 | G03 X50 Y65 Z–4 I–18 J0 F180 |
| N80 | G01 Z3 F190 |
| N90 | G00 X0 Y0 Z100 |
| N100 | M30 |

**Programmberichtigung:**

Fehler im Satz N ________ Erklärung: ________________________

Berichtigung: ________________________

Fehler im Satz N ________ Erklärung: ________________________

Berichtigung: ________________________

Fehler im Satz N ________ Erklärung: ________________________

Berichtigung: ________________________

Fehler im Satz N ________ Erklärung: ________________________

Berichtigung: ________________________

## 3.1 Arten der Beanspruchung

Ordnen Sie ein.
Knickung, Zug, Verdrehung (Torsion), Druck, Abscheren, Biegung.
Geben Sie zu jeder Beanspruchungsart ein praktisches Beispiel an!

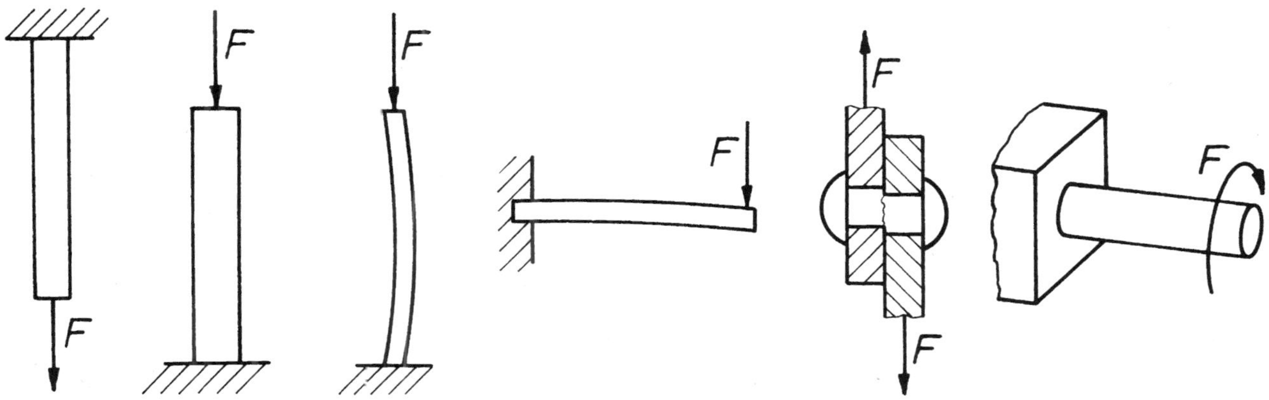


______ ______ ______ ______ ______ ______
______ ______ ______ ______ ______ ______
______ ______ ______ ______ ______ ______

### A. Spannung

Als Beispiel wählen wir die Zugbeanspruchung.

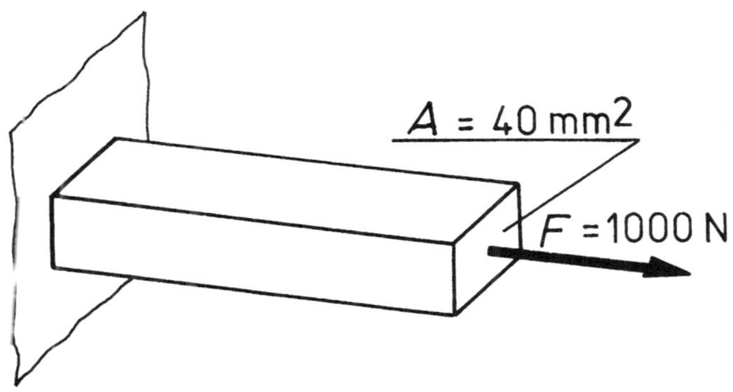


1. An einem Flachstahl wirkt eine Zugkraft von 1000 N.
2. Diese Zugkraft überträgt sich auch in das ______________ des Materials.
3. Die innere Kraft ist so groß wie die ______________, nämlich 1000 N.
4. Diese 1000 N beziehen sich auf die ______________-Fläche von 40 $mm^2$.
5. 1 $mm^2$ muß ———————— = ______________ N aufnehmen.
6. Diese ______________ $\frac{N}{mm^2}$ bezeichnen wir als ______________

   Spannung = ————————————

### B. Festigkeit

Unter der Festigkeit eines Werkstoffes versteht man den größtmöglichen inneren ______________ gegen eine Belastung, die von außen auf das Bauteil wirkt.

## C. Kurzzeichen der Beanspruchungsarten

| | Spannung | Festigkeit | Fließgrenze (Übergang elast.-plastischer Verformung) | Verformungsgrad |
|---|---|---|---|---|
| Zug | $\sigma_z$ | $R_m$ | Streckgrenze $R_e$ | Bruchdehnung $A$<br>Dehnung $\varepsilon$ |
| Druck | $\sigma_d$ | $\sigma_{dB}$ | Quetschgrenze $\sigma_{dF}$ | Bruchstauchung $\varepsilon_{dB}$<br>Stauchung $\varepsilon_d$ |
| Knickung | $\sigma_k$ | $\sigma_{kB}$ | – | – |
| Biegung | $\sigma_b$ | $\sigma_{bB}$ | Biegegrenze $\sigma_{bF}$ | Durchbiegung $f$ |
| Abscheren | $\tau_a$ | $\tau_{aB}$ | – | – |
| Verdrehung | $\tau_t$ | $\tau_{tB}$ | Verdrehgrenze $\tau_{tF}$ | Verdrehwinkel $\varphi$ |

## D. **Formfestigkeit** (z. B. I-Profil DIN 1025-1)

Stahlprofile können aufrecht stehend (Biegeachse x – x) oder liegend (Biegeachse y – y) eingebaut werden.

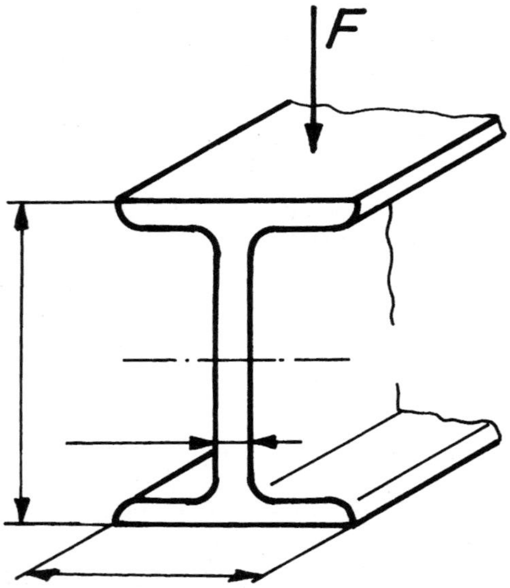


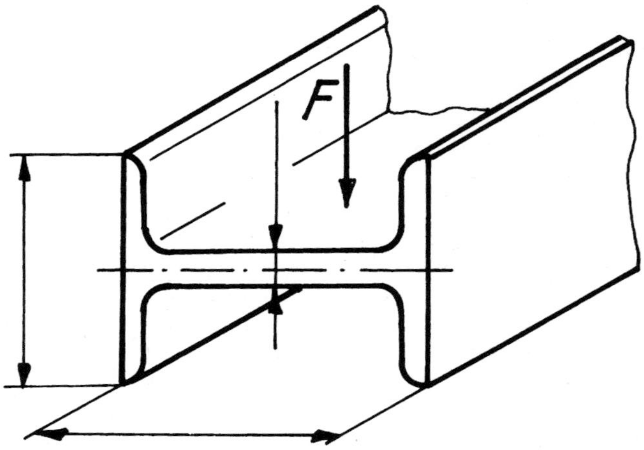


I ______
($W_x$ = ______ $cm^3$)
$m'$ = ______ kg/m
$S$ = ______ $cm^2$

I ______
($W_y$ = ______ $cm^3$)
$m'$ = ______ kg/m
$S$ = ______ $cm^2$

**Erkenntnis:** Bei gleicher Belastung und gleichem Widerstandsmoment muss der liegend eingebaute I-Träger eine ______ mal größere Masse (______________________) und eine ______ mal größere Querschnittsfläche (______________________) besitzen.

**Beachte:** I-Profile immer nach der Biegeachse ______________________ einbauen.

## E. Belastungsfälle

Die Profilfestigkeit ist abhängig

a) von der ______________________, z. B. Zug, Druck, Biegung

b) vom ______________________ Verlauf der anliegenden Spannung

| Erster Belastungsfall I | Zweiter Belastungsfall II | Dritter Belastungsfall III |
|---|---|---|
| 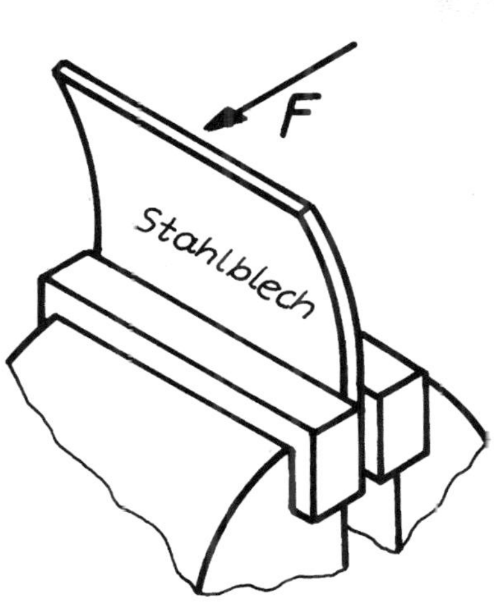  | 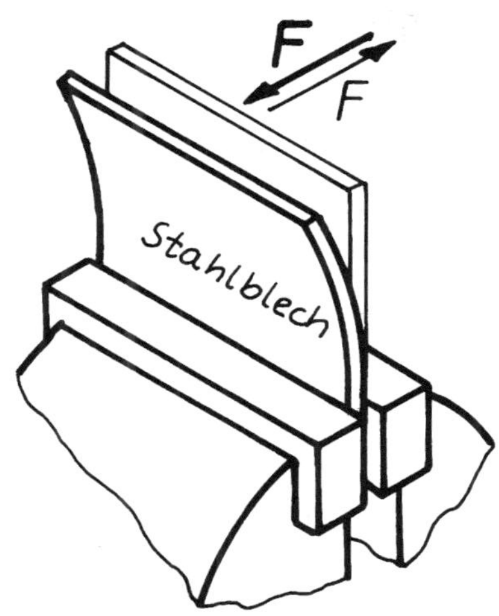  | 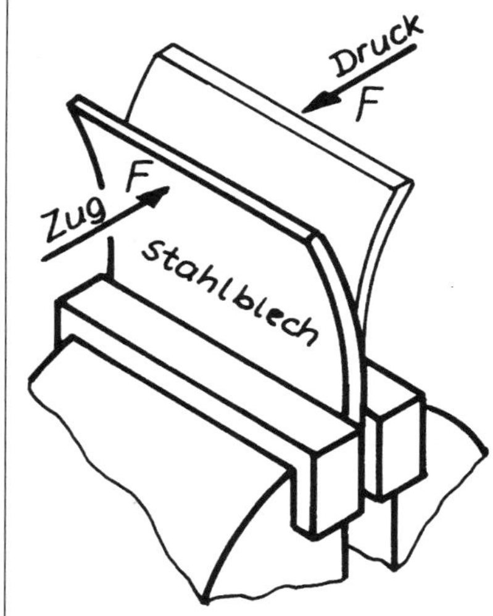  |
| Belastung setzt ein, steigt bis zum Höchstwert an und bleibt während der Belastungszeit gleich. | Belastung steigt von Null bis zum Spannungshöchstwert und geht in die Ausgangslage zurück. Das Blech „schwillt" oder „schwingt" | Belastung wechselt nach links und rechts (Druck – Zug) |
| Zeichnen Sie die Belastungskurve!   | Zeichnen Sie die Belastungskurve!   | Zeichnen Sie die Belastungskurve! 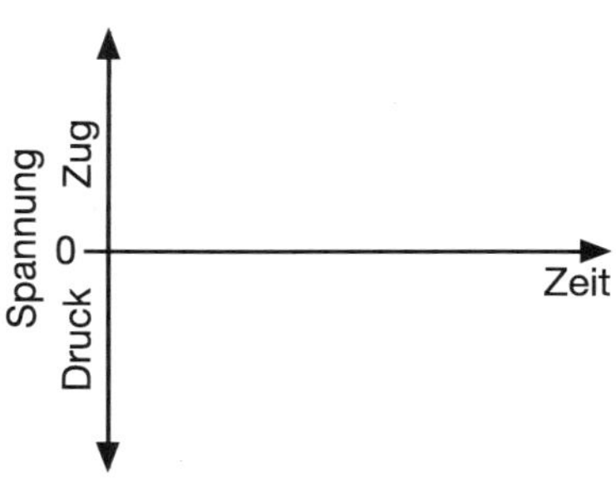  |
| ______________________ <br>Belastung | ______________________ oder <br>______________________ Belastung | ______________________ <br>Belastung |
| ______________ **Belastung** | ______________________________ **Belastung** | |
| Tritt bei jeder Belastungsart auf. | Tritt bei jeder Belastungsart auf. | Tritt bei jeder Belastungsart auf. |
| Werkstoff z. B. 41 Cr 4: <br>$R_e$ = 800 N/mm$^2$ <br>(Zugbeanspruchung) | Werkstoff z. B. 41 Cr 4: <br>$\sigma_{z\,sch}$ = 710 N/mm$^2$ <br>(Zugbeanspruchung) | Werkstoff z. B. 41 Cr 4: <br>$\sigma_{zW}$ = 410 N/mm$^2$ <br>(Zugbeanspruchung) |

**Merke:** a) Bei Festigkeitsberechnungen müssen diese Belastungsfälle berücksichtigt werden.

b) Lang andauernde dynamische Belastungen führen zu ______________________________ des Bauteiles.

 

Durch die Werkstoffprüfung können Werkstoffeigenschaften ermittelt werden.

Beispiele: ______________________________________________

______________________________________________

## 3.2 Werkstoffprüfung in der Werkstatt

### A. Äußerliche Werkstoffbeurteilung

| Werkstoffoberfläche (Profile) | Stahlart | Herstellungsart | Normbeispiel |
|---|---|---|---|
| Verzundert, rau, runde Kanten, gewölbte Flächen, maßungenau, ungenaue Querschnittsformen | ________ | ________ | ________ |
| Glatt, keine Verzunderung, ebene Flächen, scharfe Kanten, maßgenau, gleichbleibende Querschnittsformen | ________<br>________ | ________<br>________ | ________<br>________ |
| Wenig verzundert, scharfe Kanten, schwarzgrau glänzend | ________ | ________ | ________ |
| Silberweiß glänzend, blank, maßgenau, scharfe Kanten | ________<br>________ | ________<br>________ | ________<br>________ |
| Werkstoff-Farben:<br>rötliche Blechtafel<br>silberweißes Hohlprofil<br>gelbe Blechtafel | ________<br>________<br>________ | ________<br>________<br>________ | ________<br>________<br>________ |

### B. Werkstoffbeurteilung durch die Funkenprobe

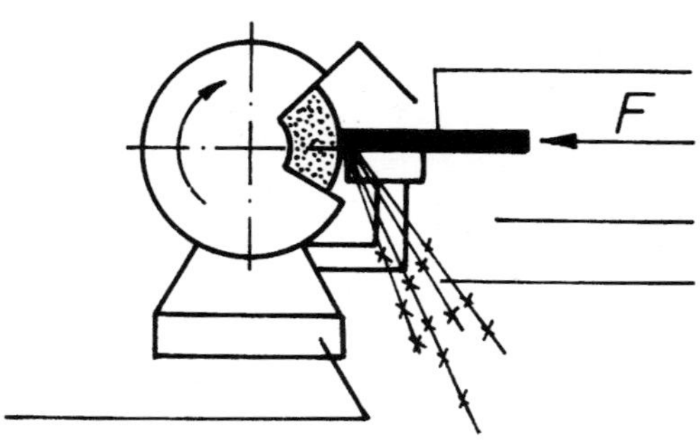


Durch die ______________, ______________ und ______________ der entstehenden Funken kann die Stahlart und der Kohlenstoffgehalt ______________ festgestellt werden.

Man benötigt dazu:

1. ______________ zum Vergleichen oder
2. ______________ mit bekannter chemischer Zusammensetzung.

#### 1. Funkenform

Benennen Sie die dargestellten Funkenformen.

| | | | |
|---|---|---|---|
|  |  |  | 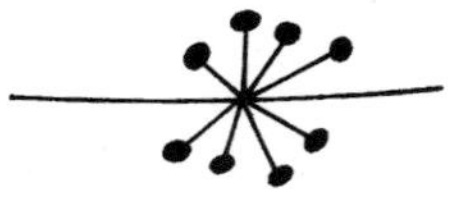 |
| ________-Form | ________-Form | ________-Form | ________-Form |
|  |  | 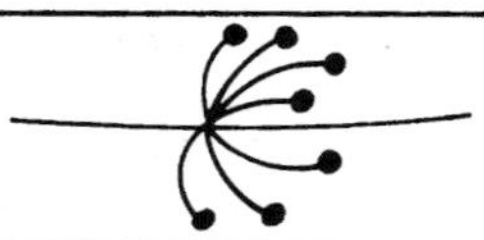 |  |
| ________-Form | ________-Form | ________-Form | ________-Form |

#### 2. Funkenbilder (Auswahl)

| Funkenbild | Beschreibung | möglicher Werkstoff |
|---|---|---|
| 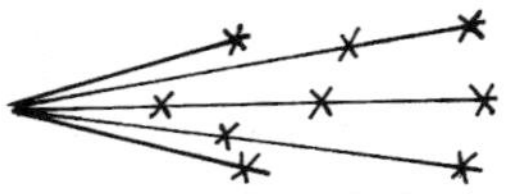 | ________<br>________ | ________<br>________ |
| 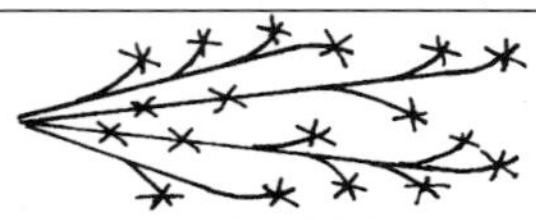 | ________<br>________ | ________<br>________ |
| 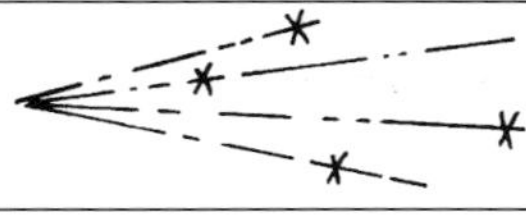 | ________<br>________ | ________<br>________ |

## C. Werkstoffbeurteilung durch die Klangprobe

Die Stahlwerkstücke werden ____________________ an einer Schnur befestigt und mit dem __________________ angeschlagen.

Ordnen Sie der Skizze zu.
Dumpfer Klang, heller Klang, klirrender Klang, dunkler Klang.

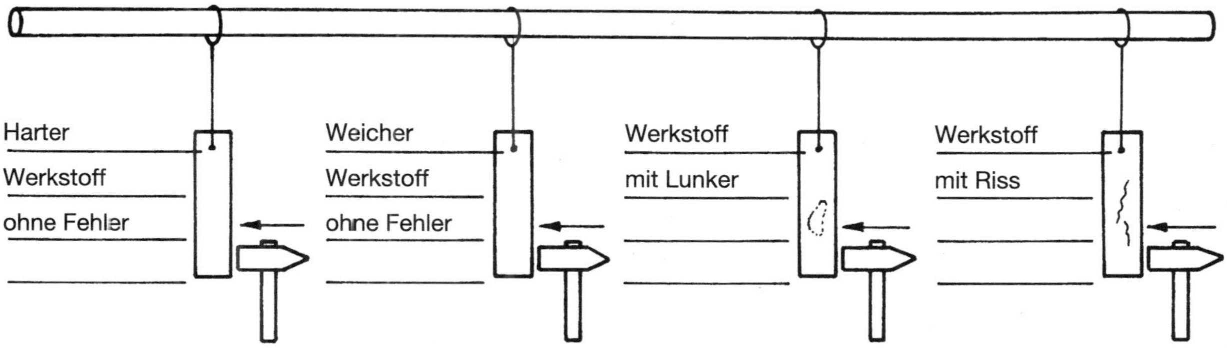


_____________ Klang    _____________ Klang    _____________ Klang    _____________ Klang

## D. Werkstoffbeurteilung durch die Bruchprobe

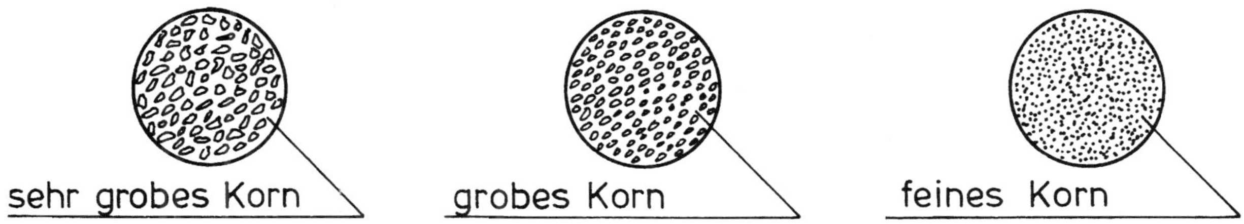


| sehr grobes Korn | grobes Korn | feines Korn |
|---|---|---|
| __________ Festigkeit | __________ Festigkeit | __________ Festigkeit |
| __________ Härte | __________ Härte | __________ Härte |
| z. B. __________ | z. B. __________ | z. B. __________ |

## E. Feilprobe

| Beschreibung | Erkenntnis |
|---|---|
| Feilenzähne greifen an | Werkstück ist ______________________ |
| Feilenzähne greifen nicht an | Werkstück ist ______________________ |

## F. Schmiedeprobe (Auswahl)

| 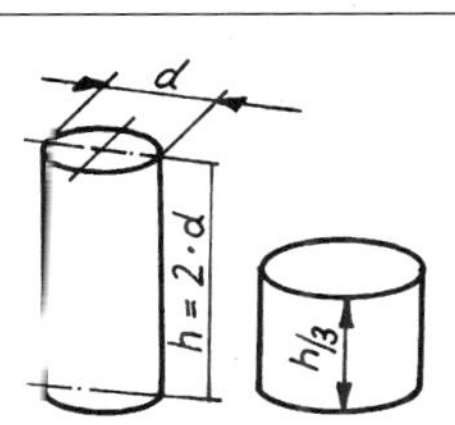 | 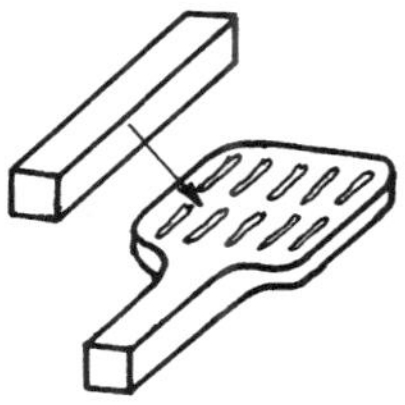 | 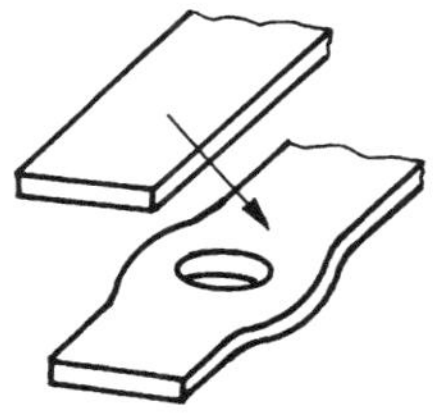 | 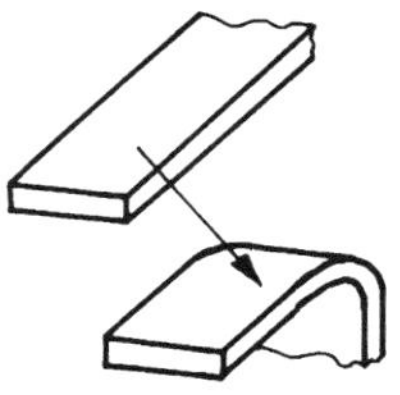 |
|---|---|---|---|
| ____________-Probe | ____________-Probe | ____________- und ____________-Probe | ____________- Versuch |
| Keine Rissbildung: ____________ ____________ (z. B. ____________) | Keine Rissbildung: ____________ ____________ ____________ (z. B. ____________) | | Rissbildung: ____________ ____________ ____________ |

**Zusammenfassung:**

Durch die Werkstoffprüfung in der Werkstatt erhält man keine genauen Ergebnisse, sondern nur ____________ auf bestimmte Werkstoffeigenschaften.

## 3.3 Werkstoffprüfung mit Maschinen

Durch mechanische Prüfverfahren kann man ______________, ______________ und Formveränderungsvermögen bestimmen.

### A. Zugversuch

**Durchführung:**

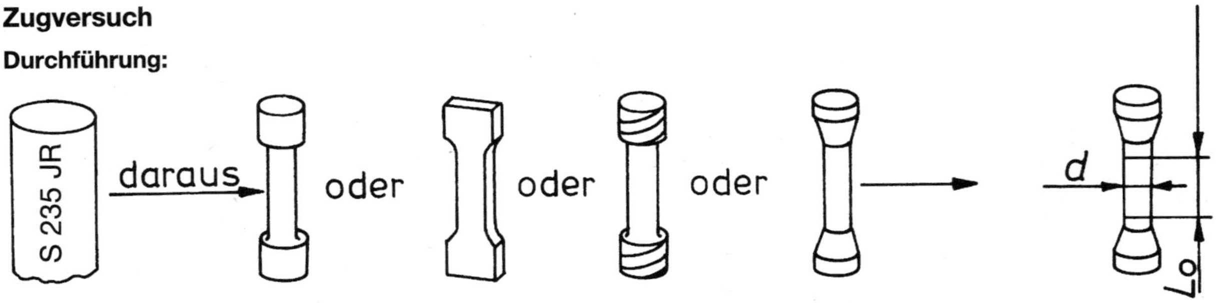


Werkstoff ______________-, ______________-, ______________-, ______________-Probestäbe ______________-Probestab

Das Verhältnis Meßlänge $l_0$ : Durchmesser $d$ beträgt ________ : 1.

Durch den Zugversuch erhält man bestimmte Kennwerte des Werkstoffes:

**a) Proportionalitätsgrenze P**

Spannung und Dehnung nehmen

im ______________-

______________ (proportional) zu.

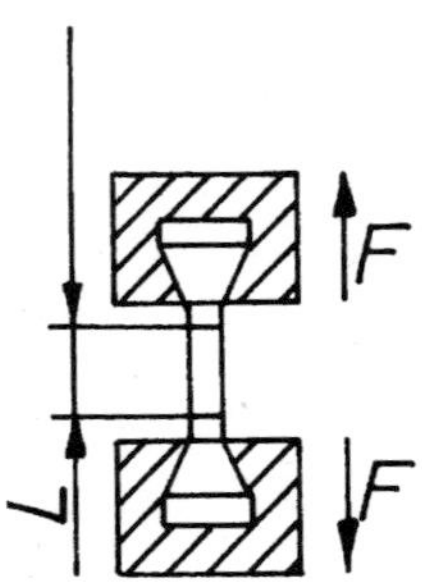


**Aufgabe:** Vervollständigen Sie das Schaubild.

**b) Elastizitätsgrenze E**

Wird der Probestab vor dem Punkt E entlastet, so nimmt der gedehnte Probestab wieder

seine ______________

______________ ein.

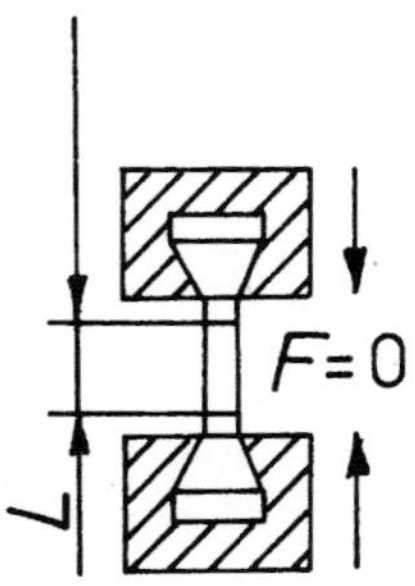


**Aufgabe:** Vervollständigen Sie das Schaubild.

**c) Streckgrenze S**

Wird der Probestab zwischen dem Punkt E und S entlastet, weist er eine bleibende

______________ auf, d. h. der

Probestab ______________ sich.

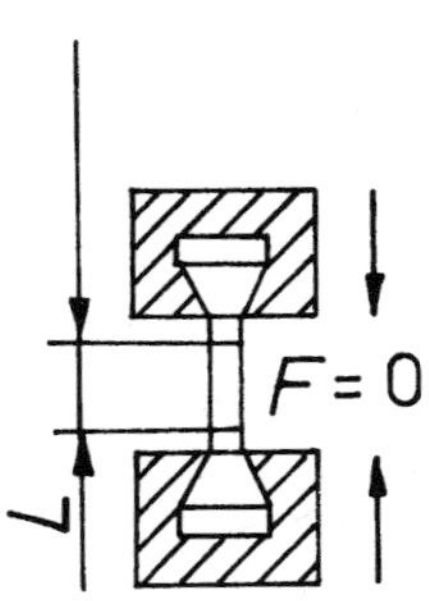


**Aufgabe:** Vervollständigen Sie das Schaubild.

**d) Bruchgrenze**

Bei weiterer Belastung

______________ sich der Probestab ein, d. h. die

______________ nimmt stark zu. Dieser Spannungshöchstwert wird als Zug-

______________ oder Bruchgrenze bezeichnet.

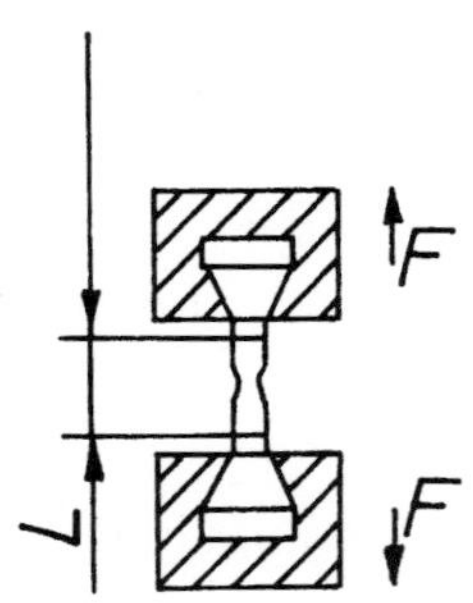


**Aufgabe:** Vervollständigen Sie das Schaubild.

**e) Zerreißgrenze Z**

Durch die starke Einschnürung

(Querschnitts- ______________ )
nimmt die Spannung ab, der

Probestab ______________.

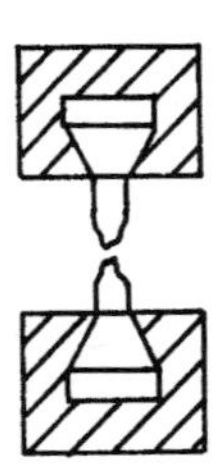

**f) Spannungs-Dehnungs-Diagramm**

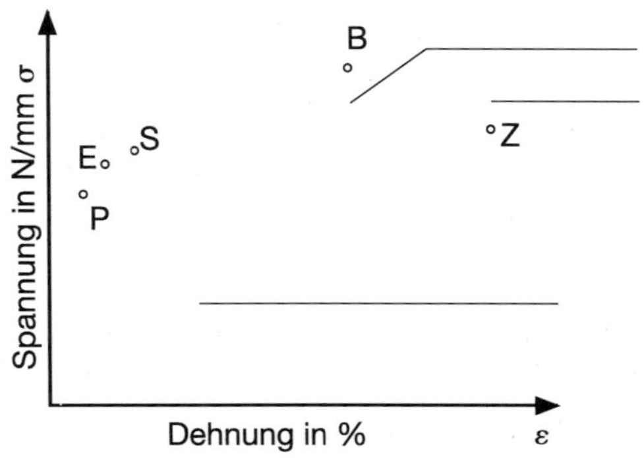


**Aufgabe:** Setzen Sie in das Schaubild ein: Elastischer Bereich, plastischer Bereich, zulässiger Spannungsbereich ($\sigma_{zul}$).

| Technologie Konstruktionsmechaniker und Metallbauer | Datum: | Werkstofftechnik | F 2 |
|---|---|---|---|
| Name: | Klasse: | | 3 |

## B. Druckversuch

Beim Druckversuch wird die Spannung als ______________-Spannung ($\sigma_d$) bezeichnet. Spröde Werkstoffe (z. B. ____________________) brechen ohne Ausbauchung, zähe Werkstoffe (z. B. ______________) bilden eine mit Rissen versehene ________________-Form.

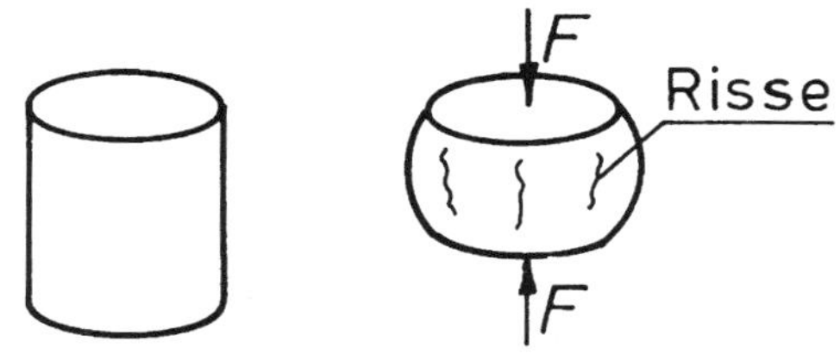


Unbelastetes Prüfstück    Belastetes Prüfstück

## C. Kerbschlagbiegeversuch

Spröder Prüfwerkstoff:

Das Prüfstück wird ________________, der Pendelhammer schwingt nach der Trennung ____________ nach hinten aus.

Zäher Prüfwerkstoff:

Das Prüfstück wird verformt und durch das Widerlager ________________. Der Pendelhammer schwingt deshalb ________________ nach hinten aus.

**Zweck:** Bestimmung der __________________.

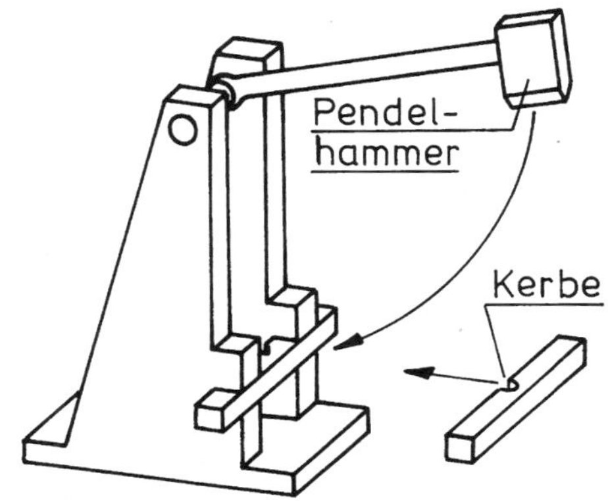


## D. Biegeversuch

Die mittig wirkende Biegekraft $F$ wird bis zum ________________ des Prüfstückes gesteigert.

**Zweck:** Bestimmung der __________-Festigkeit.

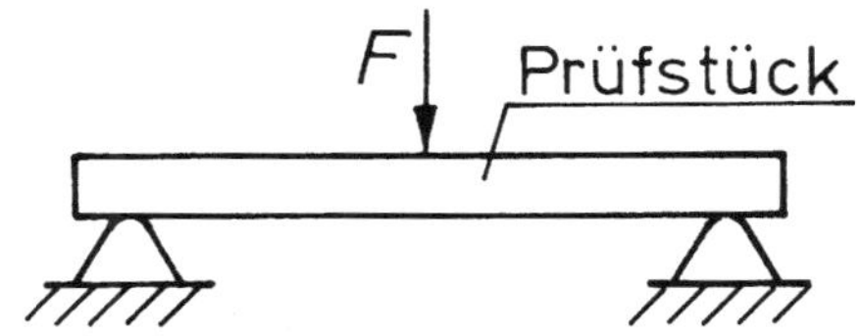


## E. Torsionsversuch

Es werden überwiegend Werkstoffe für ________________ geprüft. Wellen übertragen mechanische Arbeit durch ____________-Bewegung.

**Zweck:** Bestimmung der __________________-Festigkeit.

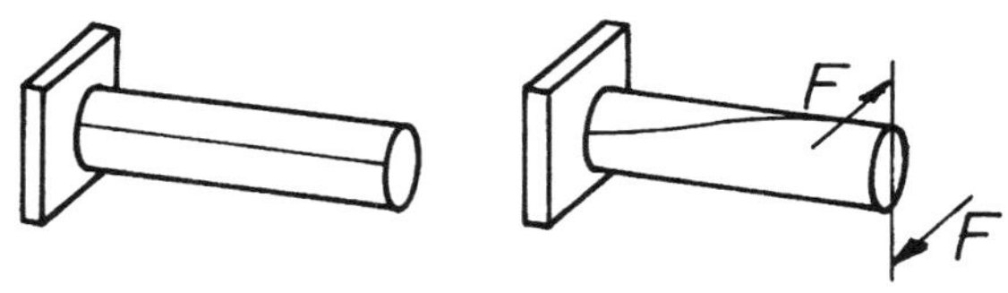


## F. Faltversuch

Das Prüfstück wird bis zu einem vorgeschriebenen Winkel um einen Dorn ______________ gebogen.

**Zweck:** Bestimmung der __________________.
Es dürfen keine Risse auftreten.

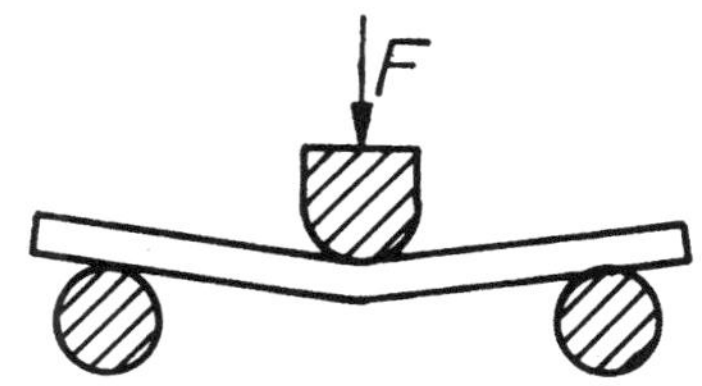


## G. Hin- und Her-Biegeversuch

Hierbei werden ______________, ______________ und ______________ bis zur Rissbildung hin und her gebogen.

Weiche Werkstoffe erlauben __________ Biegungen, spröde und harte Werkstoffe ____________________ Biegungen.

**Zweck:** Bestimmung der __________________-Festigkeit.

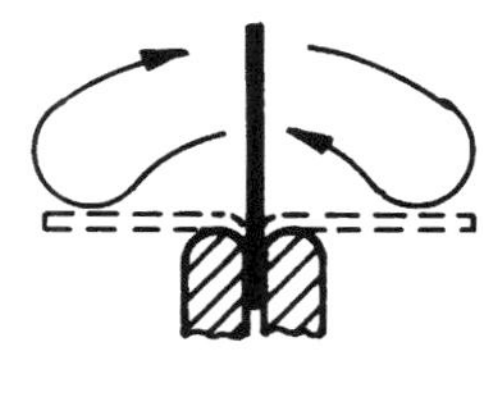

## H. Tiefungsversuch nach Erichsen

Der Kugelstempel wird bis zum __________________ des Prüfstückes in das Blech gedrückt.

**Zweck:** Bestimmung der __________________-Fähigkeit.

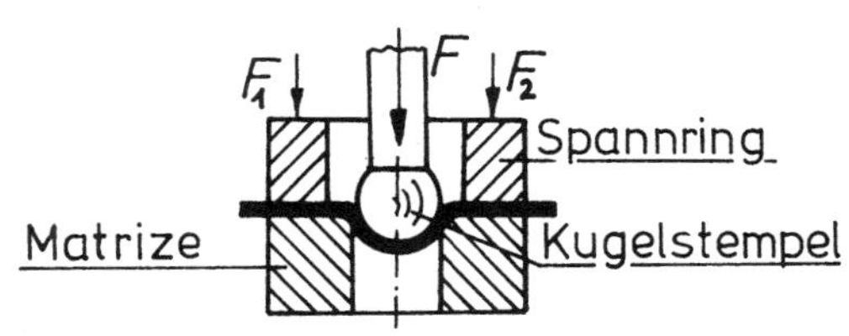


## I. Aufweitversuch

Der Kegelstempel wird bis zur ________________________ in das Rohr gedrückt.

**Zweck:** Bestimmung der ____________________-Fähigkeit von Rohren.

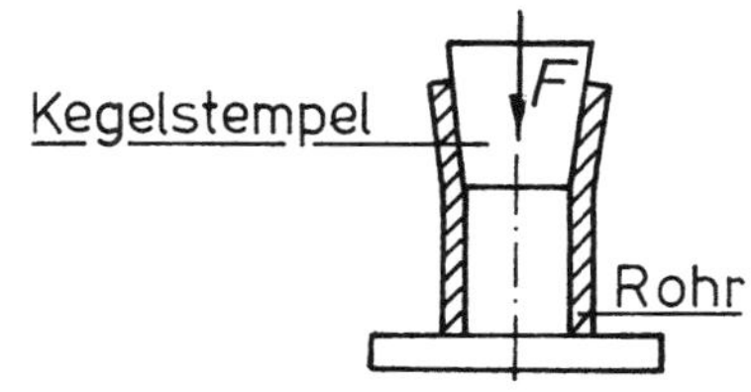


 

## 3.4 Härteprüfverfahren

### A. Beschreibung

Härte ist der ______________________, den ein Körper dem Eindringen eines Prüfkörpers entgegensetzt.

### B. Härteprüfung nach Brinell (HB)

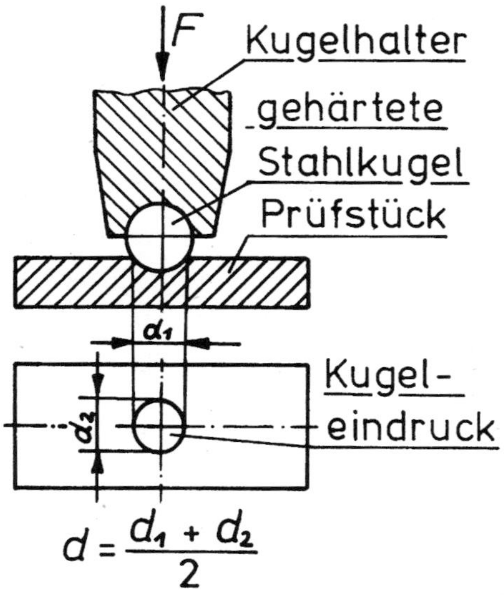


| | |
|---|---|
| Prüfkraft *F* | Abhängig von Kugeldurchmesser und vom Prüfwerkstoff.<br>F = 9,8 N bis 29420 N<br>_________________________ zur Prüffläche |
| Gehärtete Stahlkugel (HBS) oder Hartmetall (HBW) | ∅ 1, ∅ 2, ∅ 2,5, ∅ 5, ∅ 10 mm<br>Der Durchmesser ist von der ____________ des Prüfstückes abhängig. |
| Prüffläche | Die Prüffläche muss ___________________<br>und _____________________ sein. |
| Prüfwerkstoff | Für ___________ und _______________<br>Werkstoffe |
| Prüfzeit (Einwirkdauer) | ________ bis ________ Sekunden. |

**Auswertung:** Der Eindruckdurchmesser zeigt eine bestimmte Brinellhärte HB (Tabellenwert) an.

**Normung**
Beispiel: 120 HBS 5/250/30

| __________ | __________ | __________ | __________ | __________ |
|---|---|---|---|---|
| **Härtewert** | **Härte nach Brinell,** Stahlkugel | **Kugeldurchmesser** in mm | **Prüfkraft** 250 kg x 9,8 $\frac{m}{s^2}$<br>__________ N | **Einwirkdauer** in s |

**Aufgabe:** Erklären Sie die Kurzzeichen!

330 HBW 2,5/62,5/20: ______________________________________

______________________________________

280 HBS 5/125: ______________________________________

______________________________________

250 HBS 10/3000: ______________________________________

______________________________________

### C. Härteprüfung nach Vickers (HV)

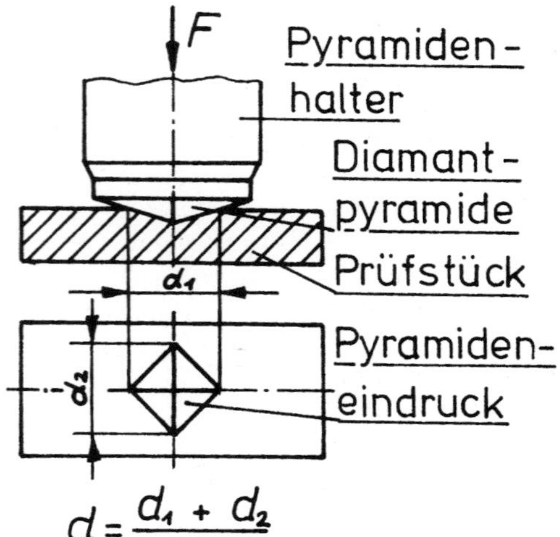


| | |
|---|---|
| Prüfkraft *F* | Abhängig von der ___________________<br>und ______________ des Prüfwerkstoffes.<br>F = 49 N bis 980 N oder 1,96 N bis 49 N<br>_________________________ zur Prüffläche. |
| Diamantpyramide | Es gibt nur eine Prüfkörpergröße,<br>Spitzenwinkel ____________°. |
| Prüffläche | Die Prüffläche muss ___________________<br>und _____________________ sein. |
| Prüfwerkstoff | Für ___________ und _______________<br>Werkstoffe beliebiger Dicke. |
| Prüfzeit (Einwirkdauer) | ________ bis ________ Sekunden. |

**Auswertung:** Die Eindruckdiagonale zeigt eine bestimmte Vickershärte HV (Tabellenwert) an.

**Normung:**

Beispiel: 2‑0 HV 50/30

| ______ | ______ | ______ | ______ |
|---|---|---|---|
| Härtewert | Vickershärte | Prüfkraft<br>$50\ kg \times 9{,}8\ \frac{m}{s^2}$ ______ N | Einwirkdauer<br>in s |

**Aufgabe:** Erklären Sie die Kurzzeichen!

530 HV 30/25: ______________________________

______________________________

470 HV 50: ______________________________

______________________________

## D. Härteprüfung nach Rockwell (HR)

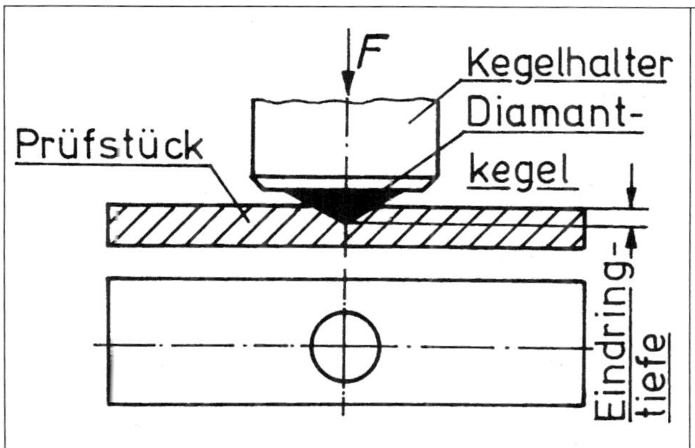


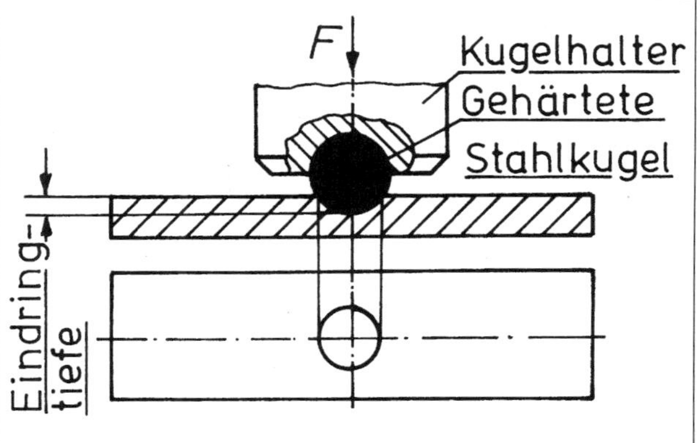


| | |
|---|---|
| HR ________ -Prüfung (C = cone = __________ ) | HR ________ -Prüfung (B = ball = __________ ) |
| Prüfkörper: ______________________<br>______ ° Kegelwinkel. | Prüfkörper: ______________________<br>Durchmesser 1/16 Zoll<br>( ________ mm) |
| Prüfkraft: Vorkraft 98 N<br>Zusatzkraft 1373 N<br>Gesamtprüfkraft 1471 N | Prüfkraft: Vorkraft 98 N<br>Zusatzkraft 883 N<br>Gesamtprüfkraft 981 N |
| Prüfwerkstoff: Für ______________ Werkstoffe | Prüfwerkstoff: Für ______________ Werkstoffe |

Weitere Prüfverfahren: HRA-Prüfung für Hartmetalle (Diamantkegel)
HRF-Prüfung für Stahl-Feinbleche und sehr weiche Werkstoffe (gehärtete Stahlkugel)

**Messvorgang:** Es wird die bleibende Eindring- __________ ermittelt.

Der Härtewert kann sofort am ______________________ abgelesen werden.

**Normung**

Beispiel: 56 HRC ⟶ ______________________________

45 HRB ⟶ ______________________________

## 3.5 Sonderprüfverfahren

**Zerstörungsfreie Werkstoffprüfungen**

Mit Ihrer Hilfe können Werkstofffehler festgestellt werden (z. B. ______________________________

______________________________).

### A. Farbeindring-Verfahren (Met-L-Chek-Verfahren)

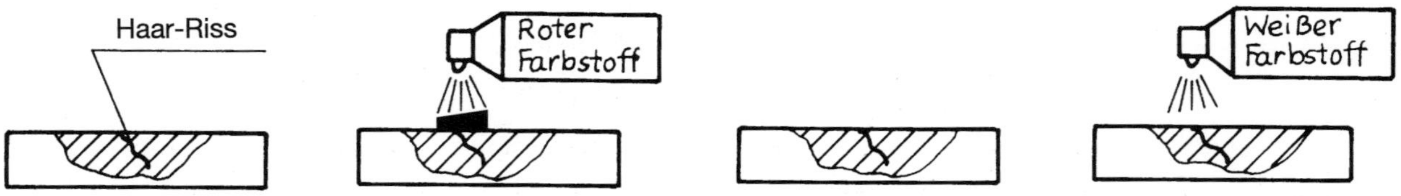


| | | | |
|---|---|---|---|
| Werkstück mit nicht sichtbaren ____________-Rissen | Farbeindringung durch ____________________- Wirkung | Gründliches ____________________ des Werkstückes | Weißer Farbstoff zieht den roten Farbstoff an die Werkstück- ____________________ = sichtbarer Riss |

### B. Ultraschall-Verfahren

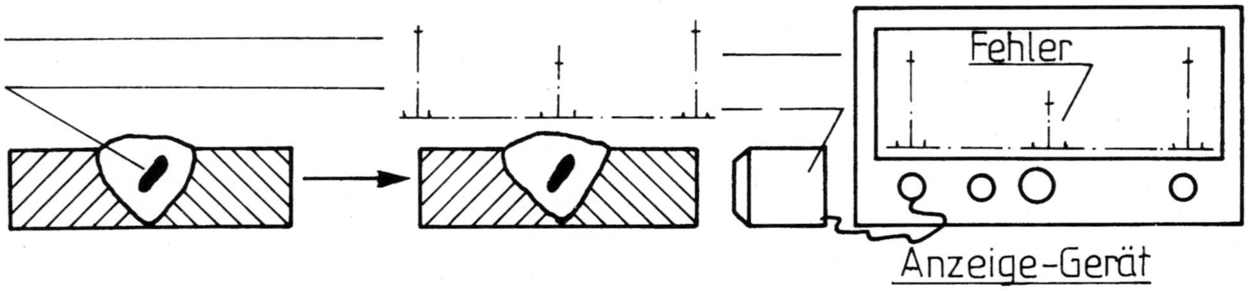


Die nichthörbaren Ultraschallwellen werden an der vorderen und hinteren Stirnfläche des Werkstückes und von Fehlern ______________________________ und erscheinen als Zacken auf dem Bildschirm.

### C. Tüpfelprobe

Die Tüpfelprobe wird zur Unterscheidung von ______________________________ angewendet. Mehrere Tropfen 20prozentiger Natronlauge (NaOH) müssen ca. 6 Minuten auf die blanke Werkstückoberfläche einwirken.

| **Beobachtungen** | **Erkenntnisse** |
|---|---|
| **Nicht abwischbarer** schwarzer Belag | Aluminium ist mit ______________________ legiert (z. B. 2prozentiger Si = Verbesserung der Schweißbarkeit) |
| **Abwischbarer** schwarzer Belag | Aluminium ist mit ______________________ (legiert = Verminderung der Schweißbarkeit) |
| **Heller** Belag | Reinaluminium oder ______________________-Legierung (z. B. EN AW-Al Mg5 = schweißbar) |
| Keine | Reinmagnesium oder ______________________-Legierung (z. B. MgAl6 = beschränkt schweißbar) |

### D. Prüfung der chemischen Zusammensetzung

Mit der Spektral-Analyse kann in wenigen Minuten die chemische ______________________ einer Legierung (z. B. 0,5 % C, 2 % Mo, 1 % V) und der Prozentanteil der einzelnen Metalle bestimmt werden.

### E. Metallografische Untersuchungen

Mit dieser Untersuchung wird das ______________________ des Prüfwerkstoffes sichtbar gemacht (z. B. Faserverlauf in einem Schmiedestück).

### F. Weitere Prüfverfahren

Ölkoch-Probe, Fluoreszens-Prüfung, Röntgenstrahlen-Prüfung, Magnetpulver-Prüfung.

**Zweck:** Es sollen Werkstoff- ______________________ festgestellt werden (z. B. Risse, Schlackeneinschlüsse, Blasen).

## 4.1 Stahlskelettbau

Mehrgeschossige Stahlhochbauten bezeichnet man als ______________________________.
Sie übertragen auf das Fundament

- das Eigen-______________________ der Stahlkonstruktion,
- die Gewichtskräfte der raumabschließenden Bauwerksteile (z. B. ______________________________________),
- die Verkehrs-______________________ (z. B. Personen, Laufkräne).
- die ______________________- und ______________________-Kräfte.

### A. Aufbau

**1. Lagerhalle**
Ordnen Sie zu:
Wandpfosten, Windverband, Firstpfette, Wandriegel, Rahmenbinder, Fuß- oder Traufpfette, Zwischenrahmenbinder, Sparren, Zwischenpfetten.

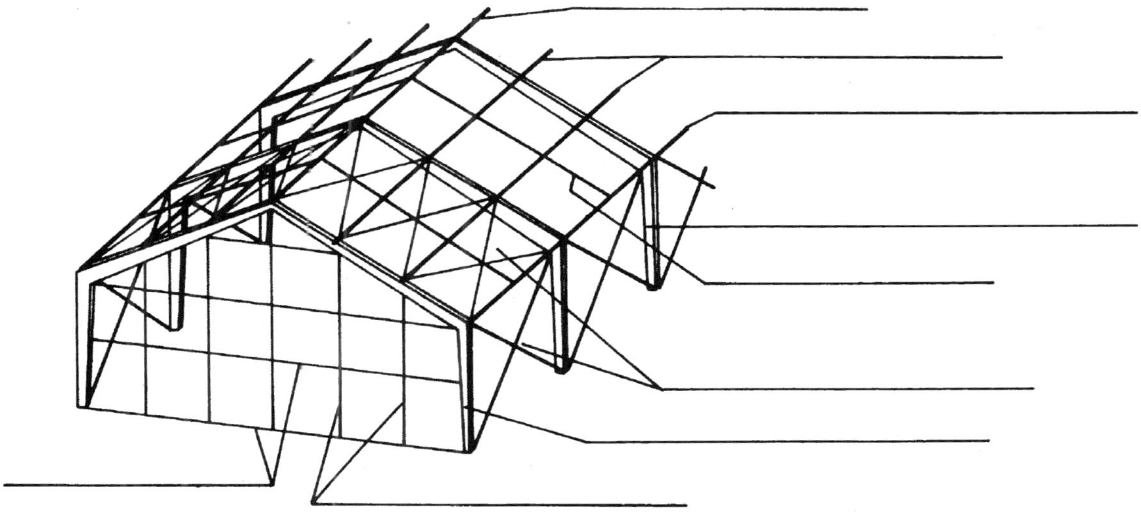

**2. Industrie-Produktionshalle**
Ordnen Sie zu:
1 = Rahmenstiel, 2 = Rahmenriegel,
3 = Decken- oder Bühnenträger,
4 = Pfette, 5 = Wandriegel, 6 = Brückenkran

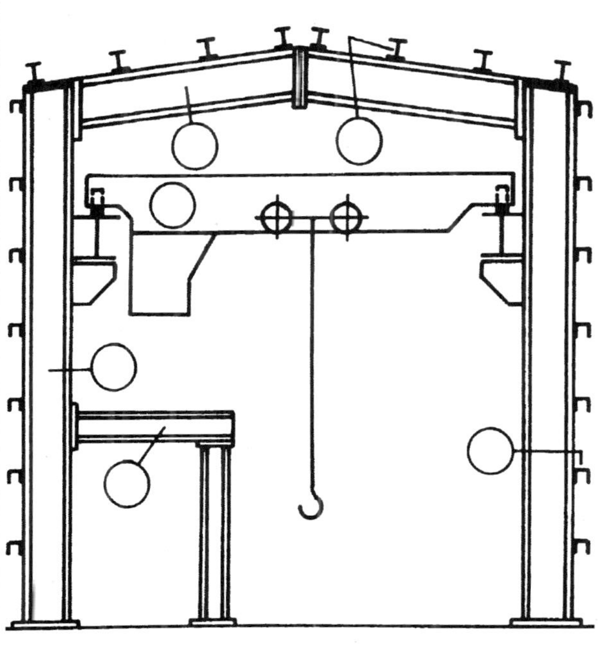

**3. Rahmensysteme**
Benennen Sie die skizzierten Rahmensysteme.

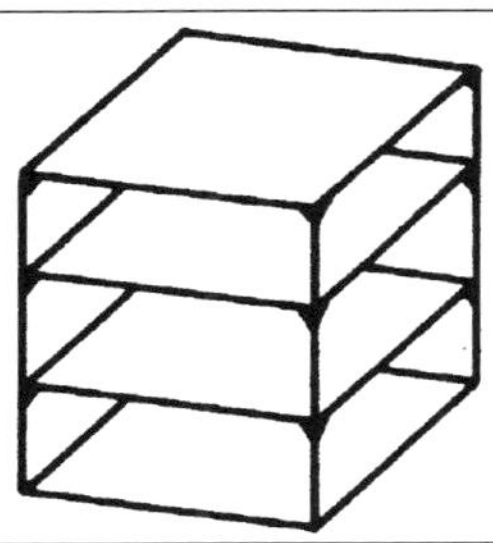

______________________-
Rahmen

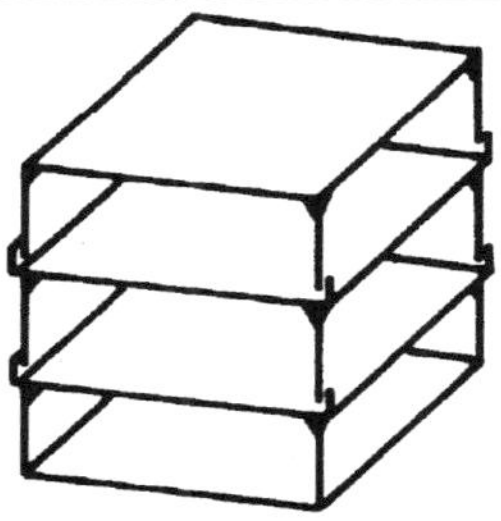

Rahmen mit ______________________-
______________________
Bühnenträgern

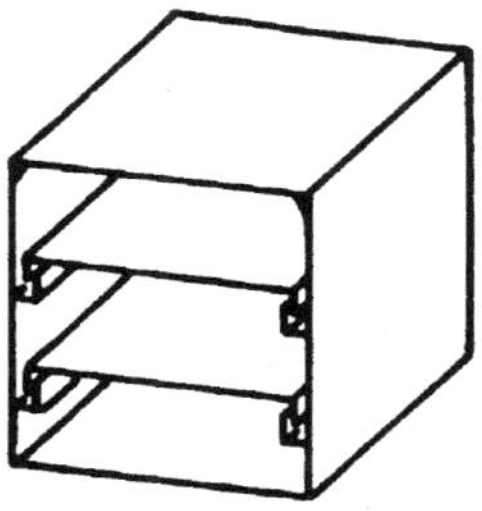

______________________
Rahmen

## B. Dachbinder

### 1. Aufgabe der Dachbinder

a) Aufnahme der Dach-____________________ (z. B. Dachbedeckung, Pfetten, Windverbände, Windkräfte, Schneegewichtskräfte).

b) Übertragung dieser Belastung mittels ____________________ auf das Fundament.

### 2. Dachbinderformen

Ordnen Sie ein:
Pultdachbinder, englischer Binder, doppelter Freidachbinder (Kragbinder), belgischer Binder, Balkenbinder mit Firstlaterne, Wiegmann- oder Polonceanbinder, Balkenbinder mit Firstaufbau, Säge- oder Sheddachbinder.

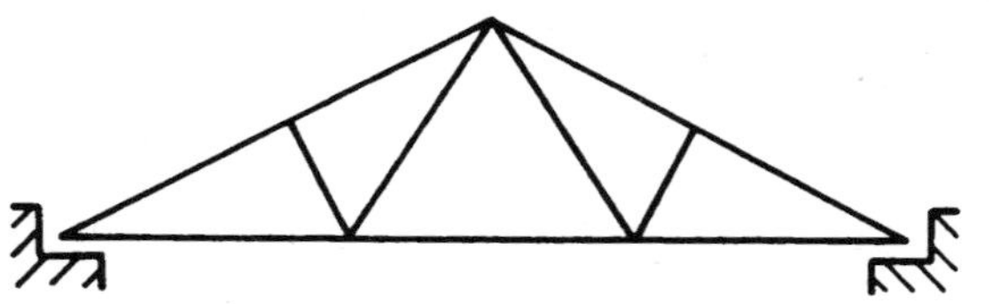
____________________

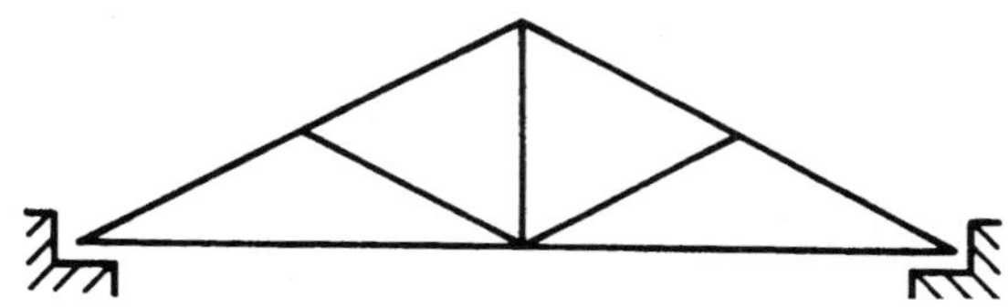
____________________

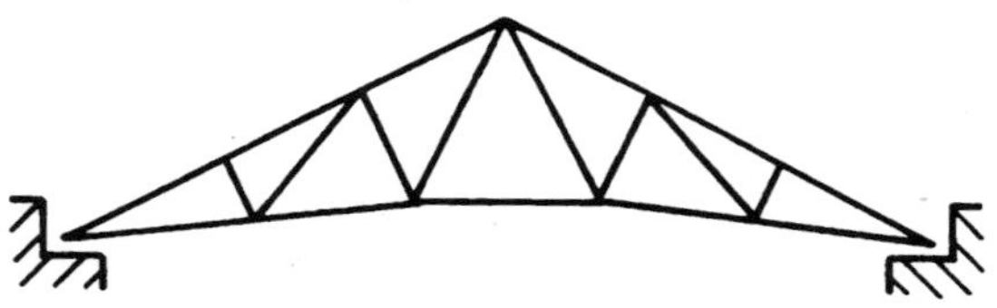
____________________

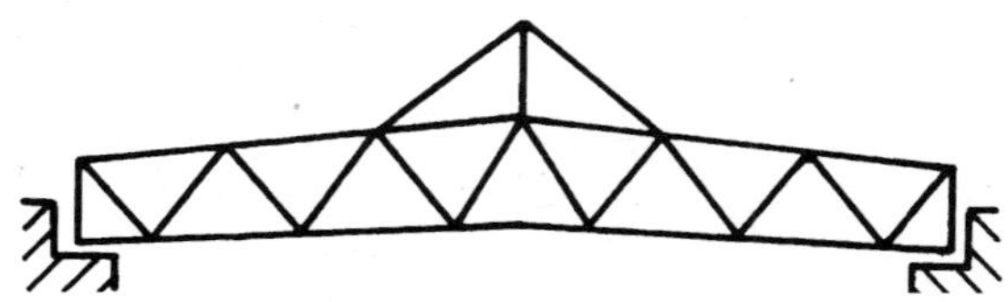
____________________

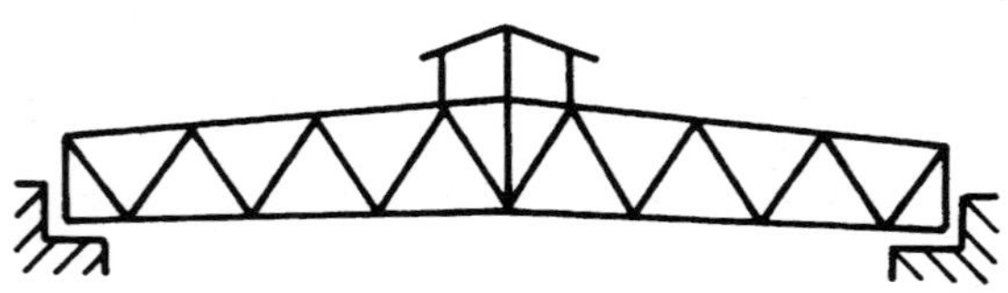
____________________

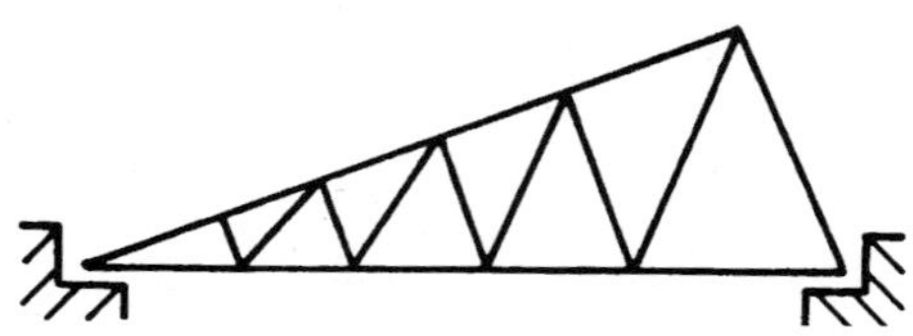
____________________

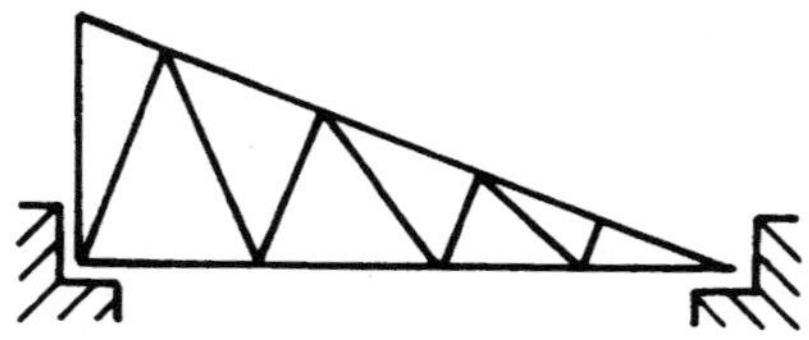
____________________

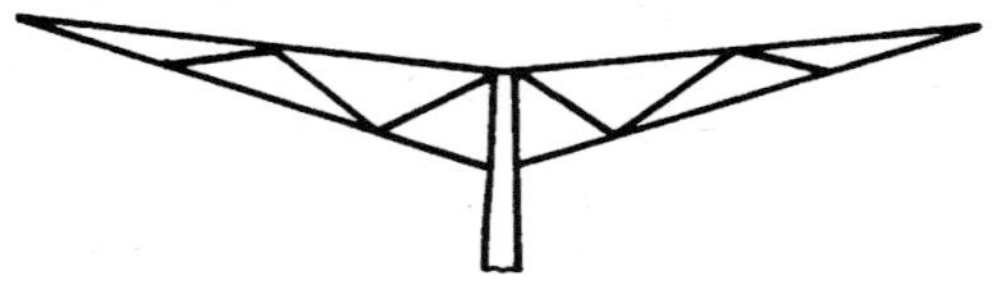
____________________

## C. Netzplan

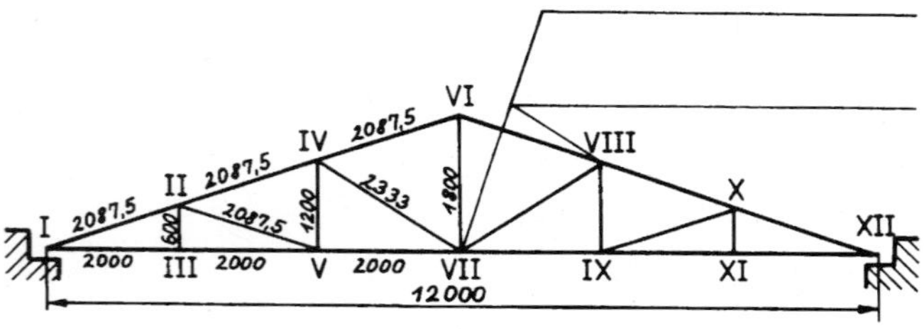


Der Netzplan (Systemlinienplan) enthält:

1. ____________________ } Hauptmaße
2. ____________________
3. Entfernungen zwischen den einzelnen ____________________ oder Systempunkten (Untergurt-, Obergurt- und Füllstäbe).

## D. Hauptteile eines Dachbinders

Benennen Sie die Hauptteile des Dachbinders mit der auf sie wirkenden Beanspruchungsart.

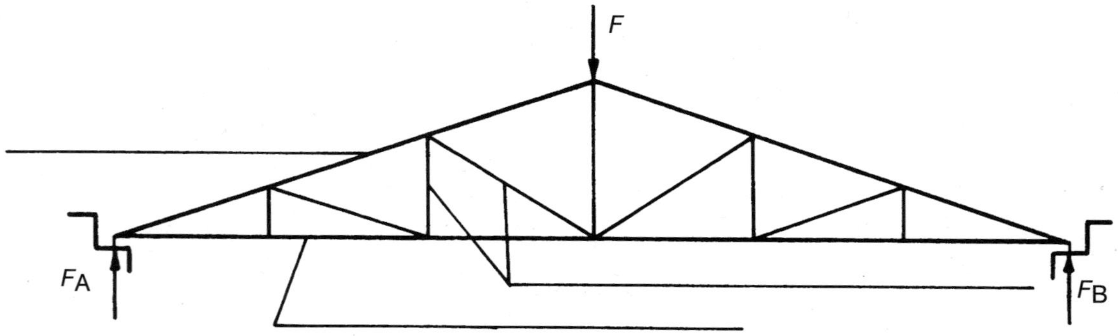

## E. Genieteter oder geschraubter Dachbinder aus Profilstählen

Als Beispiel einer Nietverbindung wählen wir aus dem Netzplan den Knotenpunkt IV. Die L-Stahlprofilpaare sind symmetrisch mit Zwischenblechen zweischnittig vernietet.

Ordnen Sie ein:
Knotenblech, Schwerlinie, Zwischenblech (Binde- oder Futterblech), Füllstäbe, Obergurt (Sparren).

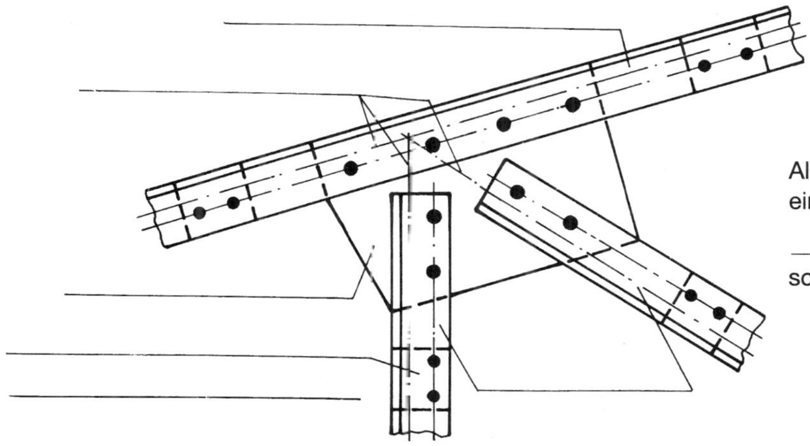

Alle Stabschwerlinien sollen sich in einem Punkt (Knotenpunkt = ______________________-Punkt) schneiden.

Das Knotenblech ermöglicht eine ______________ Verbindung der Stäbe. Die Dicke des Knotenbleches soll etwa die ______________ Dicke der zusammenlaufenden Profile besitzen, jedoch nicht unter ________ mm.

## F. Geschweißter Dachbinder aus Profilstählen

Als Beispiel einer Schweißverbindung wählen wir aus dem Netzplan den Knotenpunkt I.

Ordnen Sie ein:
Auflagerdruckplatte, Obergurt (min. 4 mm dick), Untergurt (mind. 4 mm dick), Abschlussstegblech, L-Stahlausklinkung, Versteifungsrippe, Schwerlinien = Systemlinien, Knotenblech (min. 4 mm dick).

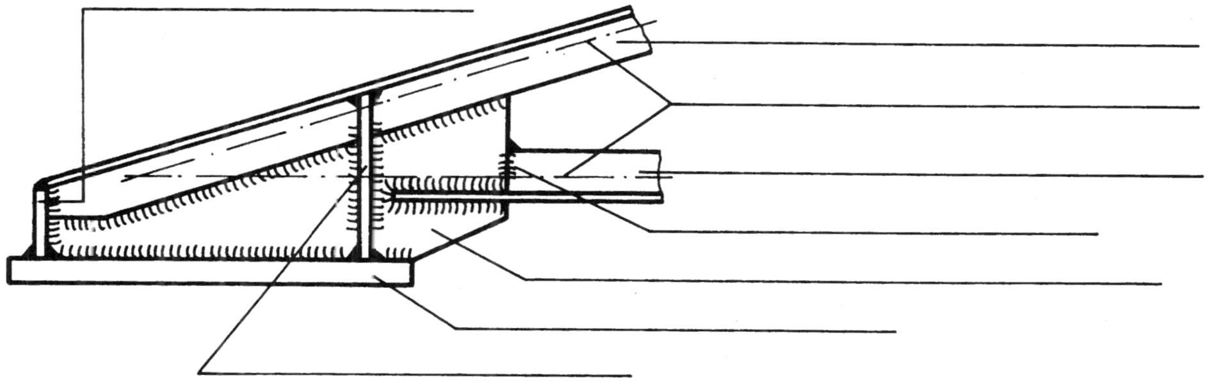

## G. Herstellung eines geschweißten Dachbinders

1. ______________ der Profile (Sägen, Scheren, Trennen)
2. ______________ der Knotenbleche (automatische Brennschneidmaschine)
3. Maßgerechtes ______________ und ______________ der Bauteile auf der Vorlage (Stahlträgerunterbau)
4. ______________ der Bauteile (Lichtbogenschweißung)
5. ______________-Schweißen des gesamten Dachbinders

Es wird mit zwei Schweißern symmetrisch von ______________ nach ______________ geschweißt.

6. ______________ des gesamten Dachbinders

## H. Geschweißte Dachbinder aus Stahlrohren (Stahlleichtbau)

Ergänzen Sie die folgenden Stichwörter, und ordnen Sie ein:
Gewicht, Widerstandskraft, Materialkosten, Aussehen, Material, Korrosionsschutz.

| Vorteile | Nachteile |
| --- | --- |
| ____________________ | ____________________ |
| ____________________ | ____________________ |
| ____________________ | ____________________ |
| ____________________ | ____________________ |

### 1. Rohranschlüsse

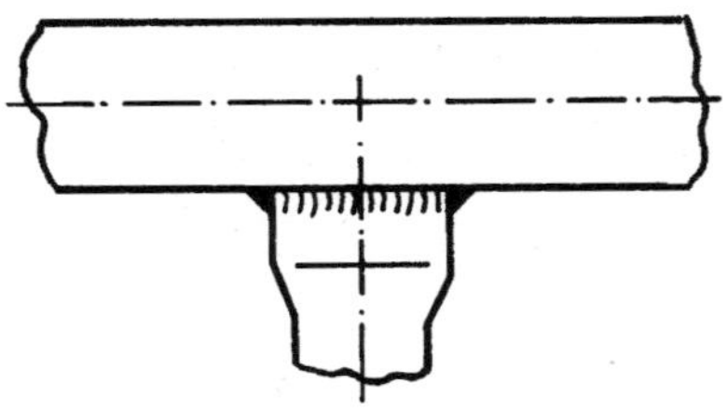

________________ Rohrende,
________________ Belastung,
__________ Herstellungskosten.

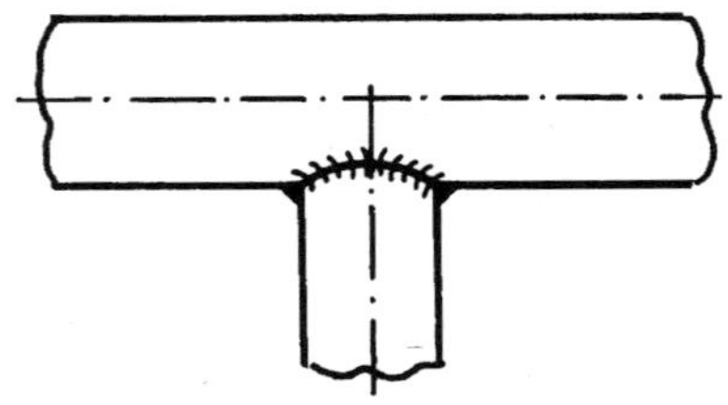

________________ Rohranschluß,
________________ Belastung,
__________ Herstellungskosten.

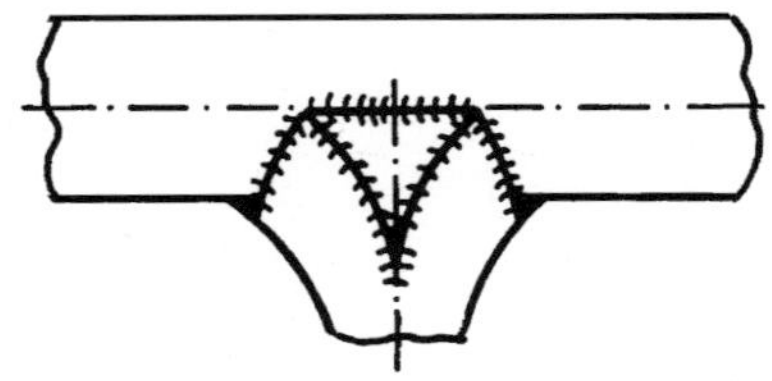

________________-Rohranschluss,
________________ Belastung,
__________ Herstellungskosten.

### 2. Rohrknotenpunkte

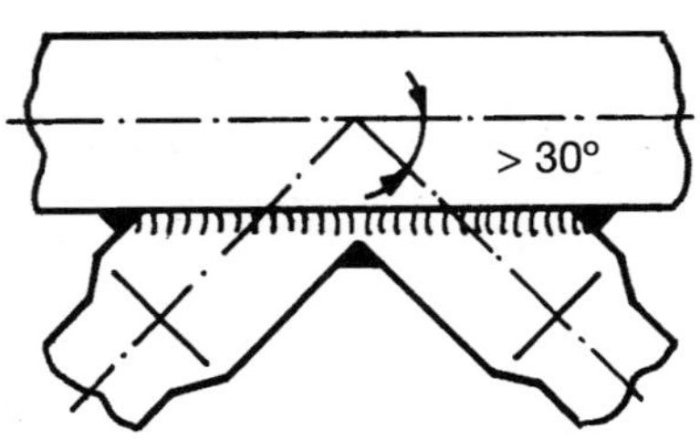


____________ Rohrknotenpunkt

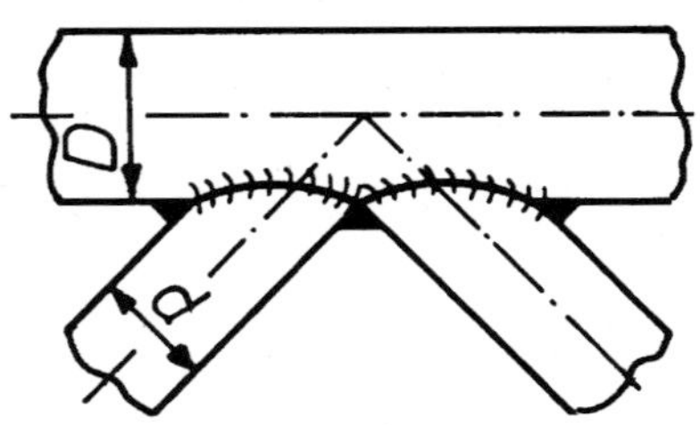


____________ Rohrknotenpunkt
($d$ = mind. $\frac{D}{4}$ )

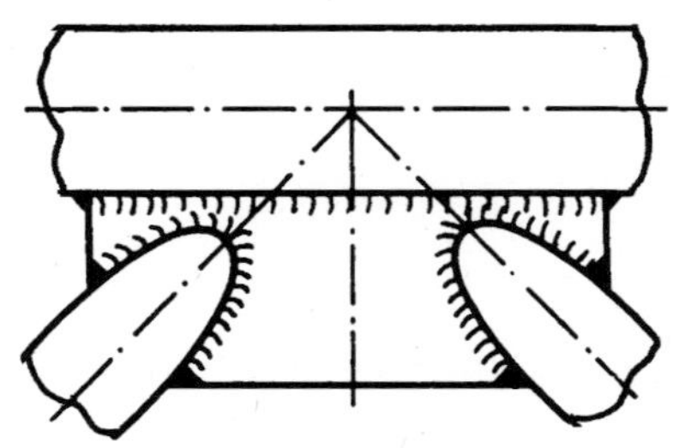

________________________
Rohrknotenpunkt

### 3. Rohreckstöße

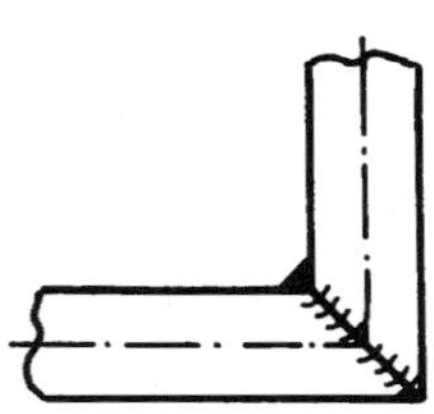

____________________ Eckstoß

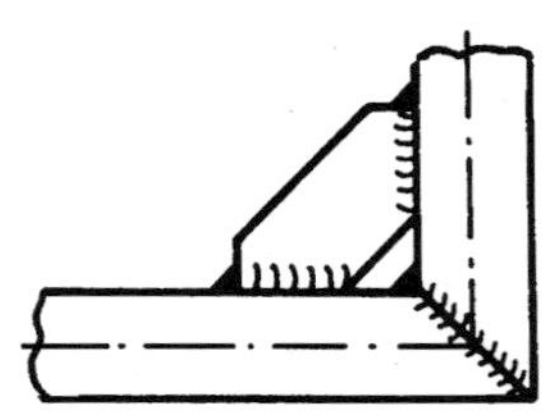

____________________ Eckstoß

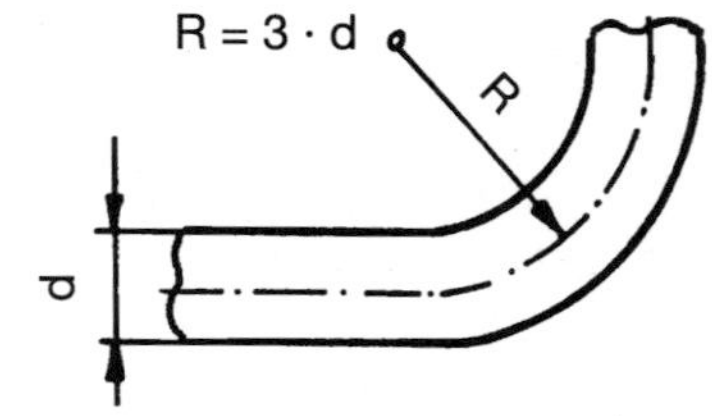


Rohr-____________________

### 4. Rohrstöße

Rohrstoß mit ________________,
________________ Belastung,
________________ Zentrierung.

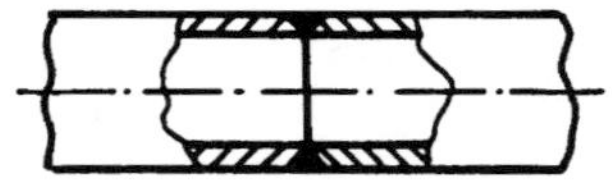

________________ Rohrstoß,
________________ Belastung,
________________ Zentrierung.

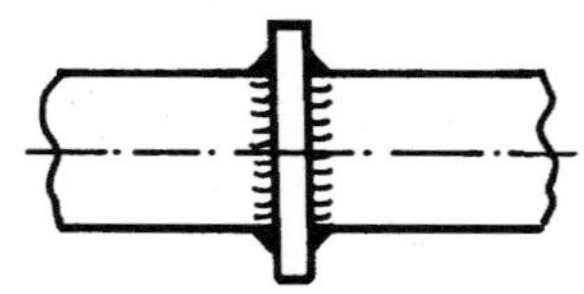

Rohrstoß-________________
________________ Belastung,
________________ Zentrierung.

## 4.2 Träger

Träger sind überwiegend waagrecht gelagert und ______________________________
Lasten, die senkrecht, waagrecht oder unter einem bliebigen Winkel angreifen.

| Trägerbelastungen (Kräfte) | | |
|---|---|---|
| Umwelt | Nutzung | Erdanziehung |
| ________________ | ________________ | ________________ |
| ________________ | ________________ | ________________ |
| ________________ | ________________ | ________________ |

Träger nehmen diese Kräfte auf und leiten sie zu den Auflagern.

### A. Trägerarten aus Stahl

#### 1. Trägerarten nach ihrer Verwendung

Ordnen Sie den Skizzen zu:
Kranträger, Bühnenträger, Dachträger, Montageträger, Brückenträger.

______________________-Träger

______________________-Träger

______________________-Träger

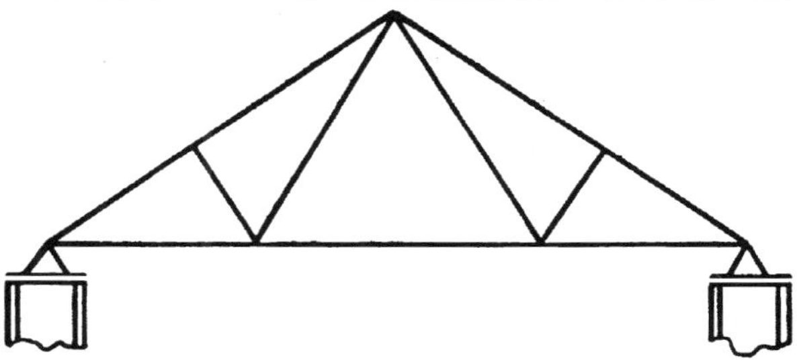

______________________-Träger

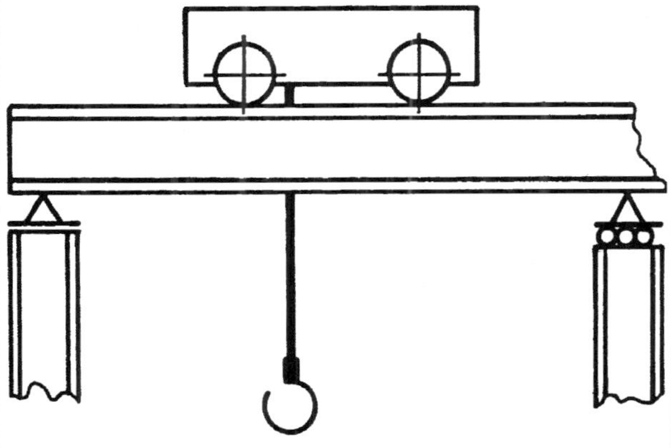

______________________-Träger

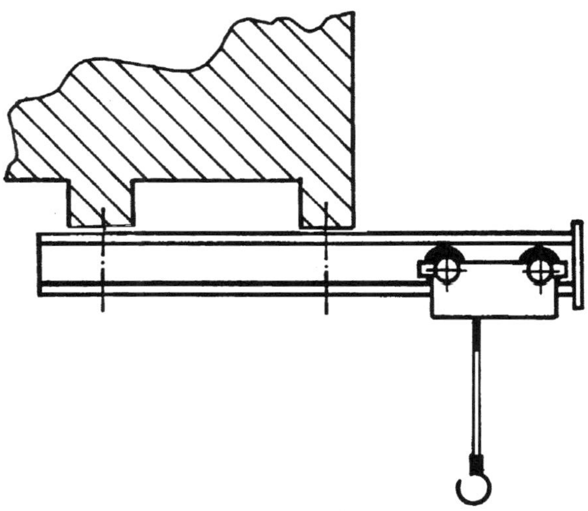

**2. Trägerarten nach ihrer Form**

Ordnen Sie die Skizzen zu:
Geknickte Träger, schräger Träger, gerader Träger, gebogener Träger, Frei- oder Kragträger.

<table>
<tr><td>__________ Träger</td><td colspan="2">__________ Träger</td></tr>
<tr><td rowspan="2"></td><td>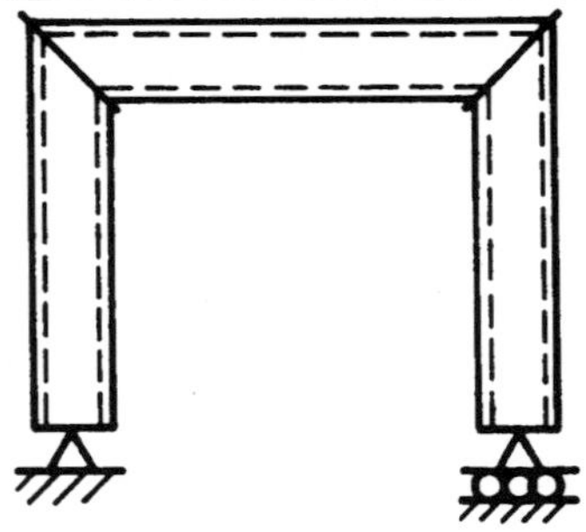</td><td>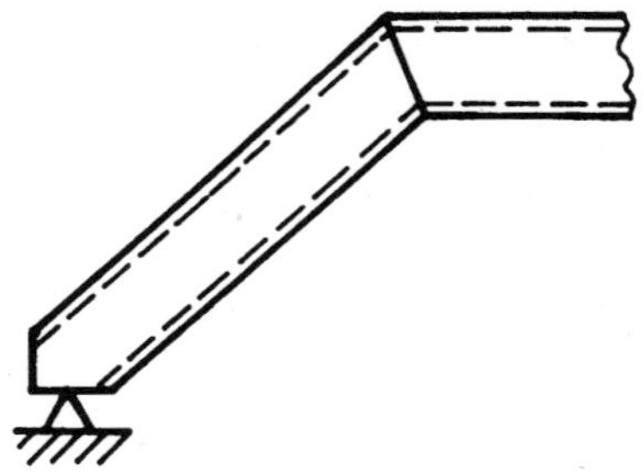</td></tr>
<tr><td>Rahmenträger</td><td>Treppenträger</td></tr>
</table>

<table>
<tr><td>__________ Träger</td><td>__________ Träger</td><td>__________-Träger</td></tr>
<tr><td></td><td>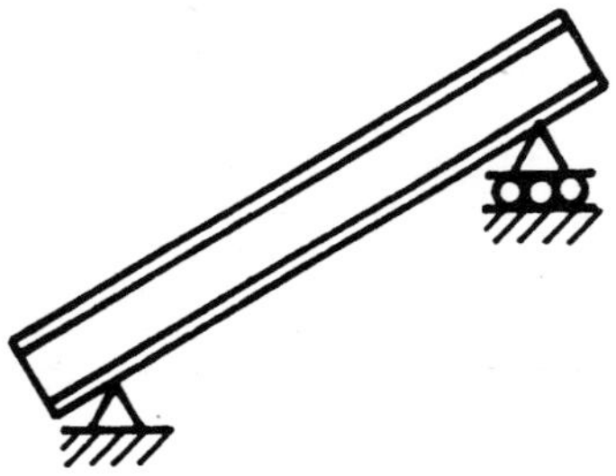</td><td>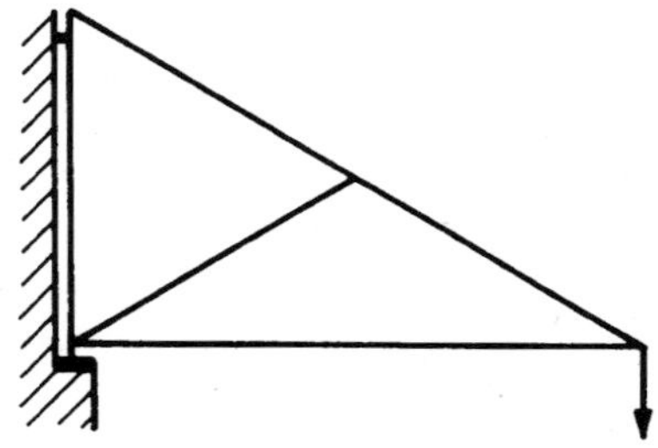</td></tr>
</table>

**3. Trägerarten nach ihrem Profil**

Ordnen Sie den Skizzen zu:
Fachwerk-Träger, Vollwand-Träger, Kasten-Träger, Stegblech-Träger.

<table>
<tr><td>__________ Träger</td><td colspan="2">__________ Träger</td></tr>
<tr><td rowspan="2">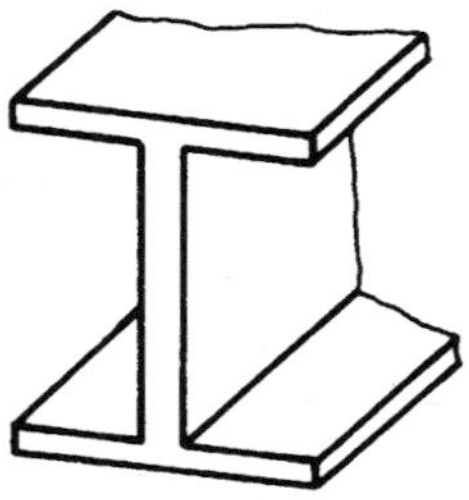</td><td></td><td>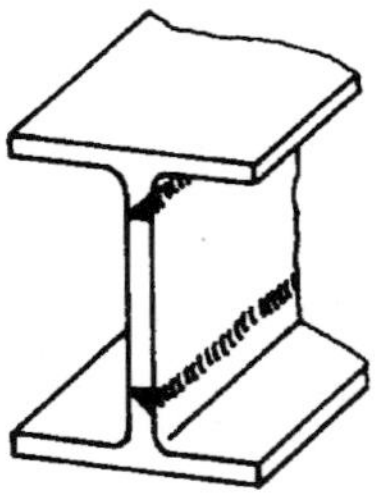</td></tr>
<tr><td>genietet oder geschraubt</td><td>geschweißt</td></tr>
</table>

<table>
<tr><td>__________ Träger</td><td colspan="2">__________ Träger</td></tr>
<tr><td rowspan="2">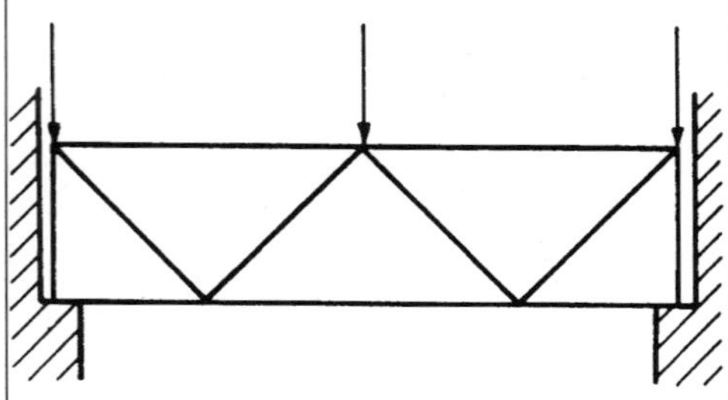</td><td>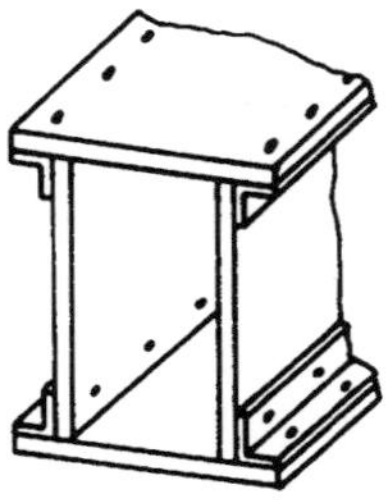</td><td>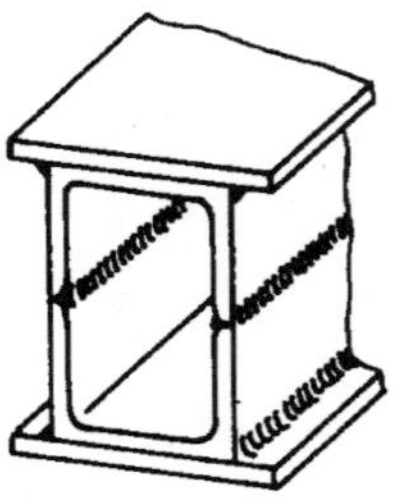</td></tr>
<tr><td>genietet oder geschraubt</td><td>geschweißt</td></tr>
</table>

**a) Stegblech-Träger**

Ordnen Sie zu:
Stegblech, Untergurtlamelle, Gurtwinkel, Stegblechaussteifung, Obergurtlamelle.

**b) Fachwerk-Träger**

Eine ____________ Konstruktion aus Profilstäben bezeichnet man als Fachwerk (z. B. Kranausleger, Dachbinder, Brücken).

Vorteile: 1. ____________ Materialaufwand
2. ____________ Bauweise
3. ____________ Kosten

**Aufbau**

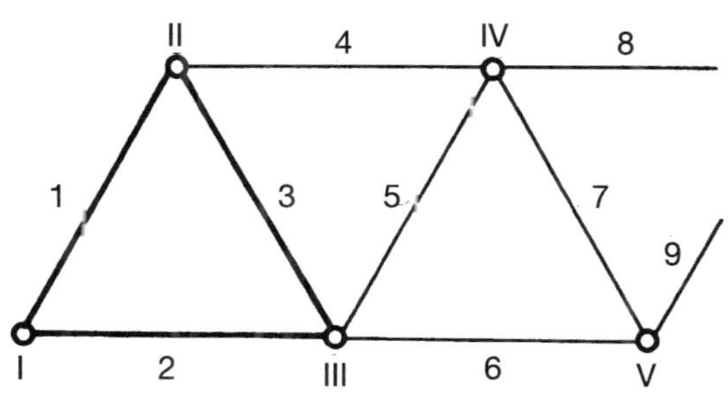


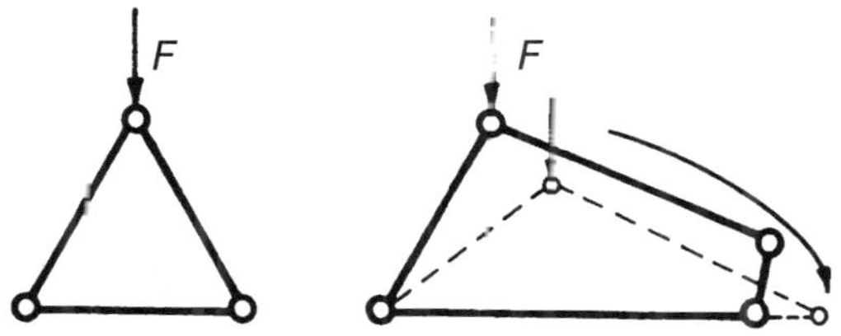


________ Figur ________ Figur

Die Grundlage eines Fachwerkes ist der ________ ________-Verband. Er besteht aus den Profilstäben ______, ______, ______ und den Knotenpunkten ______, ______, ______.

Profilstäbe ______, ______, ... → Obergurt

Profilstäbe ______, ______, ... → Untergurt

Profilstäbe ______, ______, ______, ______, ______, ... → Füllstäbe.

Das Dreieck ist die einfachste ____________ Figur.

Die einzelnen Profilstäbe übertragen nur ________- oder ________-Kräfte.

**c) Fachwerkträger**

Ordnen Sie die aufgeführten Trägerarten den Skizzen zu:
Sichelträger, Rohrträger, Parallelträger, Parabelträger, Dreieckträger, Trapezträger.

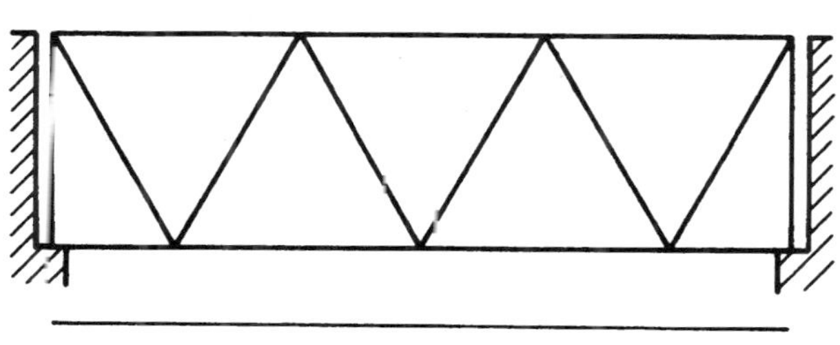

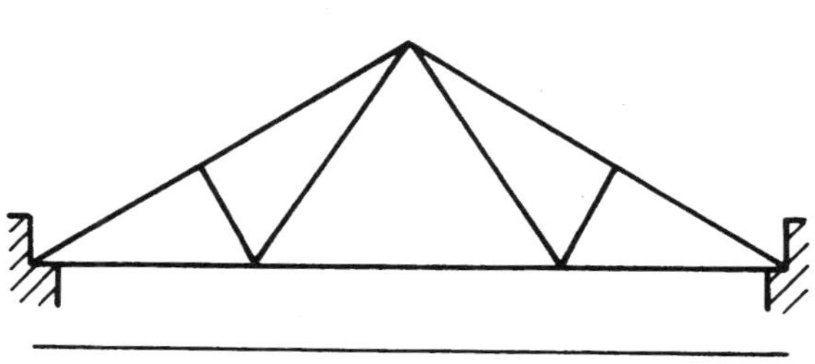

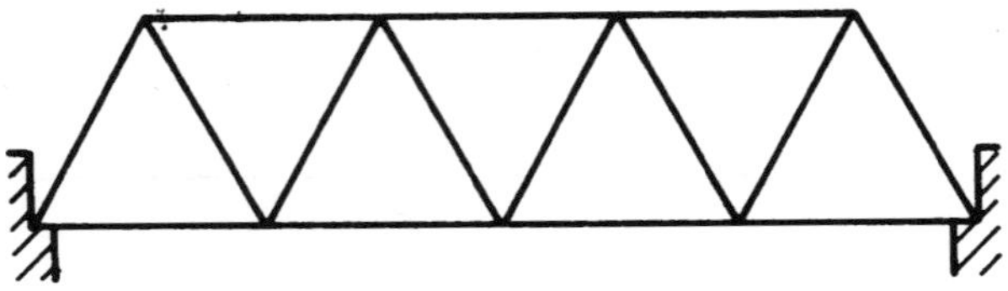

______________________

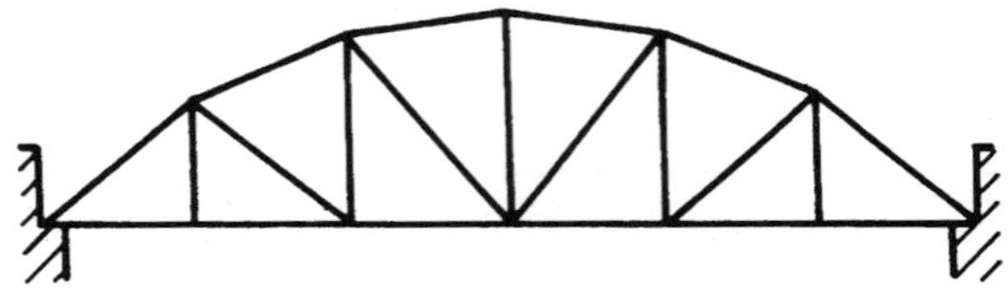

______________________

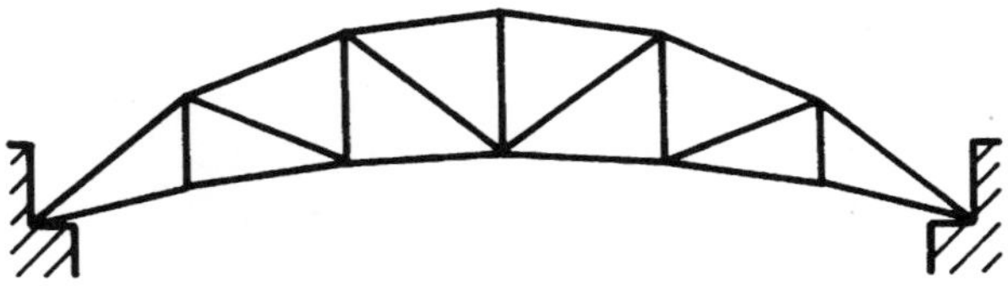

______________________

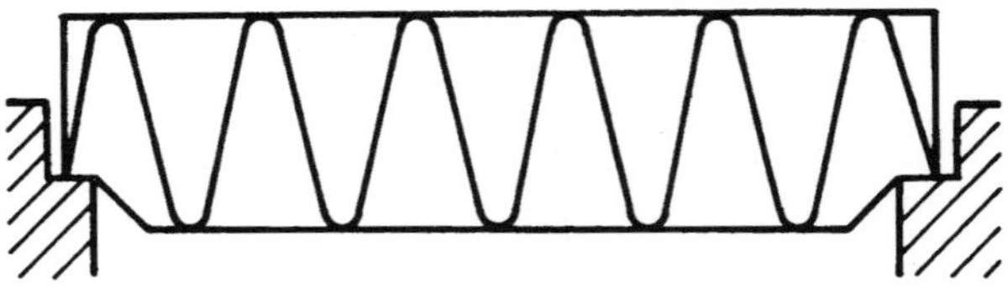

______________________

## B. Trägeranschlüsse

Wird ein Trägerende an einem Stahlprofil befestigt, so bezeichnet man dies als Träger-______________________
Die Profilausschnitte können in Form und Größe unterschiedlich sein.
Die Anschlussgestaltung ist abhängig:

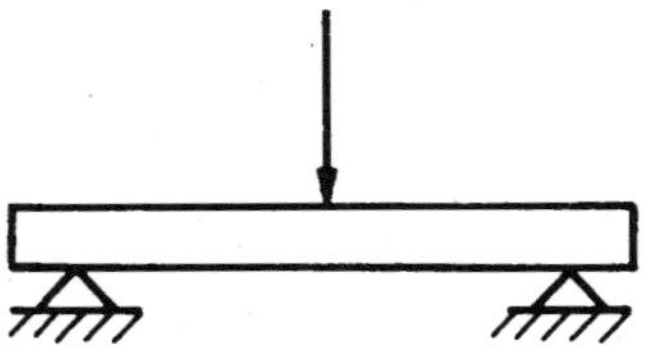

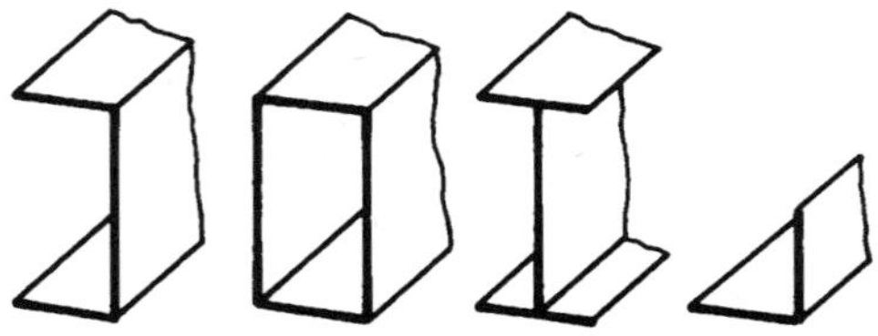

Von der ______________________ Vom Profil-______________________ Von der Träger-______________________

### 1. Genieteter Trägeranschluss

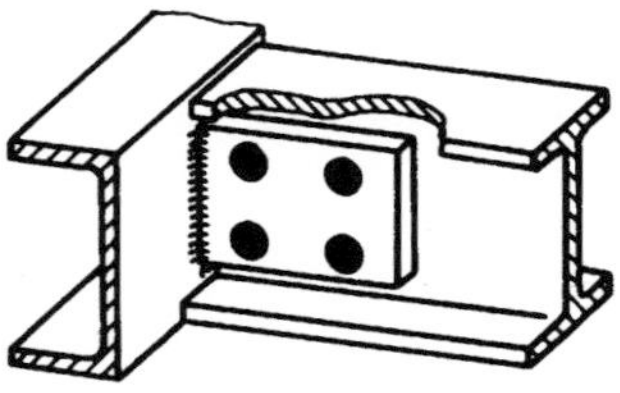

______________________
______________________

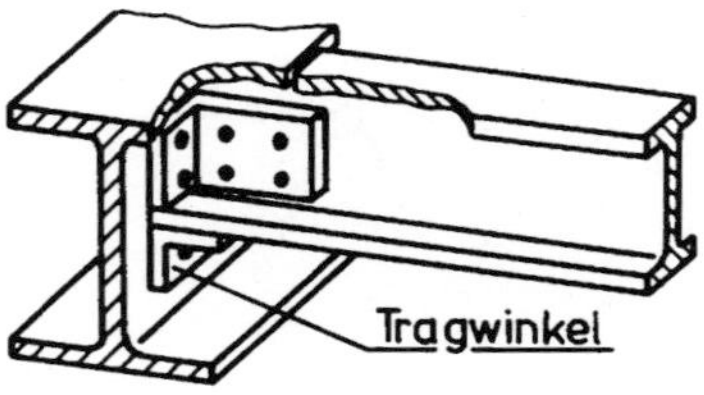


______________________
______________________
______________________

### 2. Geschweißter Trägeranschluss

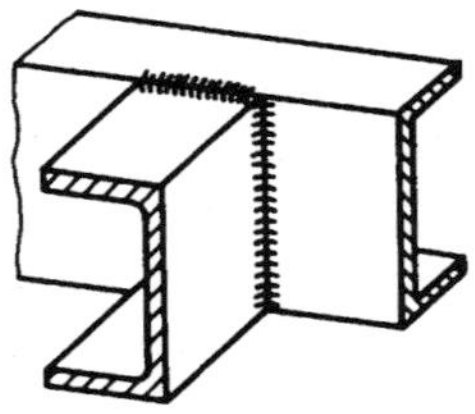

______________________

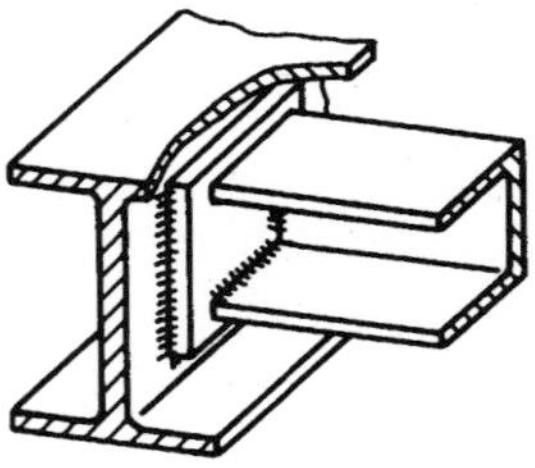

______________________
______________________

**Vorteile geschweißter Trägeranschlüsse**

a) ______________________ Herstellungskosten

b) ______________________ Bauweise (z. B. keine Knotenbleche, Nietwinkel usw.)

c) Keine ______________________, dadurch kleinere Profilquerschnitte

**Nachteile geschweißter Trägeranschlüsse**

a) ______________________ der Bauteile

b) Es können nur ______________________ Werkstoffe geschweißt werden

| Technologie Konstruktionsmechaniker und Metallbauer | Datum: | Stahlbau | F 2 |
|---|---|---|---|
| Name: | Klasse: | | 4 |

3. **Kreisende Trägeranschlüsse (z. B. Pfettenbefestigung)**

Ordnen Sie zu:
Eckanschlusswinkel mit Unterplatte, direkte Verbindung durch breiten Doppel-T-Träger, Hohlanschlusswinkel.

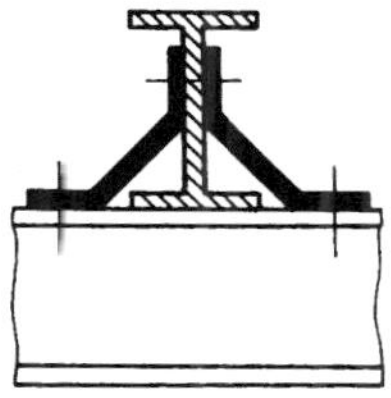
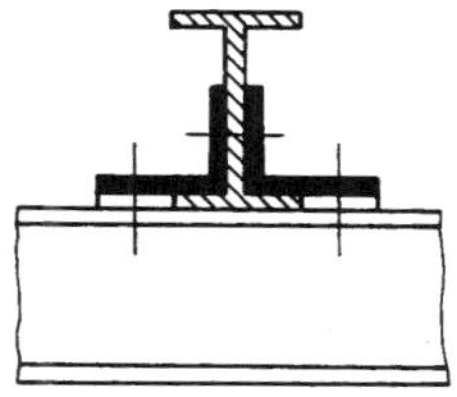
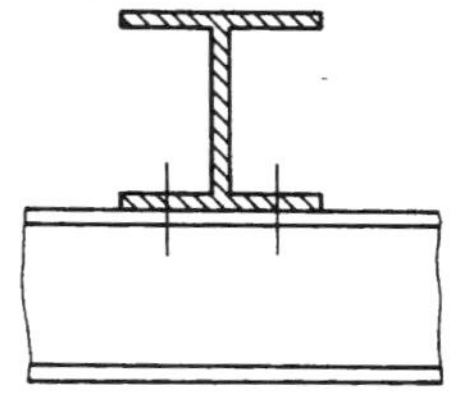

______________________ ______________________ ______________________

______________________ ______________________ ______________________

## C. Trägerstoß

Die Verbindung von zwei Träger-______________ mit gleichem Querschnitt in ______________-Richtung bezeichnet man als Trägerstoß.

Damit eine ______________-Beanspruchung des Trägerstoßes vermieden werden kann, sollte unter dem Trägerstoß ein festes ______________ vorhanden sein.

**1. Einfacher Trägerstoß**

______________________________

Durch ______________-Laschennietung am Steg ergibt sich ein ______________ Trägerstoß.

**2. Geschweißter Trägerstoß**

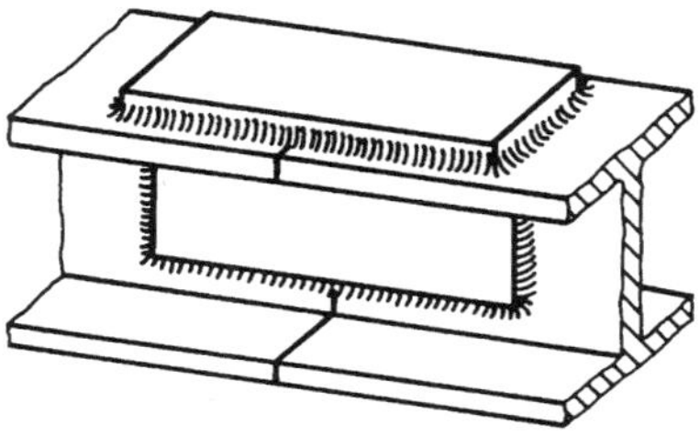

Durch Doppellaschenschweißung am ______________ und Laschenschweißung am oberen und unteren ______________ ergibt sich ein ______________ ______________ Trägerstoß.

**3. Gelenkstoß**

gleiche ________ und ________

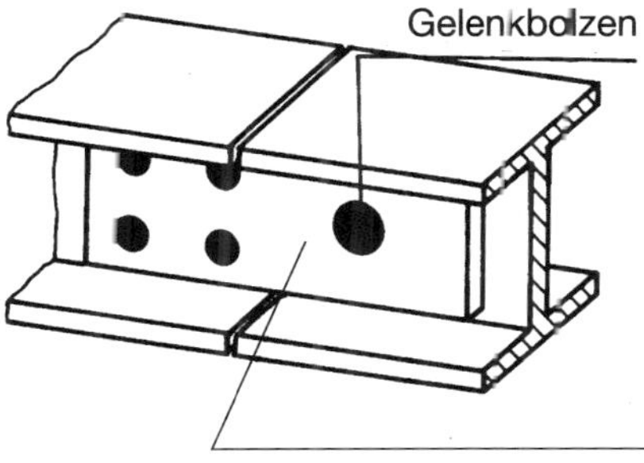


______________________________

Der Gelenkstoß kann keine ______________-Kräfte aufnehmen. Der Doppellaschengelenkbolzen muss im ______________ so groß bemessen werden, dass er die Beanspruchung ohne ______________ aufnehmen kann. Das Gelenk ermöglicht dem Träger eine geringe Winkelbeweglichkeit. Haben die Laschen anstelle der Gelenkbolzenbohrung beidseitig ein Langloch, so kann zusätzlich eine ______________-Verschiebung aufgenommen werden.

**4. Stirnplattenstoß**

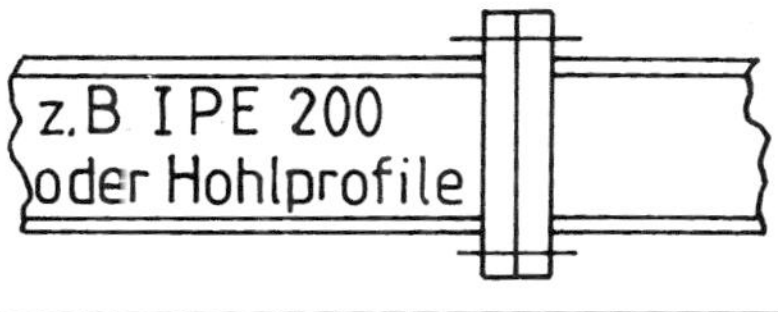


Die Verbindung der angeschweißten Stirnplatten erfolgt durch ______-Verschraubungen.

**4. Trägerverbindung (Trägerkupplung)**

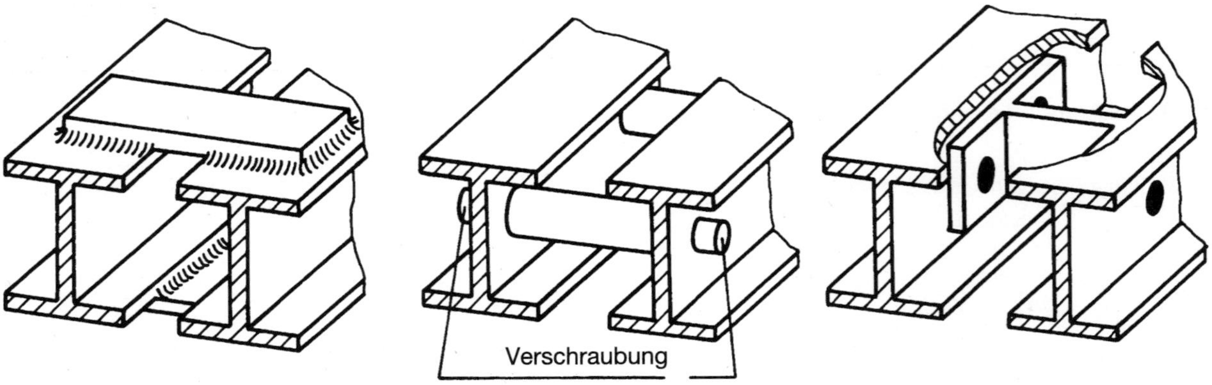


______________-Verbindung durch doppelte ______________________- schweißung.

______________-Verbindung durch abgesetzte Bolzen oder Qualitätsschrauben mit ______________ ______________-Rohr.

______________-Verbindung durch eingeschraubtes Doppel-T-Profil.

**5. Trägerbeanspruchung**

**a) Belastungsarten**

Beschriften Sie die Tabelle.

| Keilriemenantrieb | Träger | Belasteter Träger |
|---|---|---|
| 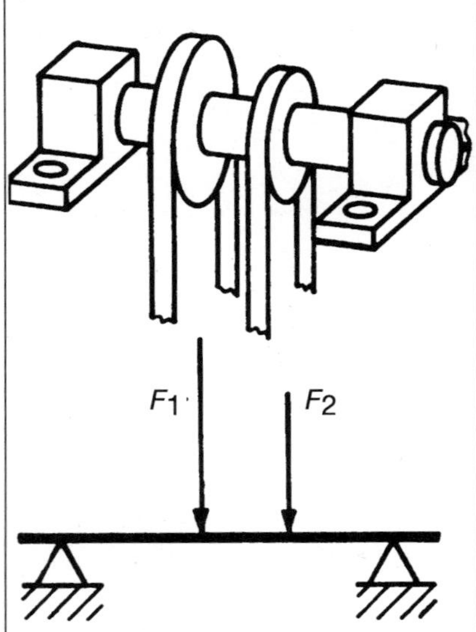  | 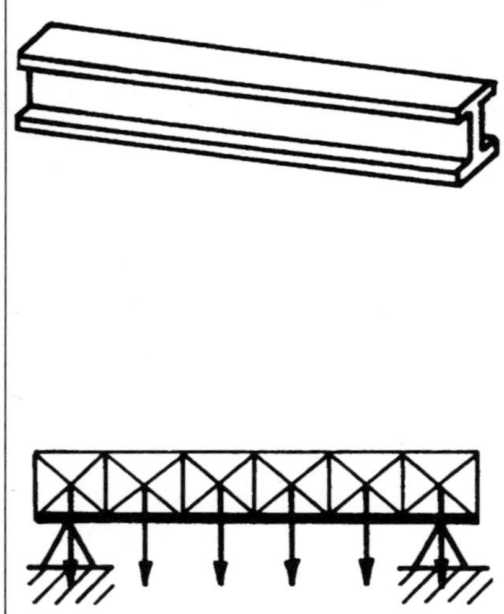 | 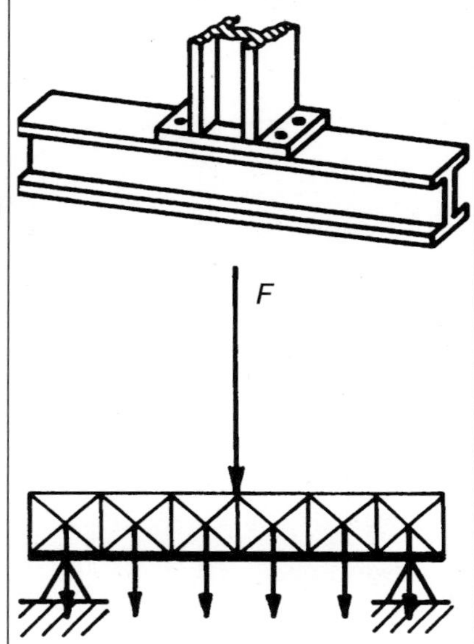  |
| ______________________-Lasten | ______________________-Lasten | ______________________-Lasten |
| | | mit ______________________-Last |

**b) Kraftarten**

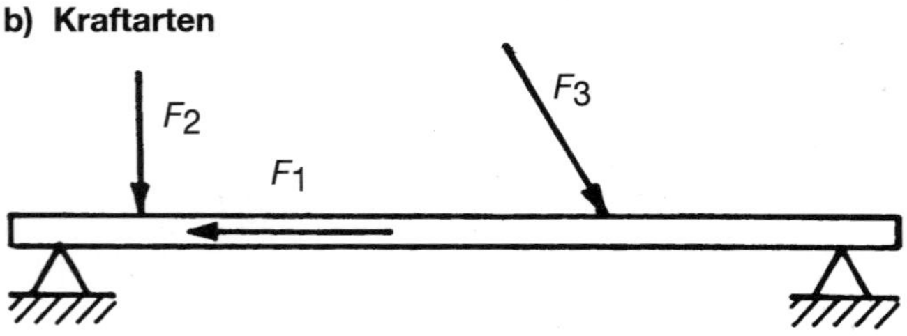


| Formelzeichen | Benennung |
|---|---|
| $F_1$ | ______________________-Kraft |
| $F_2$ | ______________________-Kraft |
| $F_3$ | ______________________-Kraft |

Merke: Schrägkräfte können in ______________-Kräfte ($F_x$) und ______________-Kräfte ($F_y$) zerlegt werden.

Diese von außen auf den Träger einwirkenden Kräfte führen im Innern des Trägers (Werkstoff-______ ______________) zu Beanspruchungen (z. B. ______________________________________ ______________________________________________________).

## 4.3 Trägerauflager

### A. Aufgabe der Auflager

Aufnahme des Träger-__________________ und der Träger-__________________

### B. Auflagearten

Ordnen Sie ein:
Versteifung, U-Stahl, Ankerbohrungen, Trägerauflageplatten.

Ordnen Sie ein:
Führungsplatte, I-Träger, Gleitsattel, Druckplatte.

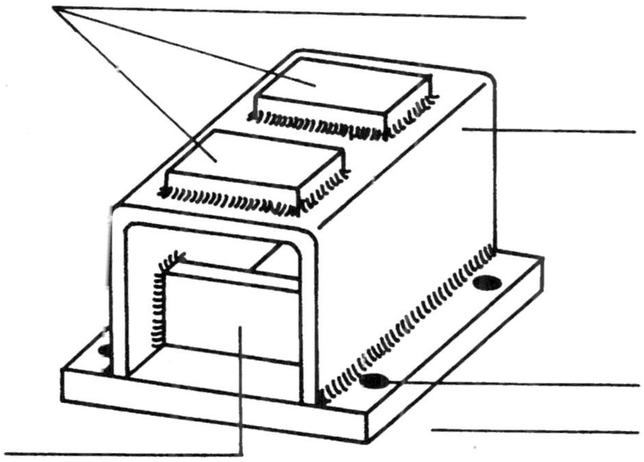

____________________-Auflager

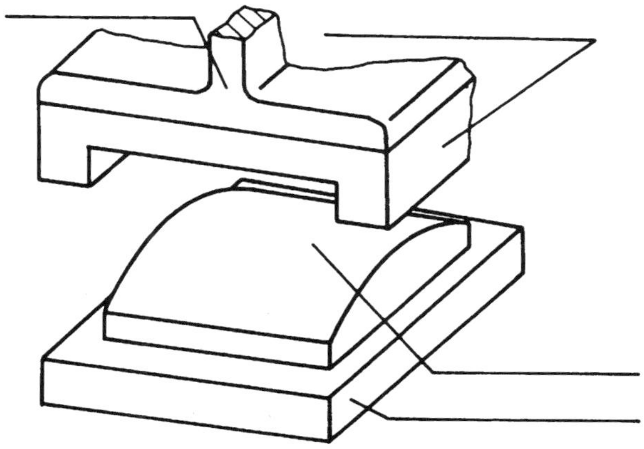

____________________-Auflager (Loslager)

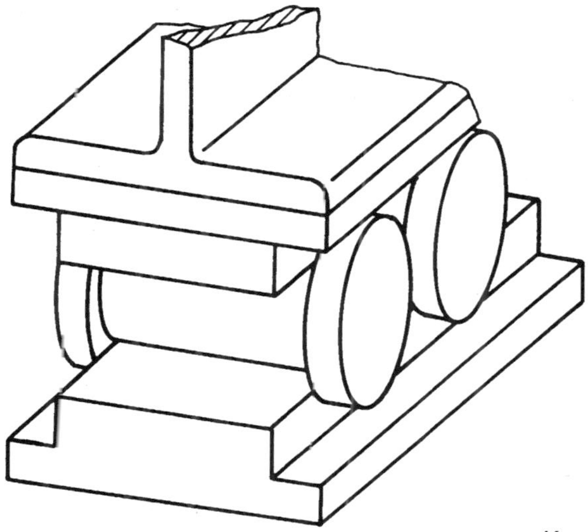

____________________-Auflager mit Führungs-__________________

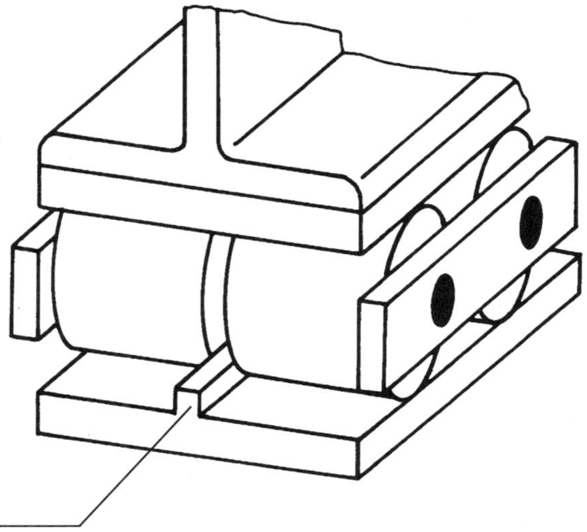


____________________-Auflager mit Führungs-__________ und Rollen-__________________

____________________________________

## C. Auflagergestaltung

Damit das Auflager die ______________________-Beanspruchung aufnehmen kann, muss eine Auflager-Mindestfläche vorhanden sein.

| Auflageraufbau | Zulässiger Druck |
|---|---|
| Maurerziegel mit Kalkmörtel | ca. 100 $N/cm^2$ |
| Maurerziegel mit Zementmörtel | ca. 140 $N/cm^2$ |
| Beton mit 3-facher Sicherheit | ca. 450 $N/cm^2$ |

Ordnen Sie ein:
Leichter Vollwandträger, Auflager, 10 bis 20 mm Zementmörtel, Raum für Trägerausdehnung.

Ordnen Sie ein:
Schwerer Vollwandträger, T-Stahl als Auflager

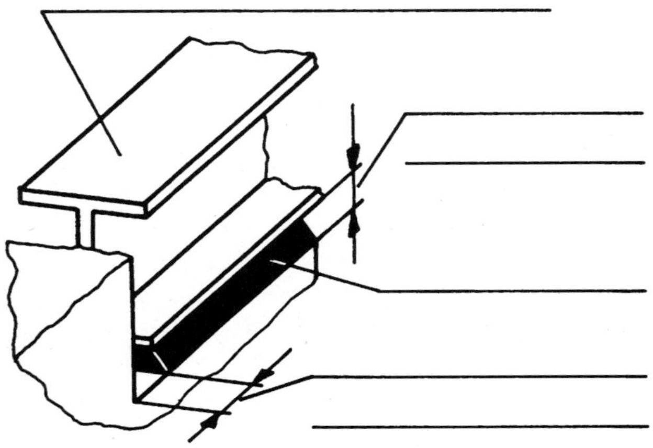

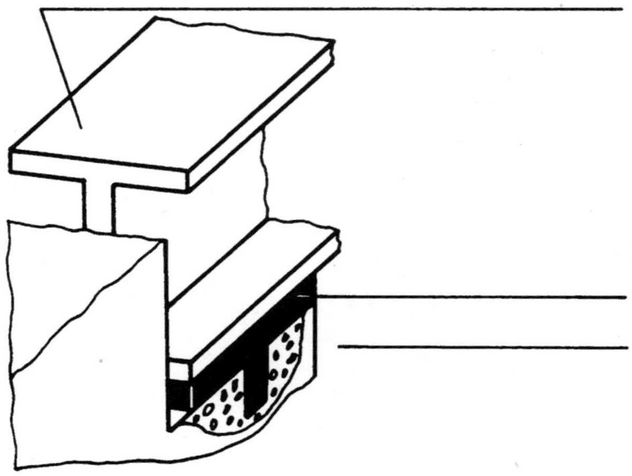

## D. Trägerverankerung im Mauerwerk

Durch die Trägerverankerung wird der Stahlträger gegen ______________________ gesichert

**Waagrechte Verankerung**

Ordnen Sie ein:
Verschraubte Ankerplatte, Doppelsplintverankerung, Maueranker.

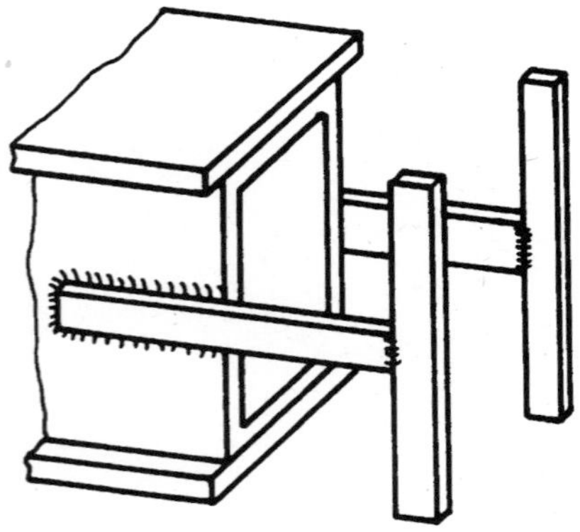

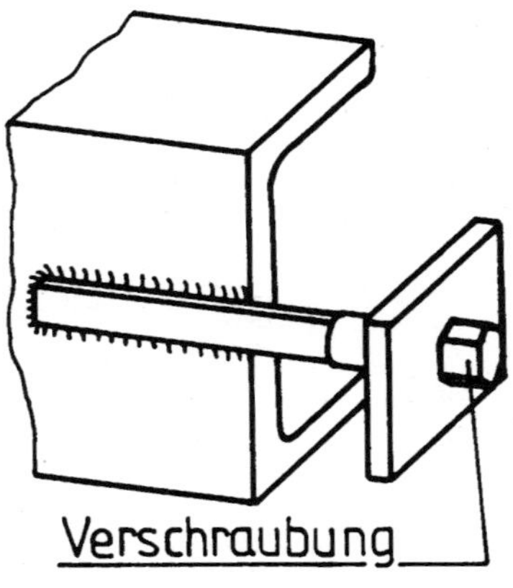


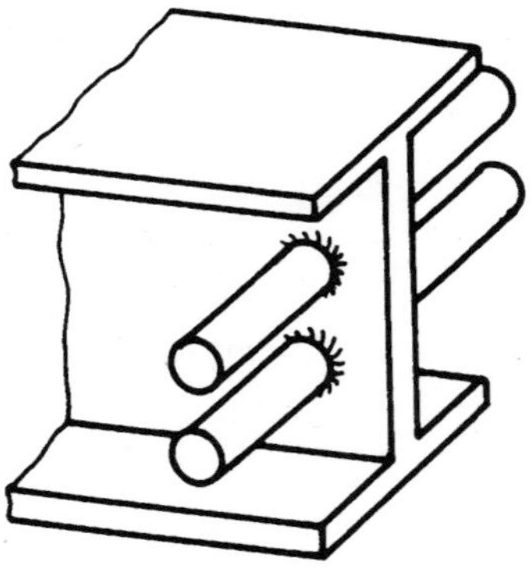

## 4.4 Stützen

### A. Aufgabe

Die Stahlstütze überträgt die Fremdbelastung (z. B. ______________________________) und ihr Eigen-______________________ auf das Fundament.

### B. Stützenbelastung

| 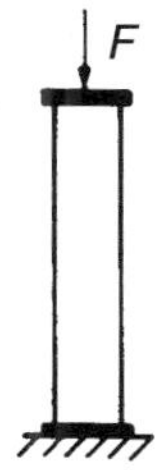 |  | 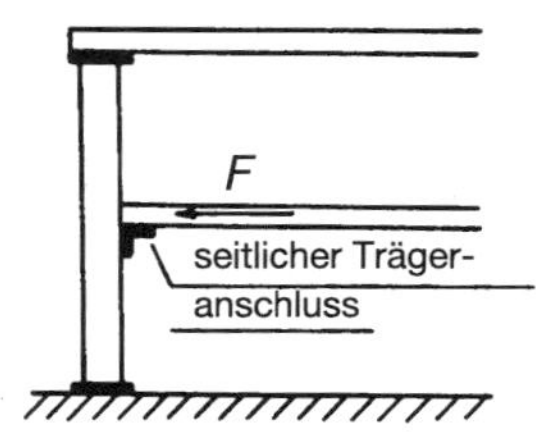 |
|---|---|---|
| ____________-Beanspruchung | ____________-Beanspruchung | ____________-Beanspruchung |
| Belastung der Stütze in Längsrichtung | | Belastung quer zur Längsrichtung |

### C. Aufbau

Ordnen Sie die aufgeführten Bauteile der Skizze zu:
Versteifungsblech, Stützenschaft, Druckstück, Stützenkopf, Kopfplatte, Stützenfuß, gesicherte Ankerverschraubung, Fußblech, Verankerung.

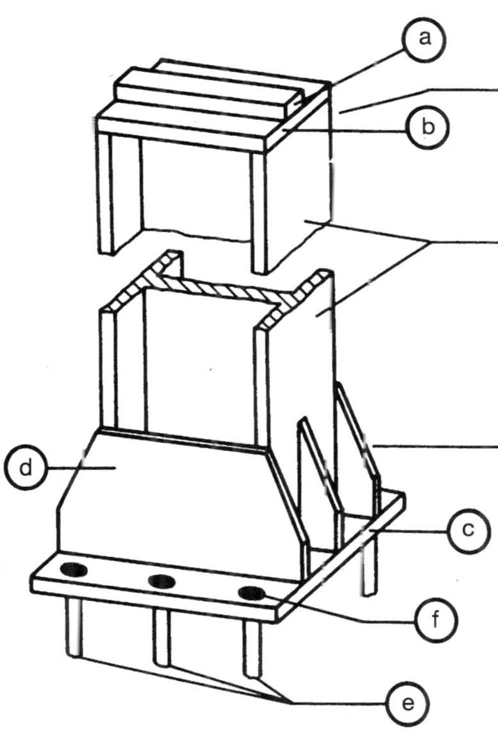


____________________
- (a) ____________________
- (b) ____________________

____________________

____________________
- (c) ____________________
- (d) ____________________
- (e) ____________________
- (f) ____________________
- ____________________

**1. Stützenkopf**

Der Stützenkopf soll die Auflagerkraft

a) ____________________ durch die Kopfplatte und

b) ____________________ durch das Druckstück auf den Stützenschaft übertragen.

## 2. Stützenschaft

### Schafteinteilung

Ordnen Sie zu:
Vergitterte Stütze, mehrteilige Stütze, einteilige Stütze, kleine Belastung, große Belastung, einseitige und waagrechte Belastung.

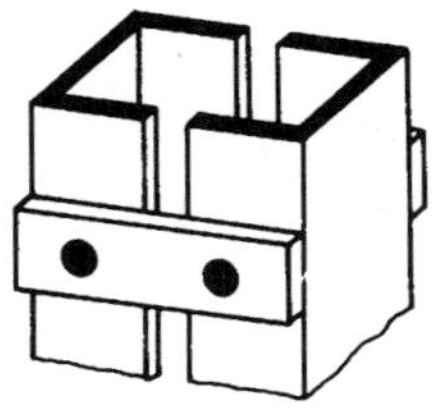
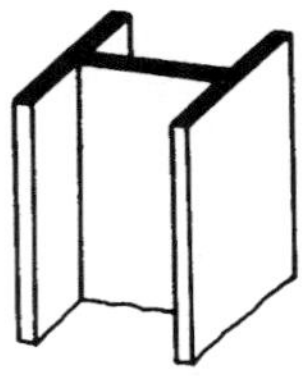

__________ Stütze __________ Stütze __________ Stütze

__________ Belastung __________ Belastung __________ Belastung

__________ __________ __________

### Geschraubte und geschweißte Stützen

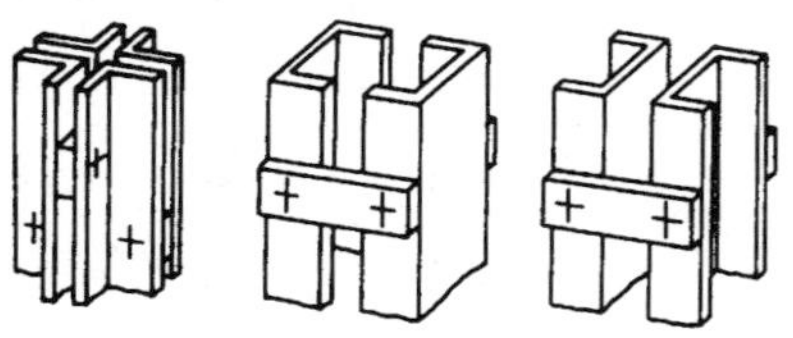
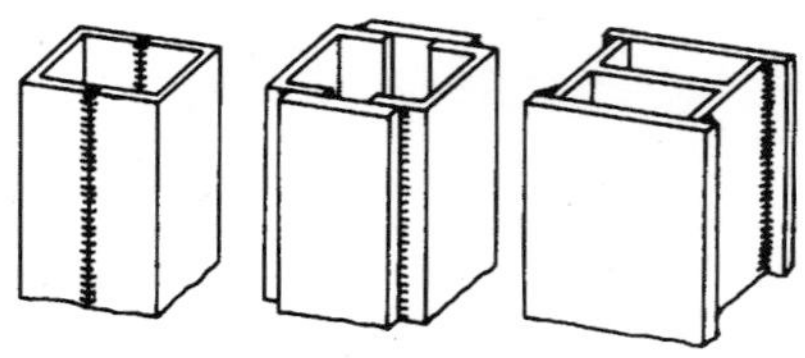

__________ Stahlstützen __________ Stahlstützen

Die mehrteiligen Stützen sollen aus __________, aber __________ Profilen hergestellt werden (Rost- und Feuersicherheit).

Sie können mit einem __________-Mantel umgeben werden.

### Hohlprofile

Die größte Sicherheit gegen __________ bieten Hohlprofile.

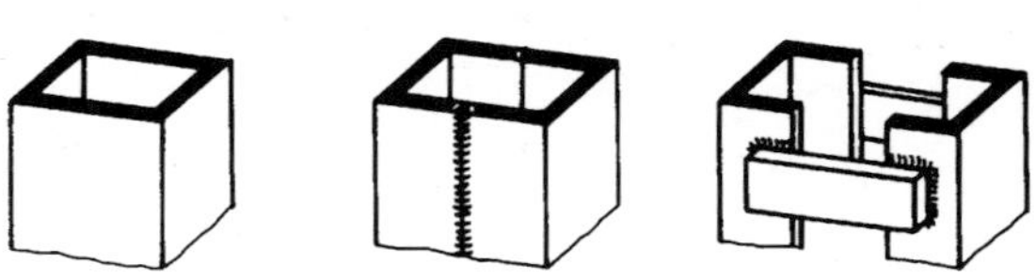

__________ __________

Durch die Anschlusserschwerung sind Stahlrohre ausschließlich für __________ Bauteile zu verwenden.

### Vergitterung

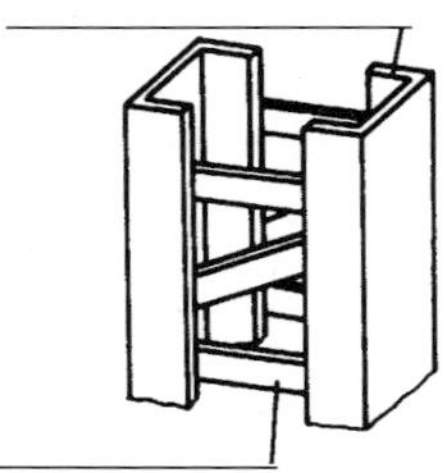

Häufig verwendete Vergitterungsprofile

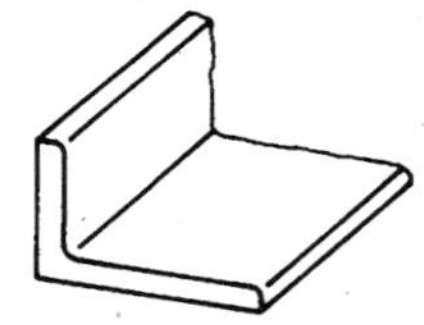
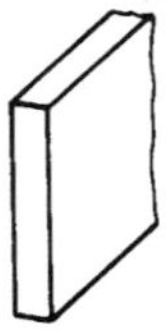

__________ __________ __________

__________ __________ __________

## 3. Stützenfuß

Die gleichmäßige Verteilung der __________-Kräfte auf das __________ übernimmt die Fußplatte.
Damit die Flächenpressung im zulässigen Bereich bleibt, besitzt die ausgesteifte Fußplatte eine __________ Fläche als die Kopfplatte. Die Betonseite der Fußplatte erhält keinen __________.

Die Stütze wird mit __________ ausgerichtet. Der Zwischenraum wird mit __________ __________ vergossen.

Bei reiner Druckbeanspruchung erfolgt die Verankerung durch __________, bei Druck- und Zugbeanspruchung durch __________ und durch ein Schubstück (I-, U-, Winkel-, Stahlprofil), welches auf die Fußplattenunterseite angeschweißt ist und in den Beton des Fundaments reicht.

## 4.5 Profilbearbeitung durch Scheren und Brennschneiden

Die Profilenden für Stoß- und Anschlussverbindungen müssen bearbeitet werden. Dabei sind scharfe Ecken und Kerben zu vermeinden (______________________-Bildung). Für besonders beanspruchte Teile sind in den Ecken ______________________ anzubringen. Dadurch wird die Kerbwirkung stark vermindert.

Ordnen Sie den Skizzen zu:
Doppelte Ausklinkung, beidseitige Abflanschung, einfache Ausklinkung, Durchbruch (Ausschnitt), Ausflanschung, einseitige Abflanschung.

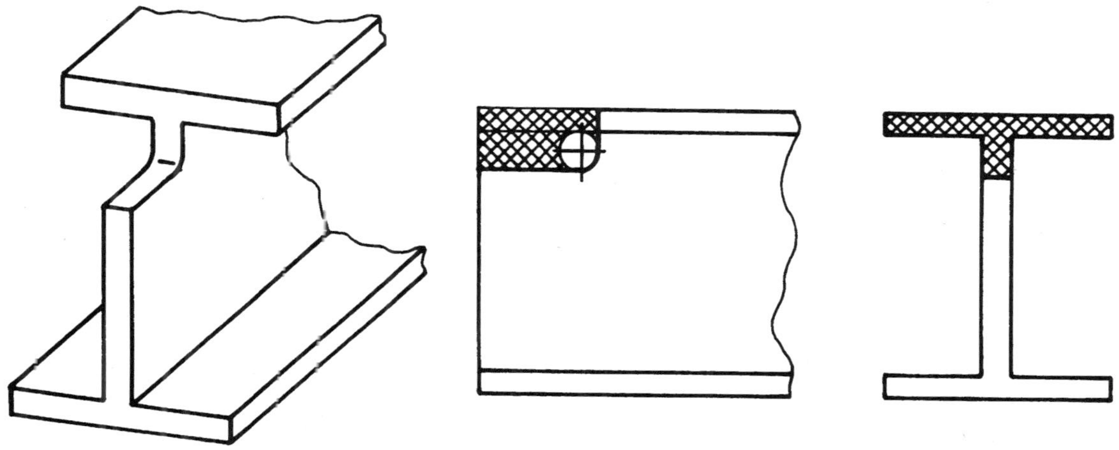

______________________

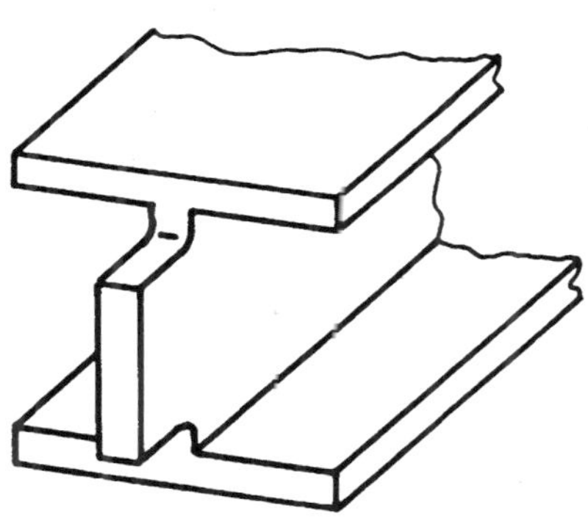

______________________

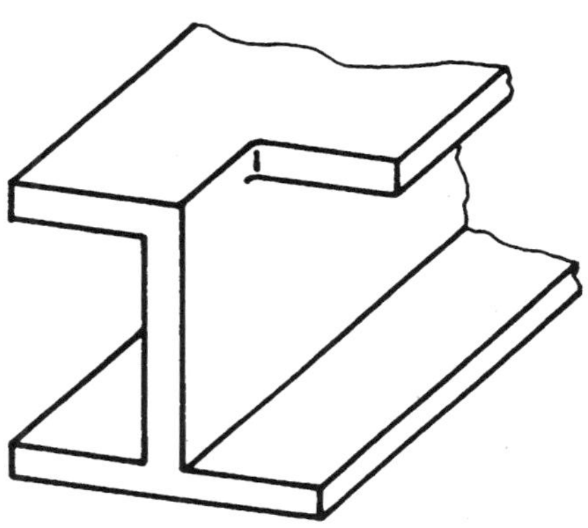

______________________

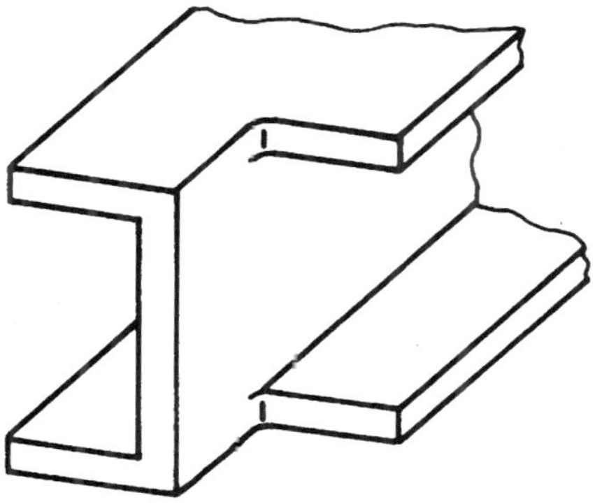

______________________

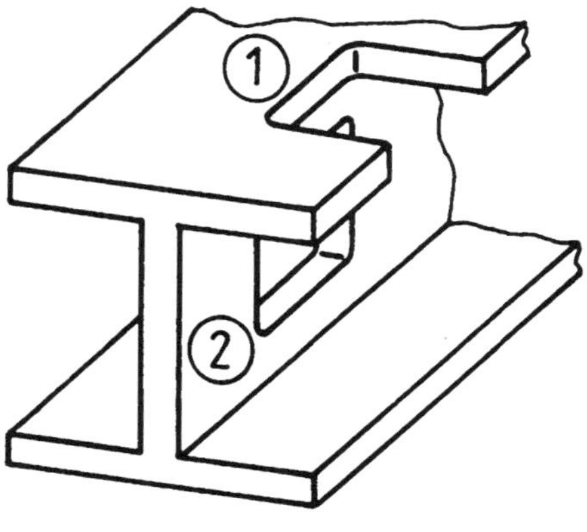


① ______________________

② ______________________

## 4.6 Montage durch Schrauben oder Schweißen

Vor der Montage sind alle Einzelteile auf ______- und ______-Genauigkeit zu kontrollieren. Anschließend werden die geprüften Einzelteile nach Zeichnung zu Baugruppen verbunden.

### A. Montage durch Schrauben

Schraubengröße (üblich von M 10 bis M 30) und Verbindungsart (Sechskantschraube – Passschraube – HV-Schraube) ergeben sich aus der Konstruktion und werden vom Konstrukteur festgelegt.

**Hinweise:**

1. Jede Bohrung ist zu ______ .
2. Der dem Schraubenkopf zugewandte Bohrungsrand ist ______ (keine Kerbwirkung an der Übergangsstelle Schaft – Kopf).
3. Der Schraubenkopf sollte immer an der ______ der Verbindung aufliegen (geringere Korrosion).
4. Unter die Sechskantmutter ist stets eine ______ zu legen.
5. Beim Fügen von langen Schraubenreihen ist mit der ______ Mutter zu beginnen.
6. Je nach Beanspruchungsart sind Schrauben-______ zu verwenden.
7. Gestanzte Löcher für Schraubverbindungen können an der Lochwandung ______ bekommen. Das Stanzen ist nur für untergeordnete Zwecke anzuwenden.
8. Falsch gebohrte Löcher dürfen nicht ______ werden.
9. Das Gewinde des Schraubenschaftes darf nicht in der Bauteilbohrung liegen (______-Druck).
10. Beachten Sie beim Anreißen der Bohrungen die Anreiß- oder ______-Maße.

### B. Montage durch Schweißen

**1. Formgebung der Schweißfuge**

Die Form der Schweißfuge ist von der ______ der Schweißteile abhängig.

Beispiele:

Flachstähle bis ca. 4 mm Dicke → ______

Flachstähle von 3 mm bis ca. 20 mm Dicke → ______

Flachstähle über 10 mm Dicke → ______

Möglichkeiten der Formgebung:

______

**2. Säubern der Schweißstelle**

Verunreinigungen (z. B. ______)

der Schweißteile bewirken ______-Einschlüsse oder Poren in der Schweißnaht. Dadurch wird die Qualität und Festigkeit der Schweißung beeinträchtigt.

Möglichkeiten für die Reinigung:

______

**3. Richten der Schweißteile**

Unebene oder durch Brennschneiden verzogene Stahlteile führen zu ______ Schweißungen. Sie müssen vor dem Schweißen ausgerichtet werden.

**4. Heften der Schweißteile**

Damit sich die ______ der Schweißteile beim Schweißen nicht verändern kann, müssen die Bauteile geheftet werden.

**5. Schweißen**

Beim Schweißen muß das vorgeschriebene Schweißverfahren (z. B. ______

______ eingehalten werden und die geschweißten Nähte müssen in ihren Abmessungen mit den Maßen der Zeichnung übereinstimmen. Nach dem Schweißen müssen die Stahlbauteile ______ werden.

## 5.1 Montageregeln im Metallbau (Auswahl)

### 1. Vermessen der Fundamente

Überprüfung

a) der ______________________ und der Rechtwinkeligkeit der Ankerschächte,

b) der __________________________________ Höhenlage der Fundamente
(Ungenauigkeiten werden durch Unterlegbleche ausgeglichen).

### 2. Setzen der Stahlstützen

Die Stahlstütze muss in beiden Richtungen genau ______________________________ verschraubt werden. Bei Abweichungen (Senklot-Prüfung) werden Stahl- ______________________ unter die Fußplatte eingetrieben.

### 3. Montage

Wir unterscheiden:

| Einzelmontage | Vormontage | Blockmontage |
|---|---|---|
| Es werden nur Einzelteile auf der Baustelle gefügt.<br><br>________________ Montagezeit<br><br>Nacharbeit __________________ | Vormontage ist das Zusammenfügen der gesamten Konstruktion vor der endgültigen Montage.<br><br>________________ Montagezeit<br><br>________________ Nacharbeit | Es wird eine vorgefertigte Baueinheit (z. B. Dachsegment) in die Konstruktion eingebaut.<br><br>____________________ Montagezeit<br><br>Nacharbeit __________________<br><br>_______________________________<br><br>__________________________ der Arbeitssicherheit und der Arbeitsqualität. |

Damit sich Stützen und Träger bei der Montage nicht seitlich verschieben oder ausweichen, müssen Stabilisierungskonstruktionen eingebaut werden:

a) ____________________________________________________________

b) ____________________________________________________________

### 4. Sicherheit bei der Montage

a) Alle Mitarbeiter haben Schutz- __________________ zu tragen.

b) Der Bauleiter muss regelmäßig die Arbeitsmittel überprüfen (z. B. ______________________________________
______________________________________________________________)

c) Aufgerichtete Bauteile (z. B. Stützen) sind zu ____________________, bevor sie vom Kranhaken gelöst werden.

d) Sturzgeländer und Sicherheits- ____________________ sind zu verwenden.

e) Anschlagmittel (z. B. Hanfseile, Drahtseile, Ketten) nicht ______________________________.

f) Beim Transport von Bauteilen sind die Vorschriften der ________________________________________ (StVG) einzuhalten.

## 5. Vorschriften für das Anschlagen von Lasten

a) ____________________-Schutz verwenden.

b) das Gewicht der Last möglichst ____________________ auf das Anschlagmittel verteilen.

c) Das Mitfahren von ____________________ auf der Last verbieten.

d) Ein Pendeln der Last birgt Unfallgefahren; die Last deshalb immer ____________________ anschlagen.

e) Das richtige ____________________-Mittel wählen.

f) Drahtseile vor ____________________ schützen, Verknotungen lösen.

g) Anschlagmittel nicht über- ____________________.

h) Die Last auf ____________________ absetzen, die Anschlagmittel könnten sonst beschädigt werden.

i) Nur ____________________ Ketten als Anschlagmittel verwenden (Prüfstempel).

j) Berücksichtigen, dass sich bei Frost oder hohen Temperaturen die ____________________ verringert.

k) Anschlagmittel vor dem Anschlagen ____________________ lassen.

l) Personen dürfen sich nicht unter ____________________ aufhalten.

## 6. Unbrauchbare Anschlagketten

Anschlagketten dürfen nicht verwendet werden, wenn die ganze Kette oder ein Einzelglied mehr als __5__ % gedehnt ist, oder die ursprüngliche Kettenglieddicke mehr als ______ % abgenommen hat.

## 7. Spreizwinkel der Seile und Ketten

| Spreizwinkel | 0° | 45° | 90° | 120° |
|---|---|---|---|---|
| Tragfähigkeit | 100 % | 90 % | 70 % | 50 % |

**Merke:** Je größer der Spreizwinkel, desto ____________________ die Tragfähigkeit der Seile und Ketten.

## 8. Gliederketten-Arten

Ordnen Sie den Skizzen zu!
Schlingenkette, Ankerkette (Stegkette), Lastkette

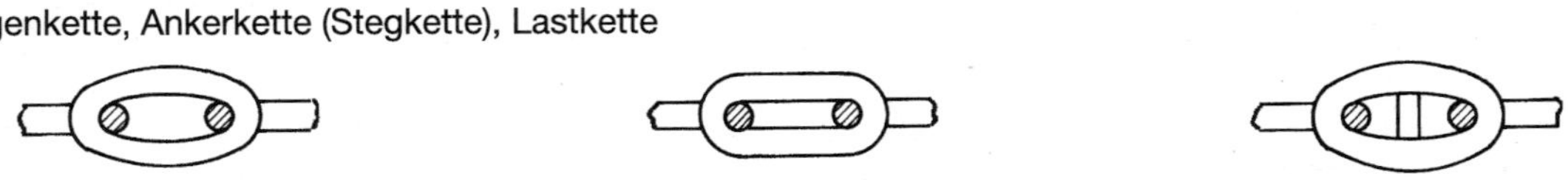

____________________ ____________________ ____________________

## 9. Vorteile – Nachteile

**Vorteile:** ________________________________________

________________________________________

**Nachteile:** ________________________________________

________________________________________

## 10. Gestaltung der Seilenden

Ordnen Sie den Skizzen zu!
Seilhülse, Presshülse, Kauschenspleiß, Drahtseilklemmen.

____________________ ____________________ ____________________ ____________________

## 11. Abspannseil-Verlängerung

Ordnen Sie den Skizzen zu!
Spannschloss, Schäkel, Drahtseilklemmen.

____________________ ____________________ ____________________

**Unbrauchbar sind Anschlagseile bei:**

1. Bruch einer Litze
2. Aufdoldungen
3. Quetschungen
4. Seilabknickungen
5. Korrosionsnarben
6. Lockerung der Außenlage
7. Beschädigung des Seilendes

## 5.2 Hebe- und Förderzeuge

Profile, Bleche und Fertigteile müssen in der Werkstatt oder auf der Baustelle gehoben, gesenkt oder transportiert werden. Dazu verwendet man Hebezeuge, Förderzeuge, Tragmittel (z. B. Seile, Ketten) und Lastaufnahmemittel (z. B. Haken, Zangen). Sie werden als ______________________ -Einrichtungen bezeichnet und sind nach DIN 15003 genormt.

### A. Hebezeuge

**______________________ -Heber**

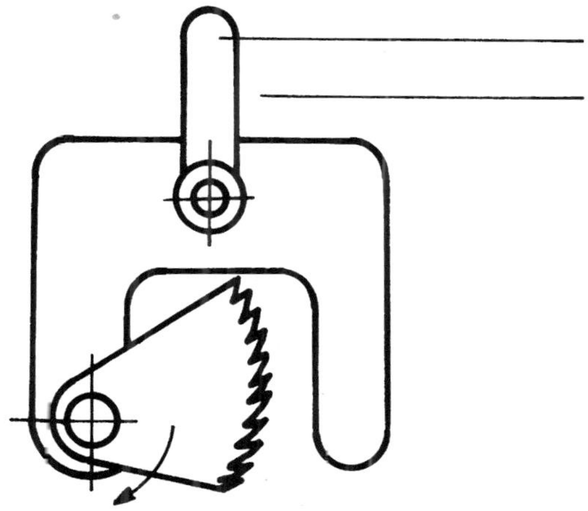

Beförderung von ______________________

**______________________ -Heber**

Beförderung von ______________________

______________________

**______________________ -Heber**

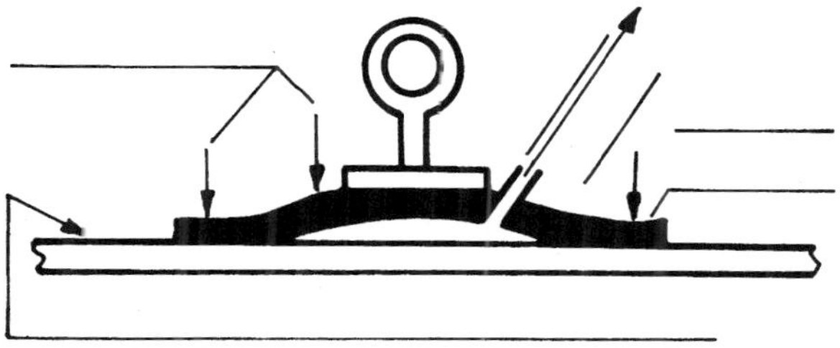

Beförderung von ______________________

______________________

**______________________ -Winde**

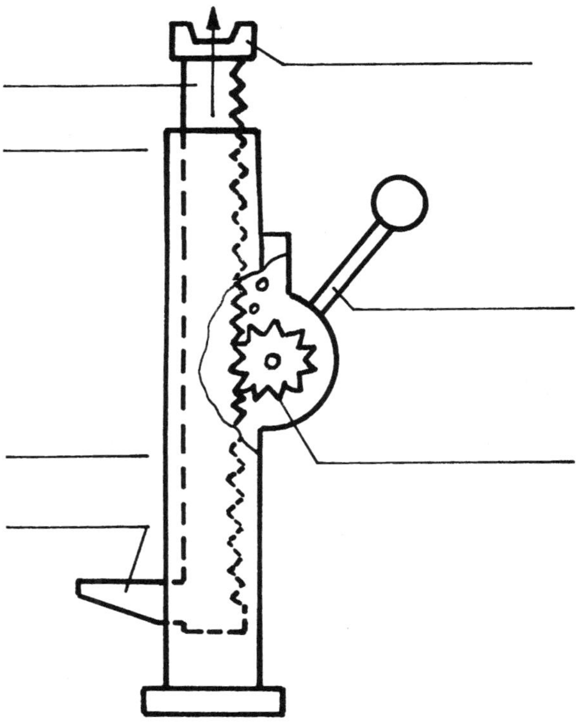

**Aufgabe:** Zeichnen Sie das fehlende Sicherheitsbauteil in die skizzierte Winde ein und benennen Sie es!

______________________ -Winde

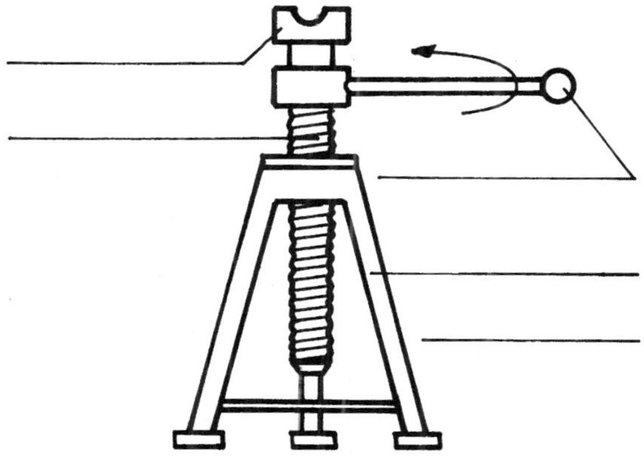

Schrauben- und Zahnstangenwinde: ______________________

______________________

## ______________________-Winde

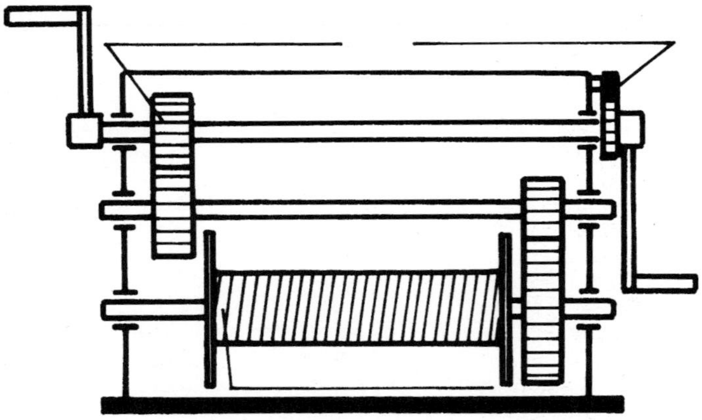

**Vorteil:** ______________ Hubhöhe

**Anwendung:**

______________________________

______________________________

## ______________________________

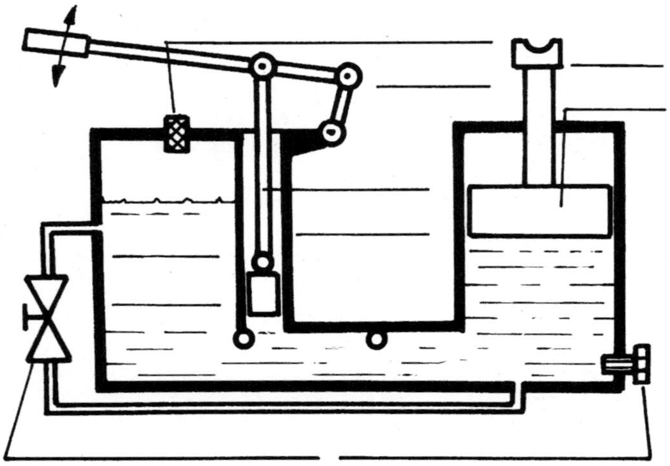

**Vorteil:** ______________ Hebekraft

**Aufgabe:**

Es soll eine Last gehoben werden.

1. Zeichnen Sie alle notwendigen Ventilklappen und Klappenbegrenzungen ein.
2. Kennzeichnen Sie durch Pfeile die Bewegungsabläufe von Hebel und Kolben.

**Erkenntnis:** ______________________________

______________________________

______________________________

## Rollen

| ______________ Rolle | ______________ Rolle |
|---|---|
| 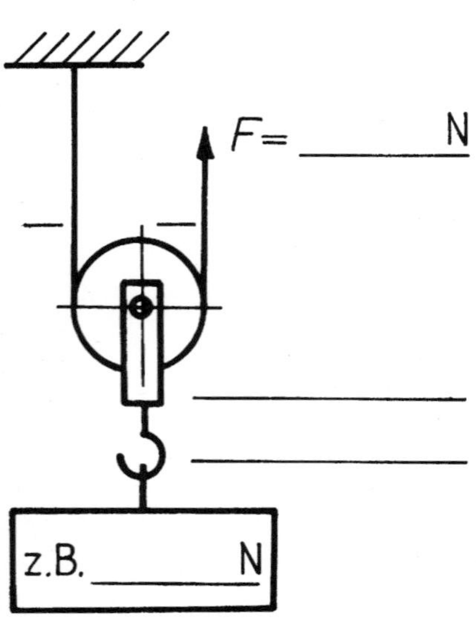 | 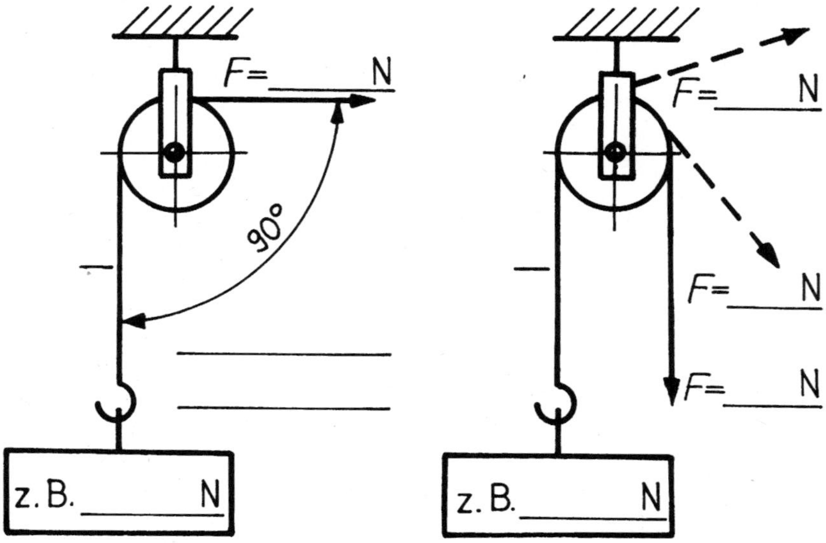 |
| Die Gewichtskraft ______________ ______________ Seilstränge. | Feste Rollen erbringen ______________________________, sie dienen nur der Kraft- ______________________________. |

______________________________

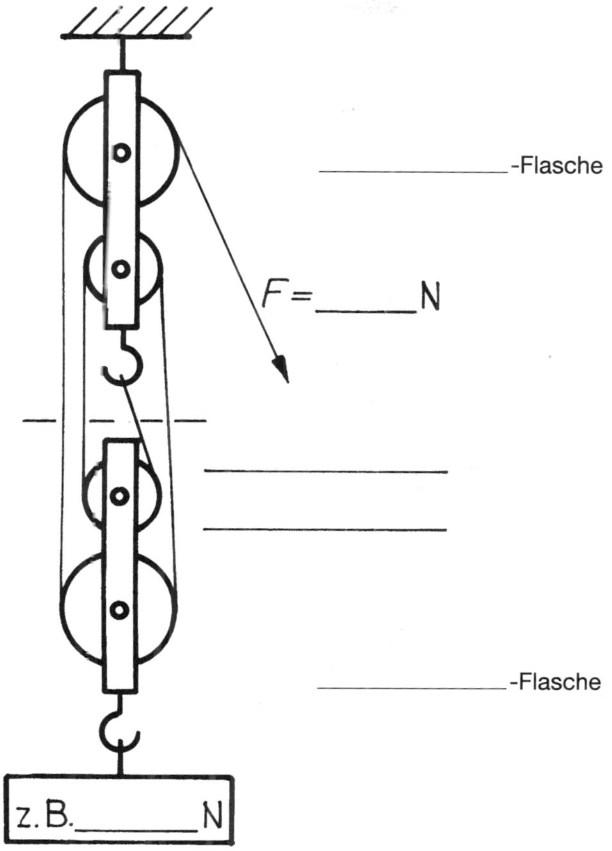


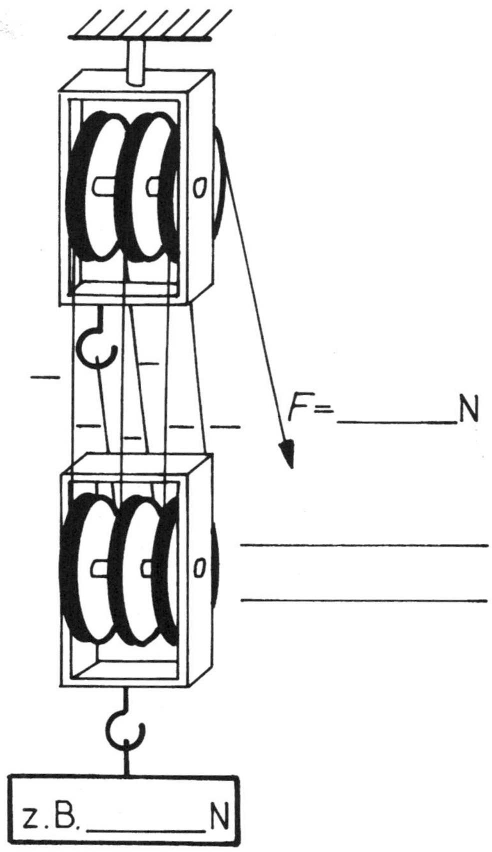


**Merke:** Zugkraft $F$ = $\frac{\text{Last}}{\_\_\_\_\_\_}$

**Weitere Flaschenzüge:** ______________________________

## B. Hebe-Zug-Geräte (z. B. Seilzug)

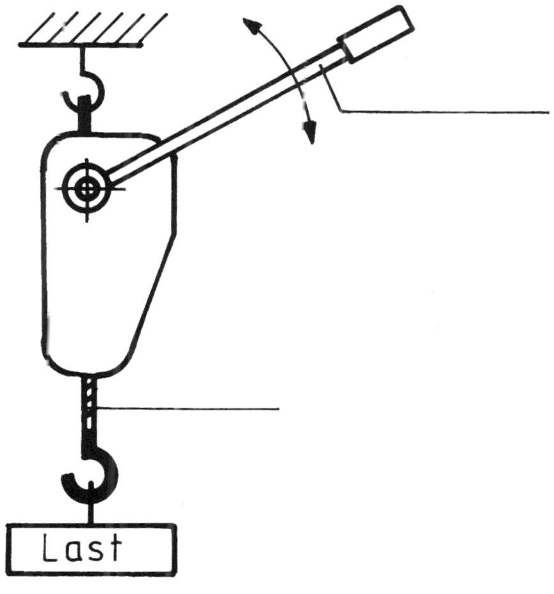


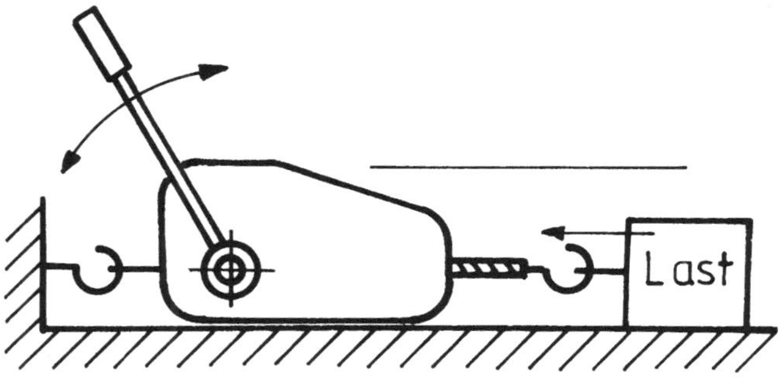


**Merke:** Der Vorschub wird durch die Hin- und Herbewegung des Hebels erzeugt. Die Last wird selbständig bei jeder Hubbewegung ______________.

**Weitere Hebe-Zug-Geräte**

Kettenzug ——► Anstelle des Seiles befördert eine ________________ die Last.

Elektrozug ——► Anstelle der Handkraft wird ein Elektromotor mit Getriebe verwendet.

Zug- oder Hebemittel: ______________________________________

## C. Kräne

| | | |
|---|---|---|
| ____________________<br>____________________-Kran | ____________________<br>____________________-Kran | ____________________<br>____________________-Kran |
| 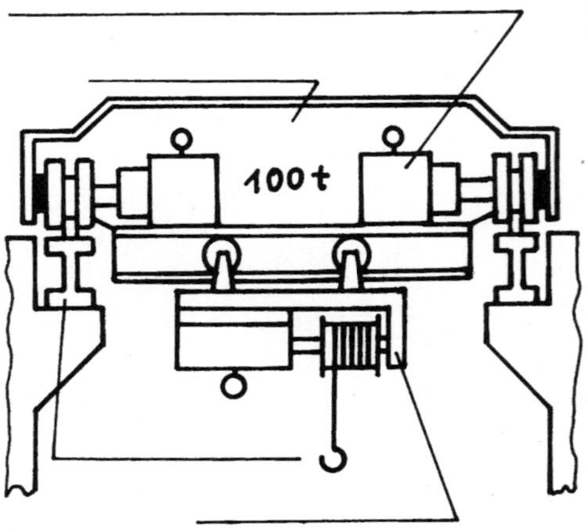 |  | 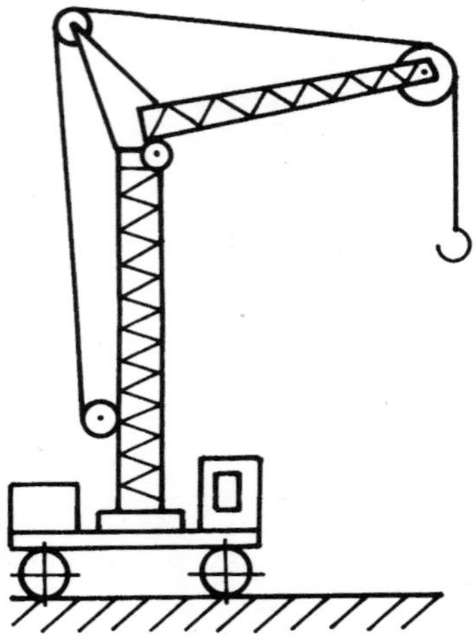 |
| ____________________<br>____________________<br>____________________<br>____________________ | ____________________<br>____________________<br>____________________<br>____________________ | ____________________<br>____________________<br>____________________<br>____________________ |

## D. Förderzeuge

| | |
|---|---|
| ____________________ | ____________________ |
| 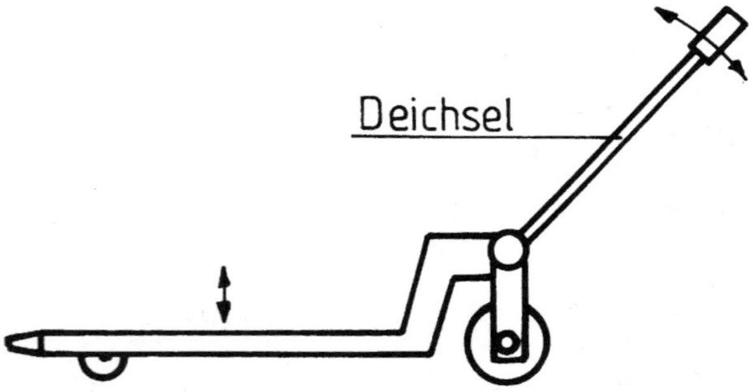 | 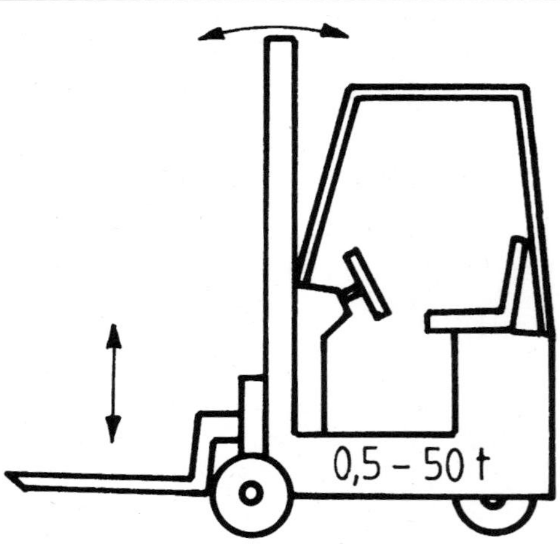 |
| **Antrieb:** ____________________<br>____________________<br>____________________<br>____________________ | **Antrieb:** ____________________<br>____________________<br>____________________<br>____________________ |

**Anwendung:** ______________________________________________
______________________________________________

## 5.3 Verbindungsmittel

### A. Befestigung mit Dübel

Mit Dübeln können Bauteile schnell, sicher, genau und wirtschaftlich befestigt werden.

Die Auswahl des Dübels ist abhängig

1. vom ______________________ (z. B. Beton, Vollziegel, Loch- und Hohlkammerziegel, Gasbetonsteine, Plattenbauelemente)
2. von der ______________________ (z. B. 800 N, 1,2 kN)
3. von der ______________________ (z. B. Belastung durch Zug, Druck, Biegung, Schrägzug)
4. von der Montageart

| Vorsteck- oder Bündigmontage | Durchsteck-Montage | Abstands-Montage |
|---|---|---|
| 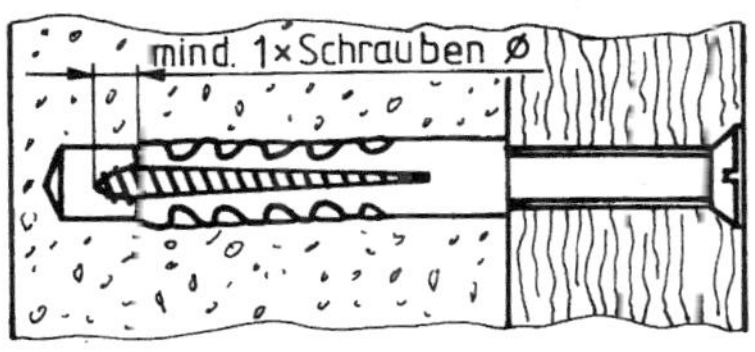 | 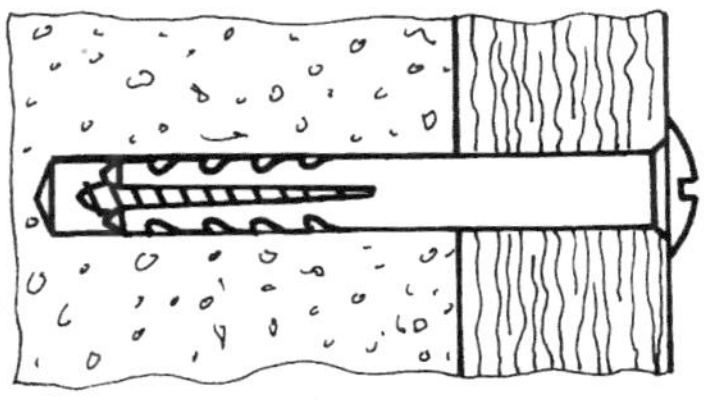 | 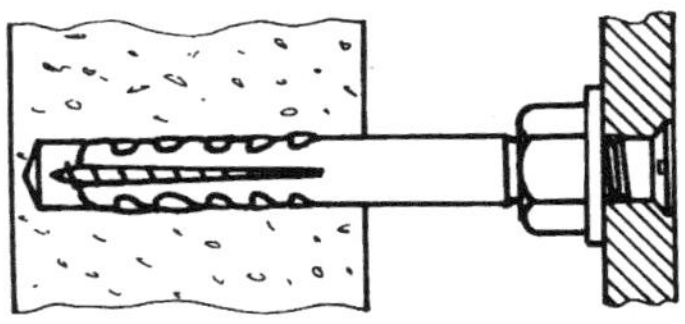 |
| Dübel schließt ____________ mit der Baustoffoberfläche ab. Die Mauerwerksbohrung ist ________ als die Bauteilbohrung. | Dübel wird durch das Montagebauteil in die ____________ Bohrung des Verankerungsbaustoffes gesteckt. Montagebauteil = ____________ ____________ | Das Montagebauteil (z. B. Geländer, Fassadenverkleidung) hat einen bestimmten ____________. |
| **Verwendung:** ____________ ____________ | | **Verwendung:** ____________ ____________ |

**Montagehinweise**

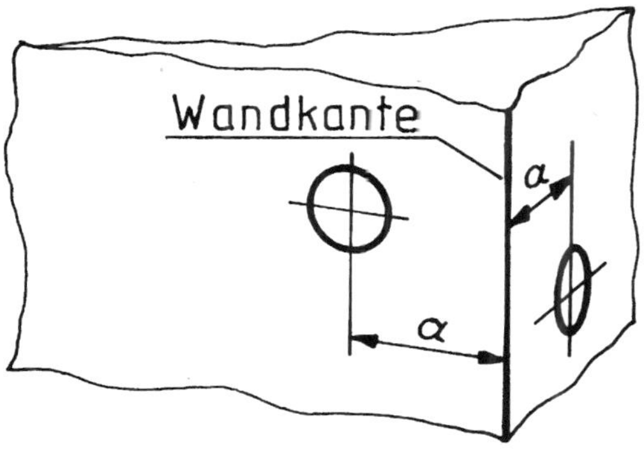


1. Der Abstand (a) von der Wandkante soll mindestens ______________________ betragen.
2. Den Spreizdübel so setzen, dass die Spreizkräfte nicht zur ______________________ wirken.
3. Richtige Schrauben- ____________ und Schrauben- ____________ wählen (Herstellervorschriften beachten).
4. Auf die richtige Bohrloch- ______________ achten.
5. Richtiges Bohr- ______________ auswählen (z. B. Gasbetonsteine und Lochbaustoffe dürfen nicht durch Schlag- oder Hammereinrichtung gebohrt werden).
6. Die Bohrlochgröße muss mit dem Dübel- ______________________ übereinstimmen.
7. Für die jeweiligen Baustoffe die richtige Dübel- ______________________ verwenden.
8. Schwerlastdübel nur in ______________________ einsetzen und zum Anziehen der Schrauben einen ______________________ -Schlüssel verwenden.

 

## B. Gips

**Vorteil:** Gips bindet in wenigen Minuten ab.

**Nachteil:** Gips greift den Stahl an, d. h. das Bauteil muss vorher einen ______________________ erhalten.

## C. Zement und Sand

Zement und Sand werden meist im Verhältnis ______________ gemischt.

**Vorteil:** Zement schützt das Bauteil gegen ____________________. Die beste Verbindung zwischen Stahl und Zement kommt ohne Schutzanstrich zustande.

**Nachteil:** Zement benötigt eine ______________________ Abbindungszeit. Einzementierte Bauteile sollten mindestens 2 Tage ______________________ werden.

Reiner Zement neigt zur ____________________-Bildung.

## D. Montagezement (Schnellzement)

Der Schlosser verwendet beim Befestigen von Bauteilen im Mauerwerk meist einen ____________-bindenden Montagezement und Maueranker. Die Verankerung erfolgt durch Kerben, Umbiegen oder Spaltung des Befestigungselementes.

Arbeitsanleitung:

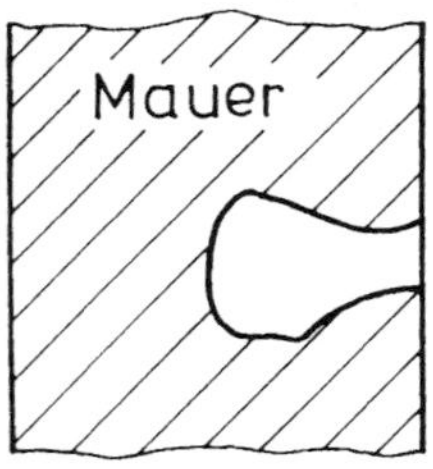


Beste Verankerung durch ______________________ des Mauerloches.

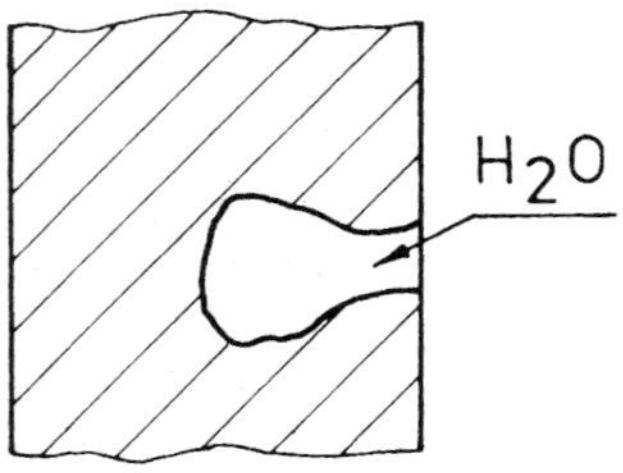


Anfeuchten mit ______________________

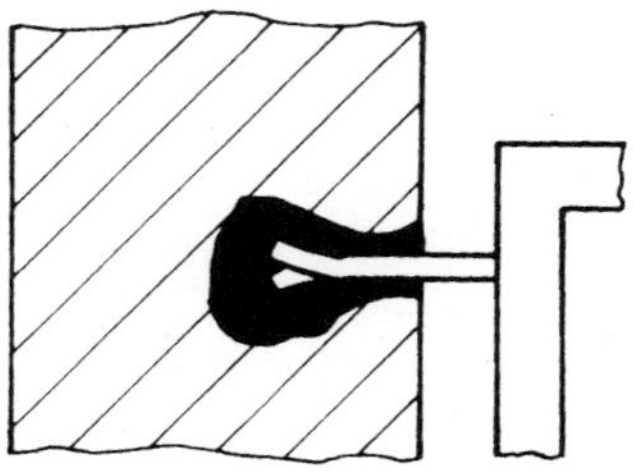

a) ______________________ des Bauteiles.

b) ______________________ des Mauerloches mit Montagezement.

## E. Dübel aus Kunststoff

Große Sicherheit und Zuverlässigkeit besitzt der Kunststoffdübel. Die Befestigung des Dübels im Bauwerk erfolgt durch Formschluss.

### 1. Eigenschaften der Kunststoffdübel

a) Beständigkeit gegen ______________________________________________.

b) Hohe ____________- und ____________-Festigkeit bei Temperaturen zwischen – 40 °C und + 80 °C.

### 2. Kunststoffdübelarten (Auswahl)

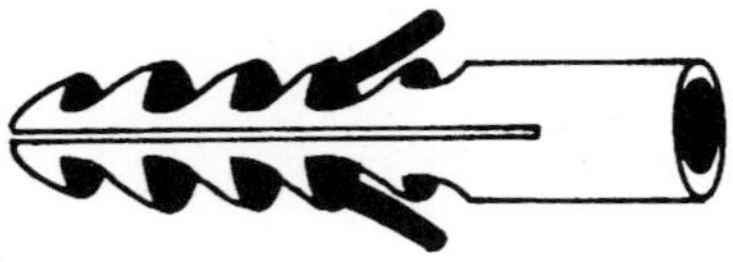

______________________

Befestigung in Ziegel oder Beton mit Holzschrauben

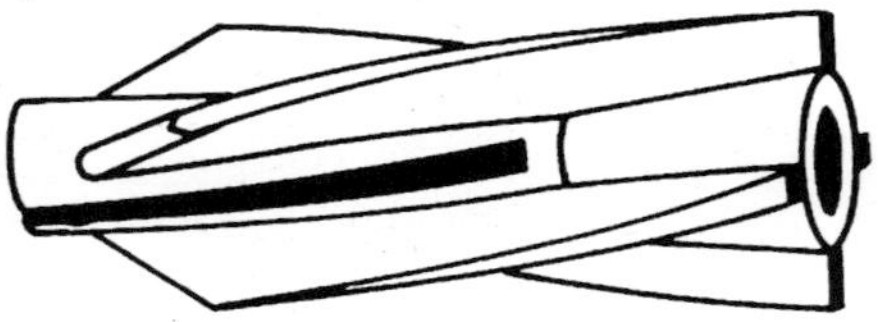

______________________

Befestigung in Gasbeton mit Holzschrauben

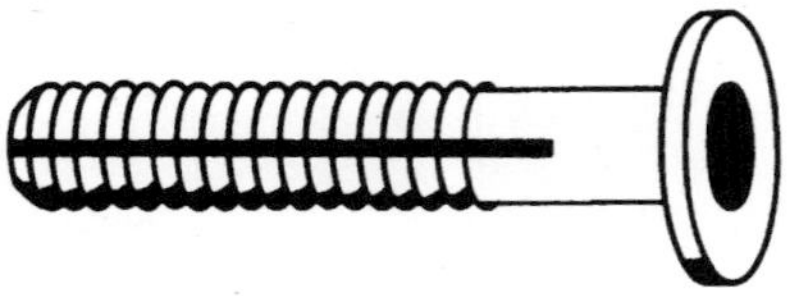

______________________

Befestigung in Ziegel oder Beton mit Holzschrauben oder Drahtstiften

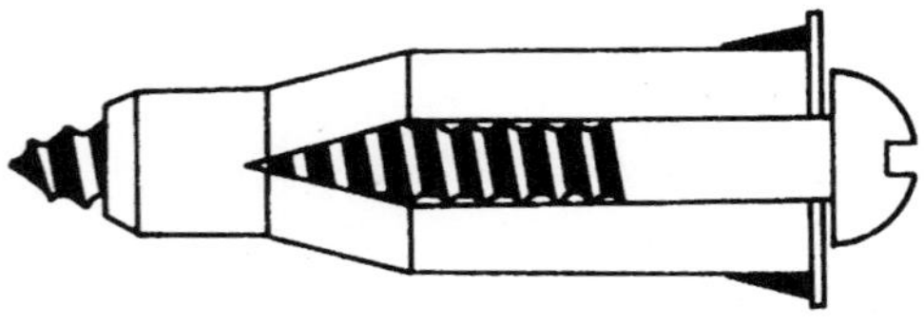

______________________

Befestigung von Bauteilen an Hohlwänden (z. B. Quadratrohre) mit Holzschrauben

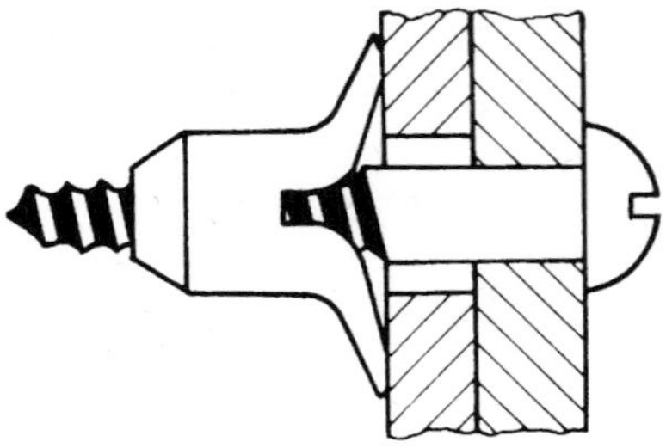

______________________

Befestigung an wärmegedämmten Gipswänden mit Holzschrauben

**F. Metallspreizdübel**

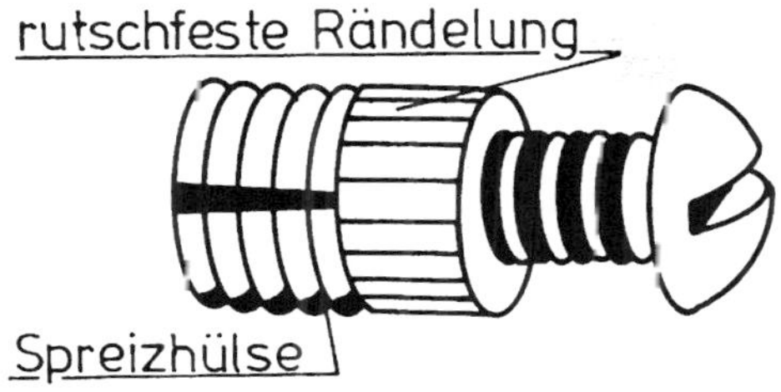


Metalldübel (Cu-Zn-Leg.) in Kurz- oder Langausführung für Sacklochbefestigung in Steinplatten, Holz, Spanplatten, Sperrholz, Mauerwerk, Beton, Kunststoffen. Geeignet für mittlere Belastungen.

**G. Metallspreiz-Schwerlastdübel**

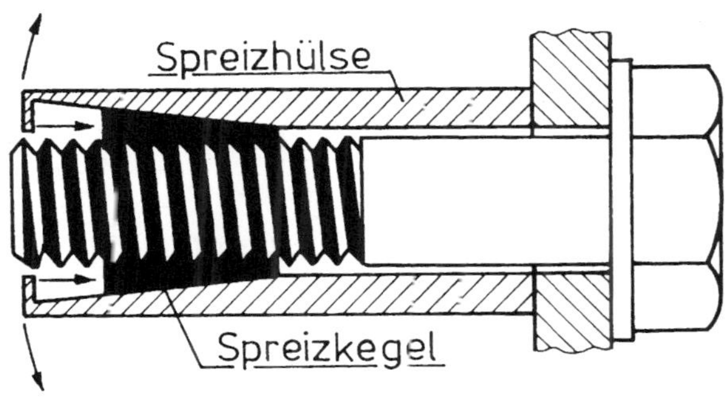


Für die Maschinenbefestigung ist der Schwerlastdübel geeignet.
Er wird in den Größen M 6 bis M 24 hergestellt.

**H. Spreizdruckfreie Injektionsanker-Befestigung**

______________________________ ______________________________

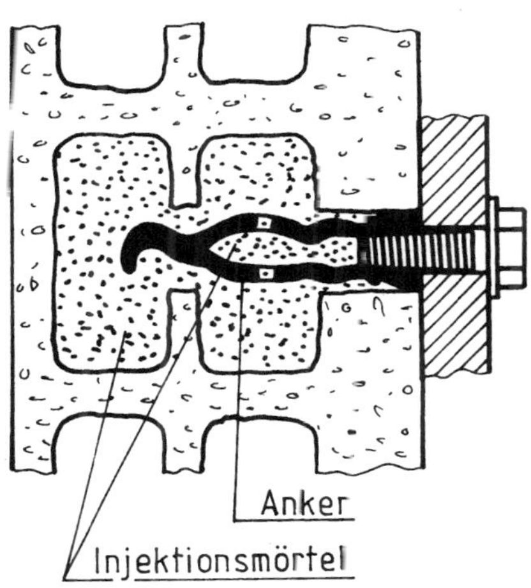


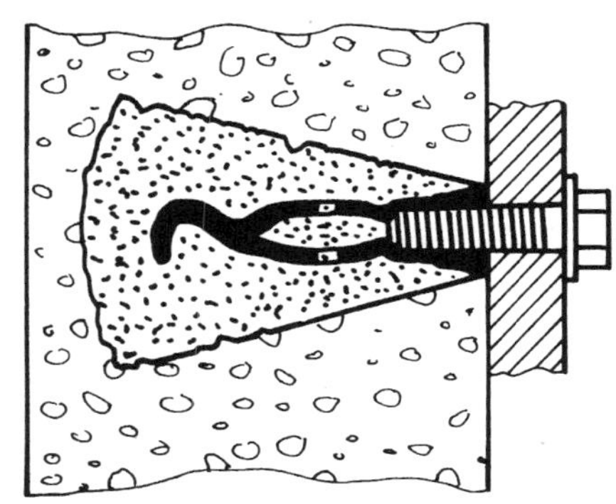

Bei der Montage wird der Injektionsmörtel mit einer Spritze durch den Anker in das Bohrloch eingepresst.
Bei großen Hohlräumen im Mauerwerk werden Injektions-Netzanker verwendet.

**I. Schweißen**

Thermisches Fügen ( ____________________ ) ist das Verbinden oder Beschichten von Werkstoffen in flüssigem oder teigigem Zustand.

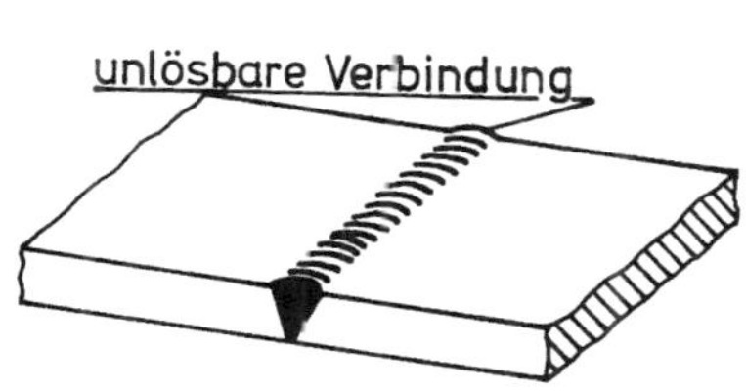


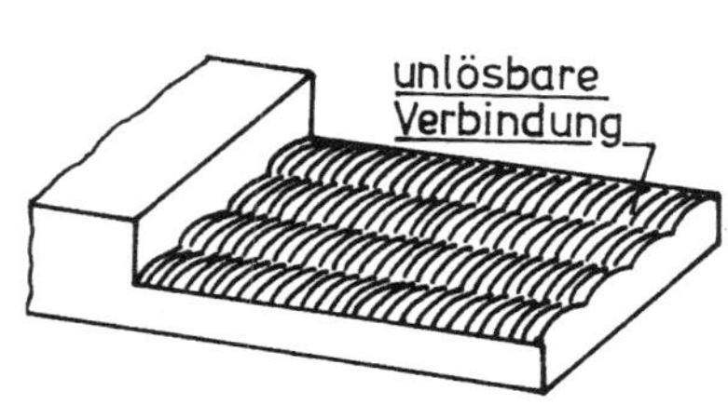


____________________ ( ______________ ) oder ____________________ ( ______________ )

(Vgl. Schweißen – Fachstufe 1, Seite 15 bis 38)

## 5.4 Bolzensetzen

### A. Beschreibung

Bolzensetzwerkzeuge sind ______________________-Apparate, die Setzbolzen mittels ______________________ in feste Werkstoffe (Beton, Leichtmetall, Stahl) eintreiben.

### B. Werkzeugarten

#### 1. Bolzenschubwerkzeuge

Bolzenschubwerkzeuge erbringen eine maximale Mündungsgeschwindigkeit der Setzbolzen bis ________ km/h.

Ordnen Sie ein:
Schubkolben, Setzbolzen, Druckfeder, Verriegelung, Munition, Schutzrohr, Begrenzungskappe, Klappgelenk, Kolbenhülse, Führungsrohr.

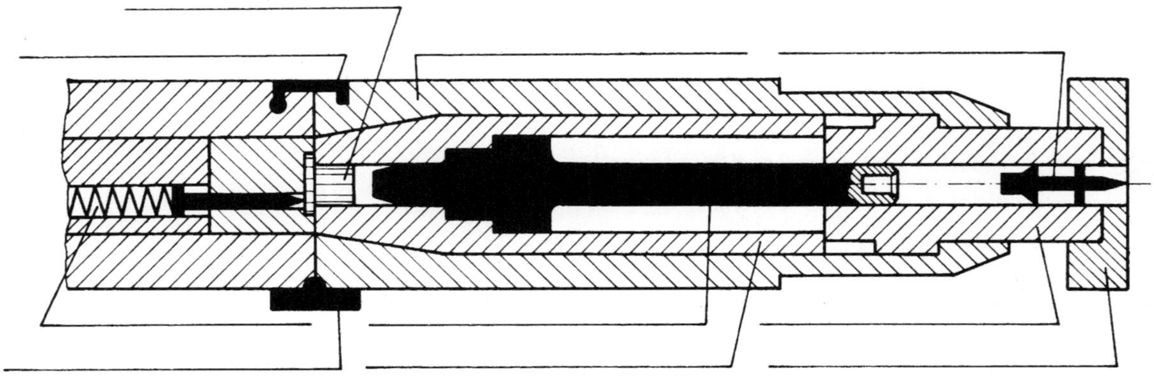

#### 2. Bolzentreibwerkzeuge

Bolzentreibwerkzeuge erbringen eine maximale Mündungsgeschwindigkeit der Setzbolzen von ____________ ________ km/h.

Ordnen Sie ein:
Druckfeder, Schutzkappe, Lauf, Setzbolzen, Verriegelung, Schlagbolzen, Laufbohrung, Schutzrohr, Munition, Klappgelenk.

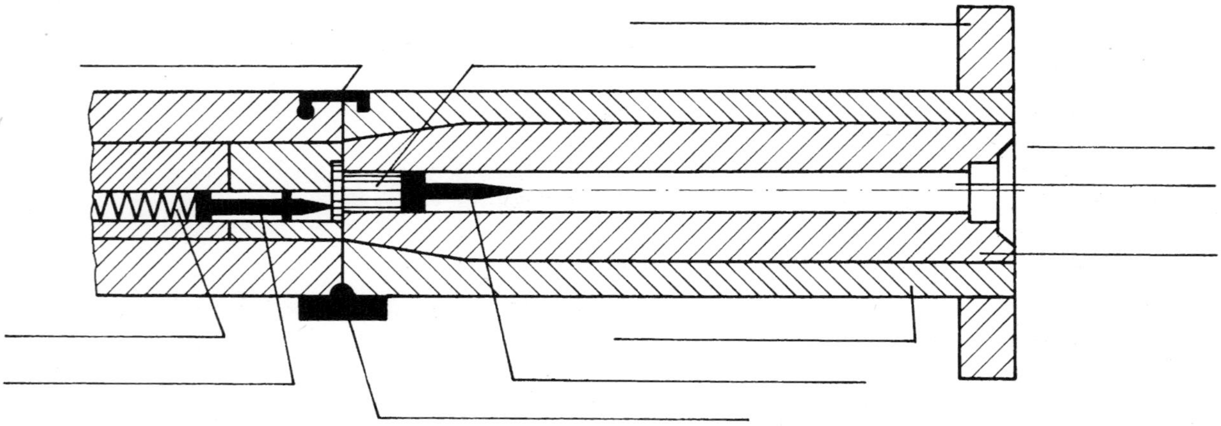

### C. Kartuschen (Munition)

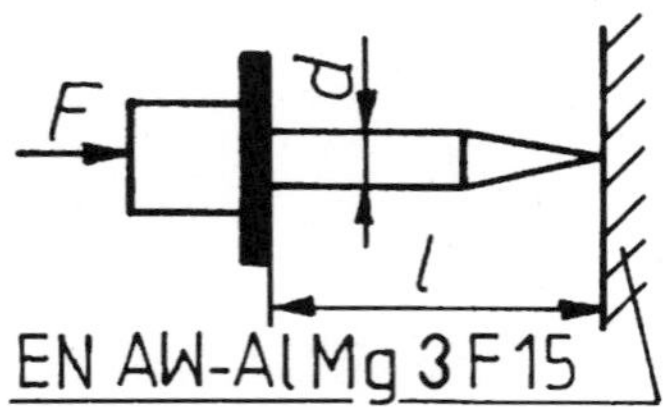


Die Stärke der Treibladung hängt ab:

1. Von der ______________________-Festigkeit
2. Von der Eintreib- ______________________
3. Vom ______________________ des Setzbolzens

**Kennzeichnung der Kartuschenstärke**

Die Stärke der Treibladung ist durch _______________ -Markierungen auf dem Hülsenboden und auf der ______________________ gekennzeichnet.

| Ladungsstärke | Farbkennzeichen |
|---|---|
| schwächste Ladung | weiß |
| schwache Ladung | grün |
| mittlere Ladung | gelb |
| starke Ladung | blau |
| sehr starke Ladung | rot |
| stärkste Ladung | schwarz |

## D. Setzbolzen

### 1. Setzbolzenarten für Bolzenschubwerkzeuge

Ordnen Sie ein: Gewinde-Setzbolzen, Kopf-Setzbolzen, Flachkopf-Setzbolzen, Rabitz-Setzbolzen.

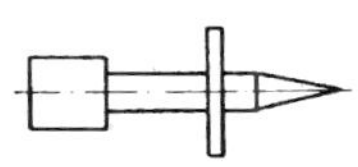 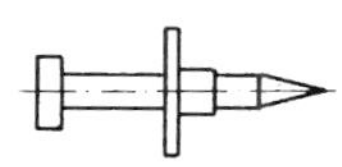 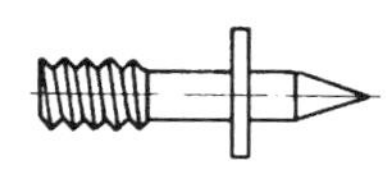 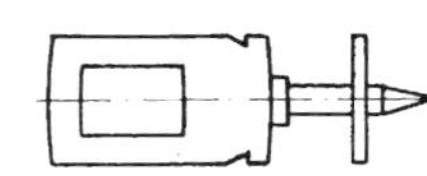

________________________ ________________________ ________________________ ________________________

### 2. Setzbolzenarten für Bolzentreibwerkzeuge

Ordnen Sie ein: Gewinde-Setzbolzen, Lochkopf-Setzbolzen, Innengewinde-Setzbolzen, Kopf-Setzbolzen.

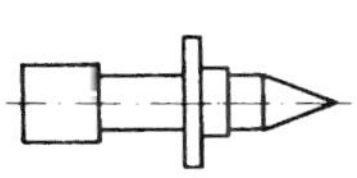 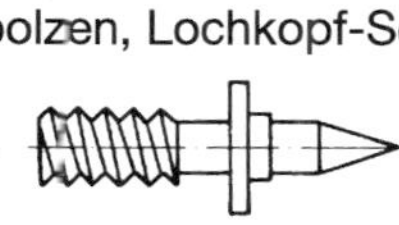 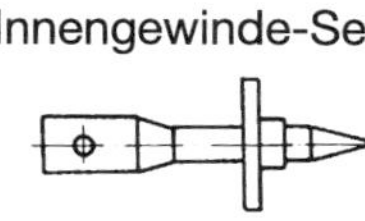 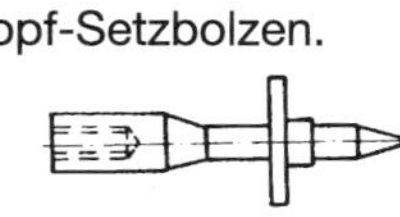

________________________ ________________________ ________________________ ________________________

________________________ ________________________ ________________________ ________________________

## E. Unfallverhütung

1. Die erforderliche __________________________ -Anleitung muss im Gerätekasten aufbewahrt werden.
2. Es müssen die erforderlichen _______________ zur Instandsetzung und zur Störungsbeseitigung vorhanden sein.
3. Jugendliche über ______ Jahre dürfen Bolzensetzwerkzeuge nur unter Aufsicht eines Fachkundigen bedienen und warten.
4. Es dürfen nur Geräte mit Zulassungs- _______________ und Zulassungs- _______________ verwendet werden.
5. In Bolzensetzgeräten darf nur Munition verwendet werden:
   a) Die auf dem ______________________________ und in der ______________________________ angegeben ist,
   b) die ein Kennzeichen des ______________________________ trägt,
   c) die mit der Ladungs- ______________________________ gekennzeichnet ist.
6. Die Ladungsstärke der Munition muss dem jeweiligen ______________________________ -Zweck angepasst sein.
7. Geladene Geräte müssen bei Nichtauslösung sofort ______________________________ werden.
8. Unbeteiligte Personen dürfen sich nicht an der ______________________________ aufhalten.
9. Bei Störungen sind die Hersteller- ______________________________ zu beachten.
10. Gerät und Munition sind ______________________________ aufzubewahren.
11. Munition nicht lose in der ______________________________ tragen.
12. Vorschriftsmäßige Schutz- ____________________________ und Schutz- ____________________________ tragen!
13. Erforderliche Schutz- ______________________________ verwenden.
14. Der Benützer des Gerätes sowie der Helfer muss sich hinter der ____________________ des Gerätes aufhalten.
15. Setzbolzen dürfen nur in ______________________ Werkstoffe eingetrieben werden, z. B. Beton mit der Festigkeitsklasse B 10 – B 55, Leichtmetall, Baustahl, Stahlguss. In Vollsteinmauerwerk nur bei Verwendung von Bolzen- __________________________ -Werkzeugen.
16. Niemals den __________________________ auf Personen richten!
17. Der Arbeitgeber muss tragbare Schussapparate alle _______ Jahre dem Hersteller zur Wiederholungsprüfung vorlegen (Prüfzeichen).

## 6.1 Temperatur und Wärme

Soll ein Körper erhitzt werden, muss man ihm ____________ zuführen. Dabei erhöht sich seine ____________.

### A. Unterschied zwischen Wärme und Temperatur.

Wärme ist, wie Elektrizität oder Atomkraft, eine Form der ____________. Sie wird als Wärme- ____________ oder Wärme- ____________ bezeichnet. Einheiten: 1 Newtonmeter (________) = 1 Wattsekunde (________) = 1 Joule (________).

**Erkenntnis:** Trotz gleicher Wärmemenge ist der Wärmezustand = ____________ verschieden.

**Unterscheiden Sie:** Wärmeenergie = ____________

Wärmezustand = ____________

Die Moleküle eines Stoffes bewegen sich. Diese Molekularbewegung wird umso stärker, je höher die ____________ ist. Sie hört gänzlich auf, wenn die niedrigste Temperatur, der ____________ Nullpunkt erreicht ist.

### B. Temperatureinheiten

| °C | K | |
|---|---|---|
| 100 | 373 | ________ - oder ____________ - Punkt des Wassers |
| 0 | 273 | ________ - oder ____________ - Punkt des Wassers |
| –273 | 0 | ____________ Nullpunkt |

°C = Temperatur nach Celsius
K = Temperatur nach Kelvin
Temperaturunterschied 1 °C = ________

### C. Temperaturmeßgeräte

Zum Messen der Temperatur dienen ____________. Die Temperatur wird vom ____________ erfasst und zum Anzeigenteil übertragen.

____________________________________________

____________________________________________

____________________________________________

## 6.2 Wärmeübertragung

**Versuch:** Kaltes Wasser soll durch warmes Wasser erwärmt werden.

**Erkenntnis:** Die Temperaturen ______________________ __________. Dabei wird vom __________ Stoff an den ______________________ Stoff Wärme übertragen.

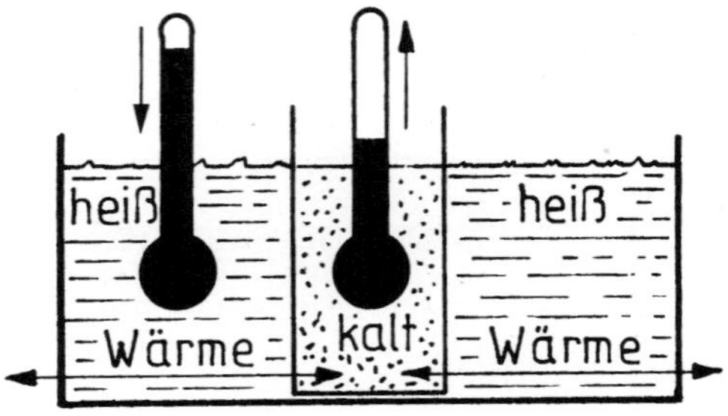


Die Wärmeübertragung kann auf drei verschiedene Arten erfolgen: Wärme- ______________________,
Wärme- ______________________ (______________________) und Wärme-- ______________________.

### A. Wärmeleitung

**Versuch:** Auf Flachstäbe aus Stahl und Kupfer werden in gleichen Abständen Kerzen durch Wachs befestigt. Die Enden der Stäbe werden gleichmäßig erwärmt.

**Beobachtung:** ______________________

**Erkenntnis:** ______________________

Diese Stoffeigenschaft wird durch die Wärme- ______________________ ausgedrückt.

| Stoff | Wärmeleitzahl $\left(\frac{W}{m \cdot K}\right)$ | Stoff | Wärmeleitzahl $\left(\frac{W}{m \cdot K}\right)$ |
|---|---|---|---|
| Kupfer | 384 | Glas | 0,81 |
| Aluminium | 204 | Holz | 0,18 |
| Stahl | 48 – 58 | Luft | 0,026 |

**Erkenntnis:** Je größer die Wärmeleitzahl, desto ______________________ die Wärmeleitung.

Ist die Wärmeübertragung erwünscht, verwendet man ______________________ Wärmeleiter, z.B. ______________________, also Metalle. Schlechte Wärmeleiter oder gute ______________________-Stoffe sind meist wollig (z.B. ______________________-Wolle) oder porös, d.h. in den Poren ist ______________________ eingeschlossen (z.B. ______________________).

Bei der Wärmeleitung schwingen innerhalb des Stoffes die Moleküle und geben diese Bewegung an Nachbarmoleküle weiter. Die Moleküle selbst bleiben an ihrem Platz.

### B. Wärmestrahlung

Die Sonne sendet Wärme aus. Diese Wärmeübertragung kann jedoch nicht durch Wärmeleitung oder Wärmemitführung stattfinden, weil zum Transport der Wärme Moleküle notwendig wären. Stoffe mit höherer Temperatur als ihre Umgebung übertragen die Wärme durch ______________________. Die Wärme wird ohne Wärme- ______________________ übertragen. Vergleichen Sie: Erderwärmung durch Sonnenstrahlen – Weltraum bleibt kalt. Wärmestrahlen sind elektromagnetische Schwingungen und den Lichtstrahlen sehr ähnlich. Sie heißen auch ______________________-Strahlen.

Treffen Wärmestrahlen auf Körper auf, so werden sie

- von Körpern mit dunkler Oberfläche ______________________ = ______________________
- von Körpern mit heller Oberfläche ______________________ = ______________________
- durchgelassen (z.B. ______________________)

## C. Wärmemitführung (Konvektion)

**Versuch:**

Ein mit Wasser gefülltes Ringrohr wird an einem Bogen erwärmt.

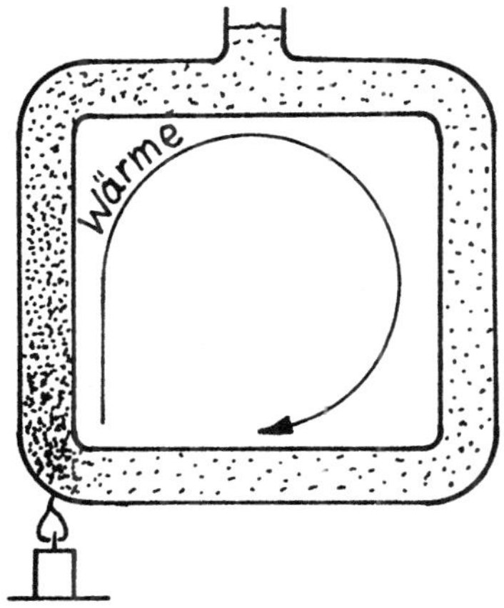


**Erkenntnis:**

Das kältere Wasser hat eine ____________________ Dichte als das wärmere Wasser. Es übt dadurch einen ____________________ Druck als die wärmere Wassersäule aus; es kommt zur ____________________ oder zur Konvektion.

Bei der Wärmemitführung wird die vom Wärmeträger (z. B. ____________________ ) aufgenommene Wärme an Stellen mit ____________________ Temperatur wieder abgegeben.

Die Wärmemitführung findet nur in Flüssigkeiten oder Gasen durch Flüssigkeits- oder Gasströmung statt.

An Heizkörpern wird die Luft erwärmt und ____________________ sich aus. Dadurch wird die Dichte ____________________ , die erwärmte Luft steigt nach oben, es kommt zur Zirkulation.

## D. Wärmeenergiebilanz von Gebäuden

Seit der Energiekrise 1973 ist beim Bau von Wohnungen und anderen Räumlichkeiten besonders auf den Wärmeschutz zu achten und zwar sowohl im Interesse der Gesundheit der Bewohner als auch aus Gründen der Einsparung von Energie und Heizkosten.

Etwa 40 % der jährlich verbrauchten Energie werden in Heizungsanlagen verfeuert.

Energieverschwendung

- bringt vermeidbare ____________________ ,
- führt zur vorzeitigen ____________________ der Energievorräte,
- belastet die ____________________ ,
- verschlechtert die Außenhandelsbilanz.

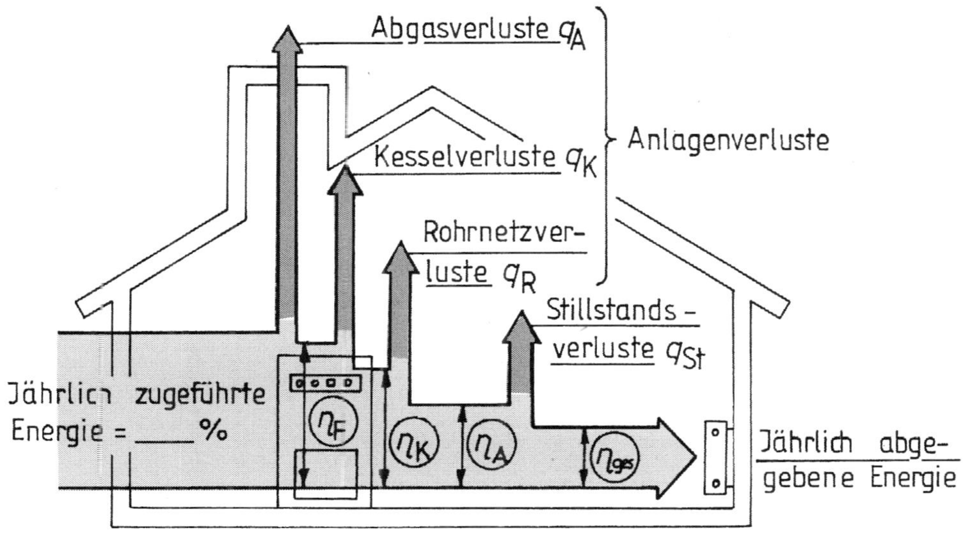

## E. Wärmedämmung

Zwischen Stoffen verschiedener Temperaturen findet eine ______________________________ statt.

Wärmedämmung hat die Aufgabe:

Winter : Wärme - ______________ sparen

Sommer : Wärme - ______________ von außen vermindern

**Wärmedämmstoffe (Isolierstoffe)**

Gute Wärmedämmstoffe sind ______________ Wärmeleiter. Ihre Wärmeleitfähigkeit wird durch die Wärmeleitzahl $\lambda$ ausgedrückt.

**Mittlere Wärmeleitzahlen einiger Wärmedämmstoffe** $\left(\frac{W}{m \cdot K}\right)$

| | | | |
|---|---|---|---|
| Mineralische und pflanzliche Faserdämmstoffe | 0,03 | Schaumkunststoff | 0,03 |
| Kork | 0,04 | Luft | 0,02 |
| Zum Vergleich Stahl | ca. 50 | | |

Ein ausgezeichneter Isolierstoff ist ruhende ______________. Bei vielen Wärmedämmstoffen ist diese in Poren eingeschlossen (z. B. ______________________________).

Für die Wärmedämmung der Rohre eigenen sich besonders:

1. ____________ - Wolle (flüssiges Glas in Fasern zerlegt)
2. ____________ - Wolle (flüssiges Gestein in Fasern zerlegt)
3. ____________ - Wolle (Hochofen)
4. ____________ - Stoffe aus Kunststoff

**Merke:** Astbestfasernstaub bewirken Atemwegskrebs und dürfen als Dämmstoffe nicht mehr verwendet werden.
Glas- und Steinwolle sollten mit ______________ vom Wohnbereich abgeschirmt werden.

## F. Wärmeübertragung

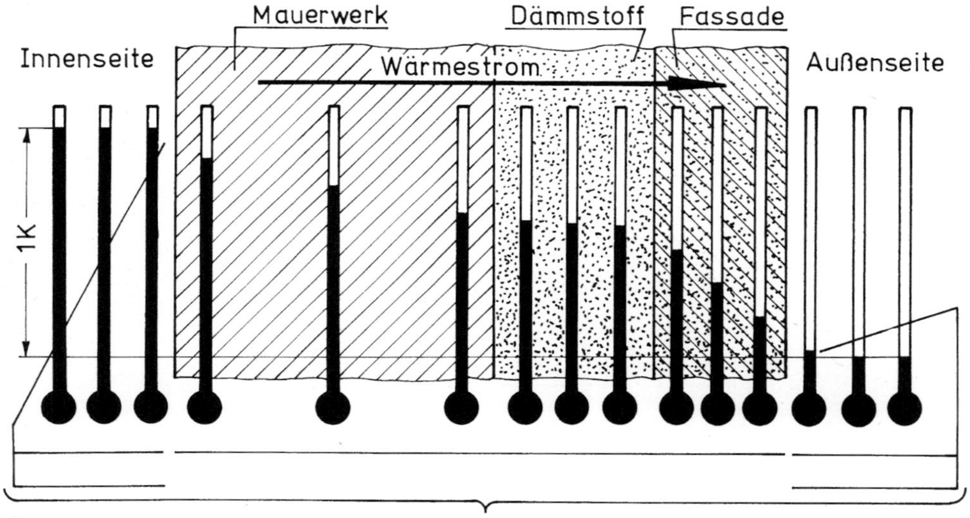


werden zusammengefasst in der

______________________________

Sie gibt an, welcher Wärmestrom in Watt durch die Fläche von ____________ hindurchgeht, wenn der Temperaturunterschied ____________ ist.

## G. Baustoffe

($k$-Werte in $\frac{W}{m^2 \cdot K}$)

| 30 cm dicke Außenwände aus | Ohne Wärmedämmung | Mit Wärmedämmung | |
|---|---|---|---|
| | | 60 mm Dicke | 80 mm Dicke |
| Lochziegeln | 1,28 | 0,43 | 0,35 |
| Beton | 3,20 | 0,55 | 0,43 |

| Technologie Konstruktionsmechaniker und Metallbauer | Datum: | Wärme- und Schalldämmung | F 2 |
|---|---|---|---|
| Name: | Klasse: | | 6 |

## H. Verhinderung des Wärmetransportes (z. B. Fassaden)

### 1. Aufgabe

a) Schutz vor Witterungseinflüssen z. B. ____________, ____________, ____________.

b) Dämmung gegen ____________, ____________, ____________.

c) Dekoratives (ausschmückendes) Aussehen z. B. ____________.

### 2. Aufbau verkleideter Metall-Fassaden

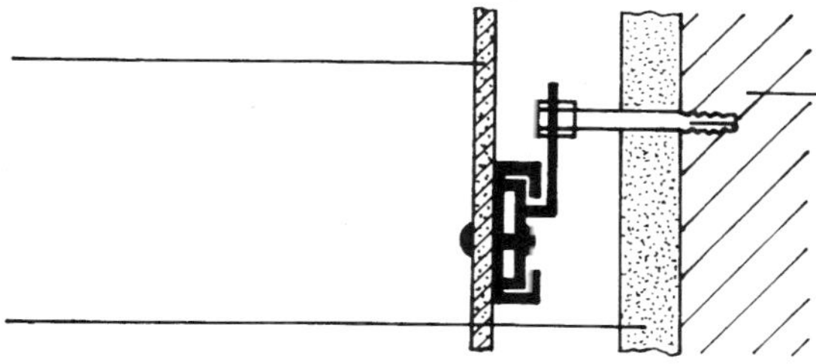

oder

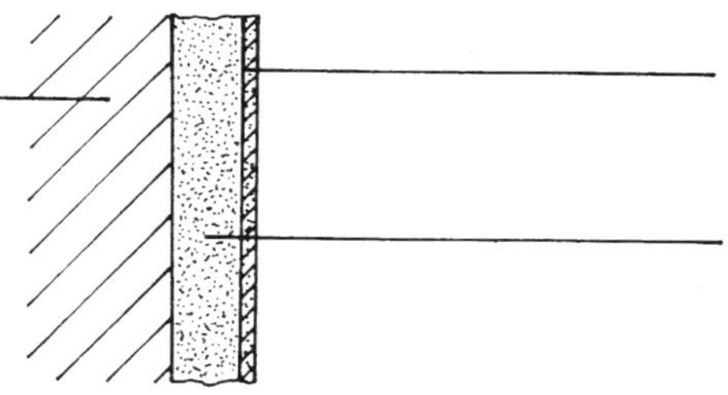

____________-Fassade ____________-Fassade

____________-Fassade ____________-Fassade

**a) Werkstoffe**

____________ Stahlbleche

Rostfreie ____________-Stahlbleche

____________ Stahlbleche

Profile aus ________

____________ Bleche

____________-beschichtete Stahlbleche

Profile und Gussplatten aus ________

**b) Befestigung (Auswahl)**

**Holz-Unterkonstruktionen**

Zeichen Sie die Hinterlüftung mit Pfeilen ein:

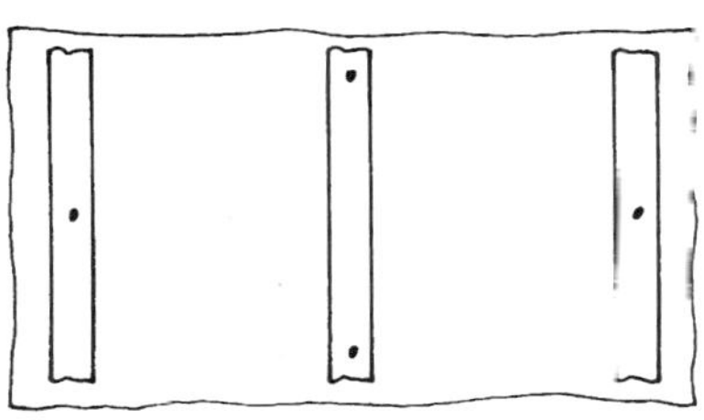

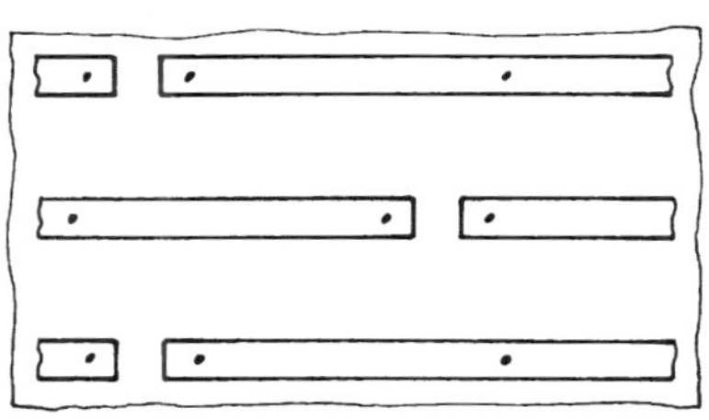

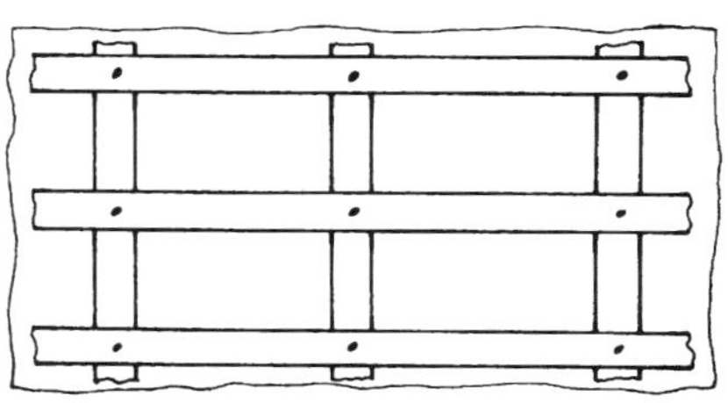

____________ Lattung ____________ Lattung ____________-Lattung

**Metall-Holz-Unterkonstruktionen**

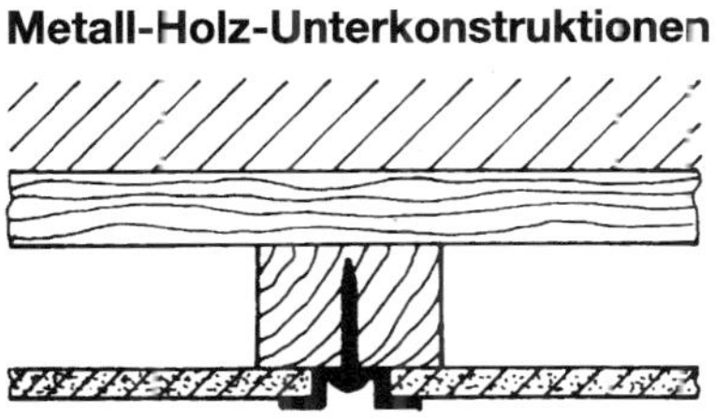

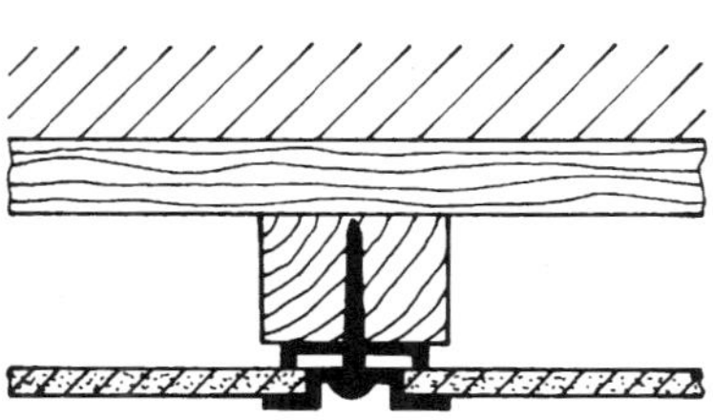

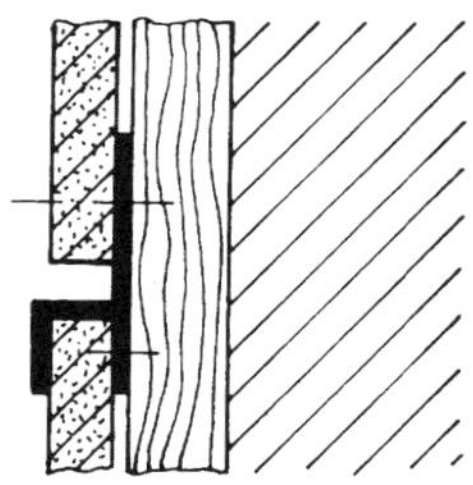

____________-Klemmprofil ____________-Klemmprofil ____________-Klemmprofil

**Metall-Holz-Unterkonstruktionen**

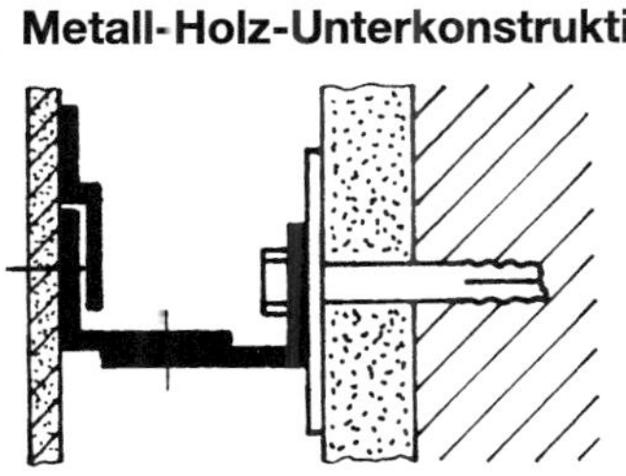

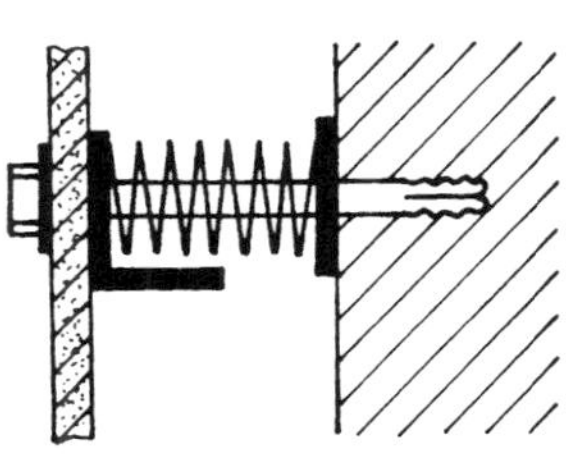

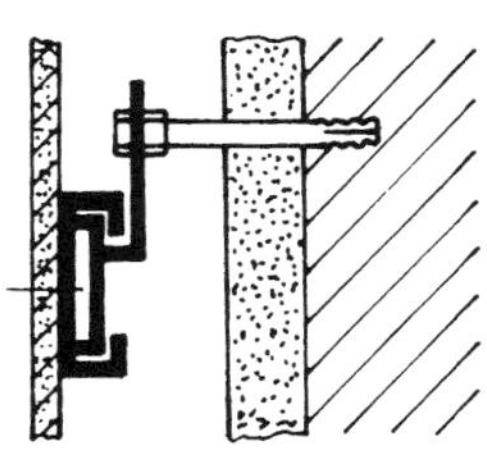

____________-Profile mit ____________-Fassade

____________-Profile mit Ausgleichs ____________

____________ -Profile

## I. Wärmedämmung bei Fenstern

Eine wichtige Forderung aus der Wärmeschutzverordnung ( __________ ) ist die Wärmedämmung bei Fenstern.

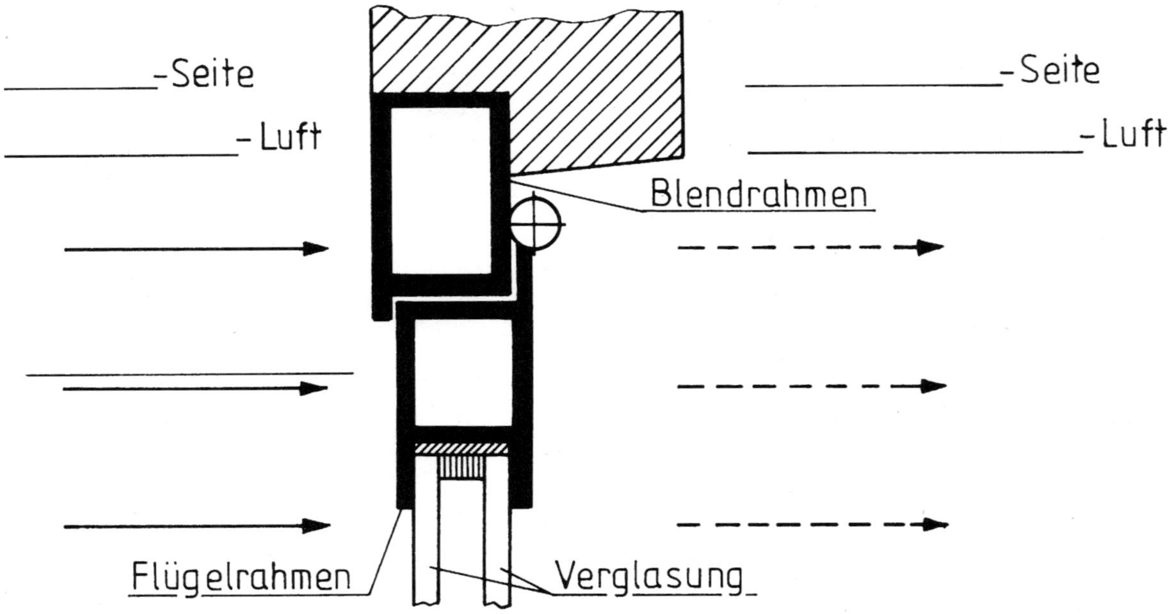


Der Wärmedurchgang durch Blendrahmen, Flügelrahmen und Verglasung erfolgt durch zwei Wärmeübergänge und mindestens einer Wärmeleitung. Dabei spielt das Rahmen-____________, die Wärme-________________ des Glases und die _________ zwischen den Glasscheiben eine große Rolle. Dieser Wärmedurchgang wird durch den Wärmedurchgangskoeffizienten ___ ausgedrückt. Er gibt an, welcher Wärmestrom in Watt durch die Fläche von 1 $m^2$ hindurchgeht, wenn der Temperaturunterschied 1 Kelvin ist.

Je kleiner der k-Wert, desto ____________ der Wärmeverlust.

### *k*-Werte von Fenstern

| **Verglasungsart** | **Scheibenabstand** in mm | *k* in W/$m^2$ K (Al-Fenster) |
|---|---|---|
| Doppelverglasung (zwei Isolierglasscheiben mit 10–16 mm Scheibenabstand | bis 100 | 2,7 |
| Doppelverglasung | bis 100 | 3,7 |
| Isolierverglasung | 10–16 | 3,8 |
| Isolierverglasung | 8–10 | 4,0 |
| Einfachverglasung | – | 5,2 |

**Erkenntnisse:** a) Fenster mit Einfachverglasung haben einen ____________ Wärmeverlust.

b) Je größer der Glasscheibenabstand, desto ____________ der Wärmeverlust.

| Technologie Konstruktionsmechaniker und Metallbauer | Datum: | Wärme- und Schalldämmung | F 2 |
|---|---|---|---|
| Name: | Klasse: | | 6 |

## 6.3 Grundbegriffe der Akustik und Schalldämmung

### A. Schallentstehung und Schallausbreitung

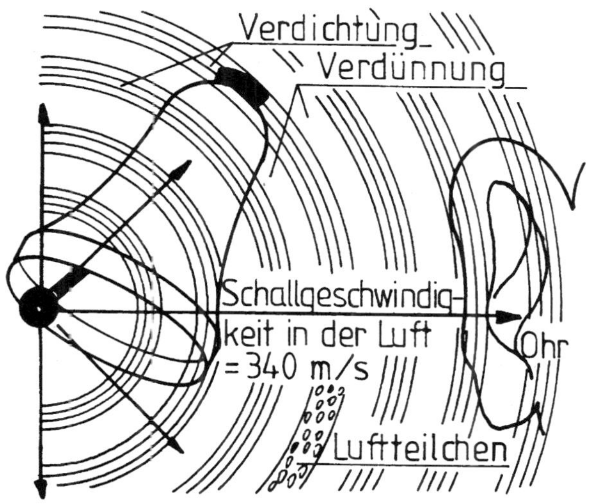


Wird eine Metallglocke mit einem Klöppel angeschlagen, so gerät der Glockenkörper in Schwingungen – er ____________________. Ebenso die umgebenden Luftmoleküle. Es entstehen im Wechsel Verdichtungs- und Verdünnungszonen. Diese Luftzonen ____________________ und erzeugen dadurch Schallwellen, die sich nach ____________________ ____________________ ausbreiten. Unser Ohrtrommelfell wird dadurch ebenfalls in Schwingungen versetzt – wir hören die Glocke.

Alles, was mit Schall und Hören zu tun hat, bezeichnen wir als ____________________. Zur Schallausbreitung sind feste, flüssige oder gasförmige Stoffe als Schallträger notwendig. Deshalb können sich Astronauten im Weltall (____________________ Raum) akustisch nicht verständigen.

Die Anzahl der Schwingungen in einer Sekunde wird als Ton- ____________________ bezeichnet.
Die Einheit der Frequenz ist das Hertz (________).

1 Hz = Eine Schwingung je Sekunde

**Merke:** Je größer die Frequenz, um so ____________________ ist der Ton.

Beispiele: Bass 65 bis 330 Hz

Geige 196 bis 2640 Hz

Das menschliche Ohr kann Frequenzen zwischen 16 und 20 000 Hz = ________ kHz wahrnehmen.

Frequenzen über 20 000 Hz nennt man ____________ -Schall.

**Schall kann sich auf zwei Arten ausbreiten:**

1. In der Luft als Luftschall (z. B. ____________________________________________
____________________________________________
2. In festen Körpern als Körperschall (z. B. ____________________________________________
____________________________________________
____________________________________________).

Körperschall bzw. Trittschall geht nach seiner Entstehung in ____________ -Schall über.

### B. Schallmessung

Ein Maß für die Lautstärke ist der Schallpegel, gemessen wird er in ____________________ (dB (A)).

| Geräusch | Schallpegel | Geräusch | Schallpegel |
|---|---|---|---|
| Gerade noch hörbarer Schall | 10 dB | Werkstatt mit Drehmaschinen | 85– 90 dB |
| Leises Blätterrauschen | 15–20 dB | Schwere Stanzen | 100–110 dB |
| Normale Unterhaltung | 50–60 dB | Kesselschmiede | |
| Starker Straßenverkehr | 70–80 dB | Beat- oder Rockmusik | |
| PkW in 7,5 m Abstand | 80 dB | Schmerzhaftes Geräusch | über 120 dB |

Ab 85 dB müssen Schallschutzmittel zur Verfügung stehen.

**C. Lärmeinwirkung auf den Menschen**

Eine dauernde Lärmeinwirkung auf den Menschen ist ______________________________ . Deshalb wurden für Betriebe Grenzwerte für die Lärmentwicklung in der Lärmschutzverordnung festgelegt. Außerdem müssen in solchen Betrieben regelmäßig ____________________-Untersuchungen für Arbeitnehmer durchgeführt werden.

| Raumart | Schallpegel dB (A) | Raumart | Schallpegel dB (A) |
|---|---|---|---|
| Büroräume | 45 | Klassenzimmer | 40 |
| Werkstätten | 60–70 | Fernsehstudio | 20 |
| Wohnräume | 35 | Theater | 30 |
| Kino | 35 | Turnhalle | 50 |
| Gaststätte | 40–55 | Kirche | 35 |

Gefahrgrenze für das Gehör: 85 dB (A)

Schmerzgrenze: 120 dB (A)

## 6.4 Schallschutz im Metallbau

Lärm verursacht gesundheitliche Schäden, deshalb sollte man Lärm möglichst vermeiden.

| Ursachen | Abhilfe |
|---|---|
| Fahrzeugräder | ______________________ |
| Zahnräder | ______________________ |
| Verbrennungsmotore | ______________________ |
| Metallbearbeitung durch Hämmern | ______________________ |
| Begehen eines Betonfußbodens | ______________________ |

Bei unvermeidbarer Lärmentstehung muss die Lärmausbreitung verringert werden.

**A. Schalldurchgang**

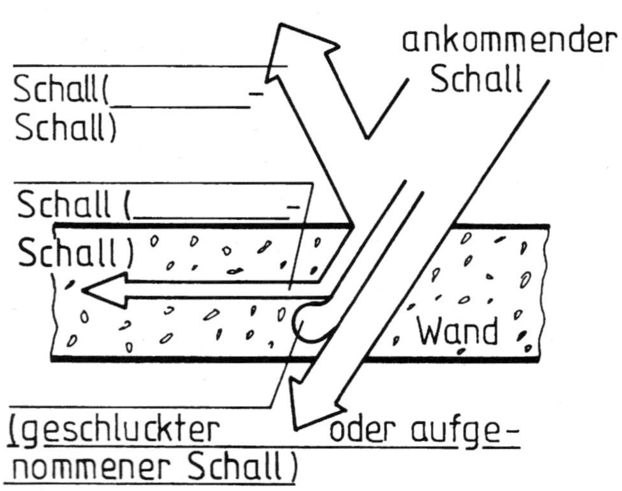


**B. Schutzmaßnahmen**

**1. gegen Körperschall**

Verhindern durch schallisolierende Zwischenlagen z. B. ______________________________

______________________________

______________________________

______________________________

Verhinderung des Trittschalles:

______________________________

______________________________

______________________________

**2. gegen Luftschall**

Verhinderung von Reflektionsschall durch schalldämmende Wände: ______________________________

______________________________

______________________________

______________________________

______________________________

## C. Schallschutzausführungen

### 1. Schallschutzmaßnahmen an Fenstern

Fensterflügel und Rahmen müssen allseitig mit ________________-Profilen versehen sein.

| Glasart | Glasdicke in mm | Schalldämm-Maß in dB |
|---|---|---|
| Fensterglas | 1,8<br>2,8<br>3,8 | 24<br>26<br>28 |
| Dickglas | 6,0<br>12,0 | 30<br>35 |
| Isolierglas (luftdicht)<br>Glasscheibenabstand 6 mm | innen 2,8<br>außen 2,8 | 27<br>27 |
| Isolierglas (luftdicht)<br>Glasscheibenabstand 12 mm | innen 2,8<br>außen 2,8 | 31<br>31 |
| Kastenfenster<br>Glasscheibenabstand 120 mm | innen 3,8<br>außen 3,8 | 39<br>39 |

**Erkenntnisse:**

- Je dicker (schwerer) die Glasscheibe, desto ____________ ist die Schalldämmung.
- Je kleiner der Glasscheibenabstand, desto ______________ ist die Schalldämmung; daher sind Kastenfenster mit Isolierverglasung vorzuziehen.
- Glasscheiben sind immer mit Kunststoffdichtungen oder Dichtungsmaterial ______________ _____ im Rahmen zu befestigen.

– Wandanschlüsse gehören mit ______________________________________________ ausgefüllt.

Für Fenster gibt es sieben Schallschutzklassen (Klasse 0 bis Klasse 6)

### 2. Schallschutzmaßnahmen an Türen

a) Höheres Türgewicht (= ______________ Türkonstruktion ergibt eine bessere Schalldämmung).

b) Gut abdichtende und rundumlaufende ______________-Dichtung.

c) Türblattfüllungen aus ______________________, ______________________ oder ______________ verwenden.

d) Gut abdichtende Bodenfuge (Skizzen)

| **Mit** Türanschlag | **Ohne** Türanschlag |
|---|---|

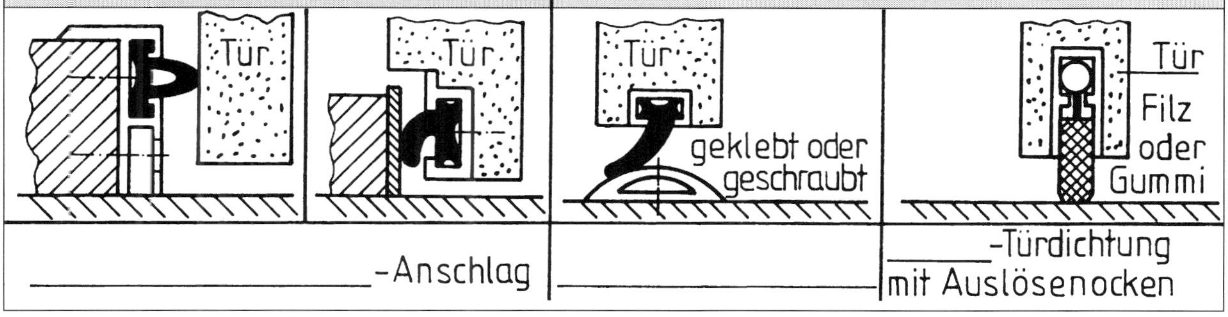


| ______________________-Anschlag | ______________________ | ________-Türdichtung mit Auslösenocken |
|---|---|---|

e) Verwendung von __________________________-Einsteckschlössern statt Buntbart- oder Chubbeinsteckschlössern.

f) Gutes Ausstopfen aller Hohlräume zwischen Tür-____________________ und Mauer-____________________ mit Mineralwolle oder fachmännisches Ausschäumen bei Verwendung einer Abdeckleiste.

### 3. Schallschutzmaßnahmen an Treppen

Metalltreppen werden häufig aus __________-Profilen hergestellt. Der Trittschall kann dabei ungehindert über die Treppen-______________ in die Baukörper eindringen. Deshalb sollten schalldämmende Auflager-Unterlagen verwendet werden. Außerdem sollten alle Befestigungselemente (z.B. Metalldübel) durch ________________-Büchsen von den Stahlbauteilen und vom Mauerwerk getrennt werden.

**4. Schallschutzmaßnahmen an Fassaden**

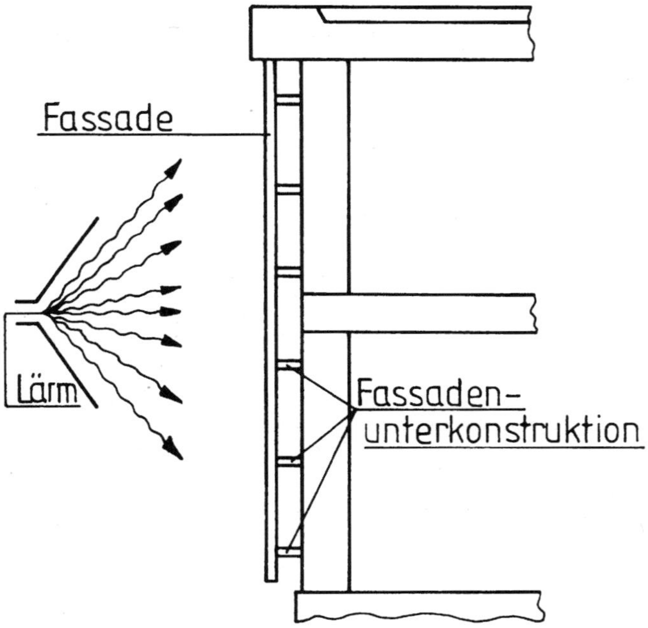


Vermeide zu enge Fassadenunterkonstruktionen; sie bilden Schall- ____________________.

**5. Schallschutzmaßnahmen an Rohrleitungen (Auswahl)**

Schnellschließende Armaturen, lockersitzende Ventilkegel und starke Rohrquerschnittsverengungen erzeugen beim Durchfließen des Wassers ____________________. Sie werden durch Rohrleitungen weitergeleitet. Deshalb müssen feste Rohrverbindungen an Wänden oder Decken ____________________ werden.

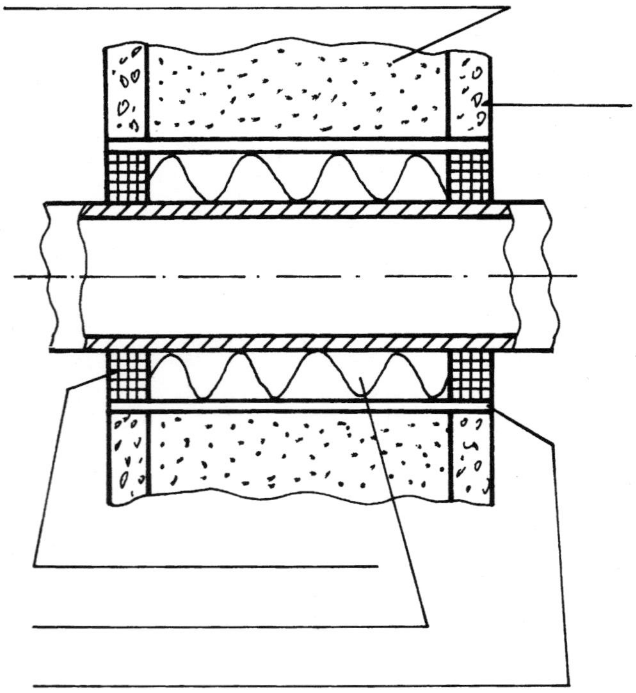

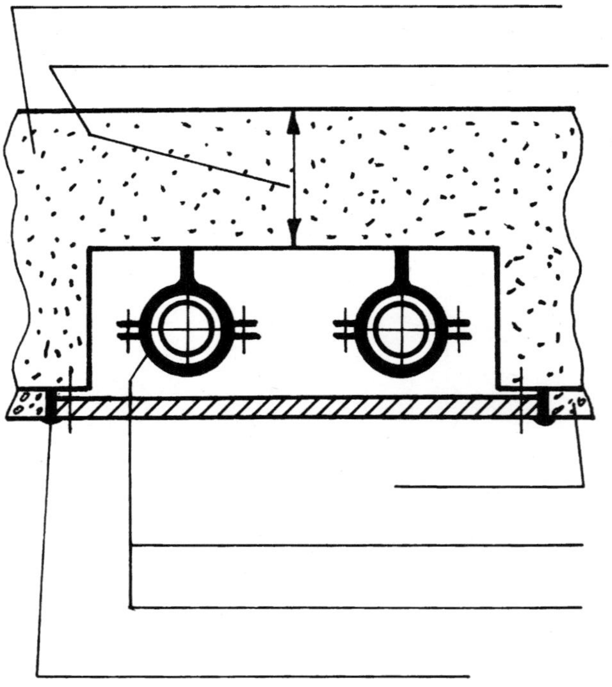

**Merke:** a) Vermeide bei Rohrleitungen eine Anhäufung von Fittings.

b) Verwende bei Abwasser-Fallleitungen anstelle von einem 90°-Bogen ________________ -Bögen mit kurzem Zwischenstück.

c) Umwickle Rohre mit Schallschutz- ____________________.

d) Trenne Maschinen (z. B. Wasserpumpen, Kompressoren, Werkzeugmaschinen) durch elastische ____________________ -Platten vom Boden.

e) Beachte, dass Befestigungsschrauben Schall-____________________ bilden können.

## 7.1 Tore

### A. Torarten (Auswahl)

Benennen Sie die skizzierten Tore.

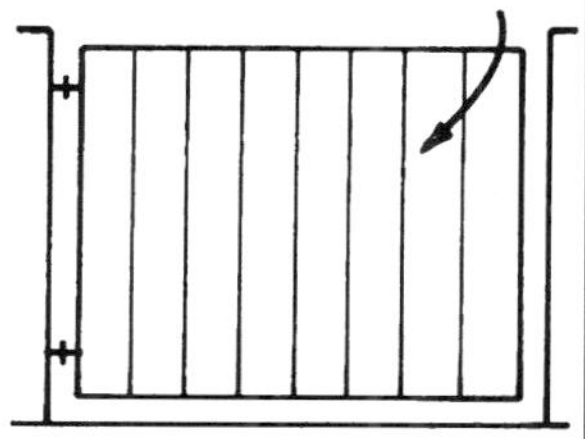

________________ - oder

________________ - Tor

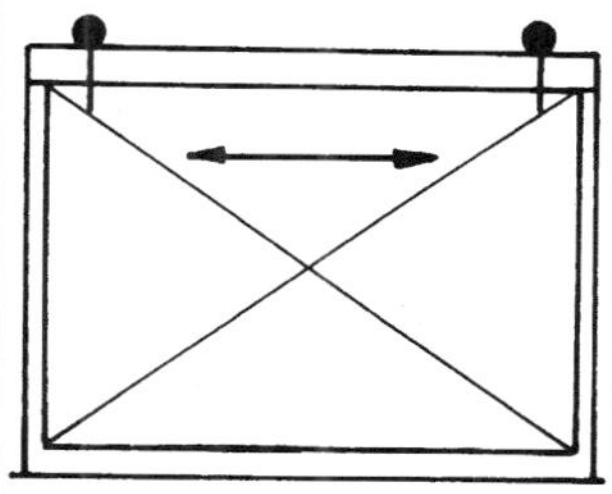

________________ -

Tor

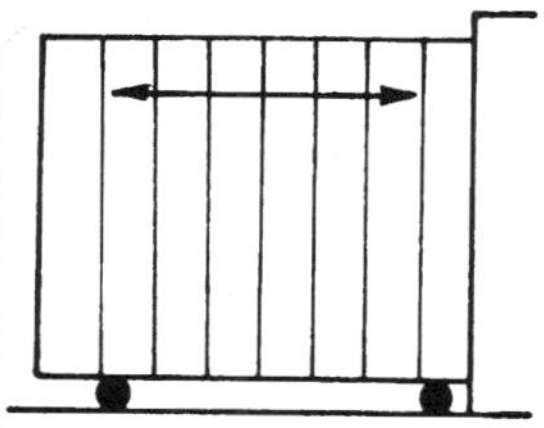

________________ -

Tor

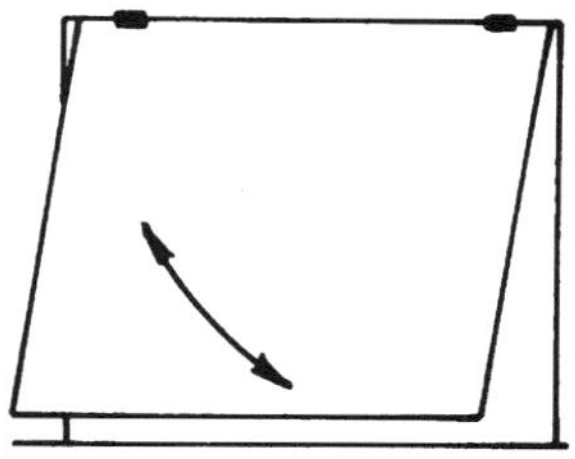

________________ -

Tor

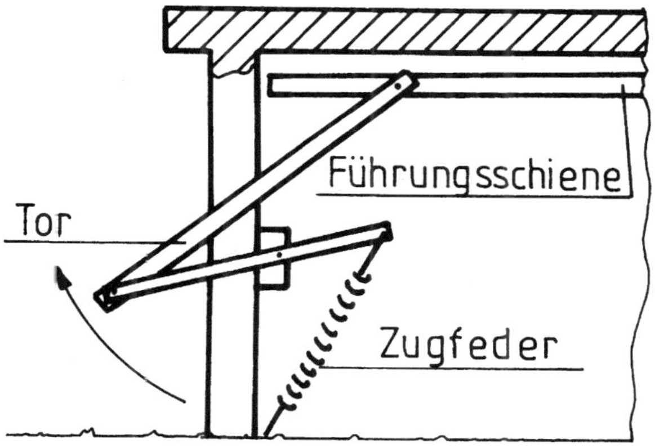


________________________ - Tor

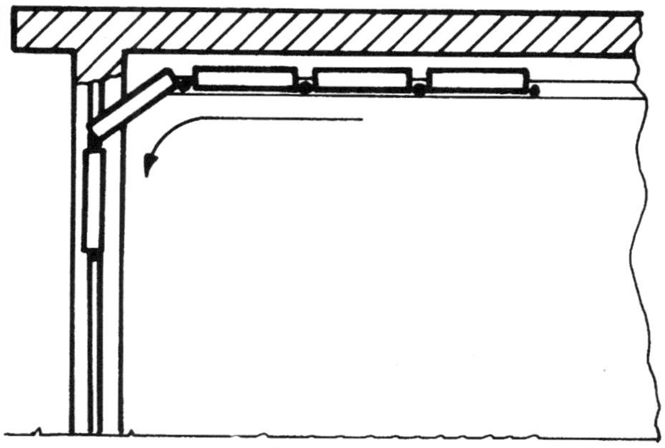

________________ oder ________________ - Tor

________________________ - Tor

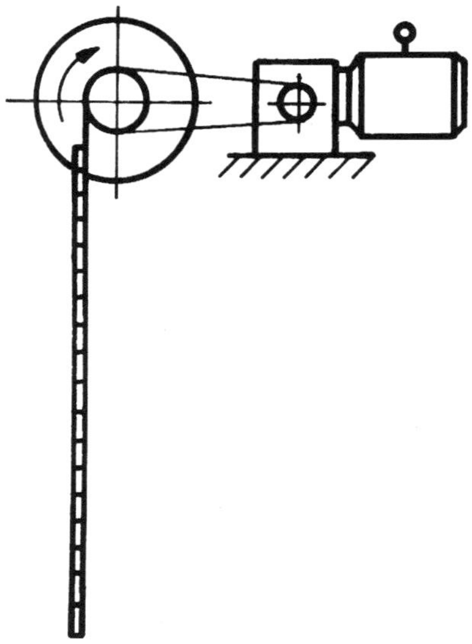

________________________ - Tor

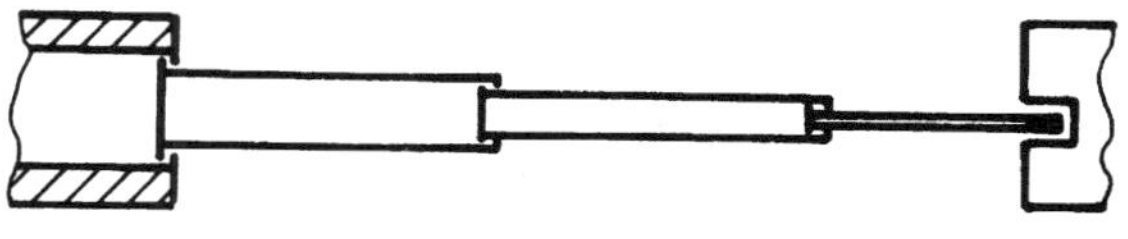

________________________ - Tor

## B. Aufbau der Tore

Ordnen Sie die aufgeführten Bauteile der Skizze zu:
Riegel, Schloss, Sturmstangenfalle, Rahmen, Bodenverriegelung, Auflaufkloben, Füllung, Sturmstange, Lagerung, Sturmstangenkloben, Betonsäule.

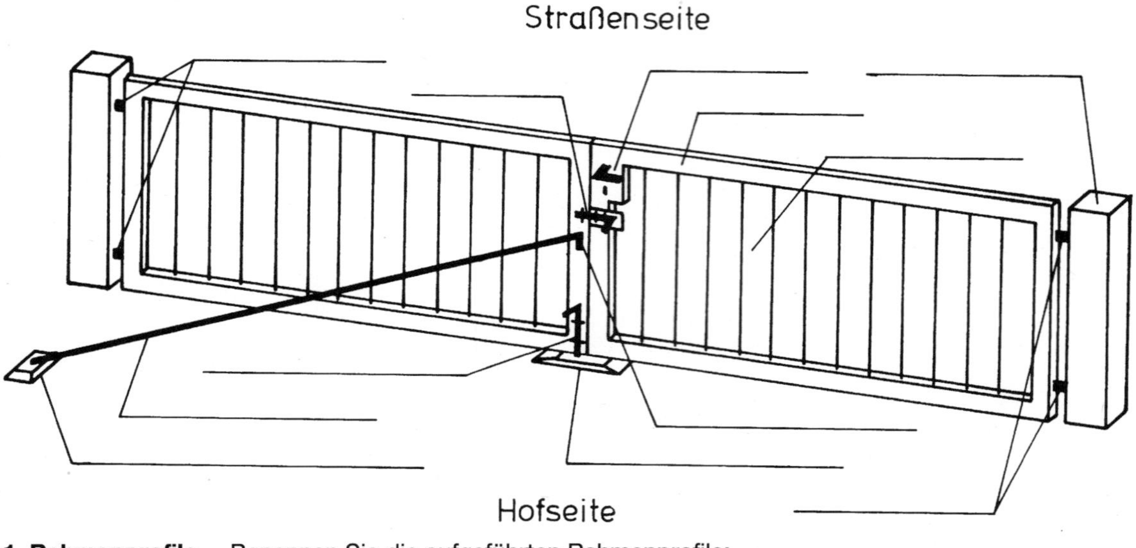


**1. Rahmenprofile** Benennen Sie die aufgeführten Rahmenprofile:

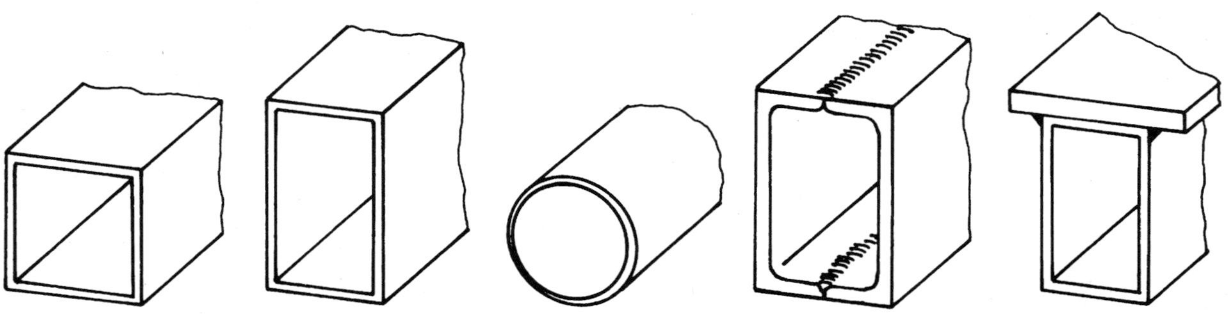

________ ________ ________ ________ ________

________ ________

**2. Füllung**

Bei schweren Torausführungen müssen die Füllstäbe als Fachwerkverband ausgeführt werden.
**Aufgabe:** Zeichnen Sie in die Skizzen Fachwerkstreben ein.

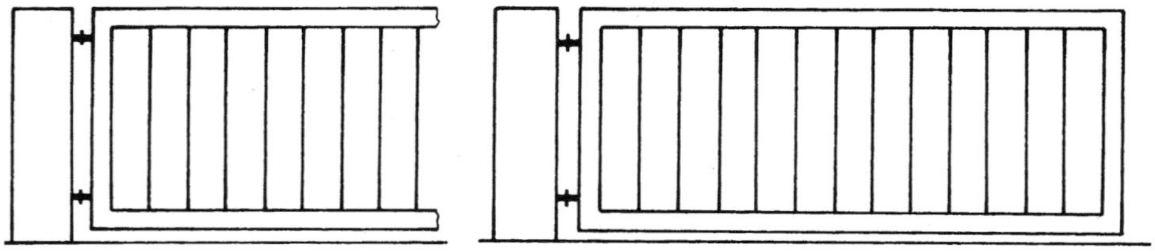

Die zusätzlich eingeschweißten Fachwerkstreben sollen immer auf ________________ beansprucht werden.

Streben mit ____________ -Beanspruchung können ________________ .

**Profile:** ________________________________________

________________________________________

________________________________________

**3. Torlagerung**

**a) Bänder**

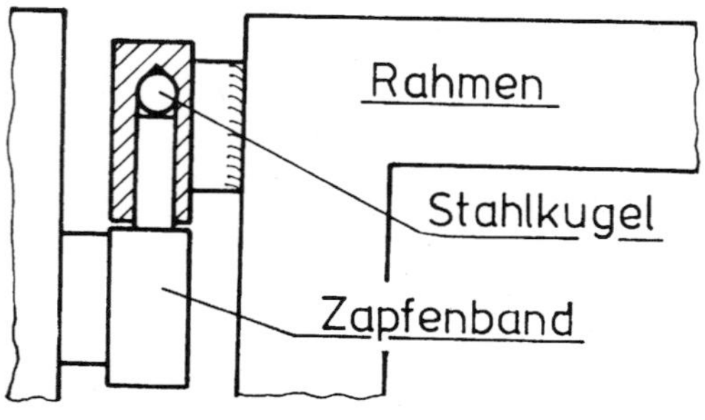


Als Torlagerung werden meist ________________ -Bänder oder selbstgefertigte Bänder verwendet.

Zur ________________ -Minderung kann auf der ____________ -Fläche des Zapfens eine gehärtete ________________ eingelegt werden.

**b) Spezialtorband**

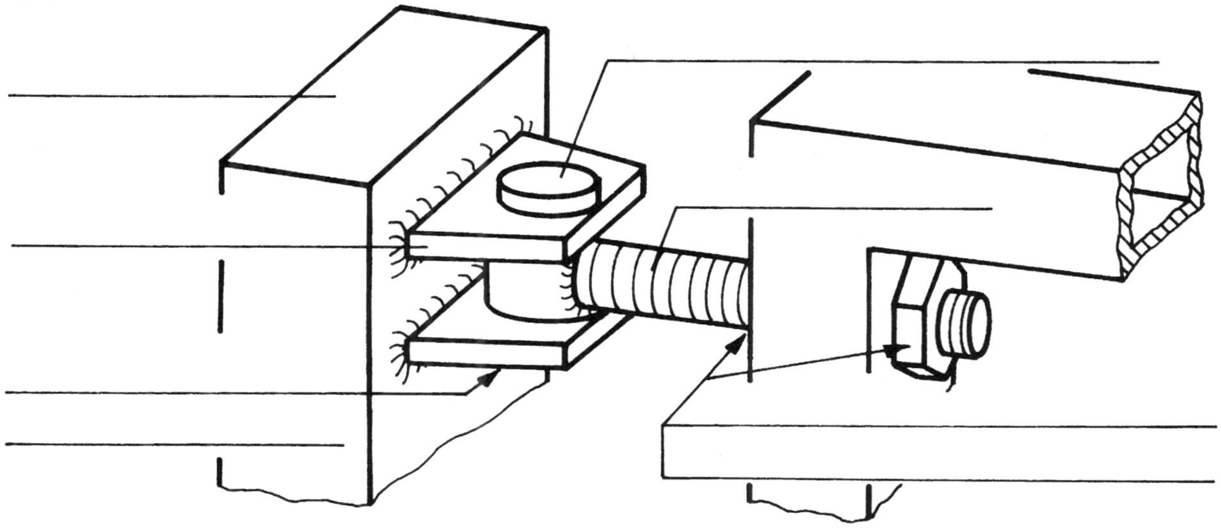

**c) Halseisen und Pfanne**

**Halseisen**

Ordnen Sie ein:

Torrahmen, Halseisen, geschweißter Druckring, Cu-Zn-Ring, Verschraubung.

**Pfanne**

Ordnen Sie ein:

Torrahmen, Stahlkugel, fester Pfannenzapfen, Lagerbohrung, Pfannenkörper.

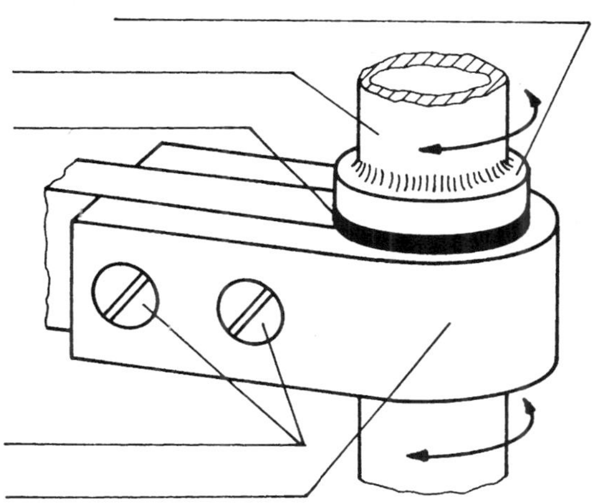

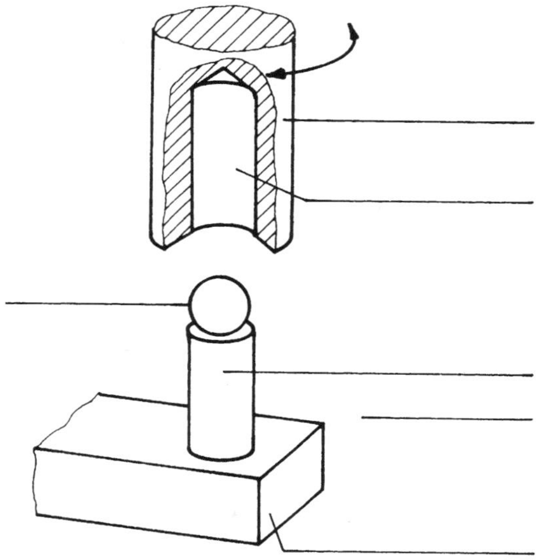

Das rundgebogene Halseisen umschließt den ________________ Torrohrrahmen.

Die Pfanne bildet die ________________________ Torlagerung.

Pfannen und Halseisen können auch mit ________________-Lager eingebaut werden.

**4. Schloss**

Das Schloss kann direkt in den Hohlraum (Rechteckrohr) eingebaut werden. Einsteckschlösser mit kleiner Kastenbreite werden als ________________-Einsteckschlösser bezeichnet.

Bei Verwendung eines einfachen Einsteckschlosses muss ein dichtgeschweißter Schloss-________________ am Rahmen befestigt werden. Durch eine kleine Bohrung im Schlosskastenboden kann Kondenswasser ( ________________ Wasser) abtropfen.

**5. Einmauerungsrichtwerte für das Halseisen**

| Flügelgewicht in N | 500 | 1 000 | 5 000 | 10 000 |
| --- | --- | --- | --- | --- |
| Einmauerungstiefe in mm | 100 | 150 | 175 | 200 |

### 6. Bodenverriegelung und Auflaufkloben

Durch den Bodenriegel wird ein ______________________ im Auflaufkloben (Mönch) befestigt.

Ordnen Sie ein:
Rahmen, gefeilter Kegelstumpf, Anschlagleiste, Handriegel, Riegelhubbegrenzung, Auflaufkloben, Steckbohrung, Riegellagerung (Führungsschelle), Zementmörtel, Befestigungsstab (Steinanker).

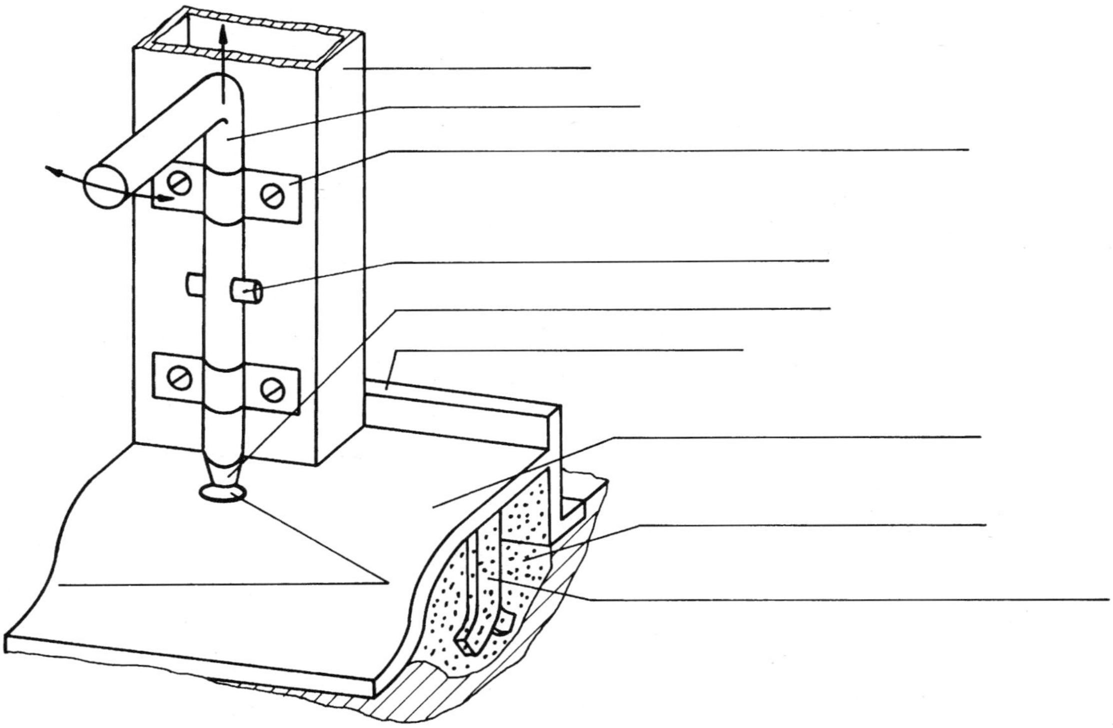

### 7. Sturmstange (Strebstange)

Die Sturmstange gibt dem ______________________ die notwendige ______________________.

#### a) Sturmstangenfalle

Ordnen Sie ein:
Rahmen, Sturmstange, Winkelstahl, Fallenbohrung, Sturmstangenfalle, Stangenbohrung (Vorhängeschloss oder Sicherungsbolzen).

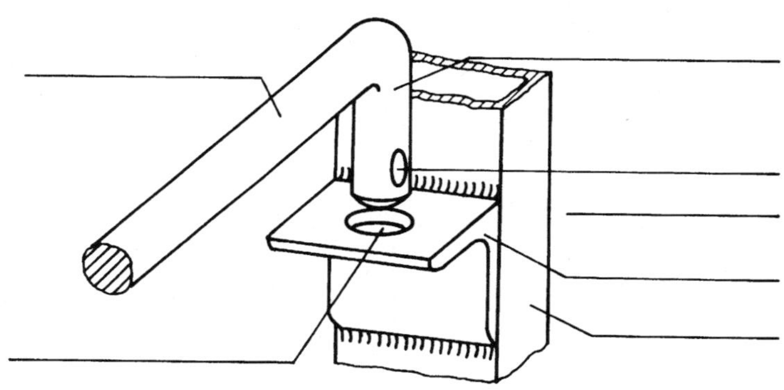

#### b) Sturmstangenkloben

**Festverankerung mittels Drehring**

Ordnen Sie ein:
Bodenplatte, Gelenkgabel, Drehring, Sturmstange, Kugelschmierkopf.

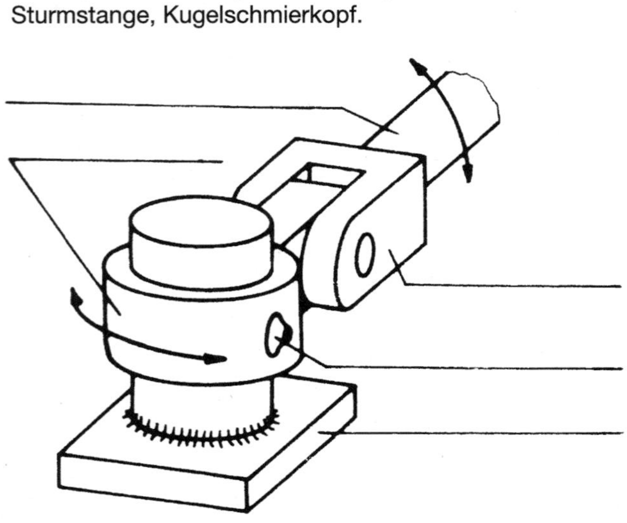

**Losverankerung mittels Kugelpfanne**

Ordnen Sie ein:
Kugelzapfen, Sturmstange, Kugelpfanne.

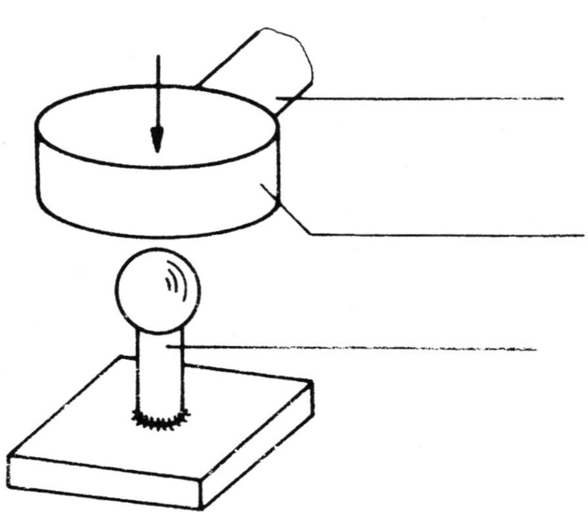

## C. Einfluss des Widerstandsmomentes bei Toren

Viele Profile werden durch Biegekräfte verformt. Ein Maß für die Größe dieser Biegebeanspruchung ist die Biege-____________________. Die größte Biegespannung tritt dort auf, wo das Biegemoment ($M_b$) am größten ist. Der Querschnitt des Profils ist an dieser Stelle am meisten gefährdet.

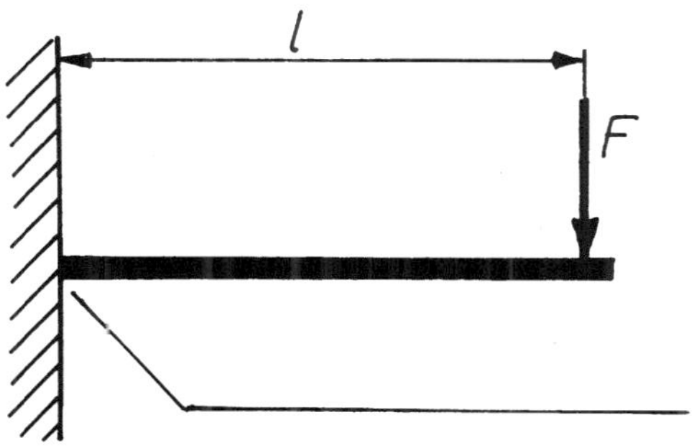


Die größte Biegespannung hängt von der Größe der Profilquerschnittsfläche, von der Form des Profils und von der Lage der Biegeachsen ab. Diese Einflüsse werden im ________________________________ ($W$) berücksichtigt. Das Widerstandsmoment kann für genormte Profile aus Tabellen entnommen werden.

**Aufgabe:** Ein Tor soll hergestellt werden. Der geschweißte Rahmen besteht aus einem rechteckigen Stahlhohlprofil.

Normbezeichnung: Hohlprofil DIN 59410 - S 355 JO -____________________

Zeichnen Sie die Biegeachsen in die Skizzen ein.

Ergänzen Sie die Tabelle.

| | | |
|---|---|---|
| 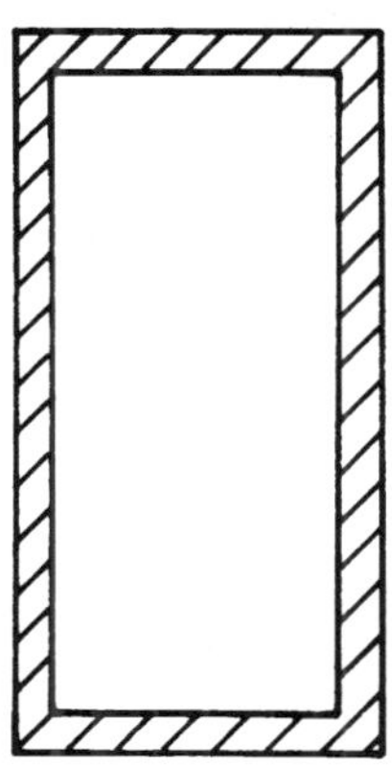 | | 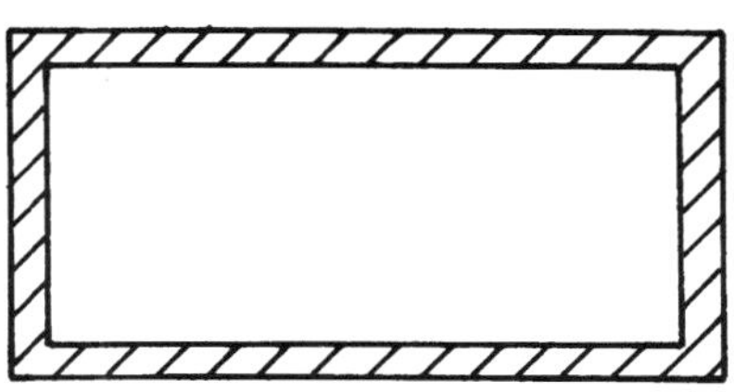 |
| $W_x$ = ______________ $cm^3$ | Widerstands-momente $W$ | $W_y$ = ______________ $cm^3$ |

**Erkenntnisse:** a) Ein Torrahmen mit „hochstehendem“ Hohlprofil ( _________ -Biegeachse) kann ____________ Belastungskräfte aufnehmen.

b) Ein gleichgroßes „flachliegendes“ Hohlprofil ( _________ -Biegeachse) ist _______________ ________________________.

c) ________________________________________________________

________________________________________________________

________________________________________________________

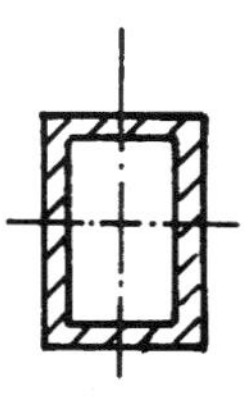

d) Das Widerstandsmoment ______________ mit zunehmender Profilwanddicke s.

## 7.2 Arten und Aufbau von Türen

### A. Beschreibung

Türen sind bewegliche und abschließbare Raum-____________________. Sie verhindern die Ausbreitung von

__________, ______________, ______________, ______________und bieten Schutz gegen Einbruch.

### B. Türarten

**1. Bauarten nach der Öffnungsweise**

Ordnen Sie den Skizzen zu:
Falttür, Falltür, Drehtür, Pendeltür, Teleskoptür, Dreh-Flügeltür, Harmonikatür, Hebetür, Schiebetür (waagrecht).

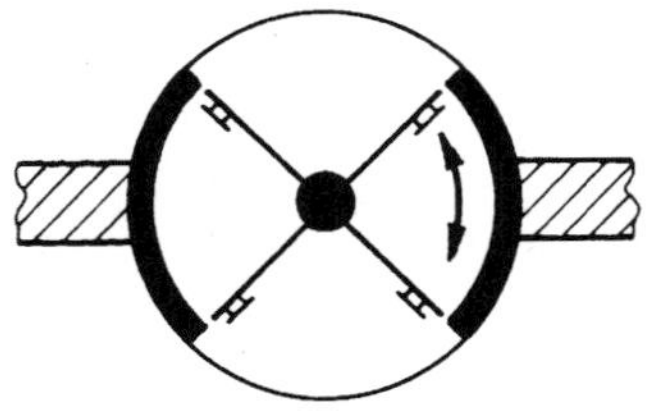
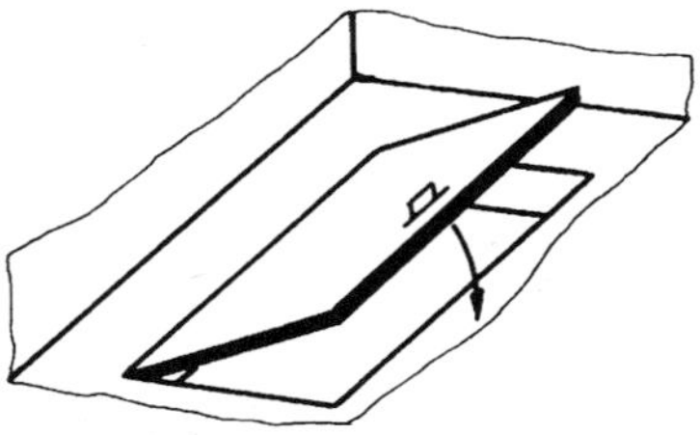
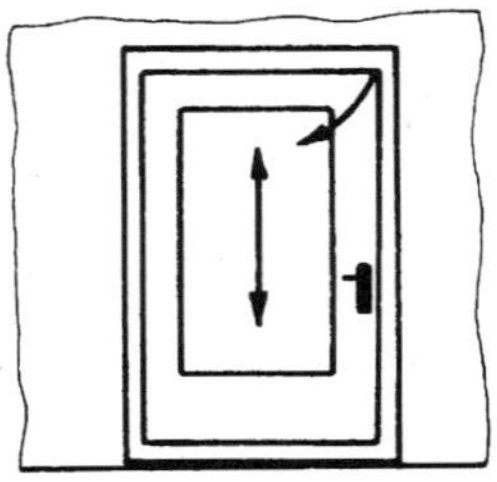

______________________ ______________________ ______________________

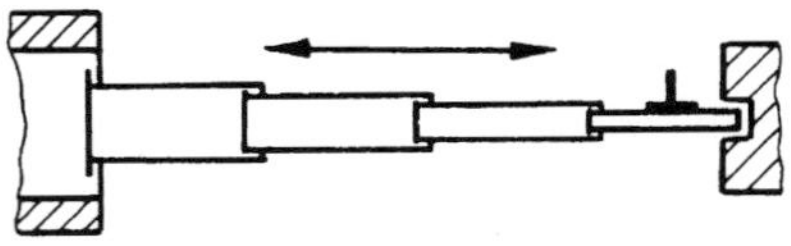

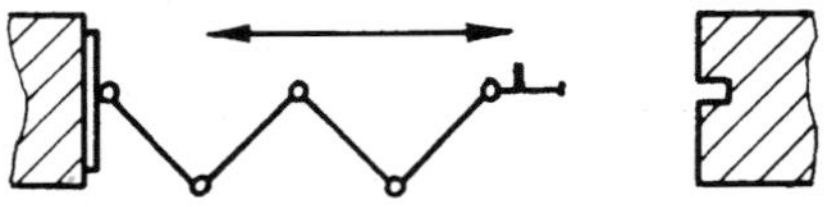

______________________ ______________________ ______________________

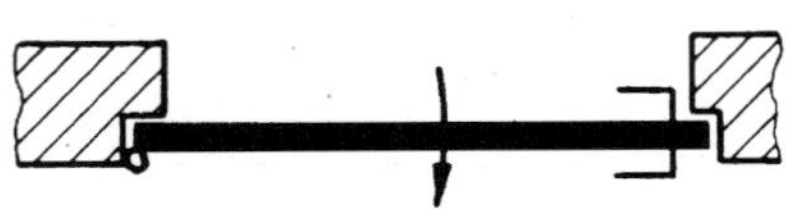

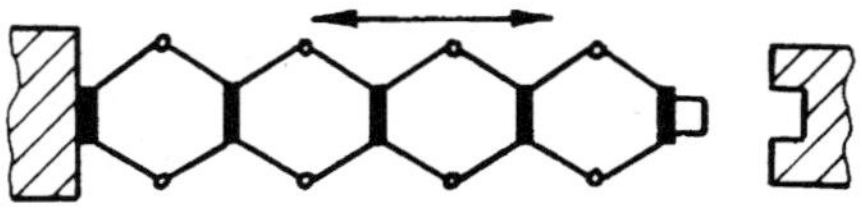

______________________ ______________________ ______________________

**2. Bauarten nach dem Verwendungszweck**

Nennen Sie einige Türarten:

________________________________________________________________

________________________________________________________________

**3. Bauarten nach dem Werkstoff**

Nennen Sie gebräuchliche Türarten:

________________________________________________________________

________________________________________________________________

**4. Bauarten nach der Bandseite**

Benennen Sie die skizzierten Bauarten:

______________________ ______________________

**5. Bauarten nach der Flügelanzahl**

______________________ ______________________ ______________________

**6. Bauarten für Sonderzwecke**

______________________-Tür (Heizraum) ______________________-Tür (Lärm)

______________________-Tür (Bar) ______________________-Tür (Uran)

______________________-Tür (Geldinstitut) ______________________-Tür (StGB)

**7. Bauarten nach dem Sitz des Türblattes im Türrahmen (Anschlag)**

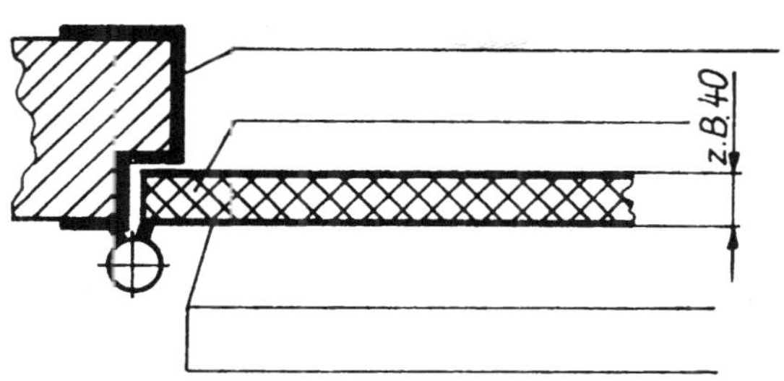


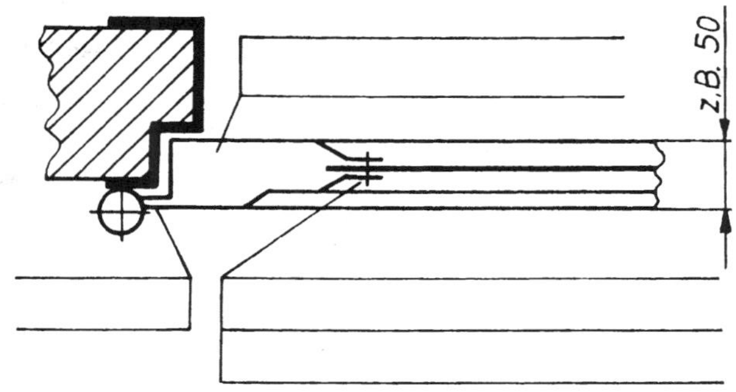


Türblätter können einwandig oder doppelwandig hergestellt werden. Bei großen einwandigen Türen muss der Flügelrahmen durch ______________________ verstärkt werden.

## 7.3 Türen aus Leichtmetall

### A. Profil-Herstellung

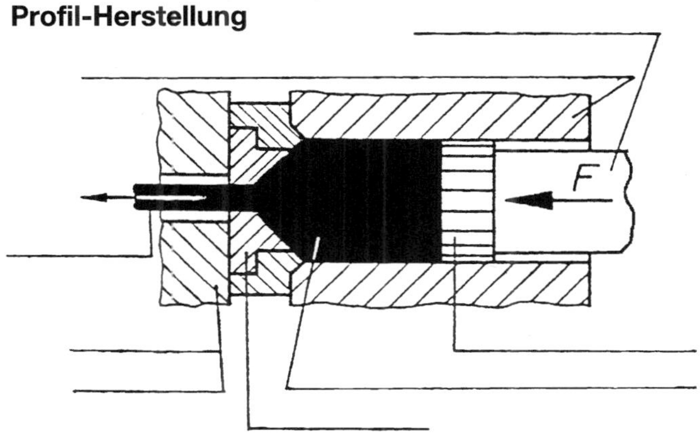


Aluminium-Türprofile werden durch

______________________________

hergestellt. Bei diesem Verfahren wird Aluminium durch eine profilierte Öffnung (________________) gedrückt.

Aufgabe
Ordnen Sie der Skizze zu:
Matrize, Al-Profil, Pressstempel, Al-Block (450 °C), Pressscheibe, Presszylinder (Blockaufnehmer), Matrizenhalter.

### B. Profil-Eckverbindung

Nennen Sie einige Verbindungsmöglichkeiten:

1. ____________________-Verbindung
2. ____________________-Verbindung
3. ____________________-Verbindung
4. ____________________-Verbindung

### C. Wärmegedämmte Aluminiumtür

**Aufbau und Bauteile**

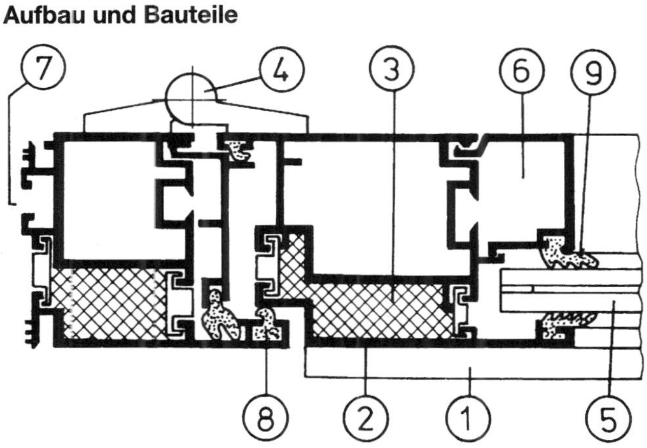


◯ Anschlagdichtung
◯ Türrahmen
◯ Anschluss für Einputzzarge mit Maueranker
◯ Glasfalzstab
◯ Wärmedämmstab
◯ Wetterschenkel
◯ Tür-Band
◯ Isolierglas
◯ Verglasungsdichtung

### D. Behandlung der Leichtmetallprofile

1. Die Al-Profile sind auf ______________-Unterlagen ____________-gestellt zu lagern.
2. Eine Berührung mit ________________ Wänden ist zu vermeiden.
3. Schwermetallspäne sind an Al-Profilen zu entfernen, sie verursachen eine Oberflächen-________________.
4. Al-Profile darf man nur mit dem ________________ anreißen.

## 7.4 Herstellung und Setzen von Stahltüren

### A. Herstellung einer Stahltür

#### 1. Profile und Bleche aus Stahl

Für untergeordnete Zwecke (z. B. Garagen- oder Werkstatttüren) werden ______________________________

Türen hergestellt

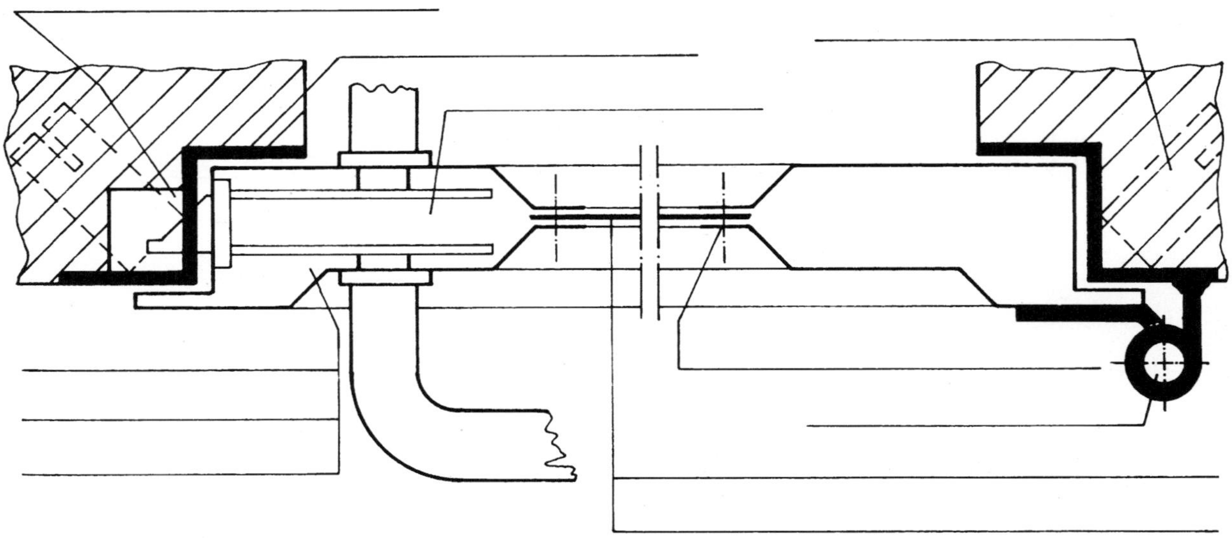

#### 2. Zusammenbau

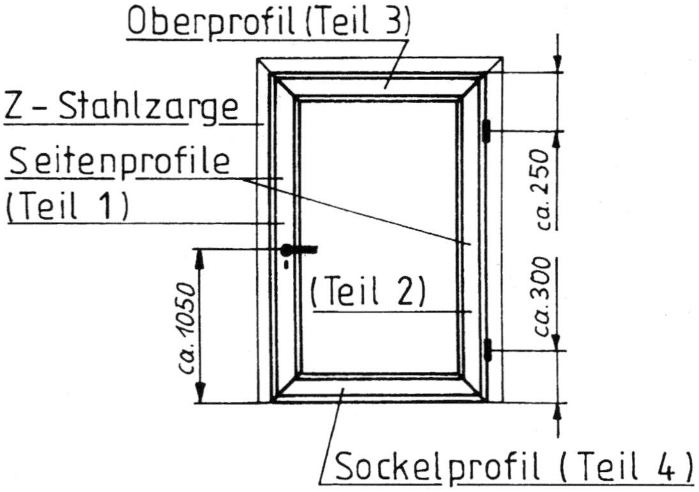


**Einarbeiten des Einsteckschlosses:**

Stulp-Befestigung mit zwei Flachstählen

a) ______________________________
(Schweißen)

b) ______________________________
(Verschrauben)

Die beiden Profilenden müssen auf Gehrung und auf genaue Länge abgesägt werden.

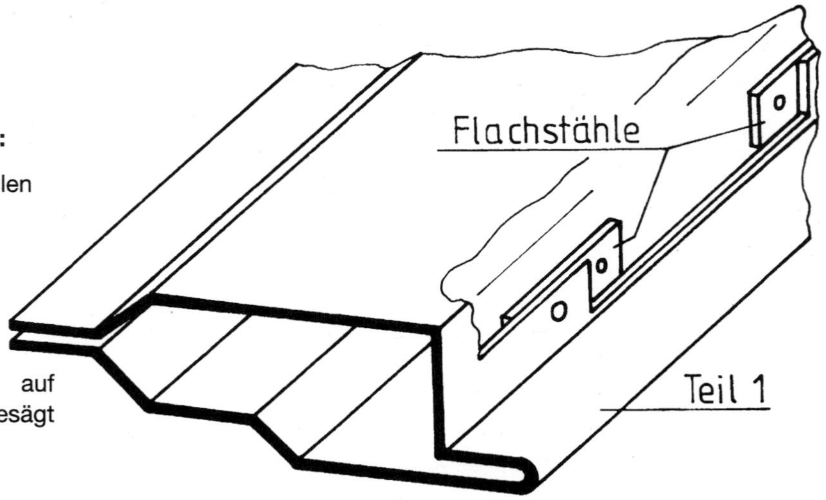

**Befestigen der Türbänder**

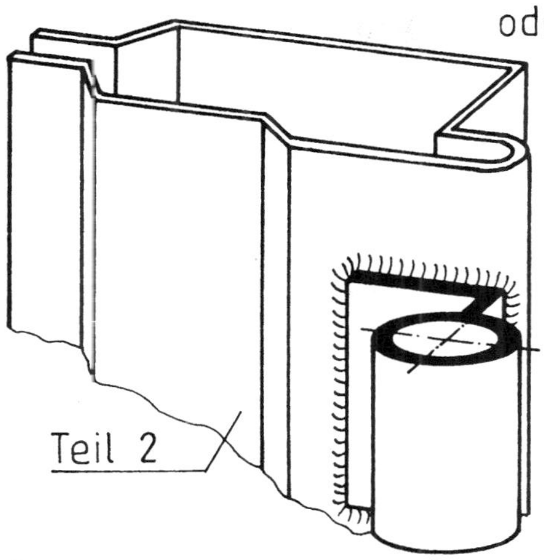


oder

____________ -Anschweißband

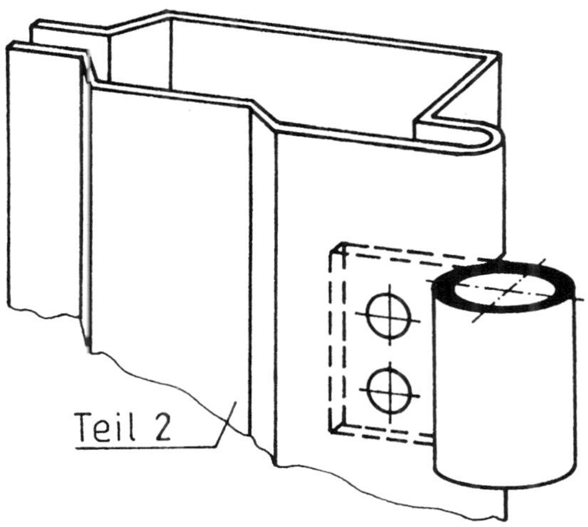


______________ Band
(geschweißt, geschraubt oder genietet)

Die Profilenden müssen auf Gehrung und auf genaue Länge abgesägt werden.

Zuerst schweißt man das Oberprofil und die beiden langen Seiten-Rahmenstücke ______________ zusammen. Vor dem Einschweißen des Sockelprofils muss das angerissene ______________ in den Rahmen eingeschoben werden. Die Befestigung erfolgt durch ______________ -Schweißen oder Nieten. Als Türanschlag kann z. B. ein Z-Stahl-Rahmen (Zarge) verwendet werden. Die beiden Zargen-Bänderunterteile müssen passend zu den Bänderoberteilen der Metalltür angeschweißt werden.

**Beachte:**

Die Türe muss sich leicht ________ und ____________ lassen.

Der Türflügel muss gut im ________ anliegen.

## B. Einsetzen der Stahltür im Mauerwerk

Türzarge und Türflügel werden zusammen in die Maueröffnung eingesetzt. Dabei ist der ______________ ( ______________ ) zu beachten. Von ihm aus kann die Oberkante des ______________ ______________ ermittelt werden. Die Türzarge muss mit der ______________ genau senkrecht und waagrecht ausgerichtet und an den Zargen- ____________ verkeilt werden.

Mit welchen Hilfsmitteln können die Zargen-Maueranker im Mauerwerk befestigt werden?

______________________________________________

______________________________________________

______________________________________________

## 7.5 Feuerschutztüren

### A. Beschreibung

Feuerschutzabschlüsse sind selbst- ______________________ Stahltüren ohne Verglasung (auch Klappen, Rollläden, Tore usw.), die im eingebauten Zustand den Durchtritt eines ____________________ durch Öffnungen in Wänden oder Decken verhindern.

### B. Feuerwiderstandsklassen T

| | feuerhemmend | | feuerbeständig | | hochfeuerbeständig |
|---|---|---|---|---|---|
| Feuerwiderstandsklasse | T 30 | T 60 | T 90 | T 120 | T 180 |
| Feuerwiderstandsdauer in Minuten | ________ | ________ | ________ | ________ | ________ |

### C. Bezeichnung einer feuerhemmenden Stahltüre

Beispiel: Stahltür T 30 – 1 R 875 x 1875 A DIN 18082

| | | | |
|---|---|---|---|
| T 30 | ______________________ | 875 | ______________________ |
| 1 | ______________________ | 1875 | ______________________ |
| R | ______________________ | A | ______________________ |

Feuerschutztüren müssen ein Kennzeichnungsschild mit folgenden Angaben besitzen (DIN 18082)

Beispiel:
a) Stahltür T 30 – 1 A DIN 18082
b) Herstellername oder Herstellerkennzeichen
c) Überwacht durch …
d) Herstellungsjahr

### D. Schnitt durch eine Feuerschutztüre (DIN 18082)

Ordnen Sie der Skizze zu:
Drücker, Rosette, Z-Stahlzarge, Asbestpappe, Anschlagfalz, Maueranker, Türblatt, Schloss, Federband, Schlosstasche, Asbestpappe, Mineralfaser-Einlage, Schutzkasten.

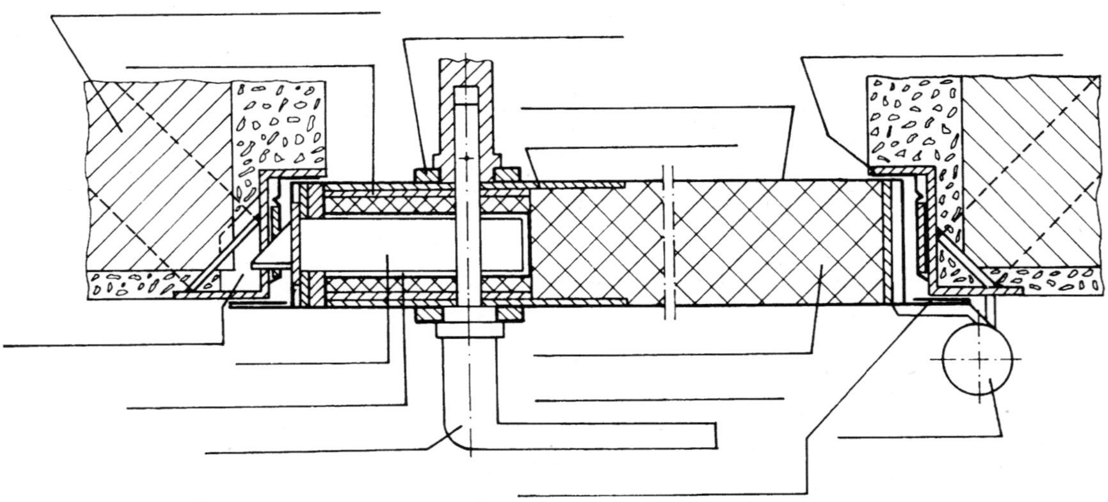

**Merke:**

a) Als selbstätiges Schließmittel wird ein ____________ -Band oder ein obenliegender ______________ ____________________ mit hydraulischer Dämpfung verwendet.

b) Das ________________ -Schloss muss eine Stulpbreite von 24 mm und ein Dornmaß von 65 mm aufweisen.

c) Alle Stahlteile müssen vor dem Zusammenbau und der Fertigstellung ______________________ oder ____________________ werden, ausgenommen die Stahlteile, die mit dem Putz in Berührung kommen.

## 7.6 Türschließer

### A. Türschließer-Arten (Auswahl)

Ordnen Sie den Skizzen zu:
Boden-Türschließer, Oben-Türschließer, Rahmen-Türschließer.

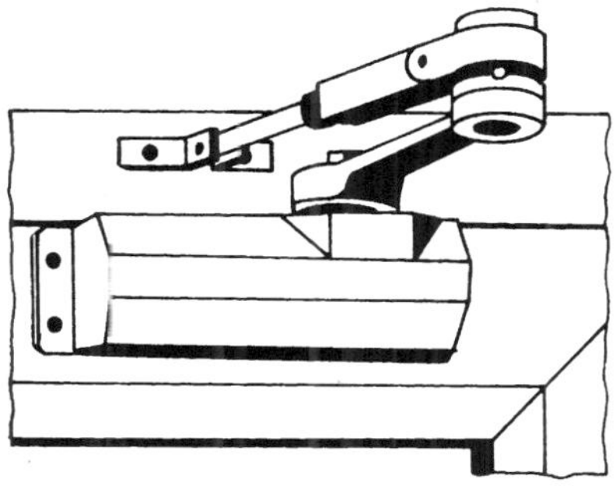

________________-Türschließer

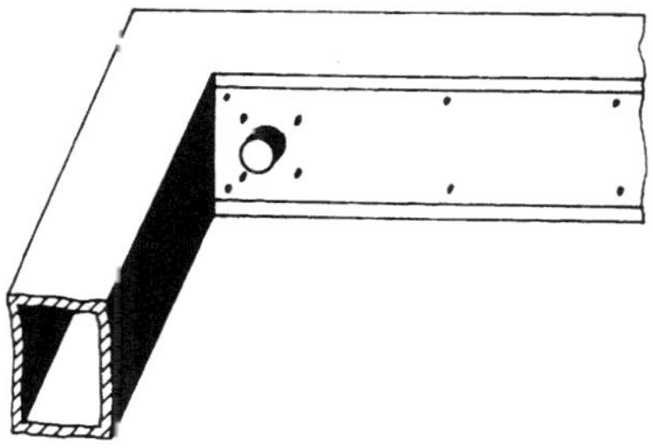

________________-Türschließer

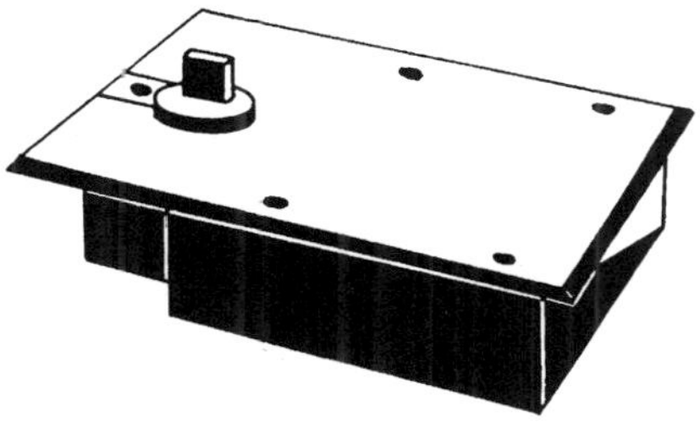

________________-Türschließer

### B. Arbeitsweise des Bodentürschließers

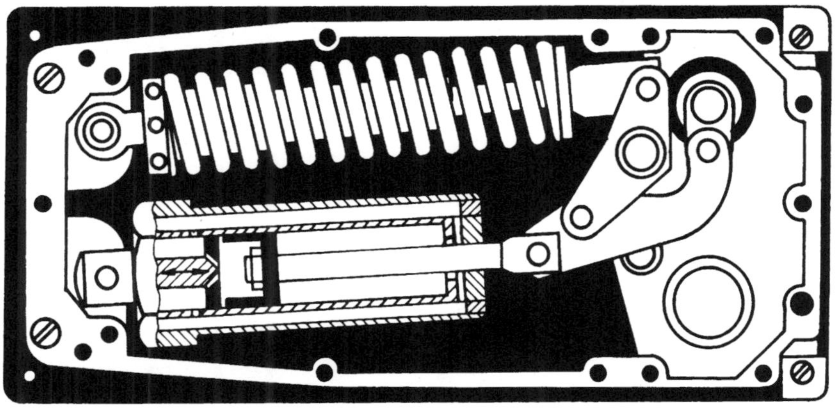

Beim Öffnen der Türe wird die ______________________ zusammengedrückt (gespannt). Über das Hebelgestänge wird gleichzeitig der Kolben nach ________________ gezogen. Das Öl wird dabei durch große Öffnungen von der rechten Seite zur linken Seite bewegt. Beim Loslassen der Türe ________________ sich die Feder, der Kolben bewegt sich nach ______________. Das Öl strömt über den ______________________ in den Zylinder und verlangsamt somit den Schließvorgang (hydraulische Bremse). Ein eingebauter ______________________ bewirkt zu jeder Jahreszeit eine gleichbleibende Schließgeschwindigkeit.

## 7.7 Beschläge

### A. Aufgabe der Beschläge

1. Beschläge ermöglichen ______________-Bewegungen an Fenstern, Türen und Toren.
2. Beschläge tragen die ______________________ der Bauteile.
3. Beschläge gewähren einen leichten ____________ der Bauteile.

### B. Bänder

#### 1. Anschweißbänder

Ordnen Sie der Skizze zu:
Anschweißkante, Cu-Zn-Laufring, Banddorn, Bandzylinder.

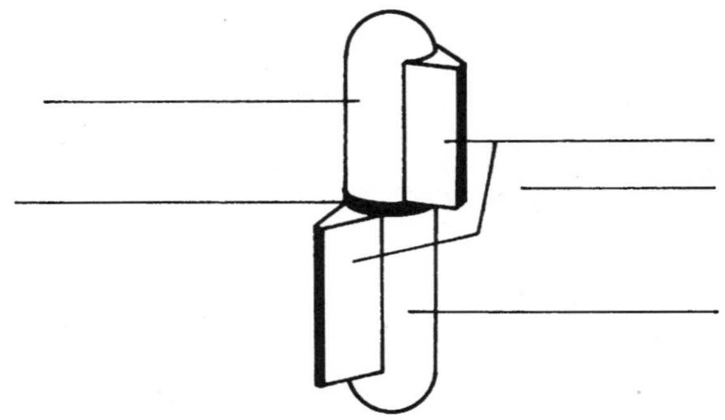

Ordnen Sie der Skizze zu:
Anschweißbandrolle, Anschweißzapfenband, Anschweißband.

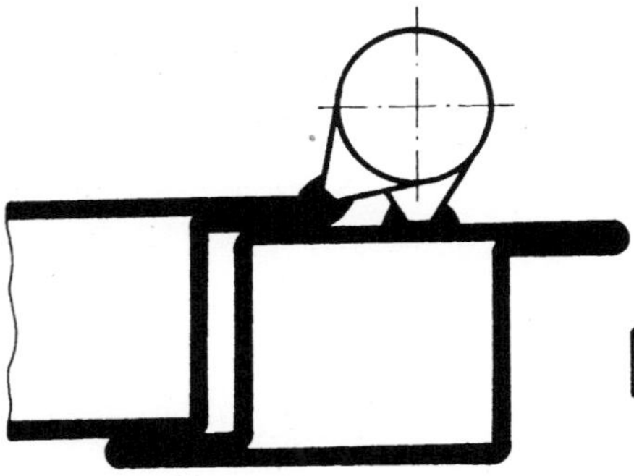

______________________

______________________

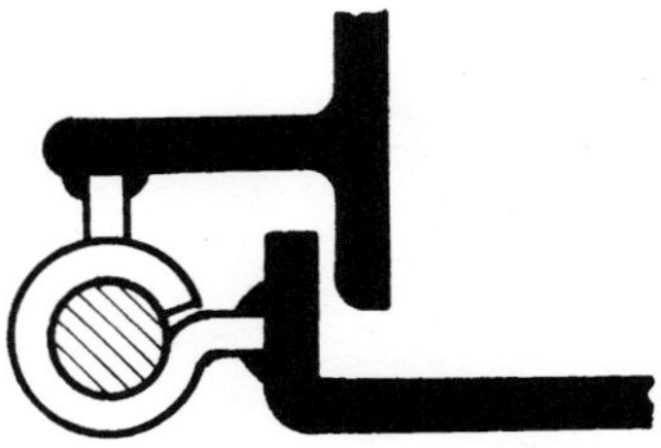

______________________

Benennen Sie die skizzierten Laufringe:

______________________

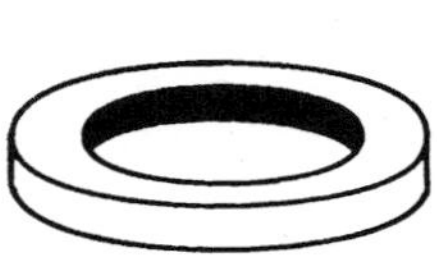

______________________

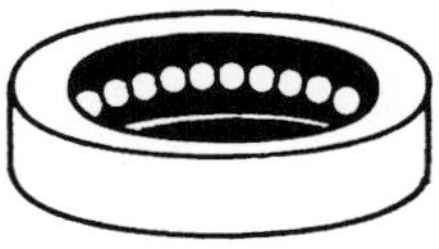

______________________

#### 2. Konstruktionsbänder

Benennen Sie die skizzierten Konstruktionsbänder:

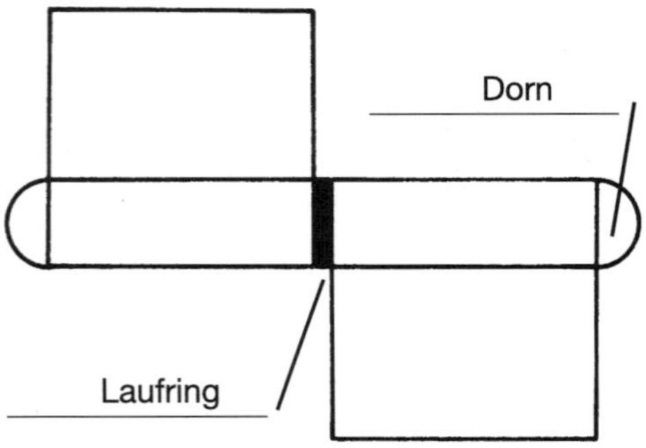


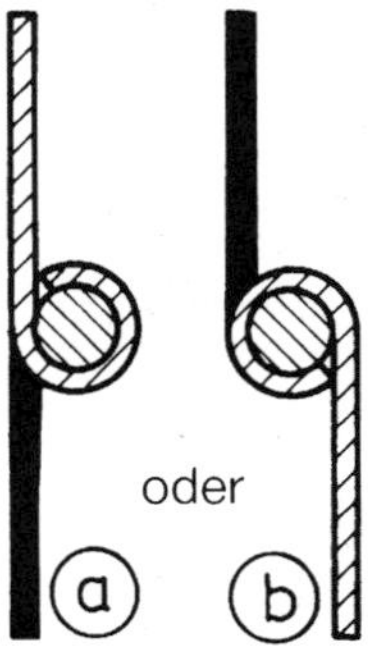


Der Dorn kann mit einem ______________________ ausgebaut werden. Deshalb ist ein Hochheben des Drehflügels nicht erforderlich. Konstruktionsbänder können ein- oder mehrteilig sein.

ⓐ ______________________ Konstruktionsband

ⓑ ______________________ Konstruktionsband

Treppen ermöglichen den ______________________-Verkehr zwischen den verschied. Stockwerken eines Gebäudes.

## 8.1 Einteilung der Treppen

### A. Hauptverkehrstreppen

Durch den häufigen und vielseitigen Personenverkehr müssen Hauptverkehrstreppen ________________begehbar sein und eine ________________ Bauweise besitzen.

Anwendung in ____________________________________

____________________________________

____________________________________

Steigungswinkel α: 25° bis 38°

### B. Nebentreppen

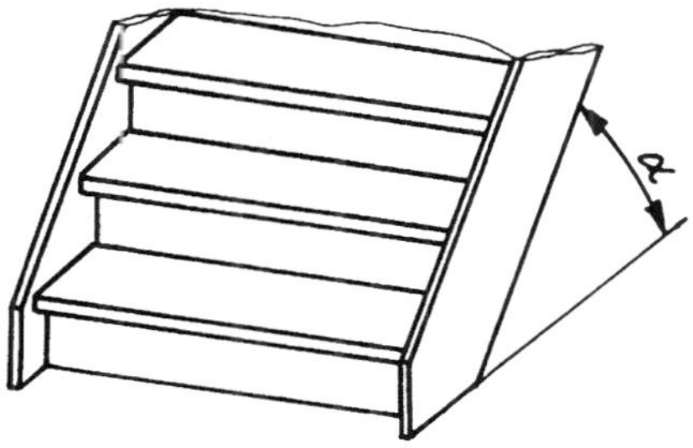

Nebentreppen sind ________________ und ________________ gebaut als Hauptverkehrstreppen.

Anwendung bei ____________________________________

____________________________________

____________________________________

Steigungswinkel α: 38° bis 45°

### C. Treppenbenennung nach der Geländerseite

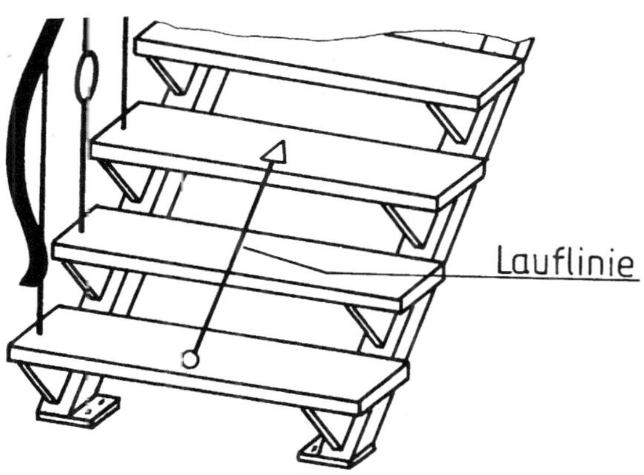


Linkes Treppengeländer

________________-Treppe

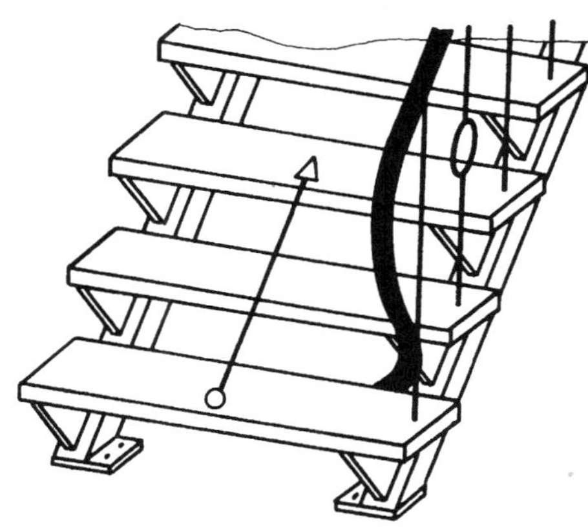

Rechtes Treppengeländer

________________-Treppe

### D. Treppenbenennung nach der Anzahl der Treppenläufe zwischen zwei Stockwerken

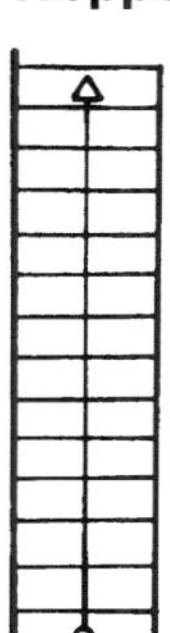

Stockwerksverbindungen mit durchgehender Treppe

____________________________________

____________________________________

____________________________________

____________________________________

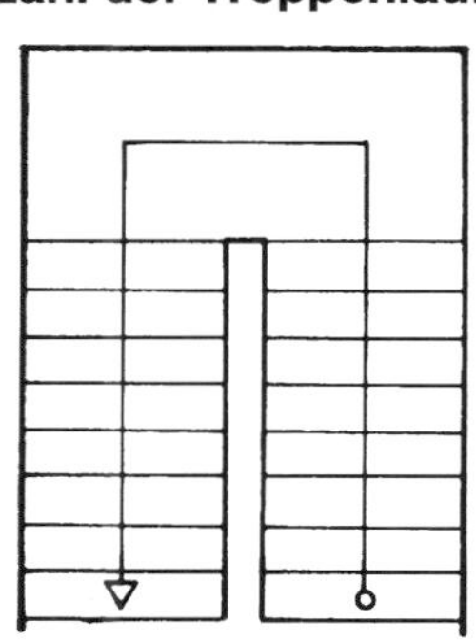

Stockwerksverbindung durch zwei Treppenteile

____________________________________

____________________________________

____________________________________

____________________________________

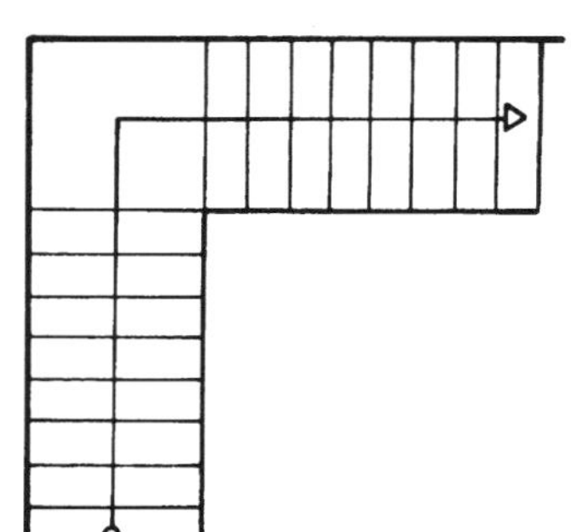

Stockwerksverbindung durch zwei Treppenteile

____________________________________

____________________________________

____________________________________

____________________________________

## E. Treppenbenennung nach dem Treppenlauf

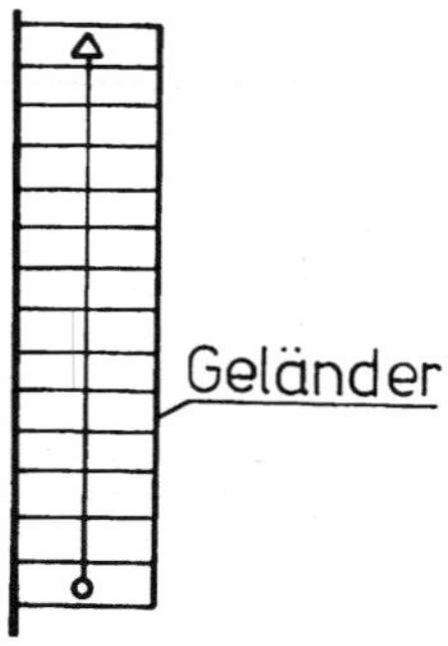


______________________________

______________________ -Treppe

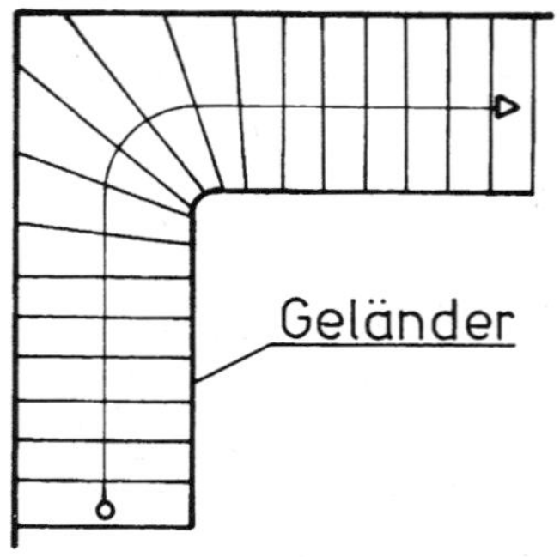


______________________________

______________________ -Treppe

______________________________

______________________ -Treppe

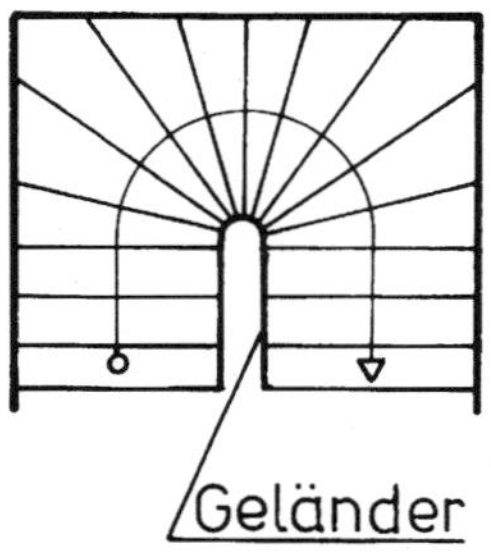


______________________________

______________________ -Treppe

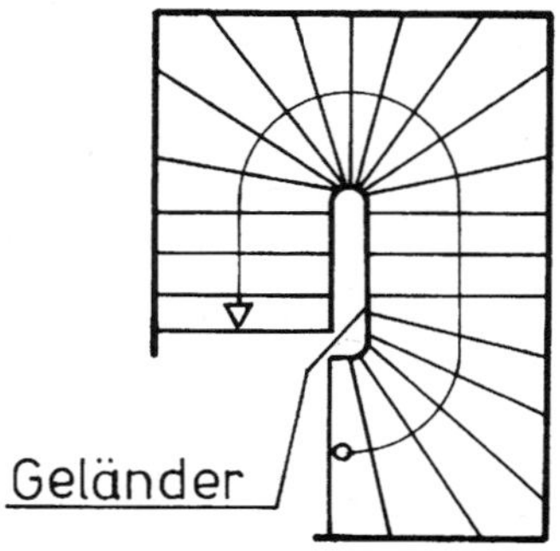


______________________________

______________________ -Treppe

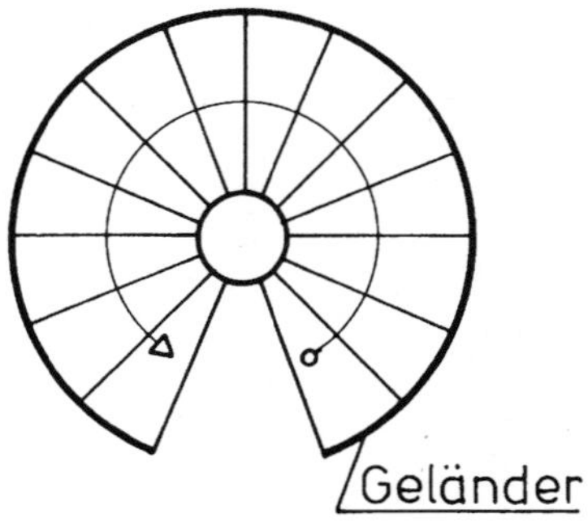


______________________________

______________________ -Treppe

## F. Treppenbenennung nach der Bauart (Auswahl)

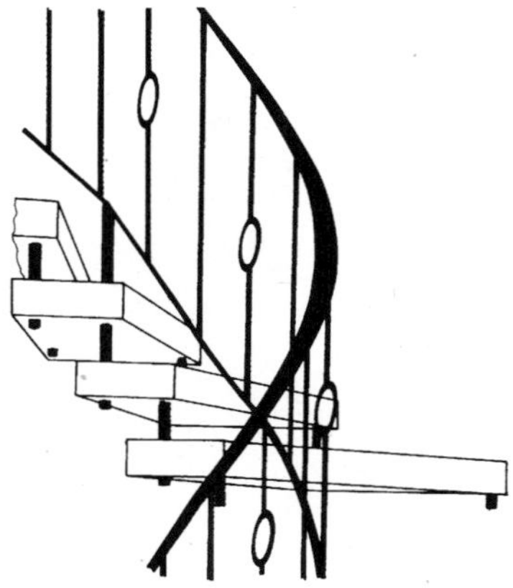

______________________ Treppe

______________________ -Treppe

______________________ -Treppe

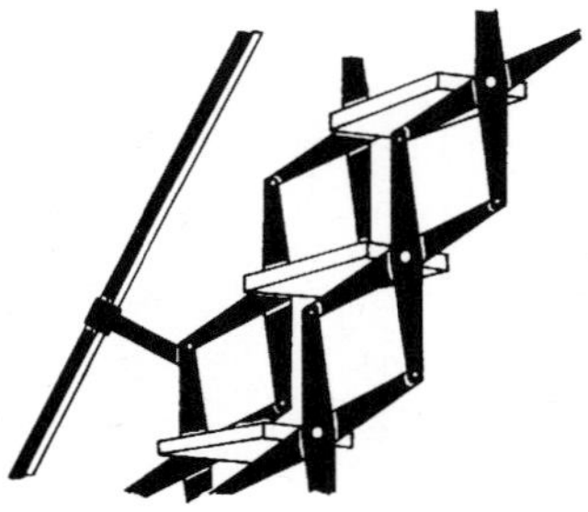

______________________ -Treppe

## 8.2 Aufbau der Treppen

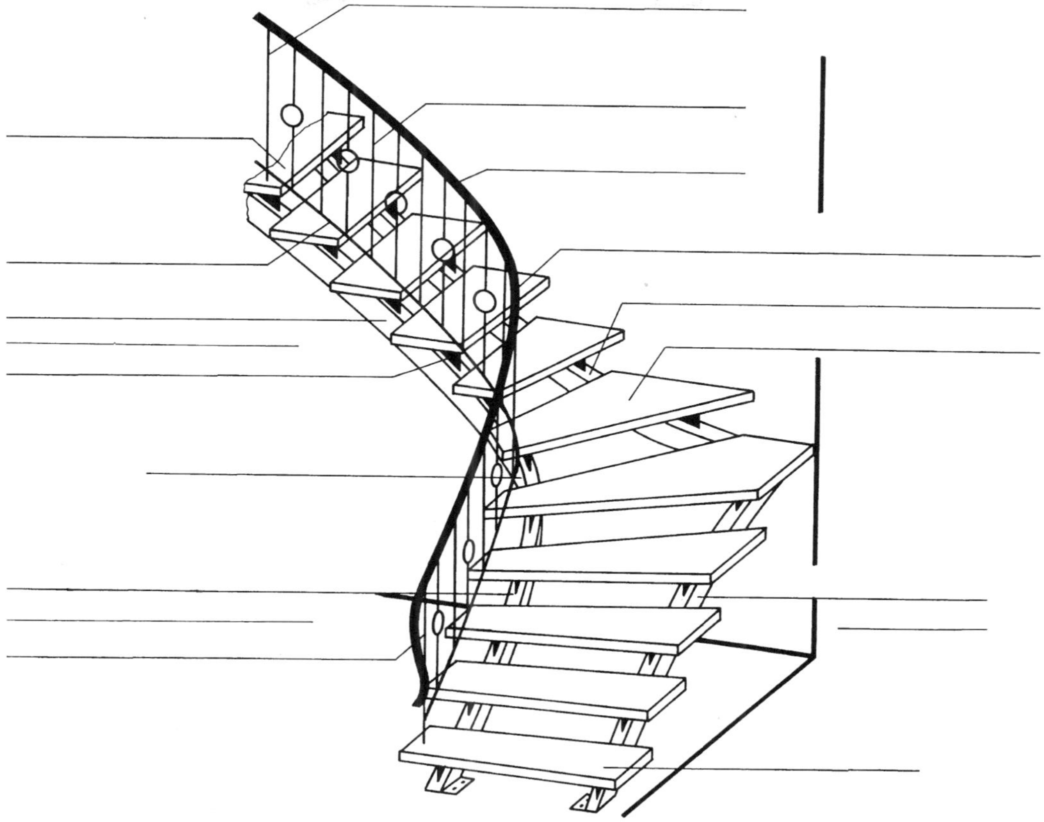

______________________ - Treppe

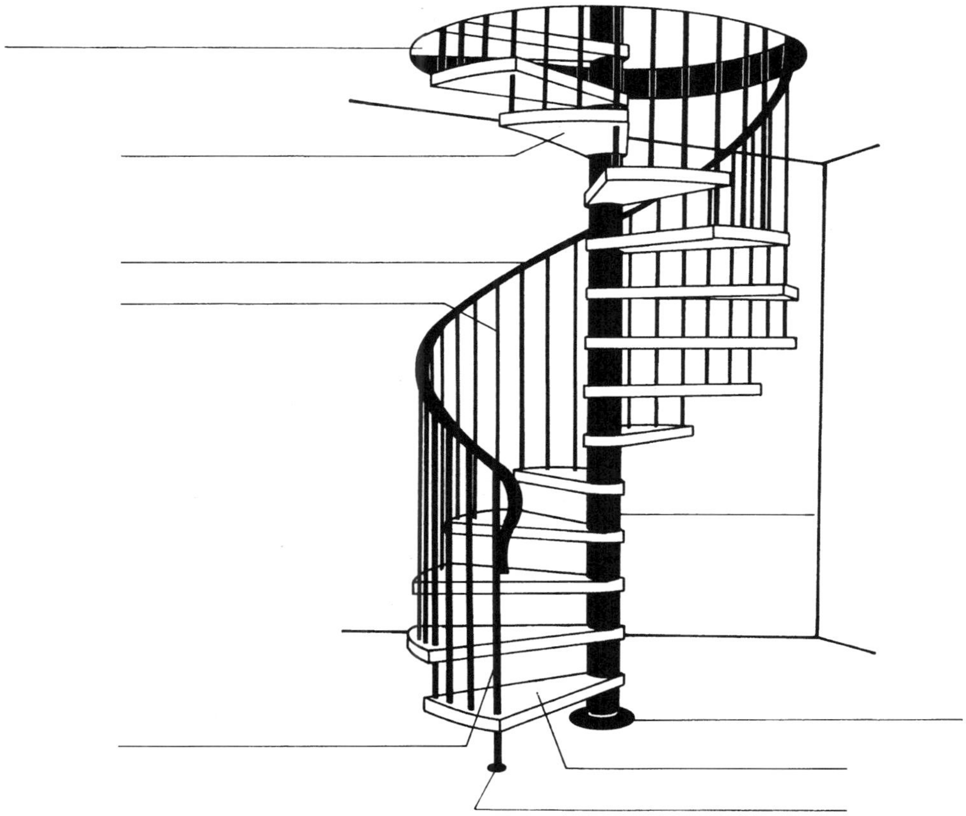

__________ - Treppe ( __________ - Treppe)

## 8.3 Konstruktionsmaße

### A. Laufbreite *l*

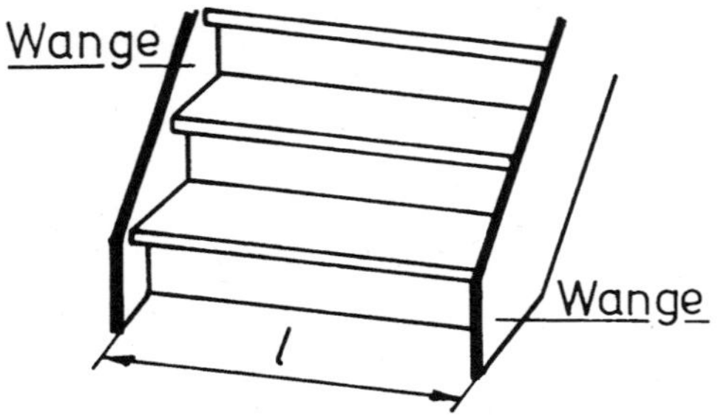


**Wangentreppe**

Als Laufbreite *l* bezeichnet man den Abstand von

_______________ zu _______________

| Treppenart | Laufbreite in m |
|---|---|
| Hauptverkehrstreppen | 1 bis 2,5 |
| Nebentreppen | 0,7 bis 1 |
| Wendeltreppen | 0,6 bis 0,7 |

### B. Steigungshöhe *s*

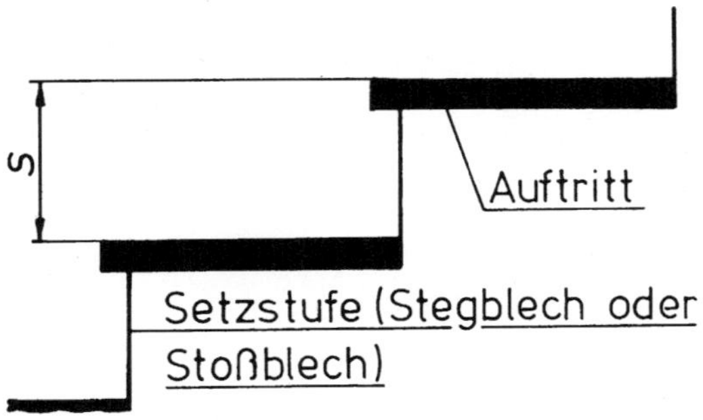


Die Steigungshöhe *s* ist der _______________

Abstand einer _______________

zur nächsten _______________

| Treppenart | Steigungshöhe in mm |
|---|---|
| Hauptverkehrstreppen | 140 bis 170 |
| Nebentreppen | 180 bis 210 |

### C. Auftrittsbreite *a*

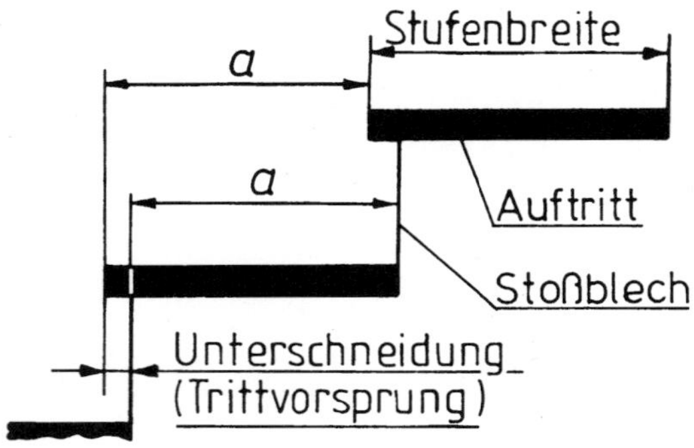


Die Auftrittsbreite *a* ist der Abstand von Auftritts-_______________ _______________zu Auftritts- _______________ oder von _______________-Vorderkante zu _______________ _______________-Vorderkante.

Als Maßgrundlage dient eine Fußlänge von 290 mm.

### D. Steigungsverhältnis

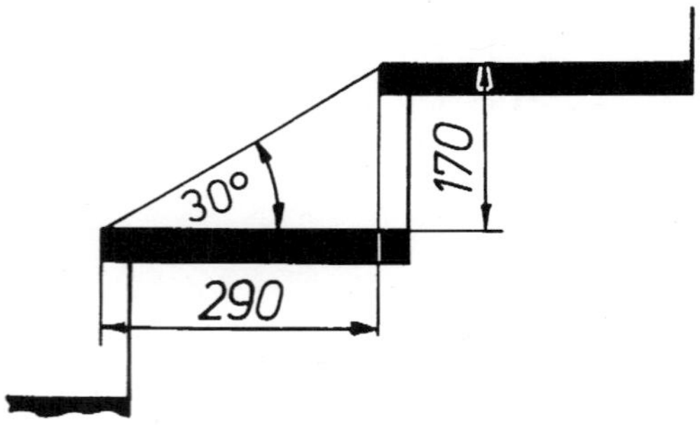


Das günstigste Steigungsverhältnis für ein bequemes Gehen hängt ab:

a) Vom _______________

b) Von der _______________

Das günstigste Steigungsverhältnis ergibt sich durch eine Auftrittsbreite von _______________ mm und eine Steigungshöhe von _______________ mm.

**Unfallgefahren**

Auftrittsbreite unter 250 mm: Fußsohle hat eine ungenügende Auflage

Folge: _______________-Gefahr

Auftrittsbreite über 330 mm: Die Tritte sind zu breit.

Folge: _______________

**Steigungsverhältnisdiagramm**

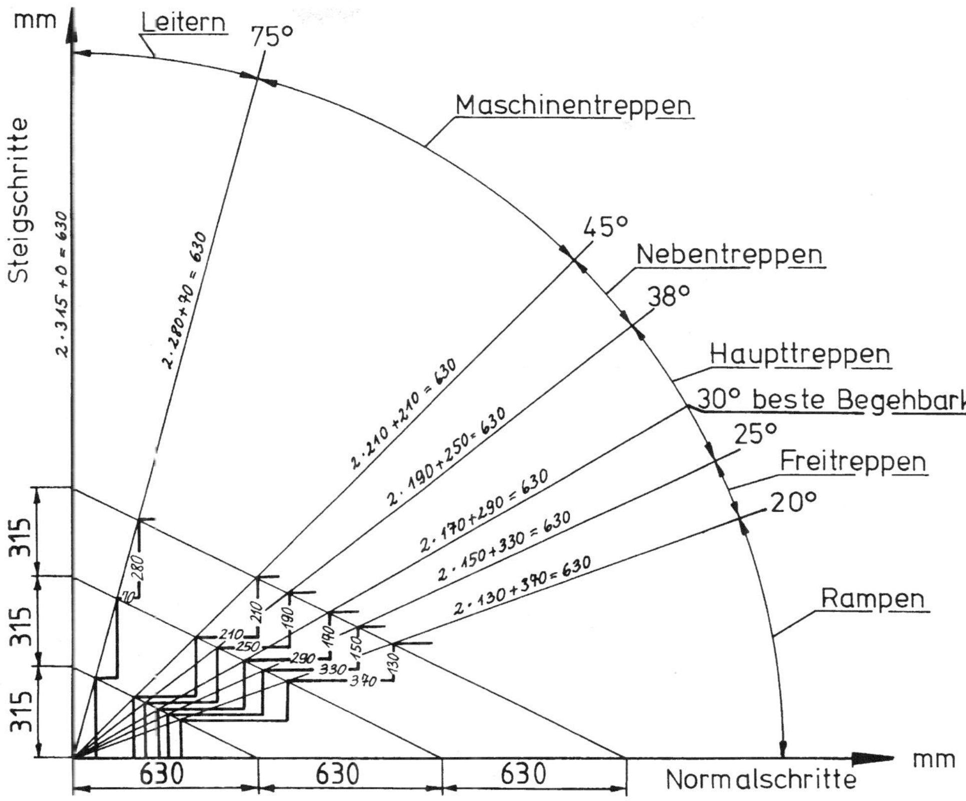


Eine Treppe ist den Gehgewohnheiten eines Menschen am besten angepasst, wenn zwei Steigungshöhen und ein Auftritt einen Normalschritt von 630 mm ergeben.

## E. Lauflinie (Ganglinie)

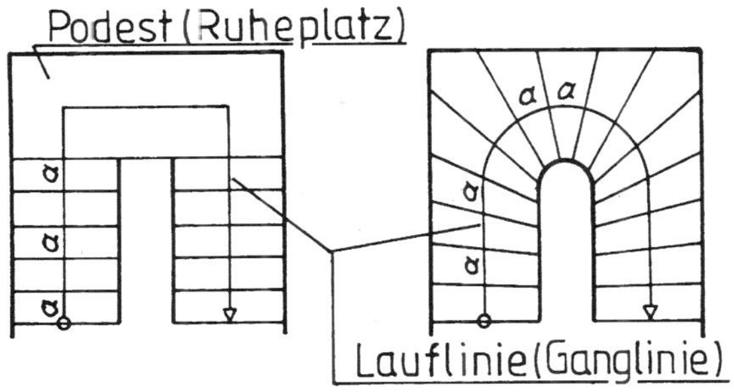


Die Lauflinie (Ganglinie) liegt in der ______________ des Treppenlaufes. Der Lauflinienanfang beginnt an der ersten Setzstufenvorderkante (______________) und endet an der letzten Setzstufenvorderkante (______________). Die Auftrittsbreite *a* längs der Lauflinie bleibt immer ______________.

## F. Stockwerkshöhe *h* (Geschosshöhe)

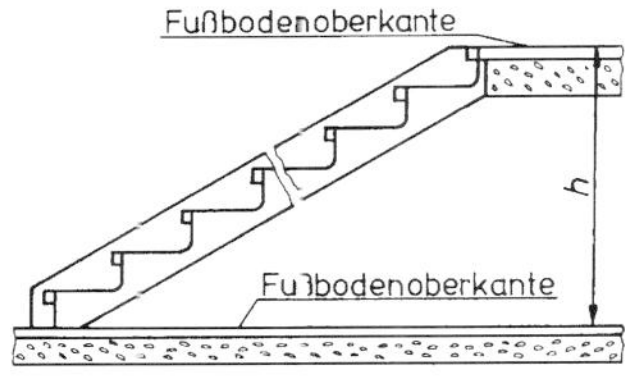


Der ______________ Abstand zwischen ______________ ______________ (z. B. Erdgeschoss) und ______________ ______________ (z. B. 1. Geschoss) wird als Stockwerkshöhe *h* bezeichnet.

Die wichtigsten Geschosshöhen: 2500, 2750 und 3000 mm.

## G. Durchgangshöhe *h* (Kopfhöhe)

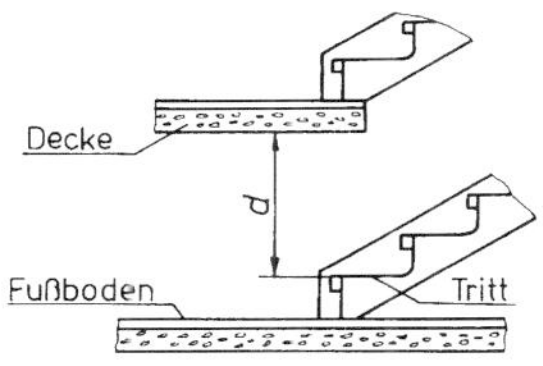


Der ______________ Abstand zwischen ______________ und darunterliegendem ______________ wird als Durchgangshöhe *d* bezeichnet.

*d* = mindestens ________ m

# 8.4 Treppenbauteile

## A. Treppenwangen

### 1. Aufgabe

Die Treppenwangen dienen als linke und rechte Treppen- ____________________.

Sie nehmen das Treppen- ______________ und die ____________________ auf.

### 2. Wangenprofile

Benennen Sie die aufgeführten Wangenprofile:

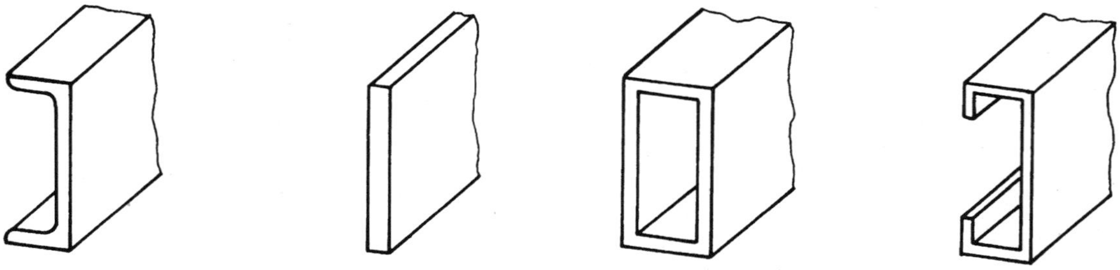

______________ ______________ ______________ ______________

### 3. Wangenwinkel

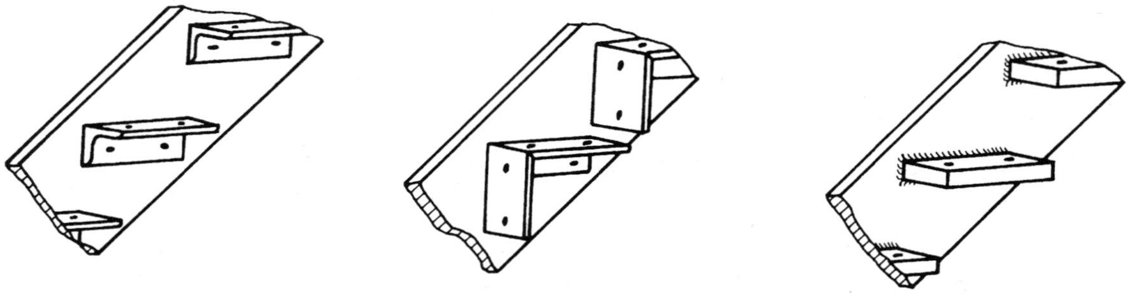

Angeschweißter oder angenieteter ______________.

Wangenwinkel für ______________ und ______________.

angeschweißter ______________ ______________.

## B. Trittstufen

### 1. Trittstufenformen

Ordnen Sie ein: Kastentrittstufe, Wannentrittstufe, verstärkte Flachtrittstufe, profilgekantete Trittstufe.

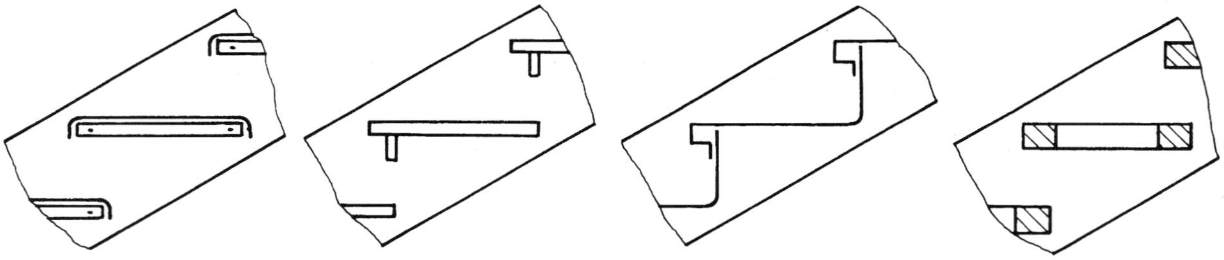

______________ ______________ ______________ ______________

______________ ______________ ______________ ______________

### 2. Verzogene Trittstufen

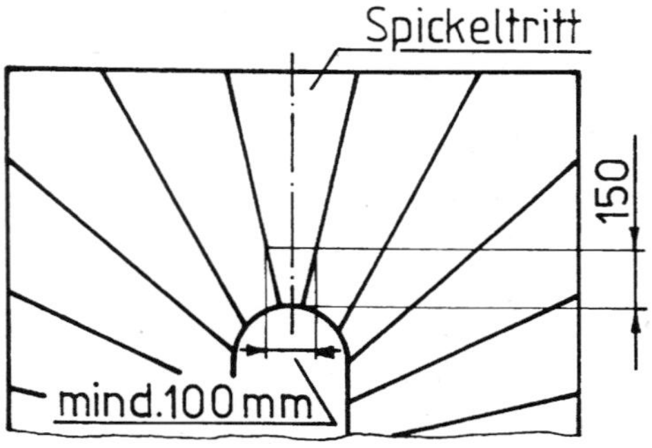


Um gewundene oder gewendelte Treppen gut begehbar bauen zu können, müssen die Trittstufen ______________ ______________ werden.

Bei gewendelten Treppen muss in ______________ mm Abstand von der schmalsten Stelle (= Spickeltritt) eine Auftrittsbreite von mindestens ______________ mm vorhanden sein.

**3. Trittstufenwerkstoffe**

Ordnen Sie ein: Gitterrost, Al-Riffelblech, Holz, Stahlblech, Marmor oder Kunststein.

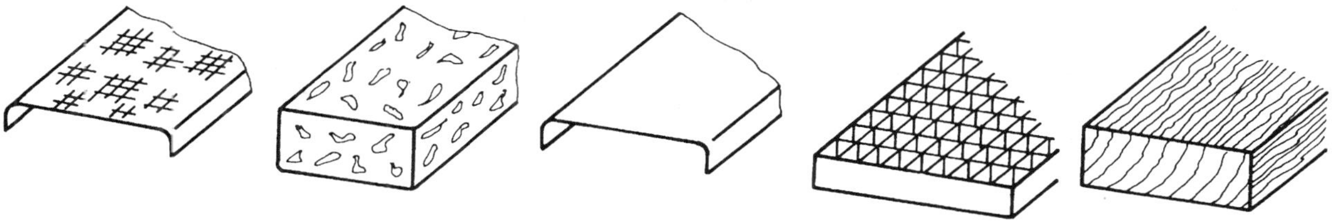

______ ______ ______ ______ ______

______ ______ ______ ______ ______

Die Trittstufen können im Wohnbereich mit ______ oder ______ belegt werden. Bei Holz-, Marmor- oder Kunststeintrittstufen verwendet man einen ______.

## C. Stoßblech (Stegblech oder Setzstufe)

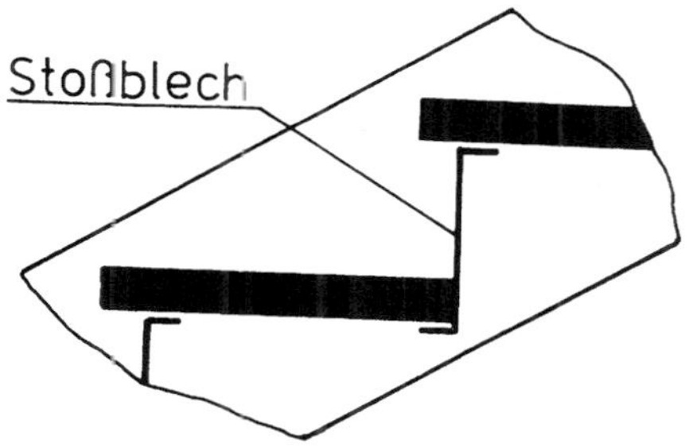


**Vorteile:**

a) Die Treppe bekommt eine zusätzliche ______.

b) Das ______ der Trittstufen wird verhindert.

c) Die ______ wird erhöht.

d) Stoßbleche verhindern die ______.

## D. Bauwerksanschlüsse (Auswahl)

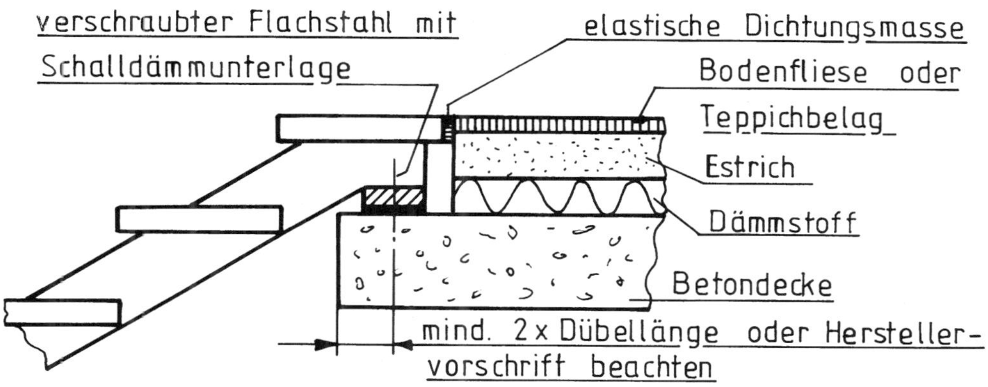


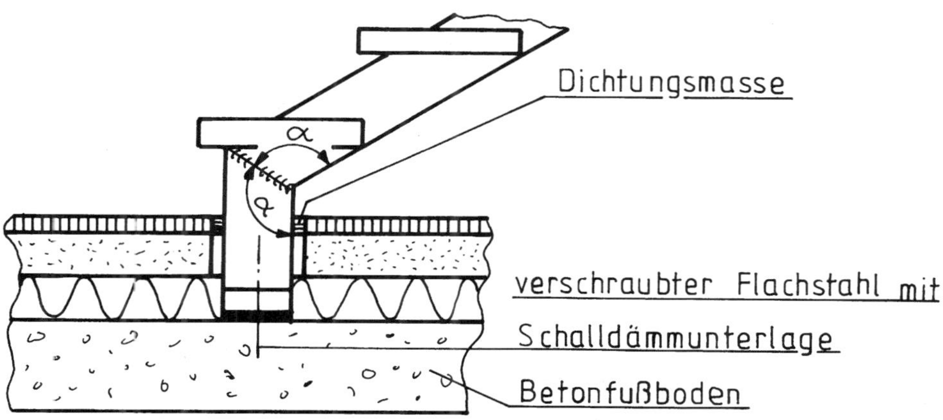


**Beachte:** Bei der Dübelmontage in Randnähe der Betondecke den Dübel so drehen, dass die Spreizrichtung ______ zur Randfläche wirkt!

## E. Schallschutz

(siehe Seite 106–108)

## 8.5 Geländer für Treppen, Balkone und Galerien

### A. Aufgaben:

1. Geländer verhindern das ______________________ von Personen.
2. Geländer dienen als ________________ zum leichten Begehen der Treppe.
3. Geländer dienen als zusätzliche ________________________ der Trittstufen (z. B. ______________ -Treppe, _______________________ -Treppe).
4. Geländer müssen einen seitlichen _____________ von Personen sicher aufnehmen können (z. B. Geländer an Galerien, Treppen, Balkone, Terrassen, Fußballstadien).

### B. Aufbau eines Geländerfeldes

Ordnen Sie die aufgeführten Bauteile der Geländerskizze zu:
Antrittsstab, Geländerbefestigung, Obergurt, Untergurt, Handlauf, Geländerstab (Stakete), Handlaufeinzug.

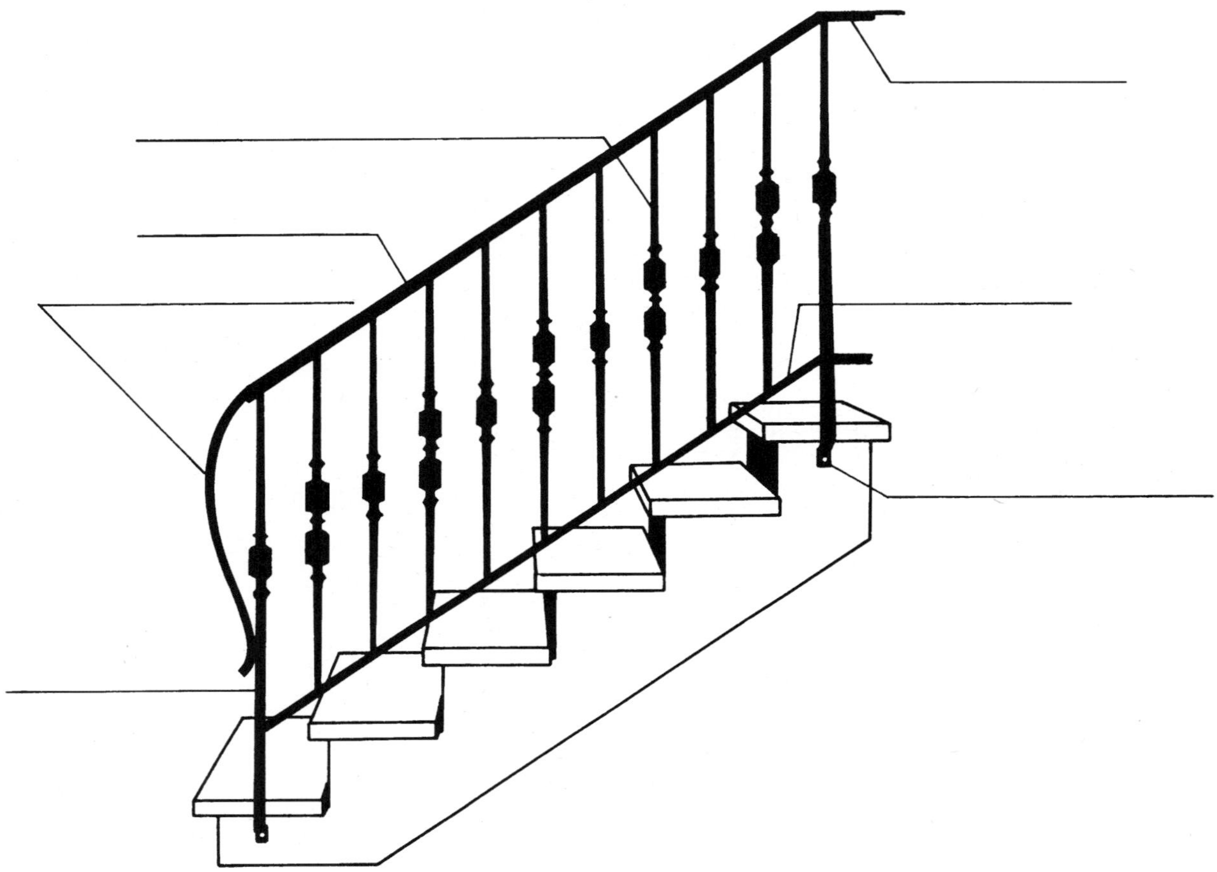

### C. Baumaße

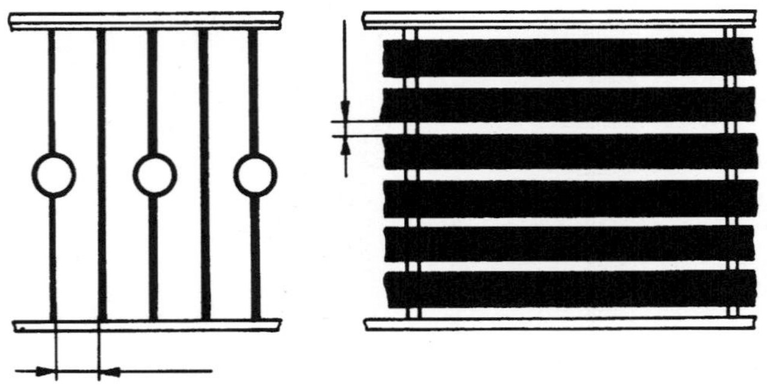

Der Abstand von senkrechten Geländerstäben darf höchstens ______________ mm, bei waagrechten Geländerstäben höchstens ________ mm betragen.
Können diese Maße nicht eingehalten werden, so kann der Schlosser hinter den Geländerfeldern eine ______________________ -Tafel anbringen.

**Merke:** Ober- und Untergurtenden sollten mindestens ________ mm ins Bauwerk eingelassen (versenkt) werden.

| Technologie Konstruktionsmechaniker und Metallbauer | Datum: | Treppen und Geländer | F 2 |
|---|---|---|---|
| Name: | Klasse: | | 8 |

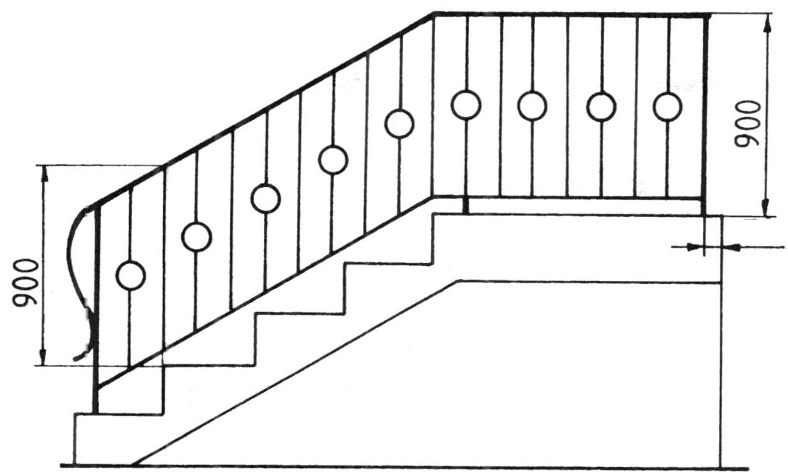


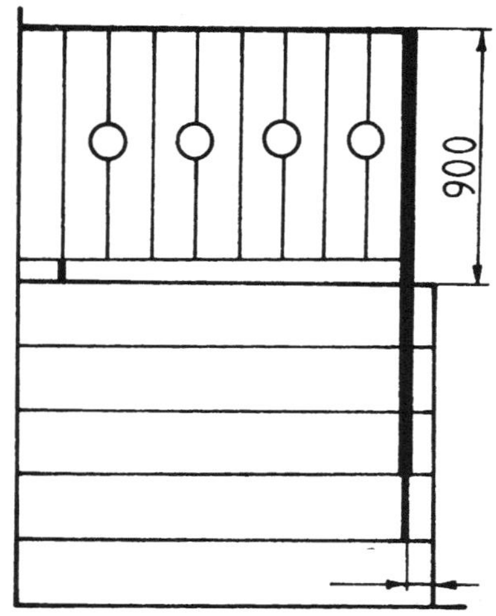


Die Geländerhöhe (Vorderkante ______________________________) für Treppen ab fünf Stufen (Absturzhöhe __________ m muss mindestens __________ mm betragen. Mehr als ________ m Bauhöhe (Absturzhöhe) bedingen eine Geländerhöhe von __________ mm. Werden die Geländerstäbe in die Trittstufen (z. B. Marmor oder Kunststein) eingelassen, so muss ein Mindestabstand (Außenkante ______________________________) ____________) von ________ mm eingehalten werden.

## D. Handlauf

### 1. Handlaufwerkstoffe (Auswahl)

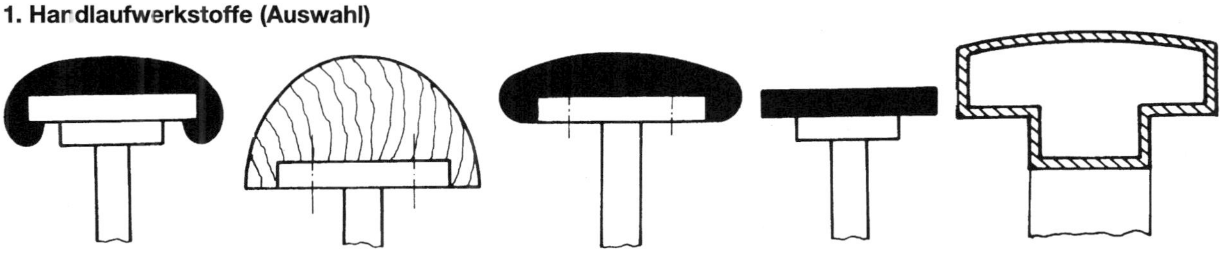

__________ __________ __________ __________ __________

__________ __________ __________ __________ __________

__________ __________ __________ __________ __________

Mindestabstand zwischen Wand und Handlauf: ____________ mm

### 2. Kropfstückanfertigung

Beim Biegen des ______________-Stückes verwendet man ________________ Flachstahlprofile, die anschließend mit einem PVC-Profil überzogen werden.

### 3. Kunststoffhandlauf

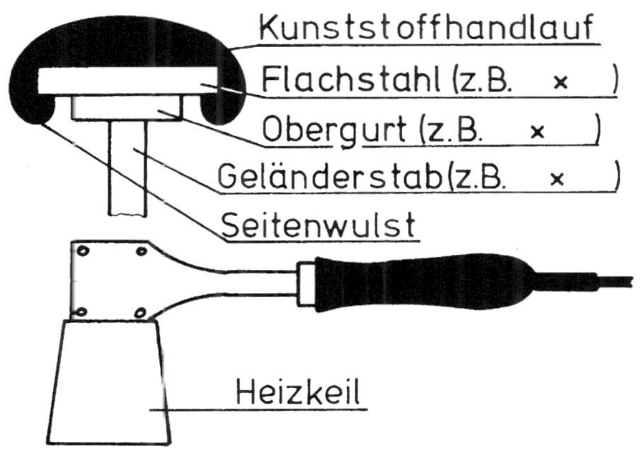


Kunststoffhandläufe aus ____________ werden mit einem ________________-Gebläse aufgezogen. Die PVC-Profile werden auf ca. ________ °C erwärmt, damit die ________________________ aufgebogen werden können.

Stumpfe Stöße, Gehrungen oder Handlaufenden werden mit einem elektrischen ____________ ____________ verschweißt.

## 8.6 Brückengeländer

Autobahn- und Straßenbrückengeländer werden überwiegend aus ______________________ -Profilen (z. B. EN AW-Al Mg Si 0,5) gefertigt.

**Vorteile:**

______________________________________________

______________________________________________

______________________________________________

______________________________________________

______________________________________________

______________________________________________

### A. Autobahn-Brückengeländer (Holm-Geländer)

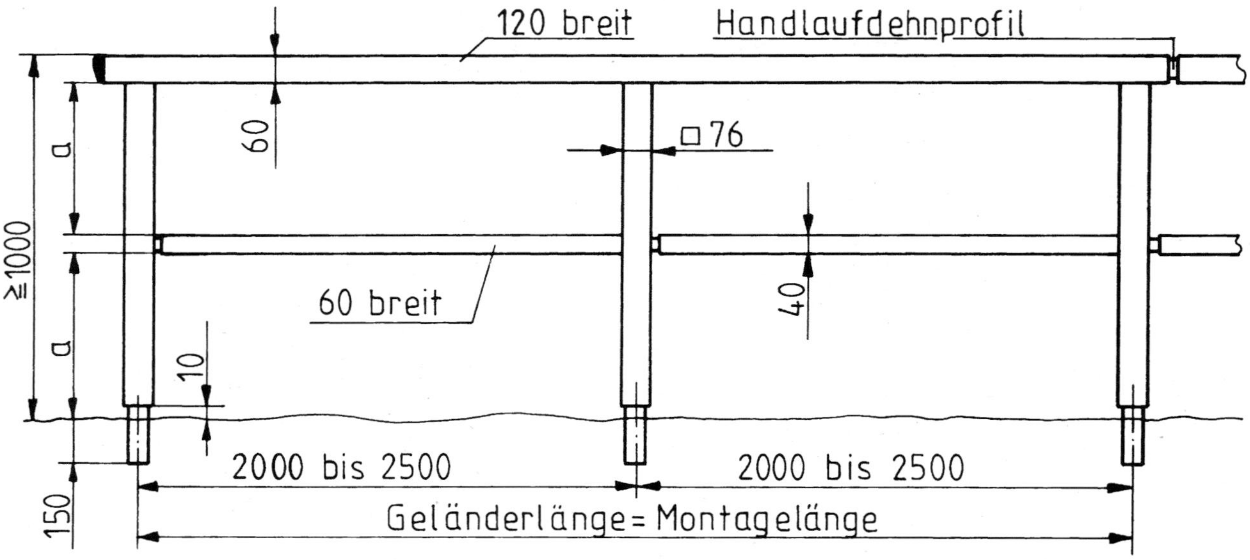


### B. Straßen-Brückengeländer (Füllstab-Geländer)

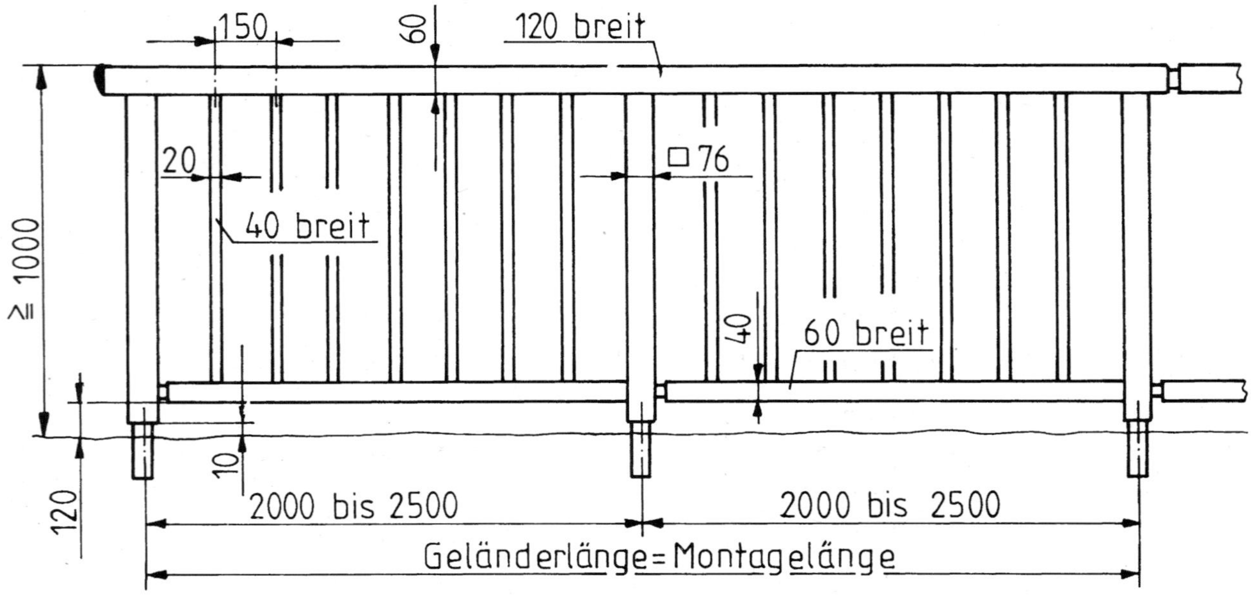

## Straßen-Brückengeländer (Füllstab-Geländer)

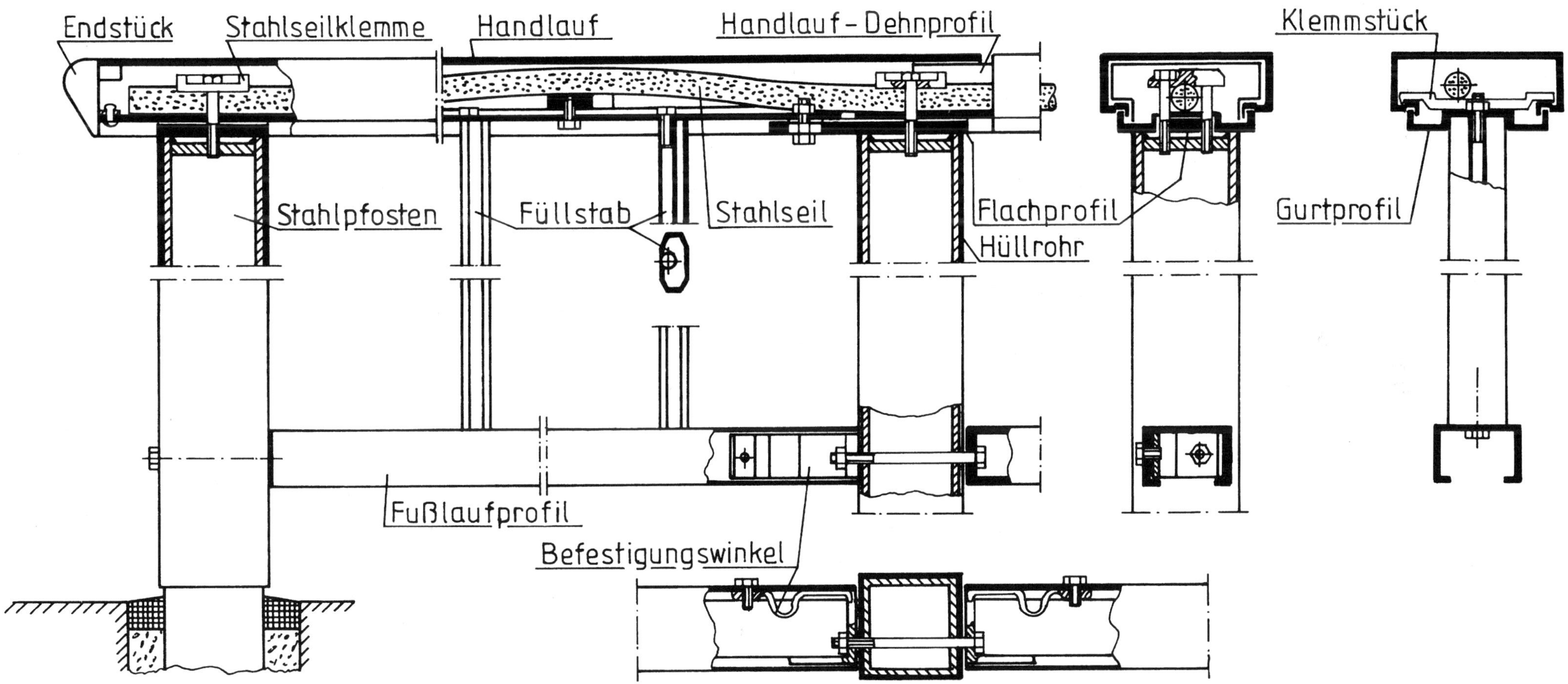

## 9.1 Normung der Schlösser

### A. Aufgabe der Schlösser

1. Sie halten die Türe im ____________________ fest.
2. Sie schützen Gebäude, Räume, Fahrzeuge und Behältnisse vor fremdem ____________________ .

### B. Linkes und rechtes Schloss

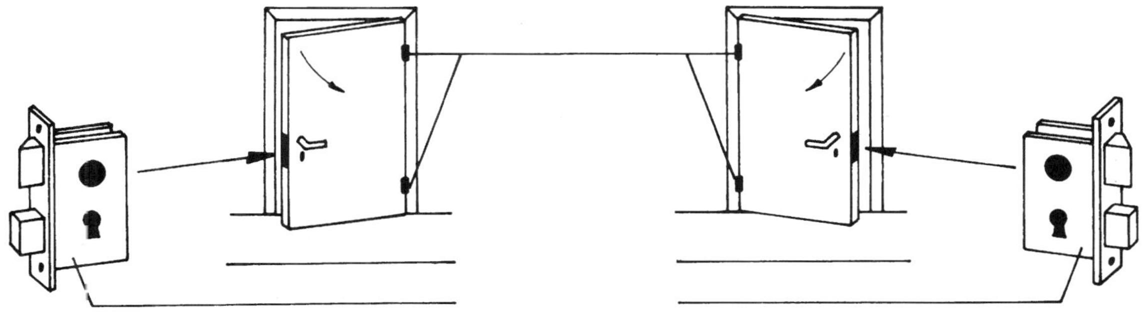

**Merke:** Die Türe muss von der Bandseite aus angesehen werden. Sind die sichtbaren Bänder an der rechten Türseite befestigt, so handelt es sich um ein ________________ Schloss. Eine sichtbare Bandbefestigung an der linken Türseite bedingt ein ________________ Schloss.

### C. Schlossarten

#### 1. Nach dem Einbau

Ordnen Sie den Skizzen zu:
Kastenschloss, Vorhangschloss, Einsteckschloss.

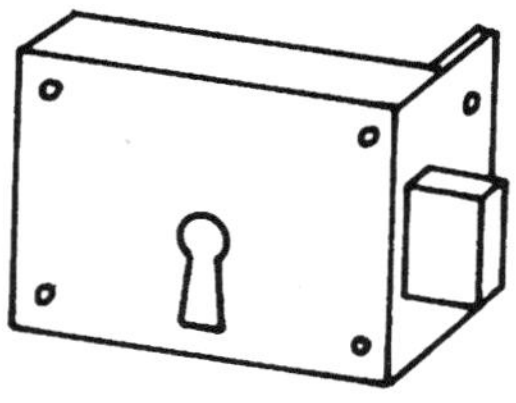

____________________ ____________________ ____________________

#### 2. Nach der Fallenbauart

Fallenschlösser (Einsteck- oder Kastenbauart ohne Riegel)
Ordnen Sie den Skizzen zu:
Rollenfalle, Rippenfalle, Einfachfalle, Karniesfalle, Blockfalle, Spiegelfalle, Kurbelfalle, Schrägfalle.

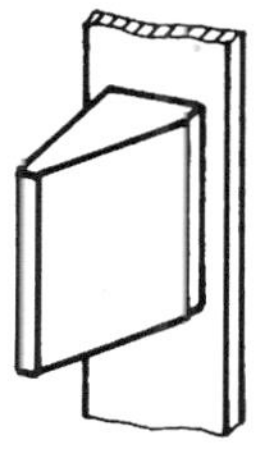

____________________ ____________________ ____________________ ____________________

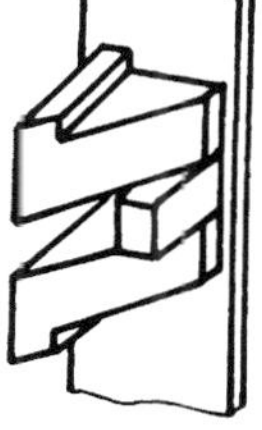

____________________ ____________________ ____________________ ____________________

### 3. Nach der Riegelbauart

Riegelschlösser (Einsteck- oder Kastenbauart ohne Falle)
Ordnen Sie den Skizzen zu: Hakenriegel, Zirkel(Dreh)-Riegel, Gerad(Quer)-Riegel.

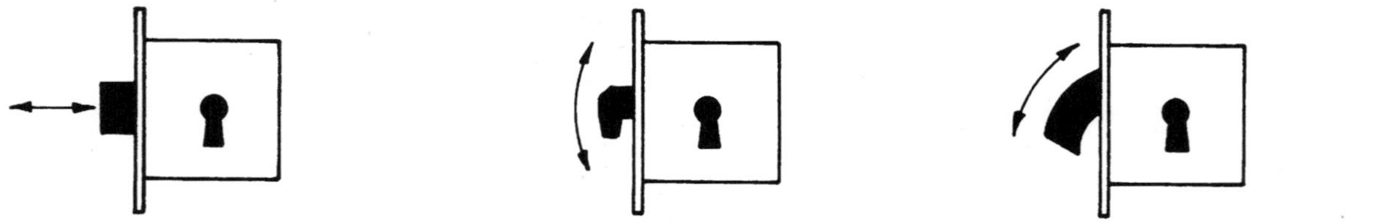

______________________-Riegel ______________________-Riegel ______________________-Riegel

### 4. Arten nach der Schließfunktion

Ordnen Sie den Skizzen zu: Chubbschloss, Zylinderschloss, Buntbartschloss.
Benennen Sie die Hauptteile des Schlüssels.

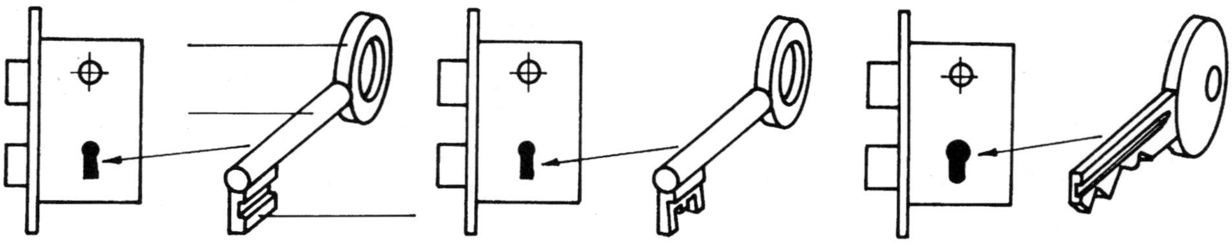

| | | |
|---|---|---|
| ______________________-Schloss | ______________________-Schloss | ______________________-Schloss |
| ______________________ Sicherheit | ______________________ Sicherheit | ______________________ Sicherheit |
| Verwendung: ______________ | Verwendung: ______________ | Verwendung: ______________ |
| ______________________ | ______________________ | ______________________ |

### 5. Sonderverriegelung

Ordnen Sie den Skizzen zu: Drehstangen-Schloss, Zungen-Schloss, Hebel-Schloss, Stangen-Schloss

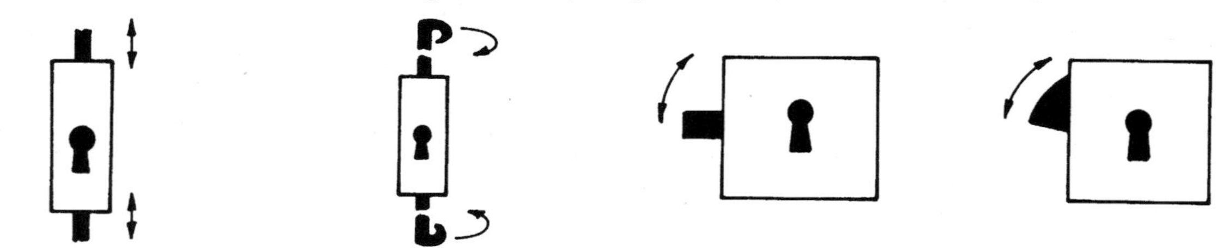

____________-Schloss ____________-Schloss ____________-Schloss ____________-Schloss

### 6. Sonderbauten

Nennen Sie einige bekannte Sonderbauarten:

______________________________________________________________

______________________________________________________________

______________________________________________________________

## D. Konstruktions-Benennungen

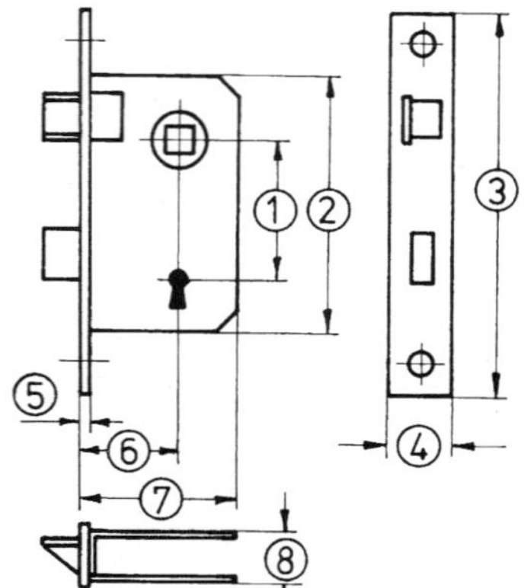


| ○ | | Zimmertür (mm) | Haustür (mm) | Rohrrahmen (mm) |
|---|---|---|---|---|
| ○ | Stulpdicke | 3 | 3 | 3 |
| ○ | Kastenhöhe | 150/160 | 185 | 216 |
| ○ | Entfernung | 72 | 92 | 92 |
| ○ | Kastendicke | 13/14 | 14 | 19 |
| ○ | Stulphöhe | 235 | 280 | 256 |
| ○ | Dornmaß | 55 | 65/60 | 30 |
| ○ | Kastenbreite | 82,5/85 | 95 | 46 |
| ○ | Stulpbreite | 20/24 | 24/30 | 24 |

## 9.2 Bauteile und Aufbau

### A. Buntbartschloss

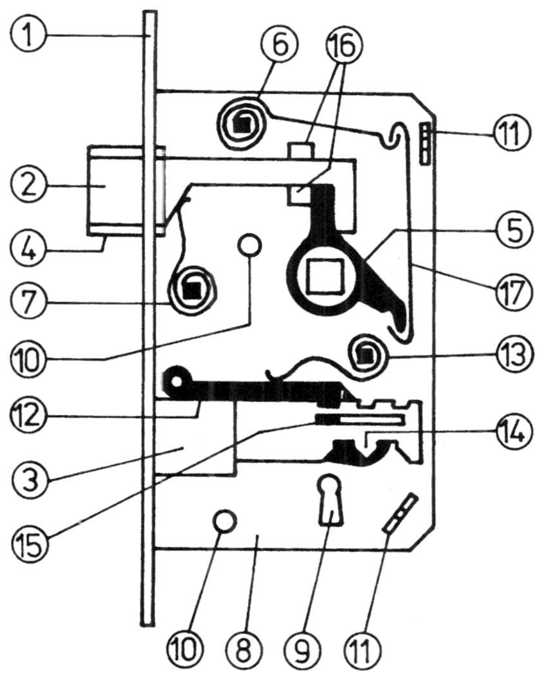


Ordnen Sie die richtigen Ziffern den Bauteilen zu.

- ◯ Nuss
- ◯ Schlossboden
- ◯ Stulp
- ◯ Federbrücke
- ◯ Nussfeder
- ◯ Fallenführung
- ◯ Zuhaltungsfeder
- ◯ Falle
- ◯ Abstandsblech
- ◯ Riegel ( ____________-tourig = zwei Schlüsselumdrehungen)
- ◯ Mausezahn
- ◯ Schlüsselloch
- ◯ Zuhaltung oder Brummeisen (Chubbschloß: Cu-Zn-Zuhaltungsbleche)
- ◯ Schenkelbolzen
- ◯ Fallenfeder
- ◯ Fallenführung (Stulp)
- ◯ Riegelführungsstift

**Aufgaben der Bauteile**

**1. Stulp**

a) Führung von __________________ und __________________ eventuell Nachtriegel

b) Abschluss des Schlossinneren gegen die ______________________.

**2. Falle**

Festhalten der Türe im ____________________.

**3. Riegel**

____________________ der Tür im Anschlag.

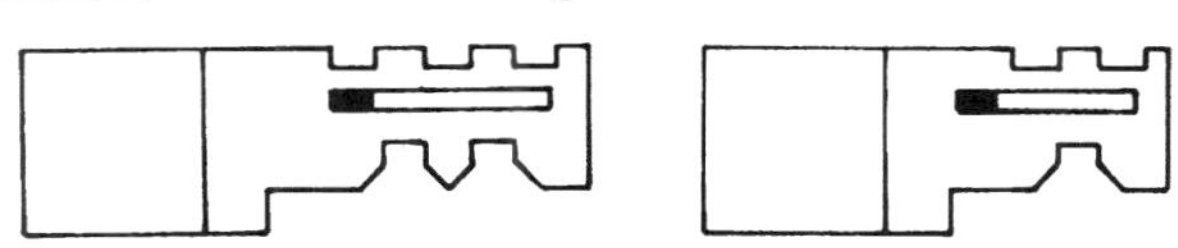

__________________ __________________

**4. Nuss**

a) Betätigung der __________________.

b) Aufnahme des ___________________________

(Zimmertürschlösser __________, Haustürschlösser __________).

**5. Schlossboden**

a) Befestigung der Schloss- ____________________.

b) Aufnahme von _________________________, _____________________________ und des _____________

______________________________,

**6. Umschweif (Kastenschloss)**

Seitlicher Abschluss des Kastenschlosses gegen ______________________ und unbefugten ________________.

**7. Zuhaltung**

Festhalten des ______________________ in den Nuten.

## B. Chubbschloss

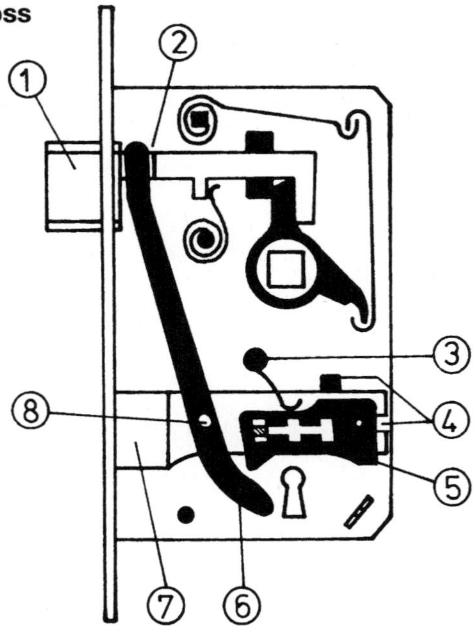


Ordnen Sie die richtigen Ziffern den Bauteilen zu:

- ◯ Zuhaltungsfeder (mindestens ________ Federn)
- ◯ Riegel ( ________ -tourig)
- ◯ Chubbzuhaltungsbleche (mindestens ________ Zuhaltungen)
- ◯ Falle
- ◯ Wechseldrehpunkt
- ◯ Wechsel (ungesichert)
- ◯ Fallennut
- ◯ Riegelführung

### 1. Chubbzuhaltungsbleche

Form und Anzahl der Zuhaltungsbleche ( ________ -Legierung) bestimmen die Schloss- ________ . Jedes einzelne Zuhaltungsblech wird von einer Zuhaltungs- ________ nach unten gedrückt. Vier Zuhaltungsbleche bedingen also ________ Zuhaltungsfedern.

### 2. Wechsel

Der Wechsel bewirkt, dass die Falle mit dem ________ bewegt werden kann. Dies ist für Haustüren wichtig, die an der Türaußenseite einen festen Knopfgriff haben.

**Ungesicherter Wechsel:** Der Wechsel kann mit dem Dietrich bewegt werden. Er wird überwiegend in ________ -Schlössern eingebaut.

**Gesicherter Wechsel:** Die richtige Stellung der ________ -Bleche durch den Originalschlüssel bedingt die Wechselbewegung. Gesicherte Wechsel werden überwiegend in ________ - oder ________ -Schlösser eingebaut. Der Wechseldrehpunkt befindet sich z. B. auf dem beweglichen ________ .

## C. Zylinderschloß

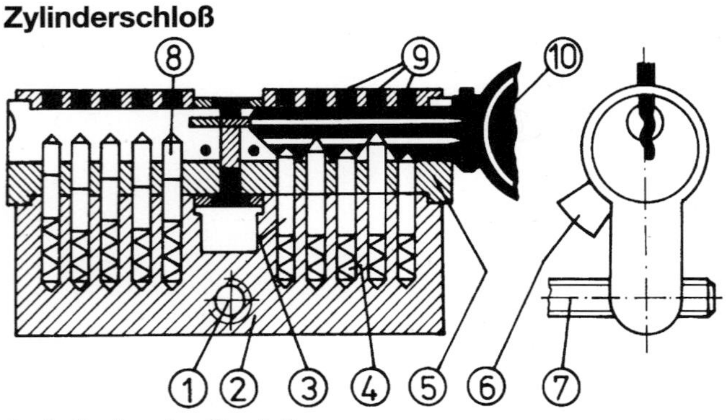


Ordnen Sie die richtigen Ziffern den Bauteilen zu:

- ◯ Zylinderkern
- ◯ Schlüssel (Cu-Ni-Zn-Leg.)
- ◯ Stulpschraube
- ◯ Verschlussstifte
- ◯ Schließnase
- ◯ Zuhaltungsfeder
- ◯ Zylinderkörper (Cu-Zn-Legierung)
- ◯ Stulpschraubenbohrung (M 5)
- ◯ Stiftzuhaltung (Gehäusestift – Hartbronze)
- ◯ Stiftzuhaltung (Kernstift – Hartbronze)

### 1. Aufgabe der Bauteile

Die Bart- ________ des Originalschlüssels drücken die Zuhaltungsstifte gegen die Zuhaltungs- ________ so weit nach unten, dass sich die Stirnflächen der ________ -Stifte mit dem Zylinderkern drehen lassen. Die mitbewegte Schließ- ________ bestätigt den Schloss- ________ .

### 2. Pflege der Zylinderschlösser

Zylinderschlösser sollen ________ mit feinem Flocken- ________ geschmiert werden. Der Graphit wird mit einer kleinen Kunststoffflasche in den ________ eingespritzt. Öle und Fette bewirken ________ und ________ !

## 9.3 Sonderbauformen der Schlösser

### A. Wendeschlüssel-System

Beim Wendeschlüsselsystem schließen beide Schlüsselseiten. Dieser Schlüssel weist Schließbohrungen in Form von kreisrunden Vertiefungen mit abgeflachten Böden (Pole) auf.

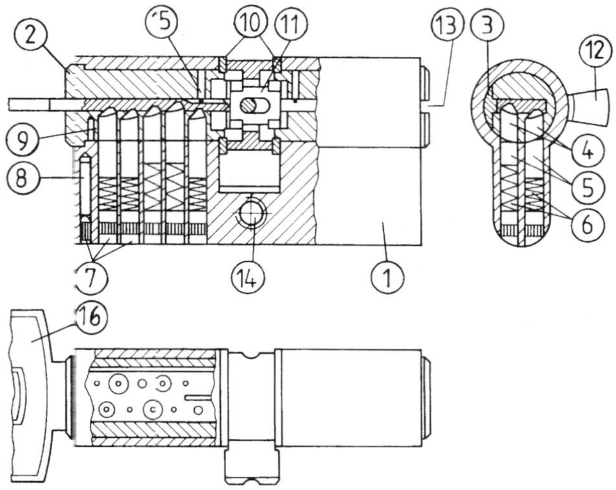


**Zuordnung:**

- ◯ Schließnase
- ◯ Stulpschraubenbohrung
- ◯ Druckfeder (Spezialbronze)
- ◯ Sicherungsring
- ◯ Zylinderkörper (Vollmessing)
- ◯ Kernsegment
- ◯ Kernstahlstift (gehärtet)
- ◯ Sperrprofilscheibe
- ◯ Kupplung
- ◯ Zylinderkern (Vollmessing)

- ◯ Wendeschlüssel mit Schließbohrungen (beide Schlüsselseiten schließen)
- ◯ Stahlstift, gehärtet und drehbar gelagert (Aufbohrsicherung)
- ◯ Gehäusestifte aus Hartbronze mit Aufbohrsicherung (gehärtete Stahlseele)
- ◯ Verschlussstift (Cu-Zn-Legierung)
- ◯ Schlüsselkanal, querliegend
- ◯ Kernstifte aus Hartbronze mit Aufbohrsicherung (gehärtete Stahlseele)

### B. Partnerschlüssel-System

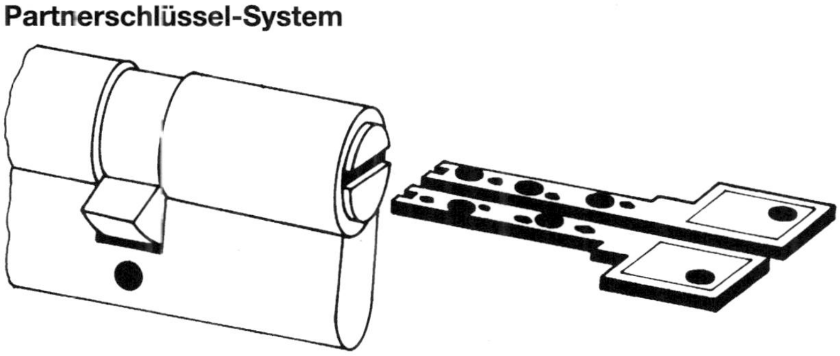

Den Partnerschlüssel (________________ Schlüssel) gibt es nur im Wendeschlüssel-System. Die Türe ist nur mit beiden Schlüsselhälften zu öffnen.

**Anwendung:** ________________________________________

________________________________________

### C. Gefahrenschlüssel-System

Der Zylinder ist normalerweise so aufgebaut, dass man ihn von außen nicht schließen kann, wenn von innen ein ____________________ steckt. Mit dem Gefahrenschlüssel kann man den Zylinder mit steckendem Schlüssel betätigen und die Türe öffnen.

**Anwendung:** ________________________________________

________________________________________

________________________________________

## D. Einsteckschlösser für Feuerabschlüsse

### 1. Einfallenschloss für Stahltüren T 30

**a) Bezeichnungsbeispiel**
Einfallenschloss (Stahltür T 30) – E – PZ – 65 – 24 – W – R

| | | | |
|---|---|---|---|
| E | ______________ | 24 | ______________ |
| PZ | ______________ | W | ______________ |
| 65 | ______________ | R | ______________ |

**Weitere Abkürzungen**

BB = ______________ RZ = ______________

L = ______________ ZH = ______________

**b) Kennzeichnung**
Jedes Schloss muss, eingeschlagen auf dem Stulp, folgende Angaben besitzen:

a) ______________
b) ______________
c) ______________
d) ______________
______________
______________
______________

**c) Ausführung**
Konstruktion, Maße, Toleranzen, Überwachung und Werkstoffe sind bei Bedarf aus dem Normblatt zu entnehmen.

### 2. Dreifallenschloss für Stahltüren T 90

**Hauptteile**

**Dreifallenschloß**

______________-Schloss ______________-Schloss ______________-Schloss

( ______________ und ______________ )

Alle drei Fallen werden gemeinsam durch eine ______________ bewegt. Die Verbindungsstange gleitet in einem ______________ und ist Bestandteil der ______________.
Die Stulp-Kennzeichnung enthält die gleichen Angaben wie das Einfallenschloss.

## 9.4 Schließanlagen, Aufsperren von Schlössern durch den Schlosser

### A. Zentralschloss-Anlage

#### 1. Beschreibung

Die Zentralschloss-Anlage wird überwiegend in Mehrfamilienhäusern, Verwaltungen, Kleinbetrieben und manchmal auch in Einfamilienhäusern verwendet. Bei solchen Anlagen schließt ein übergeordneter Schlüssel ________________ Zylinder. Die Zuordnung von ________________ -Schlössern (z. B. Schreibtisch) ist möglich. Die Schließzylinder sollten ein Profil aufweisen, das durch einen ________________ geschützt ist. Nachschlüssel könnten dann nur gegen Vorlage des Sicherungsscheins nachgefertigt werden.

#### 2. Vorentwurf einer Zentralschloss-Anlage für ein Einfamilienhaus

**Aufgabe:**
Entwerfen Sie eine Zentralschloss-Anlage (Hauptschlüssel Nr.: 1, untergeordnete Schlüssel Nr.: 2 und Nr.: 3 für ein Einfamilienhaus. Gleiche Zahlen kennzeichnen gleichschließende Zylinder.

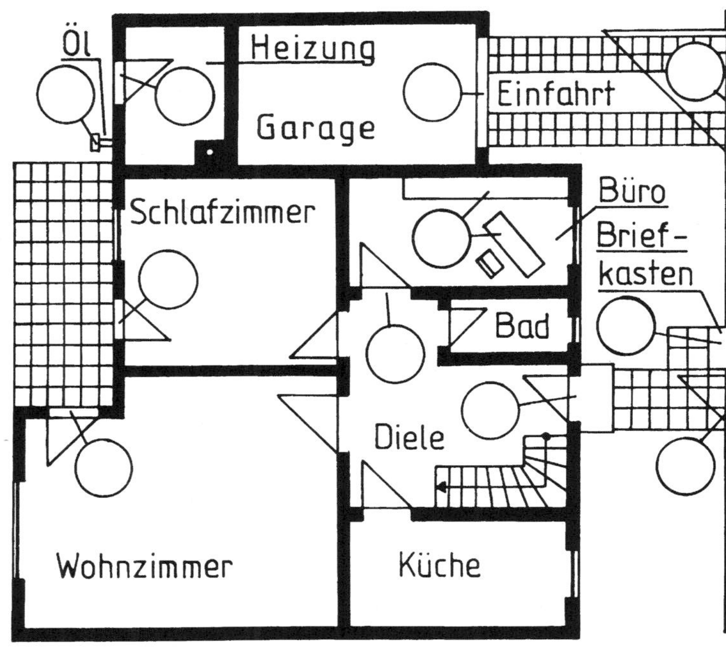


**Vorentwurf einer Zentralschloss-Anlage für ein Zweifamilienhaus**

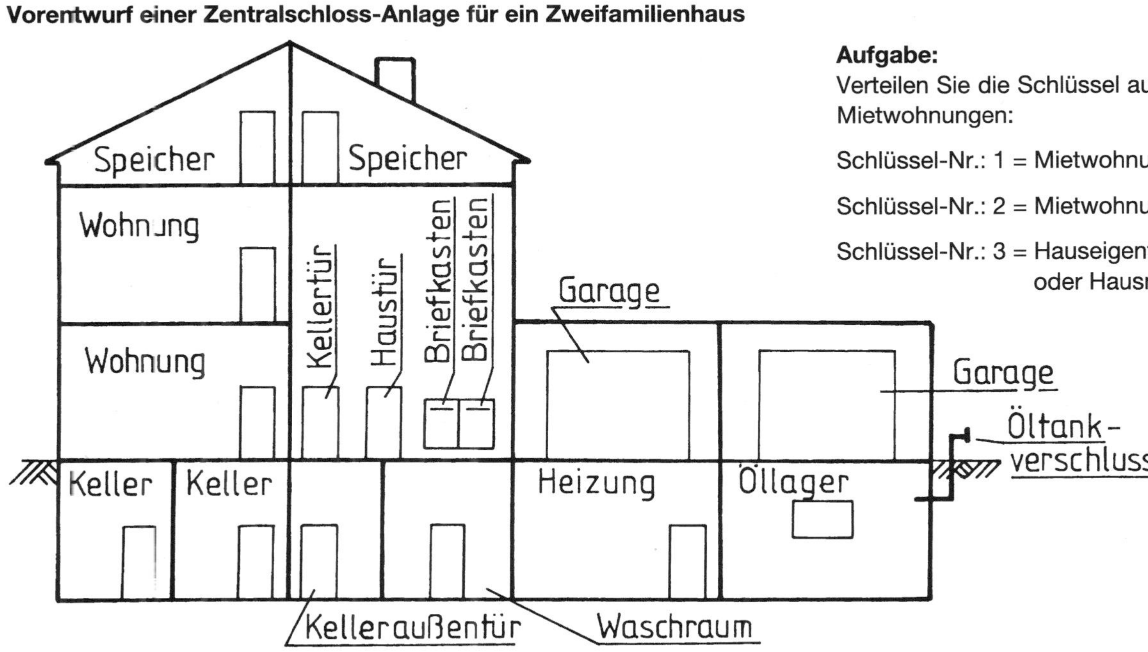


**Aufgabe:**
Verteilen Sie die Schlüssel auf beide Mietwohnungen:

Schlüssel-Nr.: 1 = Mietwohnung 1

Schlüssel-Nr.: 2 = Mietwohnung 2

Schlüssel-Nr.: 3 = Hauseigentümer oder Hausmeister

**Merke:** Schließt der Hauptschlüssel des Hauseigentümers oder des Hausmeisters auch die Wohnungstüren der Mieter, dann spricht man von einer ________________ Zentralschloss-Anlage. In einem solchen Falle müssen die Mieter über die Existenz eines übergeordneten Schlüssels informiert werden und ihr ________________ ________________ geben.

## B. Generalhauptschlüssel-Anlage

### 1. Beschreibung

Die Generalhauptschlüssel-Anlage erfüllt mehrere Hauptschlüssel-Funktionen (Gruppen). Ein Generalhauptschlüssel schließt ______________________ der Anlage (z. B. ______________________________).

### 2. Aufbau einer Schließanlage (Berufsschule)

Ordnen Sie der Skizze zu:
Gruppenschlüssel, Generalhauptschlüssel, Untergruppenschlüssel, Hauptgruppenschlüssel.

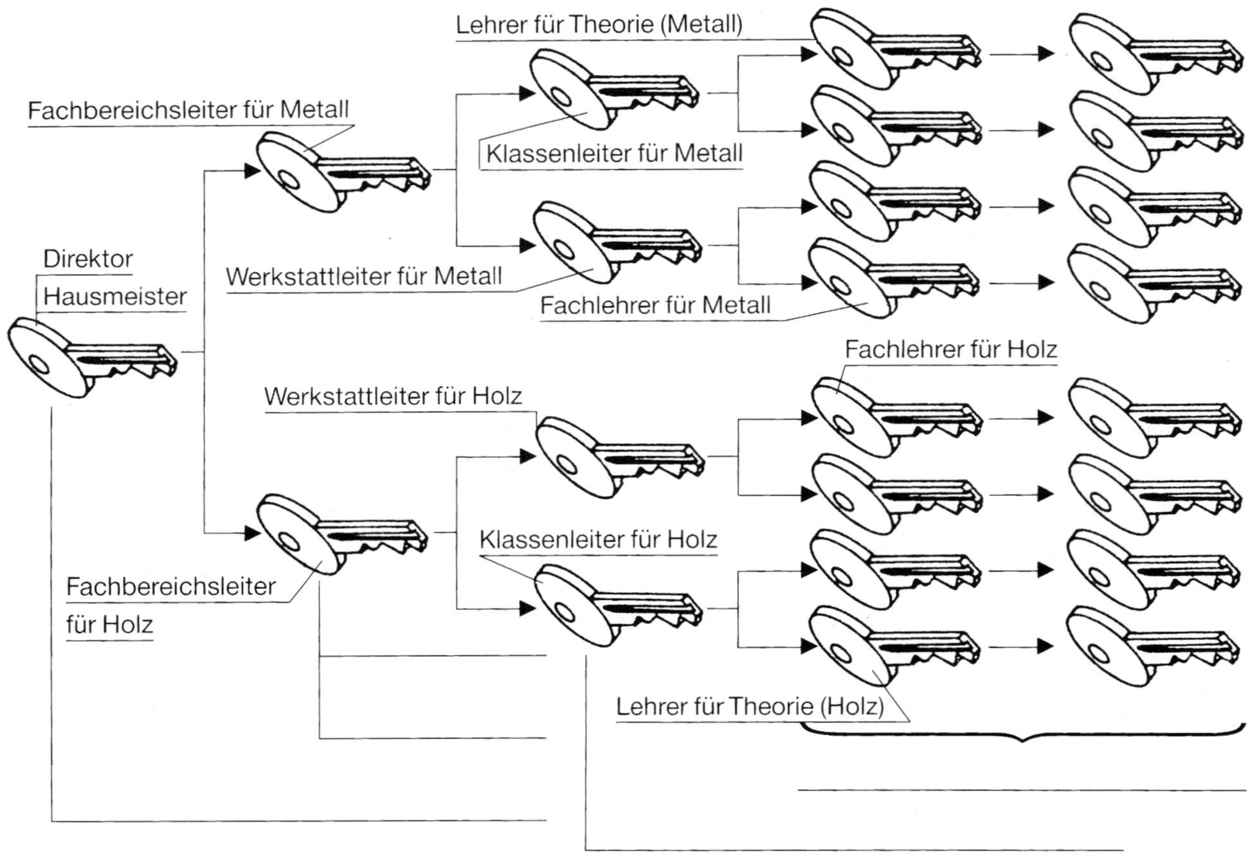


## C. Aufsperren von Schlössern durch den Schlosser

Manchmal muss der Schlosser ein Schloss mit Werkzeugen oder mit Gewalt öffnen.
Dabei ist zu beachten:

1. Vergewissern Sie sich, ob der Auftraggeber zum Öffnen berechtigt ist.

   Möglichkeiten:

   ______________________________

   ______________________________

   ______________________________

   ______________________________

   ______________________________

2. Arbeiten Sie mit größter Rücksicht auf ______________ und ______________.

**Möglichkeiten zum Aufsperren**

1. Schlüsselbund mit vielen Schlüsseln zum ______________________.
2. ______________________ oder verschieden geformte ______________________.
3. Gewaltsames Öffnen:

   Ausführungsbeispiele: ______________________________

   ______________________________

   ______________________________

## 9.5 Sicherheits- und Warnsysteme (z. B. Fluchttürensteuerung)

Schulen, Kaufhäuser, Warenlager, Hotels, Diskotheken, Bereiche in der Industrie, Kinos und auch Häuser mit mehreren Wohnbereichen müssen ______________________ (Fluchttüren) aufweisen. Diese Forderung stellen z. B. Gewerbeaufsichtsämter und Brandschutzbehörden.

Notausgangstüren müssen

a) ______________________

b) ______________________

______________________

______________________

### A. Fluchttürensteuerung

Benennen Sie die Bauteile der Steuerung.
Verdrahten Sie die einzelnen Bauteile zu einem Sicherheits-Warnsystem.

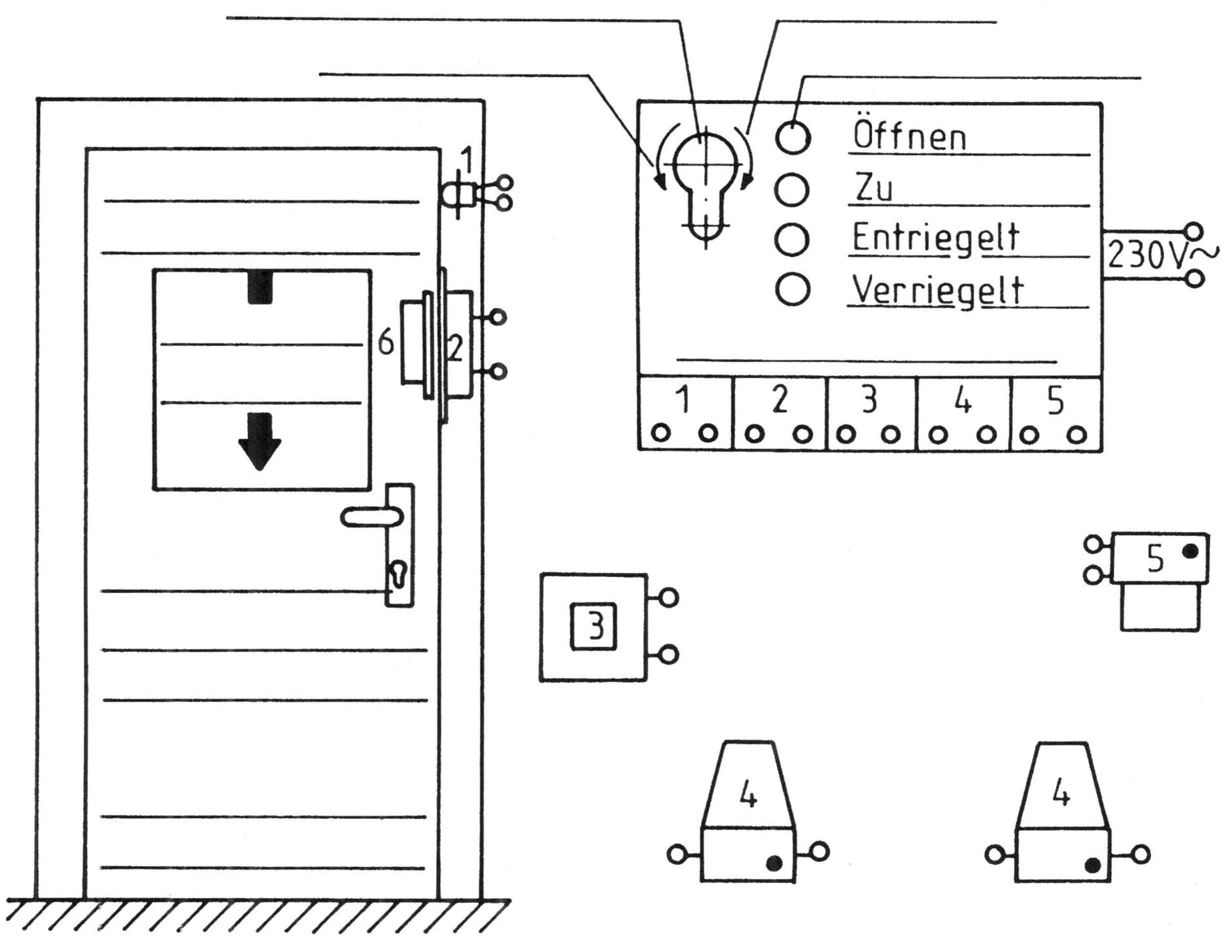


◯ = Türkontakt (Rahmenmontage)

◯ = Brandmelder

◯ = Nottaster mit Schutzglas

◯ = Betriebsanzeige (Leuchtdiode)

◯ = Blitzlampe (innen und außen)

◯ = Elektropanikriegel (Rahmenmontage)

◯ = Gegenstück (Türmontage)

| | |
|---|---|
| **Türkontakt:** | Ein zusätzlich im Türrahmen eingebauter Türkontakt verhindert, dass die Verriegelung bei offener Türe ________________ wird und die Tür dadurch nicht mehr zugemacht werden kann. |
| **Elektropanik-riegel:** | Entriegelung über Nottaster oder Brandmelder. Die Entriegelung wird durch einen Alarmgeber im Steuergerät ausgelöst (z. B. ______________________________). Eine unberechtigte Bedienung wird sofort erkannt. |
| **Gegenstück:** | Das Gegenstück für den Elektropanikriegel sitzt in der Türumrandung. |
| **Nottaster mit Schutzglas:** | ________________ Türentriegelung |
| **Blitzlampe:** | ______________________________________________ ______________________________________________ |
| **Brandmelder:** | ________________ Rauchmelder (ORM) |

## B. Optischer Rauchmelder (ORM)

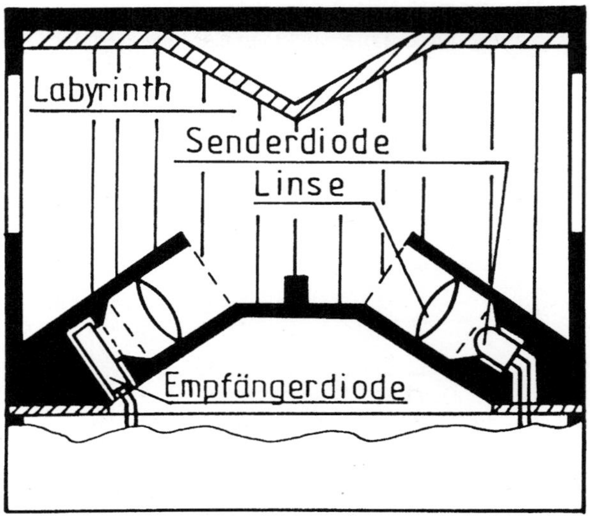


Er arbeitet nach dem Streulichtprinzip. Um Fremdlichteinwirkung zu vermeiden, ist das Innere des Melders als ________________ gebaut. Hier wird impulsförmig ein ____________-strahl von einer Diode ausgesendet. (LED = Light Emitting Diode = ________________________________) Eine __________ verstärkt diesen Strahl. Bei einer eventuellen Rauchentwicklung dringt dieser durch vergitterte Öffnungsschlitze in den Melder. Der Lichtstrahl wird reflektiert, von der ____________-Diode als Rauch erkannt und in ein Alarmsignal umgewandelt. Der Vorteil des optischen Rauchmelders ist das sehr schnelle Ansprechen bei Bränden mit __________-Entwicklung.

## C. Ionisations-Rauchmelder (IRM)

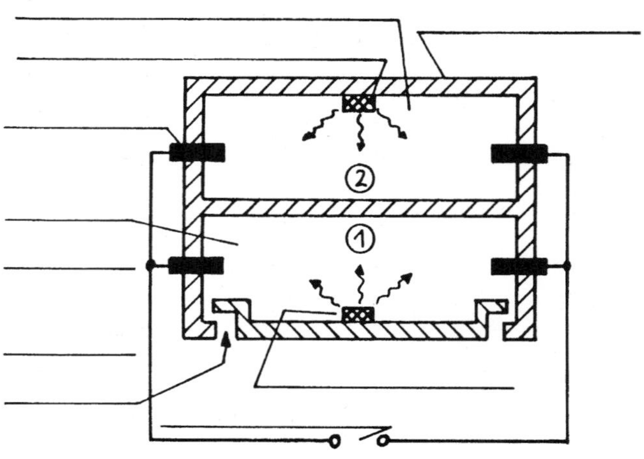


Ionisations-Rauchmelder dienen der absoluten Früherkennung von Feuer. Er besteht aus der ____________- und der ____________________-Kammer. In beiden Kammern befindet sich das schwach radioaktive ________________. Dies macht die umgebende Luft elektrisch ________________ (ionisiert). In beiden Kammern stellt sich zwischen zwei an Spannung angelegten Elektroden ein gleichgroßer Ionenstrom ein. (Ionenstrommessung bei ① und ②). Tritt Rauch durch die Öffnung in die Messkammer, lagert sich ein Teil der Ionen an den Rauchpartikeln ab. Der Ionenstrom ____________________ sich. Durch diesen ____________________-Unterschied wird Alarm gegeben.

**Merke:** Bei Verwendung von radioaktiven Stoffen ist die ______________________________ (StrlSchV) zu beachten.

**D. Ansprechempfindlichkeit (optischer Rauchmelder-Ionistionsrauchmelder)**

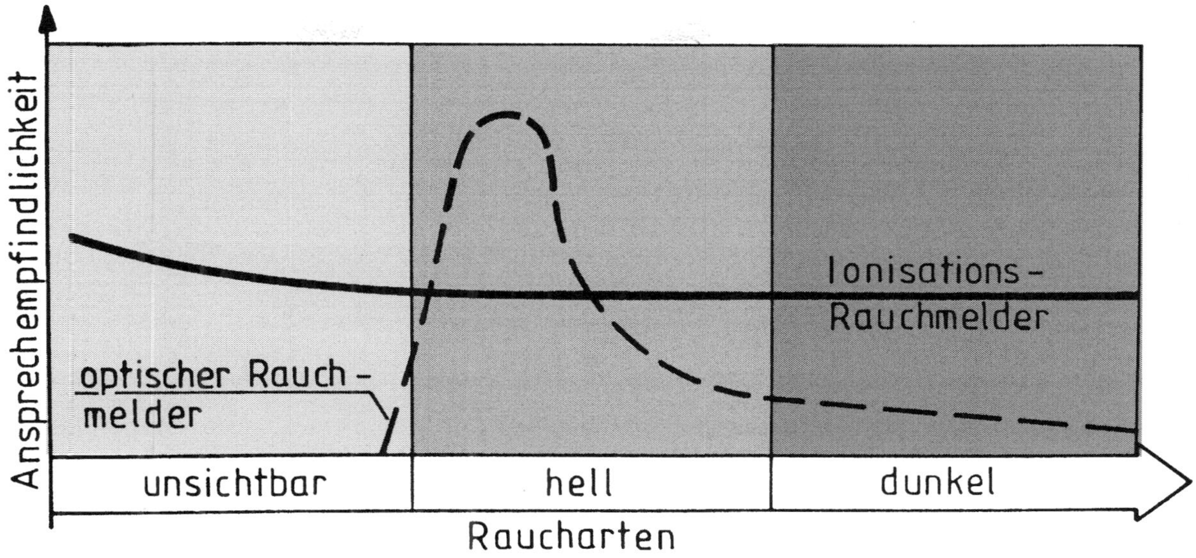


**Diagrammauswertung:** ______________________________

______________________________

______________________________

______________________________

______________________________

______________________________

**E. Wärmemelder**

Wo Brandgefahr mit sehr geringer Rauchentwicklung besteht, setzt man Wärmemelder ein. Ein Sensor (______________) nimmt die Temperatur auf (= ______________) und wandelt sie in elektrische Signale (______________) um. In der Informationsverarbeitung (______) wird das Signal bis zur Ausgabestelle (______) weitergegeben (z. B. ______________).

**Merke:** Bauelemente, die das Signal in eine Bewegung umsetzen (z. B. ______________) nennt man ______________.

| **Sensoren** | | | | **Aktoren** |
|---|---|---|---|---|
| Beispiele: ______ ______ ______ ______ ______ ______ | → | (Informationen) ______ z. B. ______ ______ | → | Beispiele: ______ ______ ______ ______ ______ ______ |
| ______ | | | | ______ |

______________________________

Das ganze System wird als ______________ bezeichnet.

## F. Lichtschranke

Eine Lichtschranke besteht aus einer Lichtquelle und einem Fotoelement. Ein Fotoelement verwandelt auftreffende Lichtstrahlen in eine ______________________________ .

Lichtschranken können zusätzlich in sonstige Warn- und Sicherheitssysteme eingebaut werden. Sie schalten

______________________________________________________________________________

______________________________________________________________________________

Waren oder Werkstücke auf laufenden Förderbändern unterbrechen impulsartig den Lichtstrahl. Durch das Abfallen der elektrischen Spannung können diese Teile ______________________ werden.

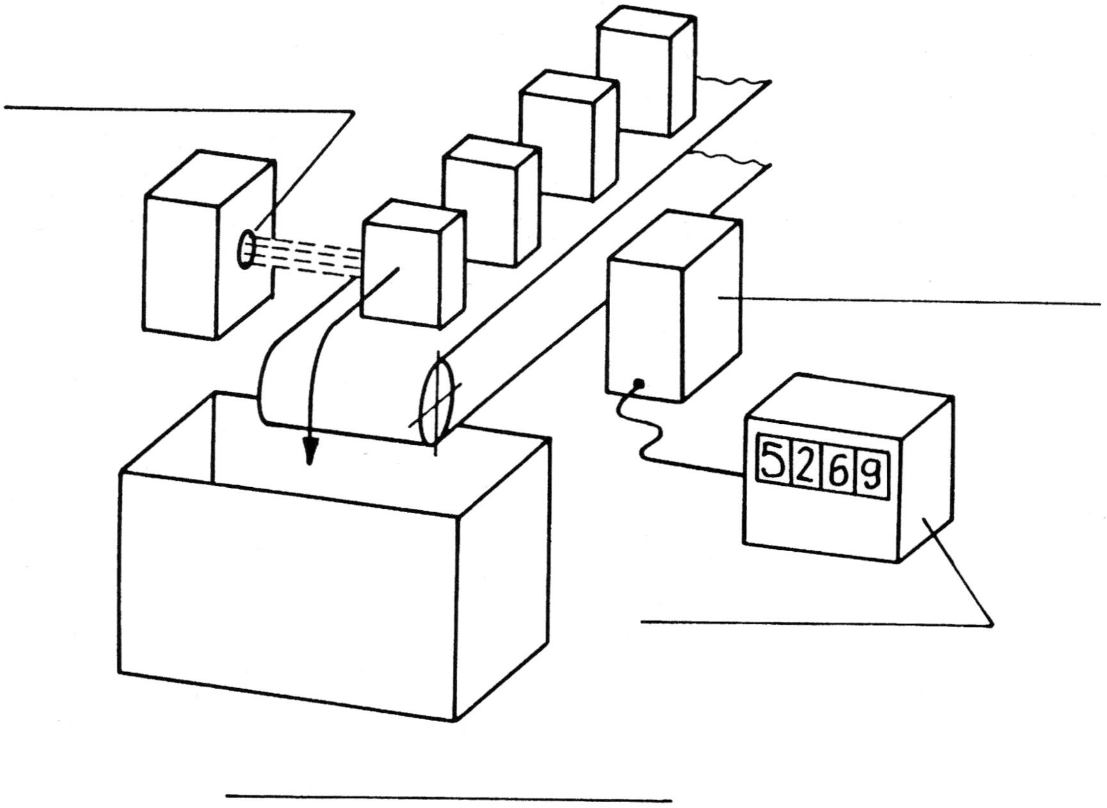

## 10.1 Aufgaben und Ausführungen von Metallfenstern

### A. Aufgabe der Fenster

Fenster dienen der ______________________ und der ______________________ von Räumen, sie verhindern ______________ -Austritt, halten ____________, ____________ und ____________ fern und bilden die Voraussetzungen für Sichtverbindungen von innen nach außen und umgekehrt. Außerdem bieten Fenster einen begrenzten Schutz vor ______________________ und ______________________.

### B. Ausführungs-Formen

Ordnen Sie den Skizzen zu:
Fensterbänder, Einzelfenster, Fensterwände, Skelettbaufenster.

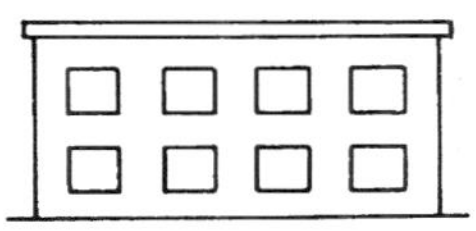
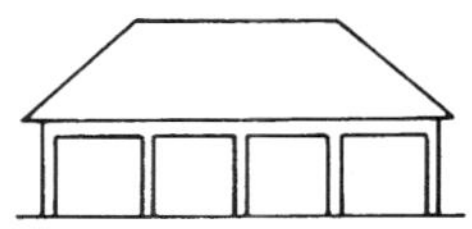
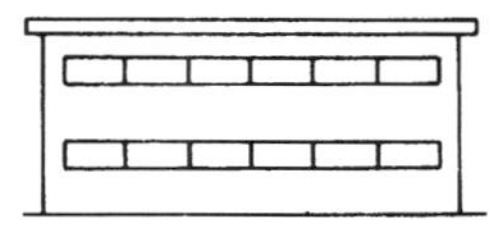
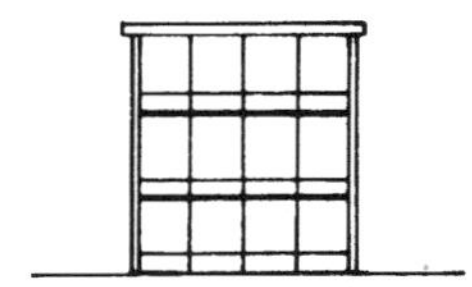

__________________ __________________ __________________ __________________

__________________

### C. Fensterarten

#### 1. Bauarten nach der Öffnungsweise

Benennen Sie die skizzierte Fensterart.
Vervollständigen Sie die Skizzen.

__________________-Fenster

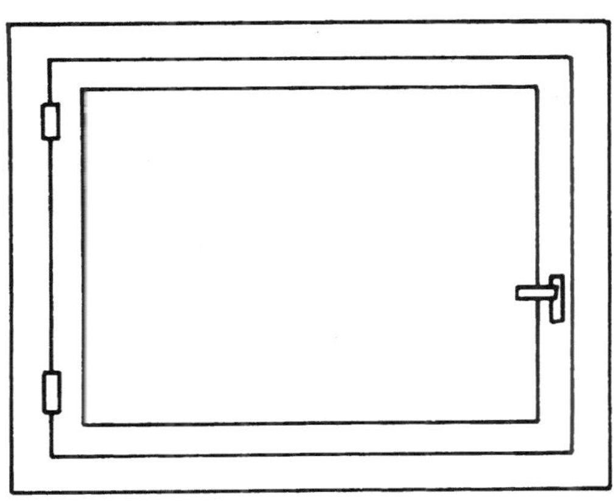
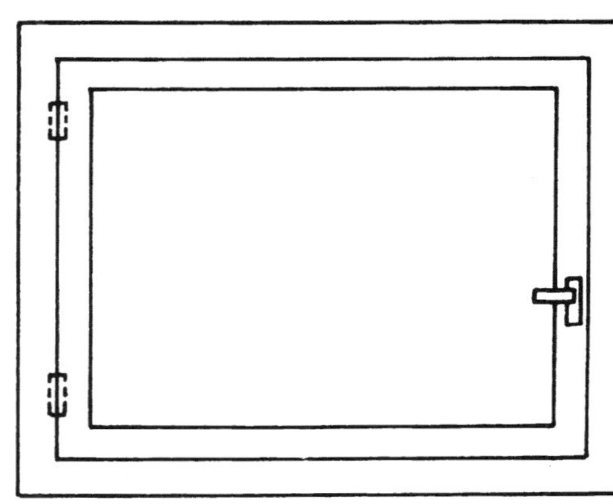

Kennzeichnung für nach innen zu öffnende Fensterflügel:

______________________________

(______________________________)

Die sichtbaren Bänder auf der linken Seite bedeuten:

______________________________

______________________________

Kennzeichnung für nach außen zu öffnende Fensterflügel:

______________________________

(______________________________)

Die sichtbaren Bänder auf der rechten Seite bedeuten:

______________________________

______________________________

In der Regel werden nach innen öffnende Drehflügelfenster eingebaut. Neben der guten Be- und Entlüftung ist diese Fensterart leicht zu ______________________ und kann ein- oder mehrflügelig hergestellt werden.

**Bezeichnung der Bauteile**

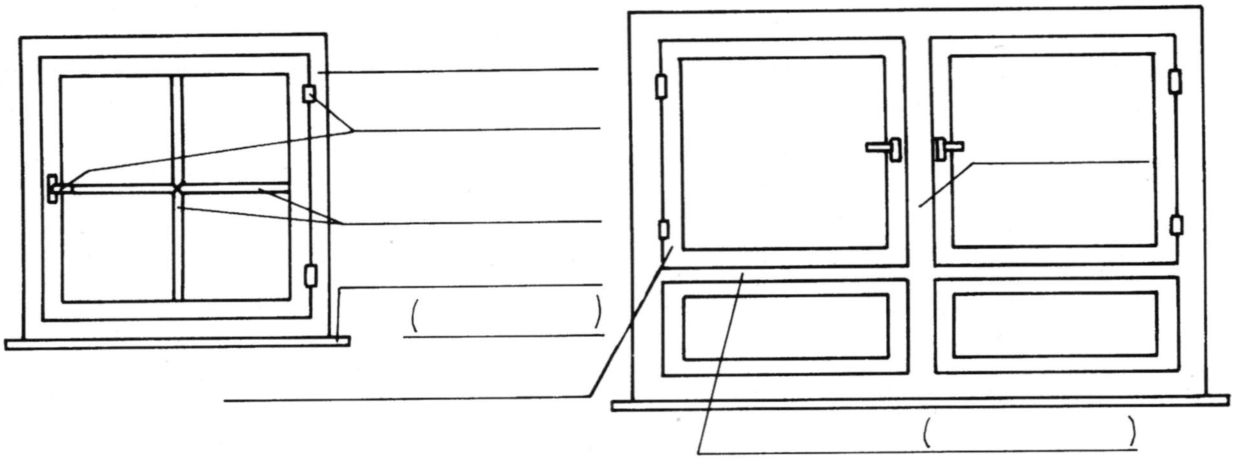


**Weitere Bauarten**

**a) Klappflügel**

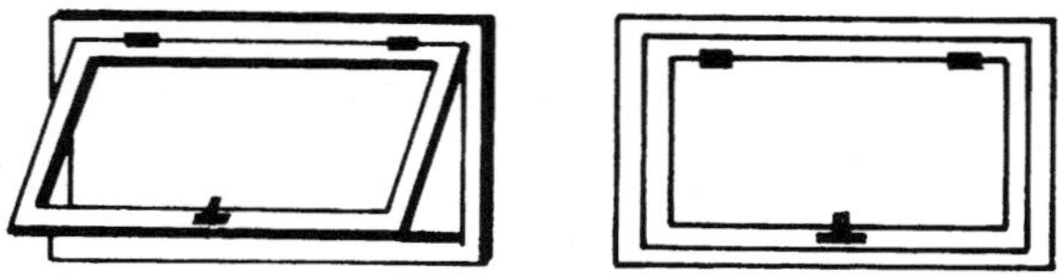

Die Bänder sind am ______________________ Rahmen befestigt.

Das Fenster ist nach ______________________ öffnend.

| Öffnung nach außen | Öffnung nach innen |
|---|---|
| ______________________ Regenschutz | ______________________ Regenschutz |
| ______________________ Eindringen von Straßenlärm und aufsteigender Außenwärme. | ______________________ Eindringen von Straßenlärm und aufsteigender Außenwärme. |
| Frischluft kommt von ______________ . | |
| ______________________ Reinigung. | |

**b) Kippflügel**

Die Bänder sind am ______________________ Rahmen befestigt.

Das Fenster ist nach ______________________ öffnend und wird für untergeordnete Räume oder als ________ ______________________-Fenster verwendet.

Diese Fensterart kann nur ______________________ gereinigt werden.

**c) Schwingflügel**

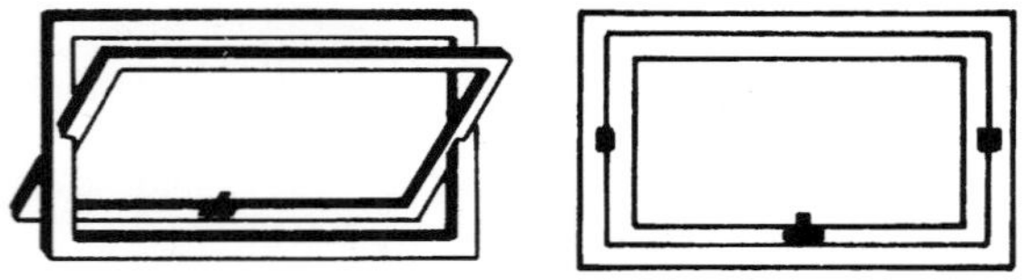

Der Schwingflügel wird meist bei ______________ Fenstern verwendet. Der untere Schwingflügel schwingt nach ______________________ und lässt Frischluft einströmen.

Der obere Schwingflügel schwingt nach ____________ und lässt die verbrauchte Raumluft nach außen abziehen. Diese Fensterart ist leicht zu reinigen und ermöglicht eine gute Be- und Entlüftung.

Der Drehwinkel beträgt fast __________°.

**d) Wendeflügel**

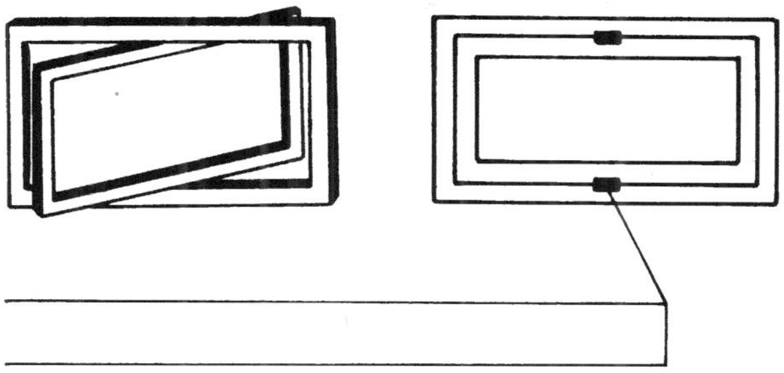

__________________________

__________________________

Die Lüftung ist bei geöffnetem Flügel __________ __________________. Diese Fensterart bietet einen __________________ Regenschutz, ist aber leicht zu reinigen. Der Drehwinkel beträgt fast ________°.

**e) Sonderformen (Auswahl)**

Benennen Sie die skizzierten Sonderformen.

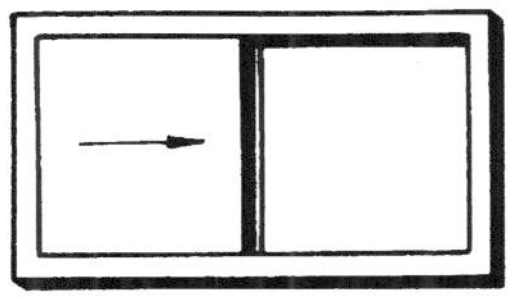

__________________________

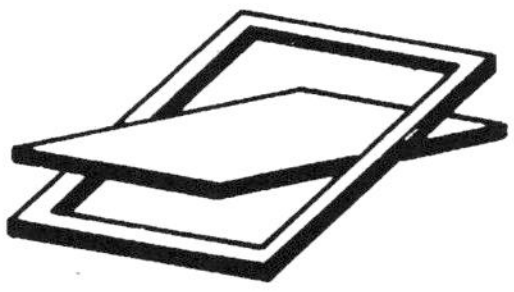

__________________________

Häufig verwendet man auch Kombinationen der aufgeführten Bauarten.
Benennen Sie das skizzierte Fenster.

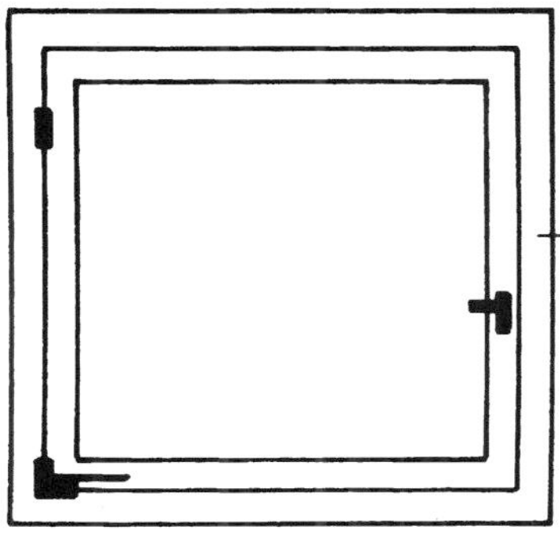

__________________________

**2. Bauarten nach dem Werkstoff**

| Bauarten | Profilherstellung | Oberflächenschutz |
|---|---|---|
| ______________ | Warmwalzen, Kaltwalzen, Kaltziehen | Anstriche mit Farben und Lacken<br>Verzinkung<br>Kunststoffüberzug |
| ______________ | Strangpressen | Eloxieren<br>Anstriche<br>Kunststoffüberzug |
| ______________ | Spritzgießen<br>Extruieren<br>Spritzpressen | Nicht erforderlich |
| ______________ | Sägen, Fräsen, Hobeln | Anstriche mit Farben, Lacken, Teeröl- und lösemittelhaltigen Präparaten. |

**Merke:** Al-Profile haben eine große ______________-Fähigkeit.
Deshalb sollten sie als Fenster nicht in beheizten Räumen verwendet werden.
Bei Al-Isolierprofilen werden zwischen Al-Profilen ______________ Kunststoffstege eingespritzt. Isolierprofile sind deshalb für den Fenster- und Türenbau gut geeignet.
Kunststoffprofile benötigen keine thermische Trennung.

### 3. Weitere Bauarten

Ordnen Sie der Tabelle zu:
Doppelfenster (Kastenfenster), Verbundfenster.

| Bauarten | Aufbau |
|---|---|
| ____________________<br>____________________ | Hauptflügel ——► innerer tragender Flügelrahmen.<br>Putzflügel ——► äußerer Flügelrahmen, am Hauptflügel befestigt.<br>Hauptflügel und Putzflügel besitzen einen gemeinsamen Drehpunkt.<br>Gute Wärmedämmung. |
| ____________________<br>____________________ | Zwei Einzelfenster, Abstand ca. 150 mm.<br>Jedes Einzelfenster besitzt einen eigenen Drehpunkt.<br>Durch Gleitbeschläge können beide Einzelfenster zugleich geöffnet oder geschlossen werden. Sehr gute Schalldämmung. Durch die Luftzirkulation ergibt sich eine geringe Wärmedämmung. |

### 4. Verbundprofile

Verbundprofile entstehen durch Fügen eines ____________________ -Hohlprofiles mit einem ______ -Hohlprofil.

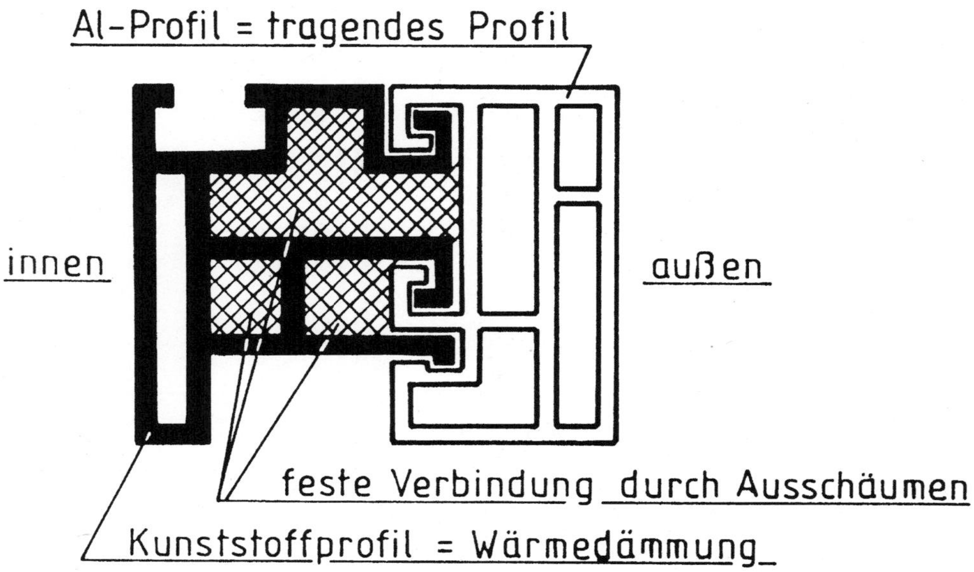

## 10.2 Aufbau, Herstellung und Einbau von Metallfenstern

### A. Aufbau eines wärmegedämmten Aluminium-Drehkipp-Fensters mit Wasserablauf

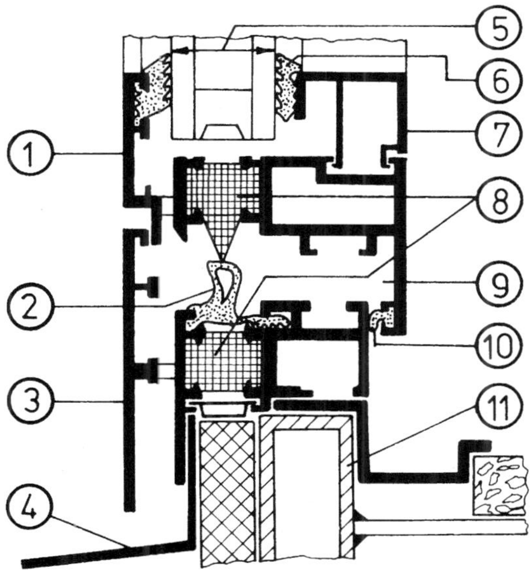


◯ Fensterbank
◯ Einputzzarge
◯ Verglasungsdichtung
◯ Flügelrahmen
◯ Beschlagkammer
◯ Isolierstab aus Kunststoff (Thermische Trennung)
◯ Innendichtung
◯ Zusatzdichtung
◯ Isolierglas
◯ Glasfalzstab
◯ Blendrahmen

Werkstoff: ______________________

Profilwanddicke: ______________________

**Aufgabe:** Zeichnen Sie den Wasserablauf farbig ein.
**Vorteile der Al-Fenster:**

______________________

______________________

______________________

______________________

**Nachteile der Al-Fenster:**

______________________

### B. Herstellung

Beschreiben Sie mit kurzen Sätzen die Herstellung eines Al-Fensterflügels.

1. ______________________
2. ______________________

______________________

______________________

3. Herstellen der vier Gehrungsecken:
a) Schraubverbindung

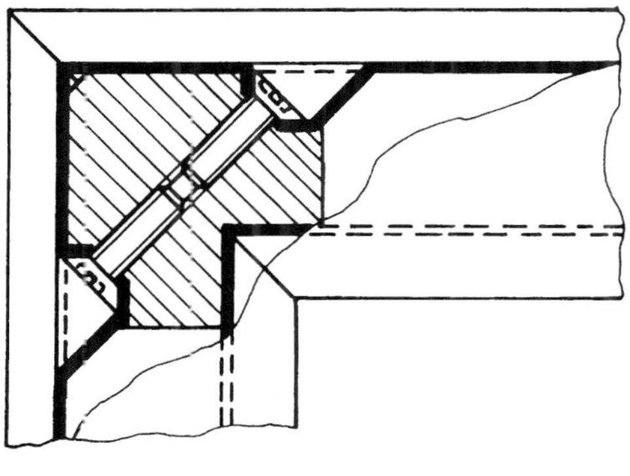

Der ______________________ Stahl-Eckwinkel presst mit den senkrecht zur Gehrung eingesetzten Senkschrauben mit Innensechskant die Al-Profile fest zusammen. Die Verbindung bleibt ______ ______________________ und ______________.

b) Klebeverbindung

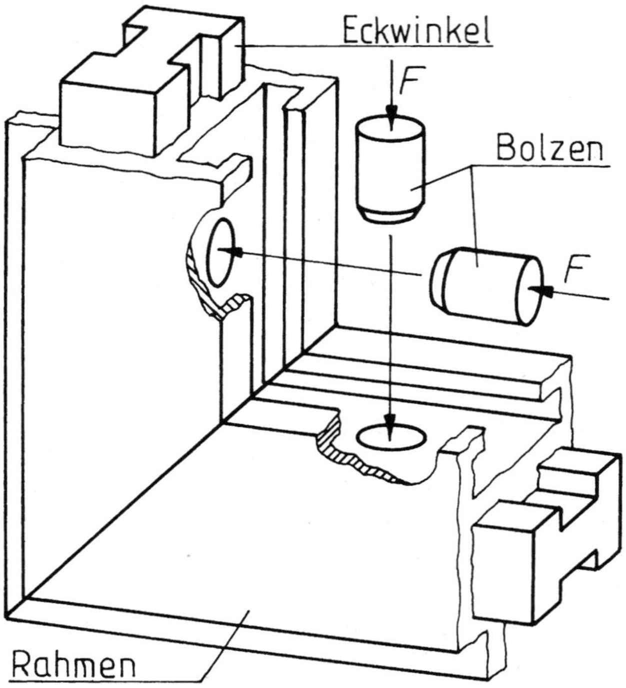


Die ____________ Rahmen-Gehrungsflächen werden mit einem 2-Komponenten-Metallkleber nach Herstellervorschrift eingestrichen und auf den Druckguss-Eckwinkel aus Aluminium geschoben.
Die Bohrungen des Eckwinkels und die mit einer Bohr- ____________ gebohrten Löcher im Al-Rahmen sind axial etwas ____________. Beim Einschlagen der Bolzen wird dadurch auf die Gehrungsprofile eine ____________ -Kraft ausgeübt; der Metallkleber härtet aus. Diese Verbindung ist ____________.

c) Schweißverbindung

Bei einfachen Flügel-Hohlprofilen können die Ecken durch Schweißen (z. B. ____________ -Schweißen) verbunden werden.

**Nachteile:**

1. Es entstehen Wärme- ____________ im Al-Hohlprofil.
2. Die Schweißnaht muß ____________ und oberflächennachbehandelt werden.
3. Die thermische Trennung durch Kunststoffstege wird zerstört.
4. Durch die Wärmeentwicklung ____________ sich die Werkstofffestigkeit.

## C. Verklotzen

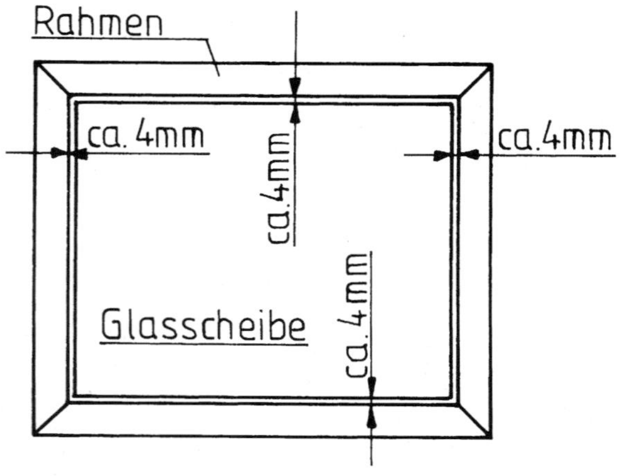


Werden Glasscheiben passgenau in den Fensterrahmen eingesetzt, kommt es zu Spannungen, eventuell zum ____________ des Glases. Deshalb müssen die Glasscheiben-Außenmaße etwas ____________ als die Rahmen-Innenmaße sein. Damit die Glasscheibe mittig im Rahmen sitzt, müssen bei Metallfenstern Trag- und Distanz-Klötze (= ____________) aus Hartgummi oder Hartkunststoff eingesteckt oder -geklebt werden. Die Distanzklötze müssen immer um ca. ________ mm dünner als die Tragklötze sein. Die Klotzlänge beträgt 50 bis 150 mm. Bei großen Schaufenstern sollten die Klötze 100 bis 250 mm lang sein.

**Aufgabe:** Benennen Sie die skizzierten Fensterarten.
Zeichnen Sie verschiedenfarbig Trag- und Distanzklötze ein (z. B. ■ = Tragklötze, □ = Distanzklötze, ▥ = Tragklötze bei umgeschwungenem Flügel, d. h. Maße wie Distanzklötze).

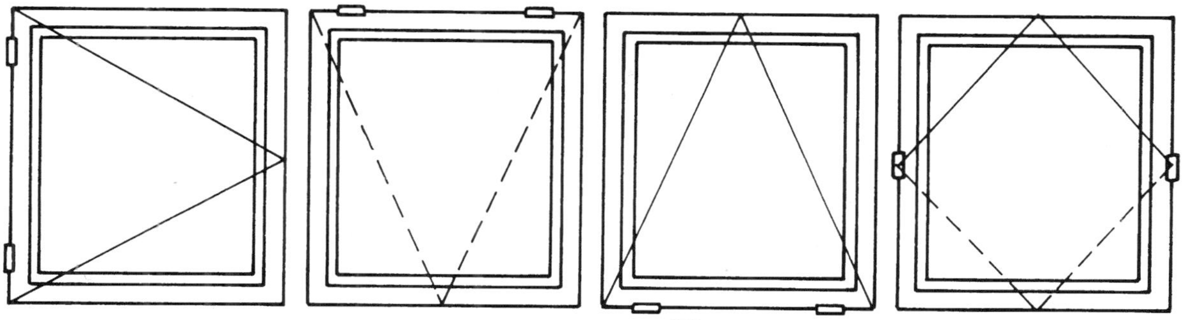

______ ______ ______ ______

**Erkenntnis:** ______

______

**Beachte:** Die Glasscheibe darf bei eventuellem Temperaturwechsel durch die Verklotzung keine Spannungen bekommen.

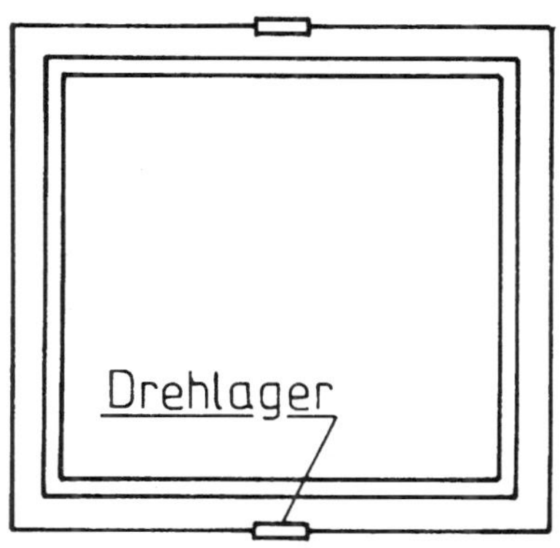


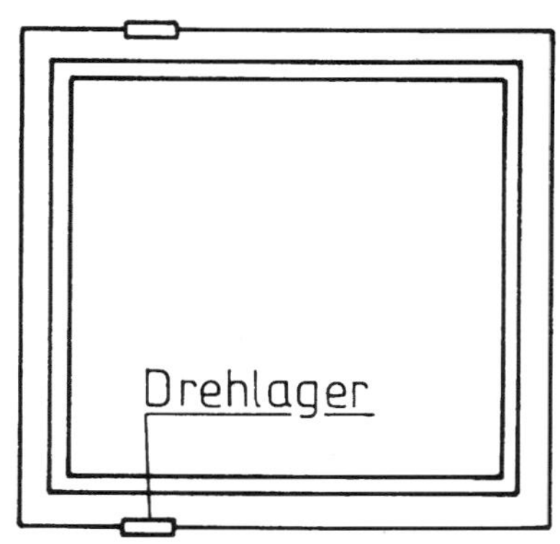


______ Wendeflügel ______ Wendeflügel

**Erkenntnis:** ______

______

## D. Isolierglas-Randabdichtung

**Aufgabe:** Zeichnen Sie in die Skizzen die richtige Tragklotzlänge ein.

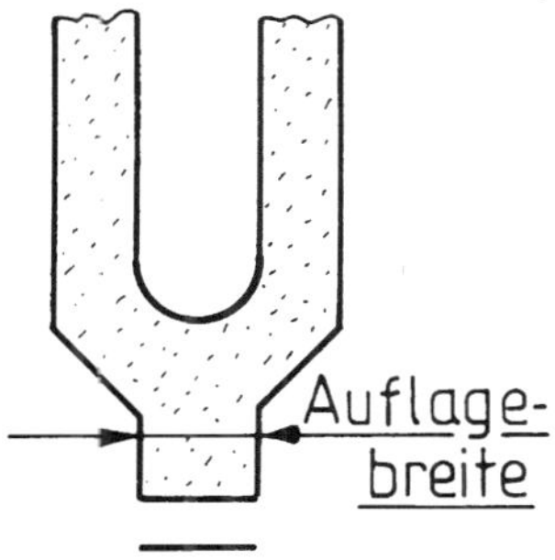


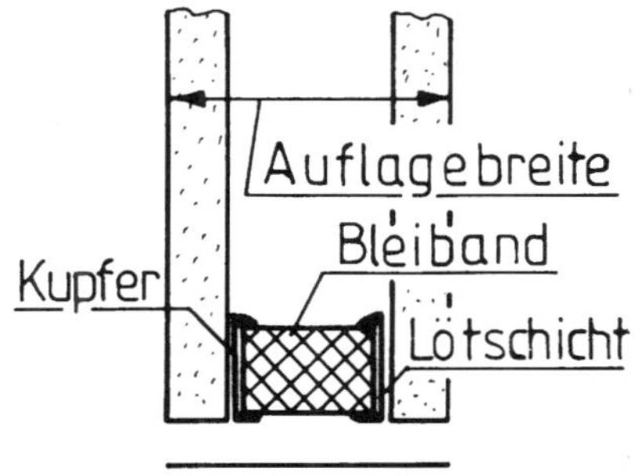


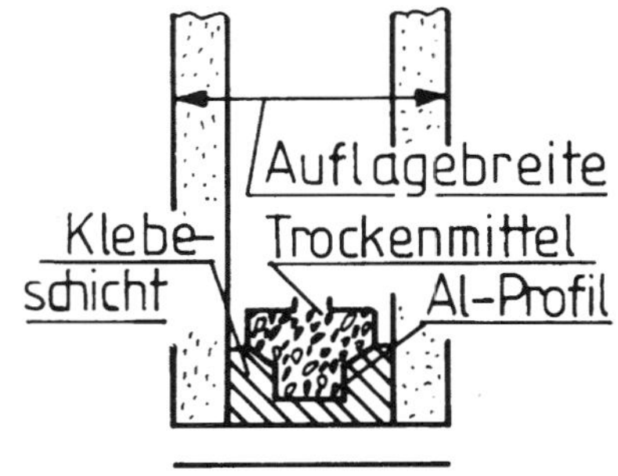


______ Rand ______ Rand ______ Rand

**Erkenntnis:** ______

______

______

______

## E. Befestigung und Abdichtung der Glasscheiben

Dichtstoffe müssen den Glaskörper im Rahmen dicht abschließen = Schutz vor Eindringen von ____________________ ____________________________________________. Sie müssen außerdem ____________________________ und ____________________________ der Bauteile, bedingt durch Temperaturwechsel, und eventuelle Erschütterungen aufnehmen und ausgleichen.

Ordnen Sie den Skizzen zu:
Druck-Verglasung, drucklose Verglasung, Kittverglasung, Stiftsicherung, Winkelsicherung.
Geben Sie Vor- und Nachteile für jede Befestigungsart an.

| | | | |
|---|---|---|---|
| | 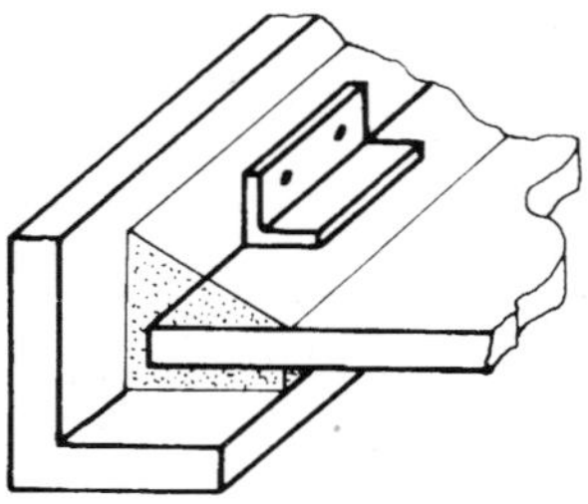 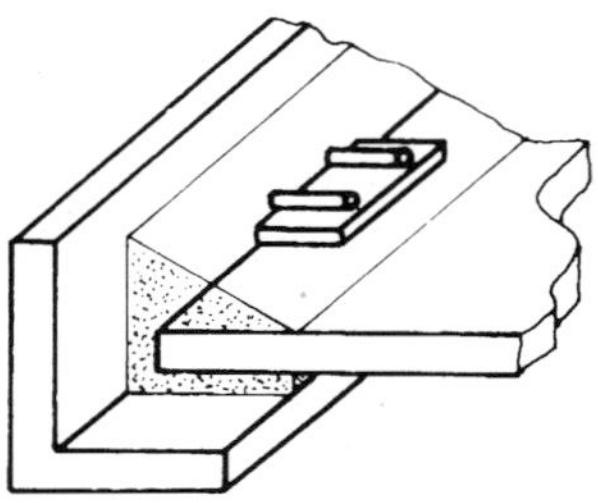 ____________ ____________ ____________-Verglasung | 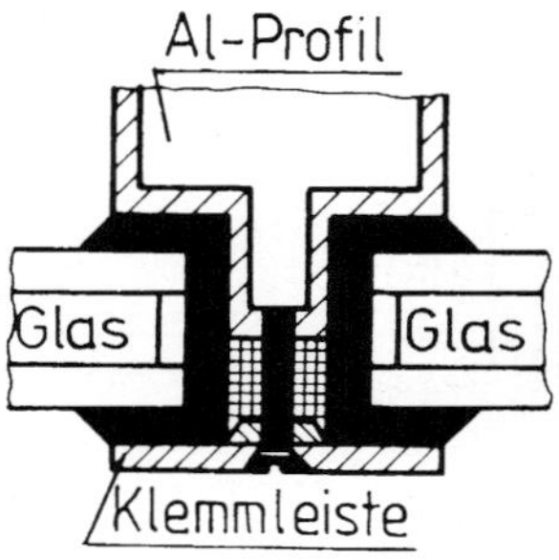  ____________- Verglasung | 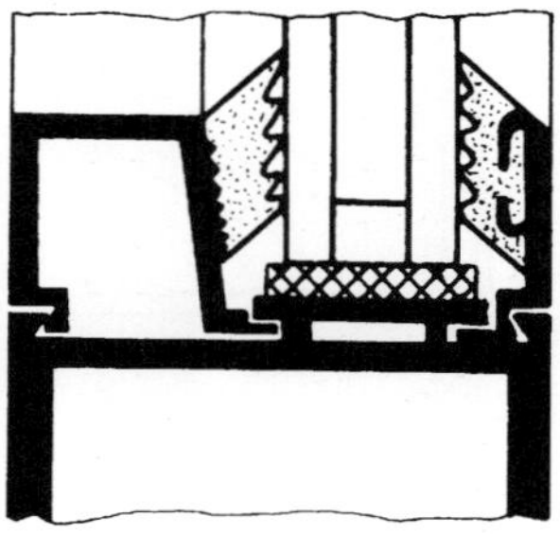 ____________ Verglasung |
| **Vorteile:** | ____________<br>____________<br>____________<br>____________<br>____________ | ____________<br>____________<br>____________<br>____________<br>____________ | ____________<br>____________<br>____________<br>____________<br>____________ |
| **Nachteile:** | ____________<br>____________<br>____________<br>____________<br>____________ | ____________<br>____________<br>____________<br>____________<br>____________ | ____________<br>____________<br>____________<br>____________<br>____________ |

## F. Transport

Was müssen Sie beim Transport von Fenstern und Glasscheiben beachten?

1. Niemals waagrecht, sondern immer ____________________________ und ____________ ____________transportieren.
2. Fenster gegen ____________________ absichern.
3. Beim Transport mehrerer Fenster dicke Papier- ____________________________ verwenden.
4. Auf ____________Unterlagen stellen.

## G. Anschlagmöglichkeiten am Mauerwerk (einfaches Garagenfenster aus Stahl-Hohlprofilen)

Ordnen Sie den Skizzen zu:
Innenanschlag, Außenanschlag, Stumpfanschlag.

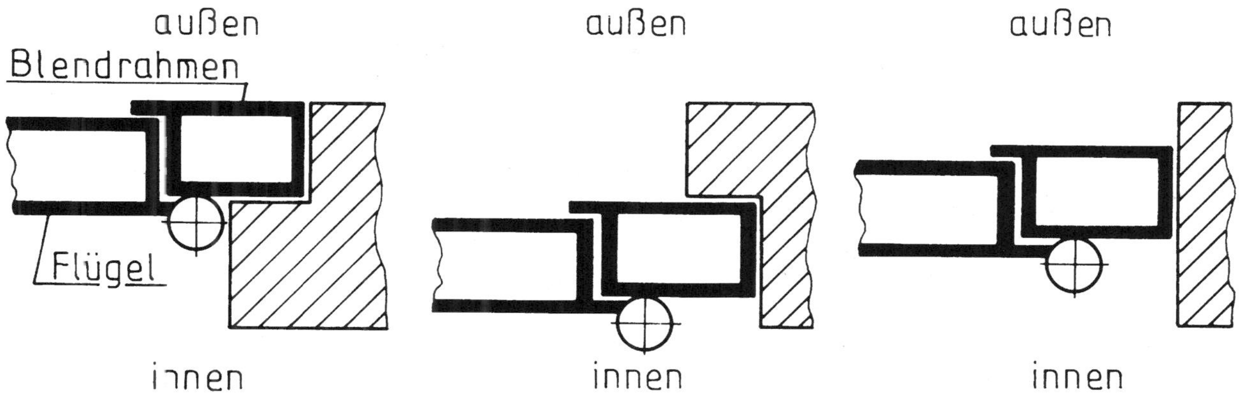


_______________-Anschlag　　_______________-Anschlag　　_______________-Anschlag

## H. Blendrahmenbefestigung

Ordnen Sie den Skizzen zu:
Blendrahmen, Putzmörtel, Dichtungsschnur, Dämmstoff, Dübel, elastischer Kitt, Befestigungslasche, Ausschäumung, verstellbare Verschraubung, gehärteter Stahlnagel.
Benennen Sie die Rahmenbefestigungen.

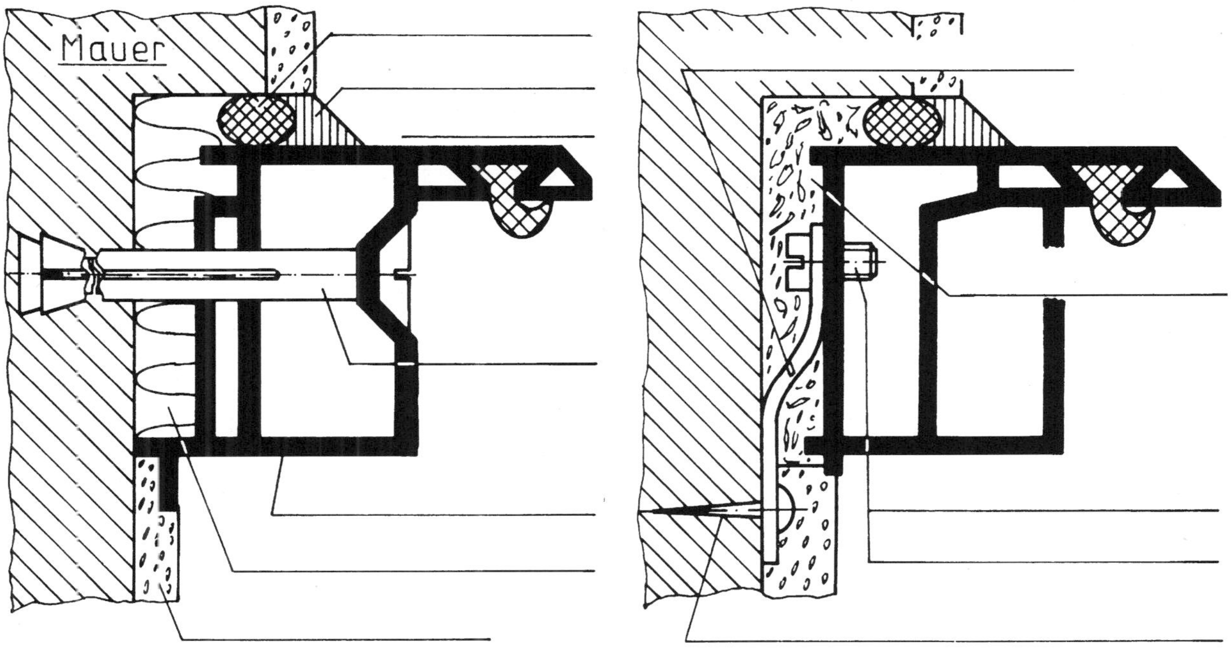


_______________ Rahmenbefestigung　　_______________ Rahmenbefestigung

_______________　　_______________

# 10.3 Fensterbeschläge

## A. Aufgaben der Fensterbeschläge

- Beschläge ermöglichen Drehbewegungen an Fenstern
- Tragen sicher die Gewichtskräfte
- Gewähren einen leichten Lauf des Flügels
- Begrenzen die Flügelbewegung
- Verschließen den Flügel im Blendrahmen
- Ermöglichen eine genaue Flügeleinstellung im Blendrahmen

## B. Beschlag-Arten

1. Sichtbare oder ________________________ Beschläge
2. ________________________ Beschläge

**Aufbau eines korrosionsgeschützten Dreh-Kippbeschlages mit Einhandbedienung**
Ordnen Sie die richtigen Ziffern den Bauteilen zu!

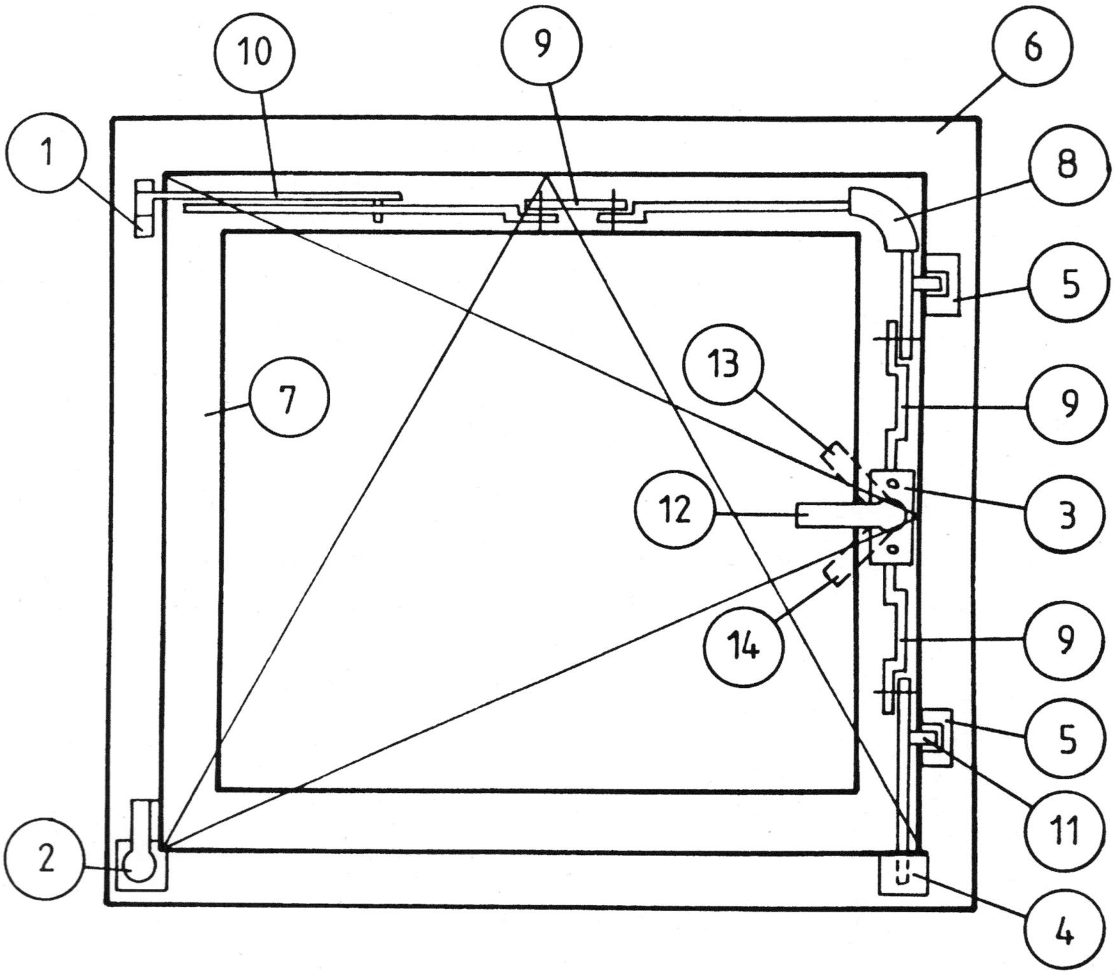


- ◯ Flügelrahmen
- ◯ Scherenarm
- ◯ Blendrahmen
- ◯ Treib- oder Schubstange (muss passend abgelängt werden)
- ◯ Dreh-Kipp-Lager
- ◯ Verriegelungs-Bolzen
- ◯ Griffstellung waagrecht = Drehen
- ◯ Kipphalter
- ◯ Verriegelung
- ◯ Griffstellung senkrecht unten = Verriegeln
- ◯ Eckumlenkung
- ◯ Griffstellung senkrecht oben = Kippen
- ◯ Scherenarm-Lager
- ◯ Getriebe (Handgriff) mit Fehlbedienungssperre

## 10.4 Wintergarten

Wintergärten sind ____________________ Vorbauten an Gebäuden. Sie sind besonders in den kalten Monaten des Jahres geschätzte Wohnräume und geben das Gefühl, fast im Grünen zu sitzen. Voraussetzungen für die ganzjährige Nutzung des Wintergartens sind eine gute ______________________, die Möglichkeit der ______________________ und eine Baulage an der Gebäude- ____________ -Seite. Als Verglasung sind ________________________________ -Gläser empfehlenswert. Markisen sorgen dafür, dass sich das Glashaus im Sommer nicht zu sehr aufheizt. Im Winter dienen sie als zusätzliche Isolationsschicht gegen Kälte. Thermostate und Hygrostate ( ____________ ________________________________ -Regler) liefern dauernd Daten an eine Steuerungszentrale und garantieren mit Hilfe eines ____________________________ ganzjährig angenehme Innentemperaturen.

### A. Baumöglichkeiten (Auswahl)

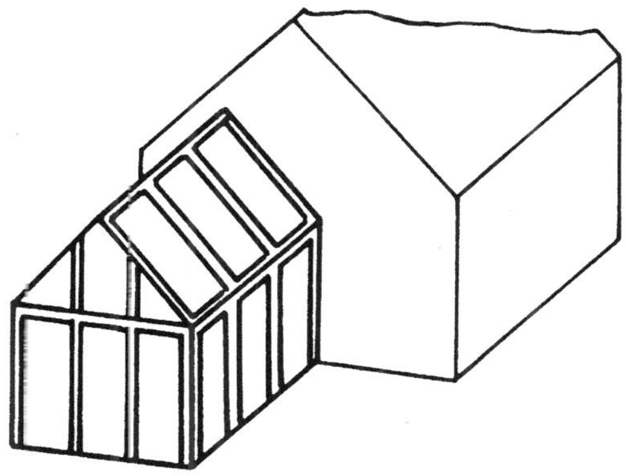

____________________________ Wintergarten

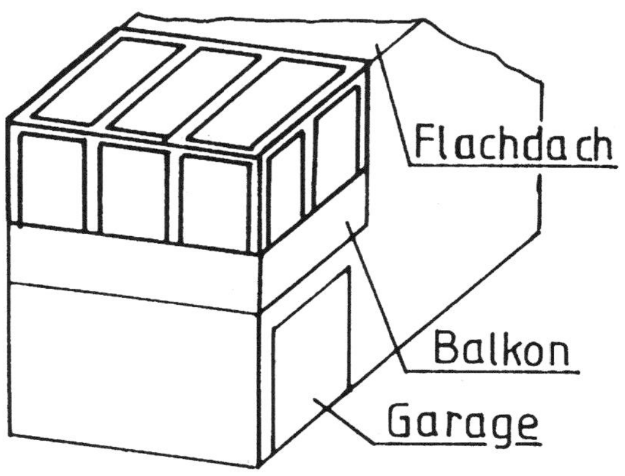


____________________________ Wintergarten

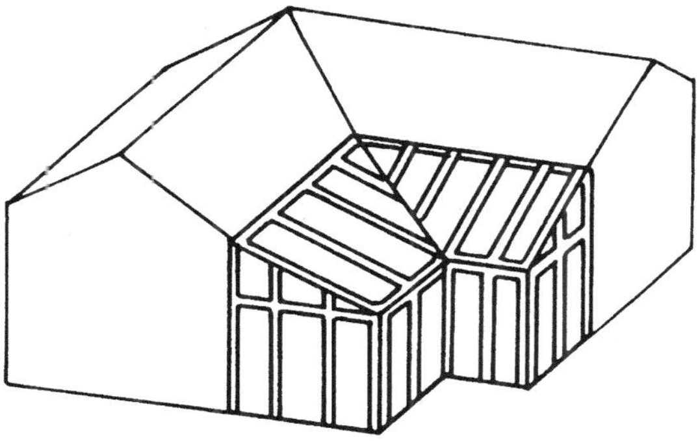

____________________________ Wintergarten

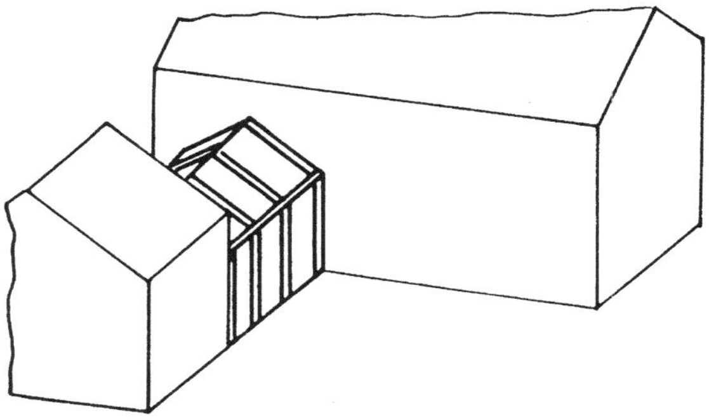

____________________________ Wintergarten

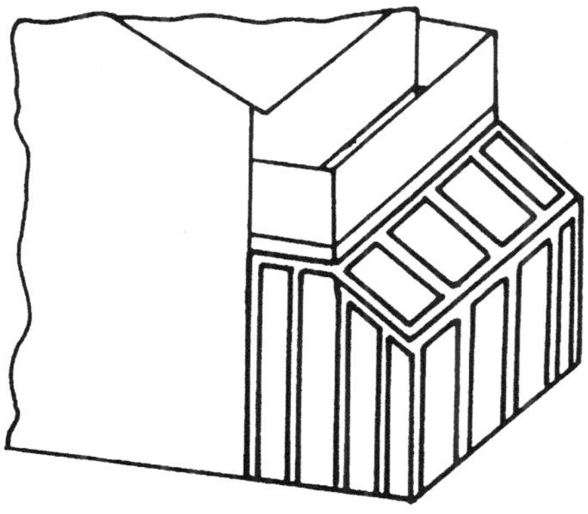

____________________________ Wintergarten

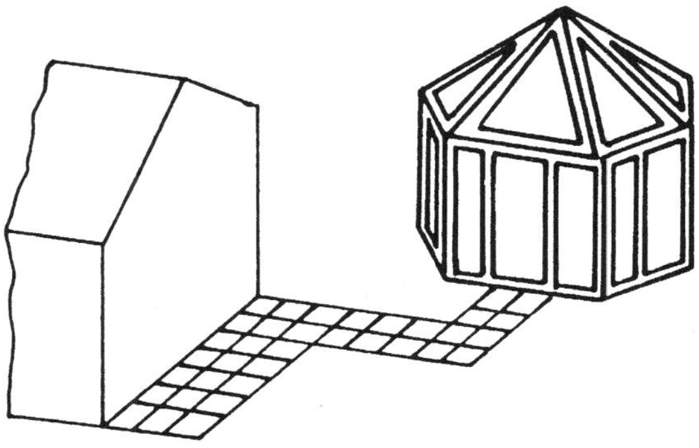

____________________________ Wintergarten

**B. Wandanschluss mit Schrägdach und Traufe**

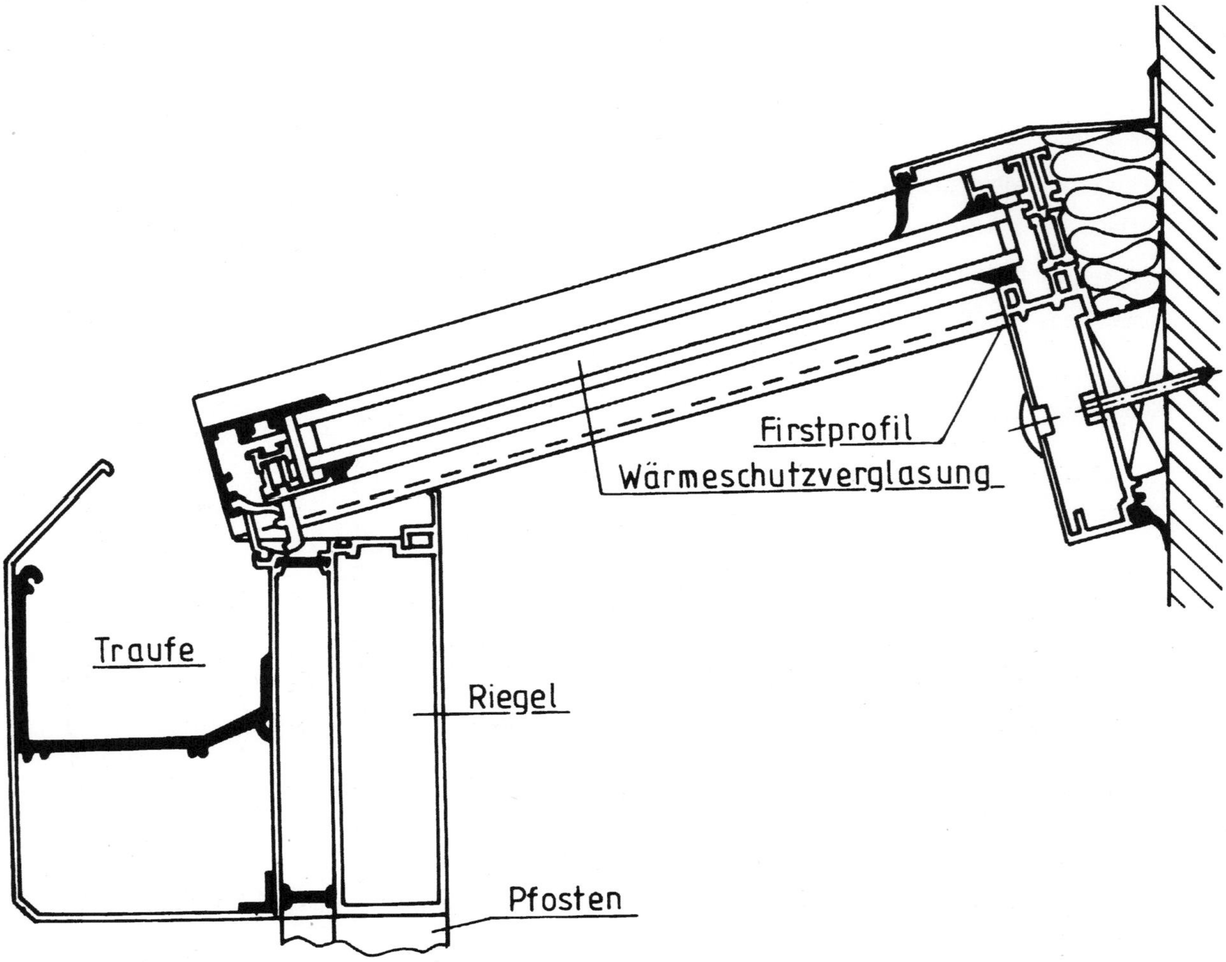


**C. Pfostenanschluss**

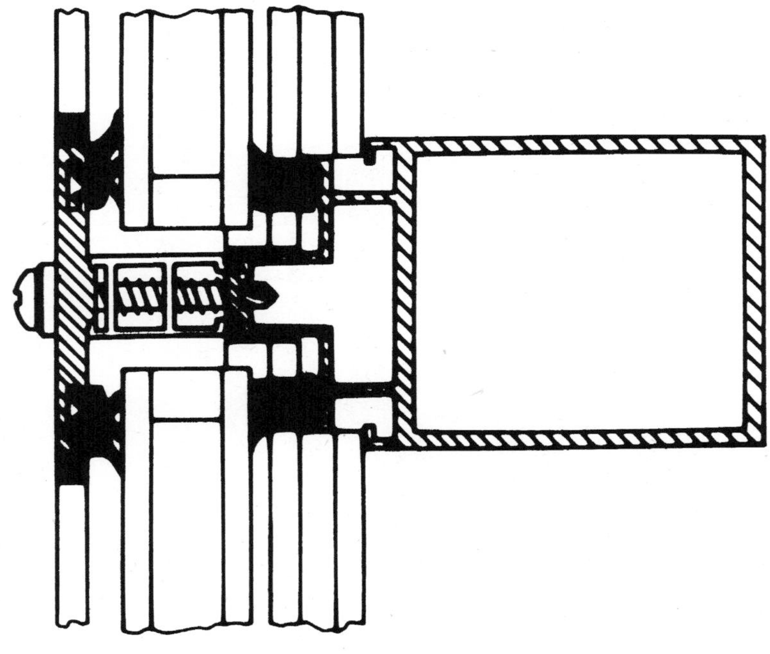

## 10.5 Vitrinen

### Vitrinen aus Metall

Vitrinen sind ______________________ Schaukästen in Verkaufs-Räumen (z. B. für Schmuck, Uhren) oder in Ausstellungs-Räumen (z. B. Museum) mit einer verschließbaren Tür.

**1. Vitrinen für Innenräume**

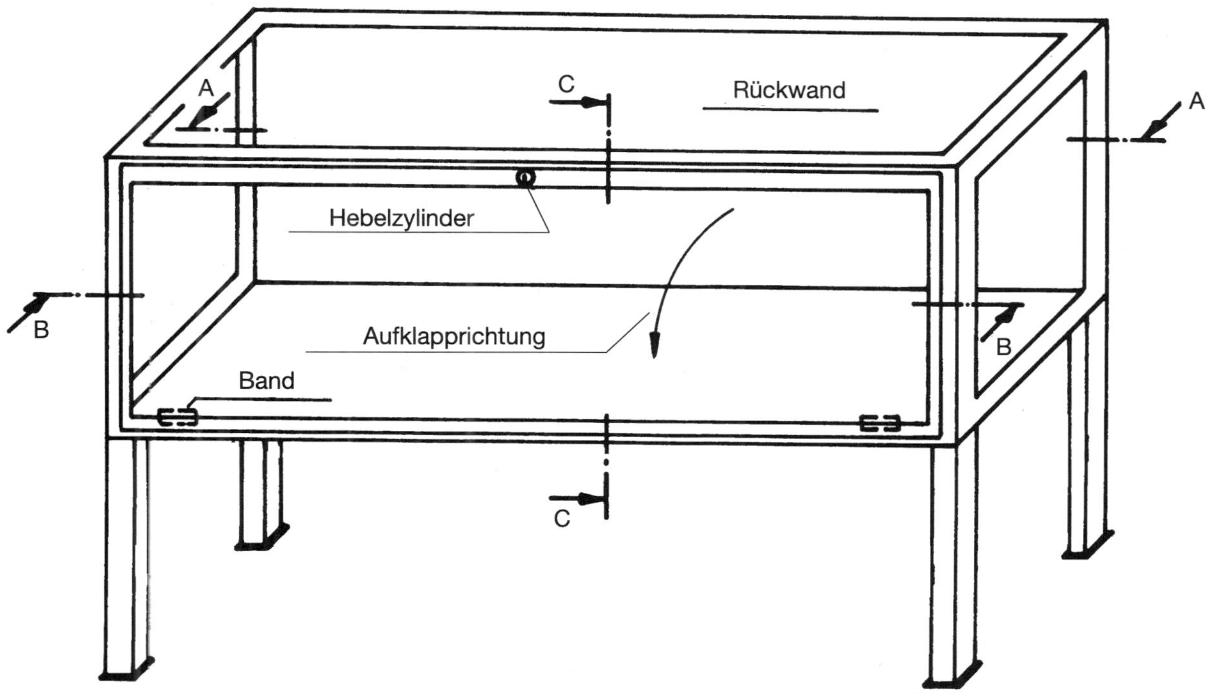


**Aufgabe:** Wie können Sie die Vitrinenfüße stabiler gestalten?
Ergänzen Sie die obige Skizze.

A–A
Ordnen Sie die richtigen Ziffern den Bauteilen zu.

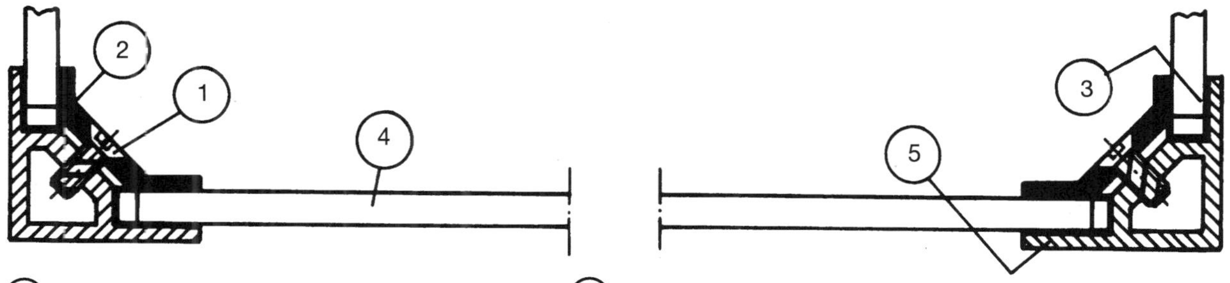


◯ Glasscheibe
◯ Al-Eckleiste
◯ Schneidschraube
◯ Dichtung
◯ Al-Hohlprofil
◯ Al-Rahmenprofil
◯ Al-Profilwinkel
◯ Glashalteleiste

B–B

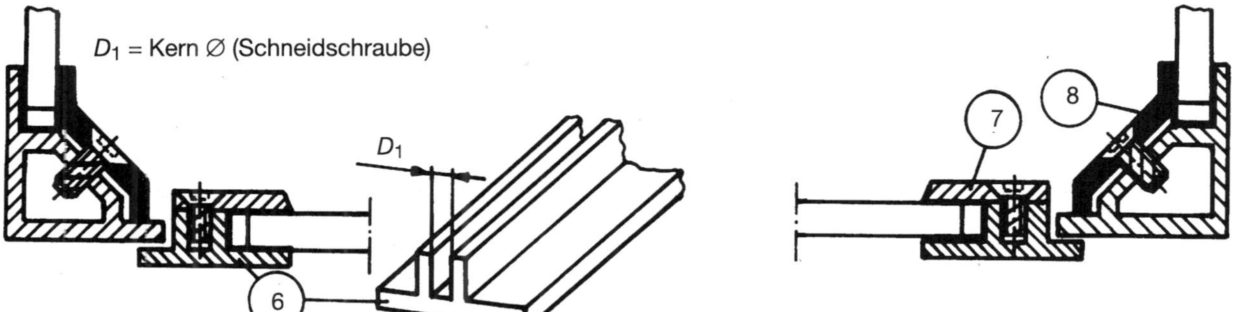

C–C

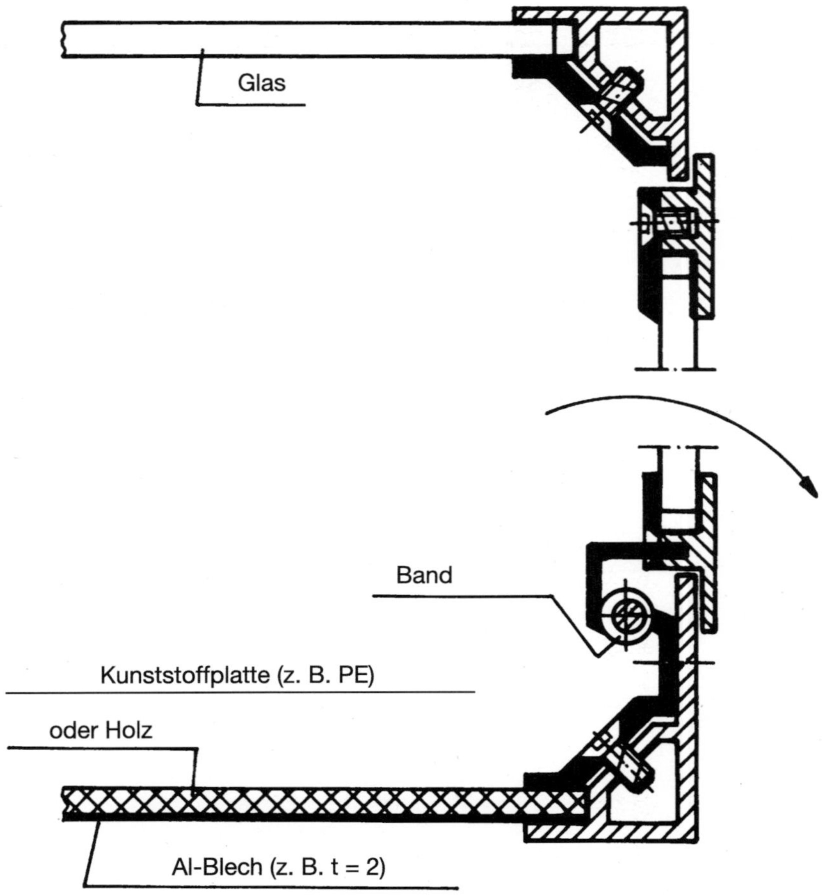


**2. Im Freien stehende Vitrinen**

Vitrinen im Freien müssen ______________________ werden. Wegen der größeren Korrosionsgefahr sollten alle Bauteile aus dem gleichen Material (z. B. Al) bestehen. Metallprofile aus verschiedenem Material müssen mit ______________________ Zwischenlagen aus Kunststoff voneinander getrennt werden. Belüftungsbohrungen verhindern ein ______________________ der gut abgedichteten Glasscheiben. Ein Vitrinensockel aus ______________ oder ______________________ ist stabiler als ein geschweißter Unterbau.

## A. Zeichnerische Darstellung von Kräften

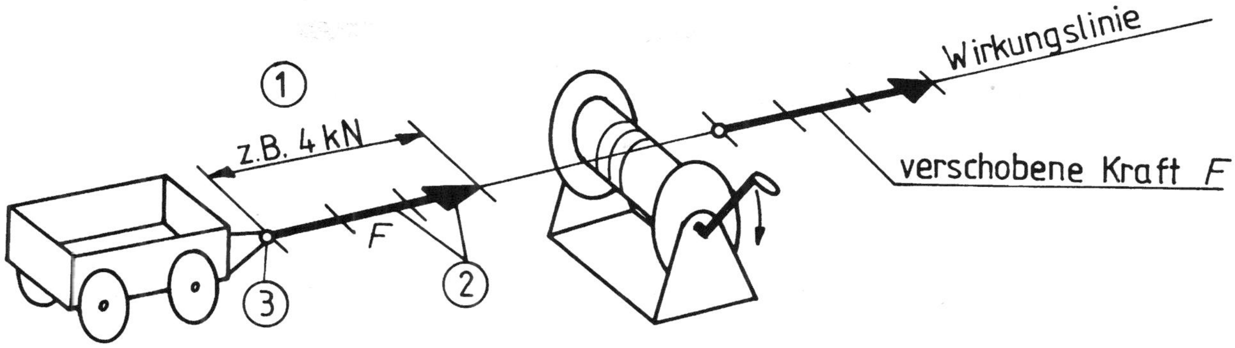


Um Kräfte zeichnen zu können, müssen bekannt sein:

(1) ____________ der Kraft. Dazu muss ein geeigneter Kräfte- ____________________ (KM) gewählt werden, im Beispiel 1 cm ≙ ______ kN.

(2) ______________ der Kraft. Diese ist festgelegt durch die ______________________________ und den ______________________________.

Kräfte lassen sich auf ihrer Wirkungslinie ____________________.

(3) ______________________________ der Kraft.

## B. Kräfte auf gleicher Wirkungslinie

Bestimmen Sie durch Zeichnen und Rechnen die Ersatzkraft = ______________________________ $F_{\_\_}$.

Zwei Personen bewegen einen Wagen in die gleiche Richtung. A zieht mit 200 N, B mit 300 N.

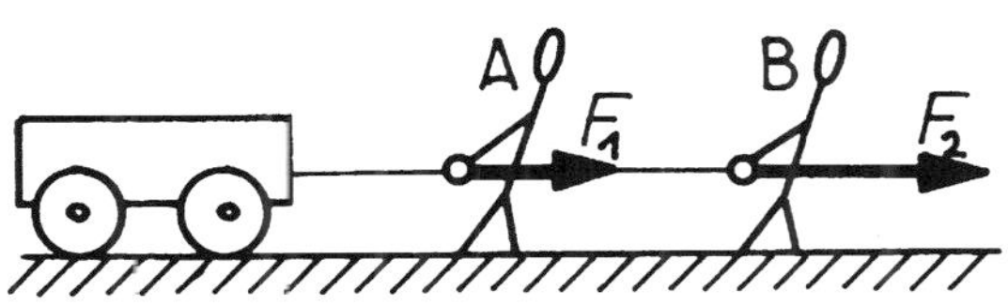


**Zeichnerische Lösung**

KM: 1 cm ≙ ________

Teilkräfte:

Resultierende:

Ergebnis:

$F_R$ = _____ cm ≙ _______ N

**Rechnerische Lösung:**

$F_R$ = __________________

$F_R$ = __________

| $F_R$ = |
|---|

Zwei Personen bewegen einen Wagen A zieht mit 500 N nach rechts, B mit 200 N nach links.

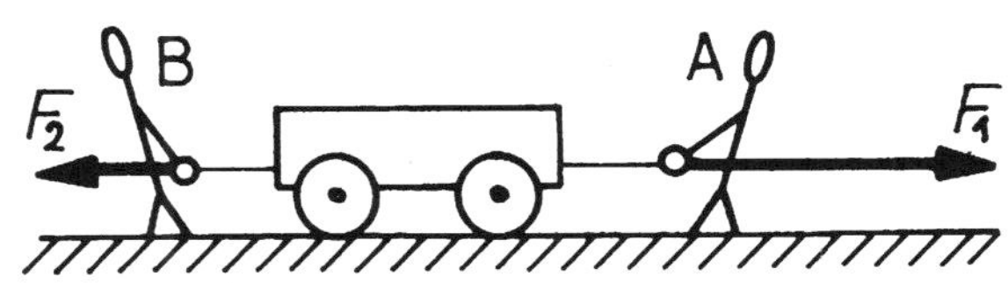


**Zeichnerische Lösung**

KM: 1 cm ≙ ________

Teilkräfte:

Resultierende:

Ergebnis:

$F_R$ = _____ cm ≙ _______ N

**Rechnerische Lösung:**

$F_R$ = __________________

$F_R$ = __________

| $F_R$ = |
|---|

Das Minuszeichen vor $F_2$ gibt an, dass diese Kraft in ______________________________ wirkt.

## C. Zusammensetzen von Kräften, deren Wirkungslinien sich schneiden

Bestimmen Sie für die Rollenstütze Richtung und Größe der resultierenden Kraft $F_R$.

**Geg.:** $F_1 = 3$ kN, $F_2 = 4$ kN

**Ges.:** $F_R$, Richtung von $F_R$

KM: 1 cm ≙ 1 kN

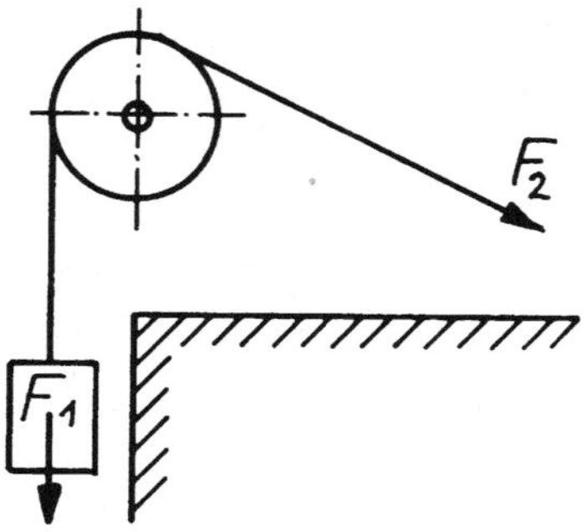


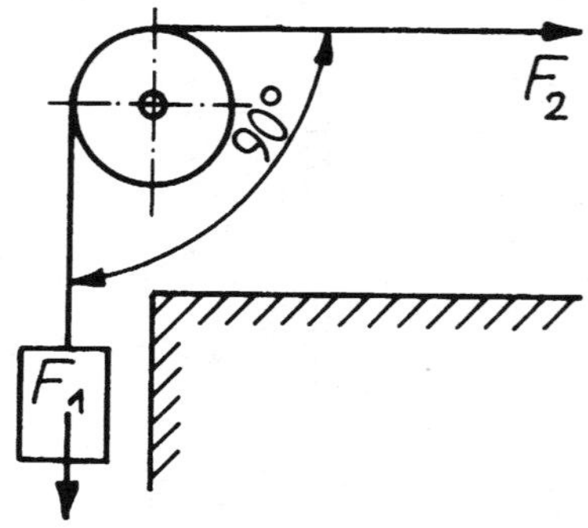


Für die Lösung müssen die beiden Kräfte $F_1$ und $F_2$ ______________ verschoben werden. Die Figur heißt ____________________________. Die Resultierende ist die ________________ dieses Kräfteparallelogramms. Sie hat die gleiche Wirkung wie die Kräfte, aus denen sie ermittelt wurde.

Ergebnis: $F_R$ = _____ cm ≙ _____ kN

Ergebnis: $F_R$ = _____ cm ≙ _____ kN

Schneiden sich die beiden Wirkungslinien unter 90°, so entsteht ein ____________________. Die Resultierende ist wieder die ______________________.

Diese kann mit dem Lehrsatz des ____________________________ berechnet werden:

$F_R$ =

$F_R$ = ____________________

$F_R$ = ____________________

Zur gleichen Lösung kommt man, wenn die Einzelkräfte $F_1$ und $F_2$ nach Größe und Richtung aneinander gezeichnet werden:

**Kräfteparallelogramm**

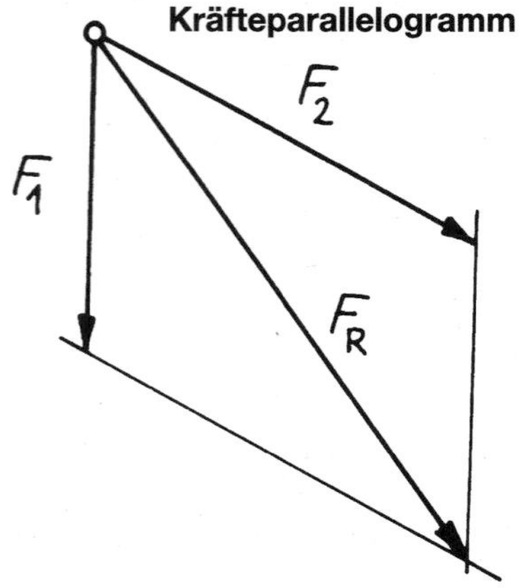


**Krafteck**

Anwendung findet das Krafteck besonders dort, wo mehr als zwei Einzelkräfte wirken.

Die Resultierende $F_R$ ist die Strecke zwischen ____________________________ der 1. Kraft und ____________________________ der letzten Kraft.

## D. Zerlegen von Kräften

Ermitteln Sie zeichnerisch die Größe der Kräfte $F_1$ und $F_2$ in den beiden Zugseilen.

KM: 1 cm ≙ 20 N

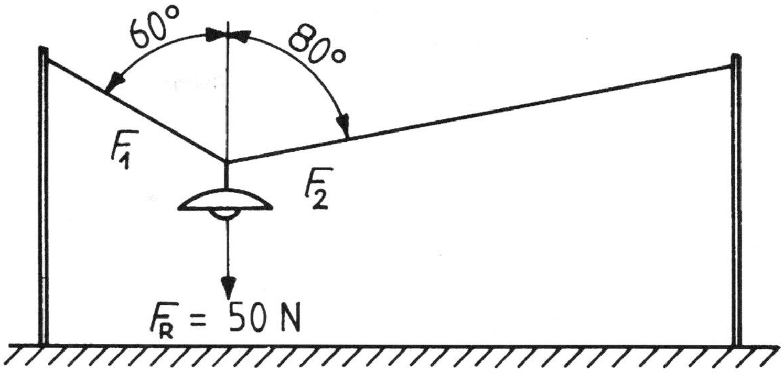


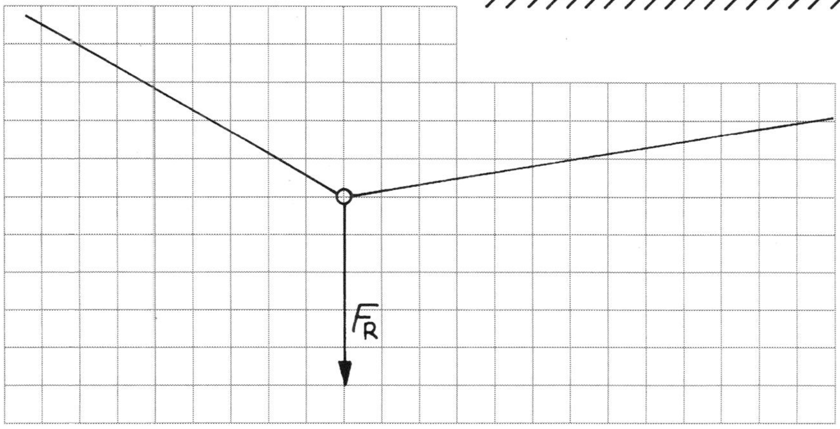


Um die Aufgabe lösen zu können, müssen die ____________________ ______________ der Kräfte $F_1$ und $F_2$ bekannt sein. $F_1$ und $F_2$ sind die ________________ des Kräfteparallelogramms.

Ergebnis: $F_1$ = _______ cm ≙ _______ N, $F_2$ = _______ cm ≙ _______ N

**1. Aufgabe:** Welche Kräfte (in kN) treten in den beiden Stäben der skizzierten Terrassenüberdachung auf?

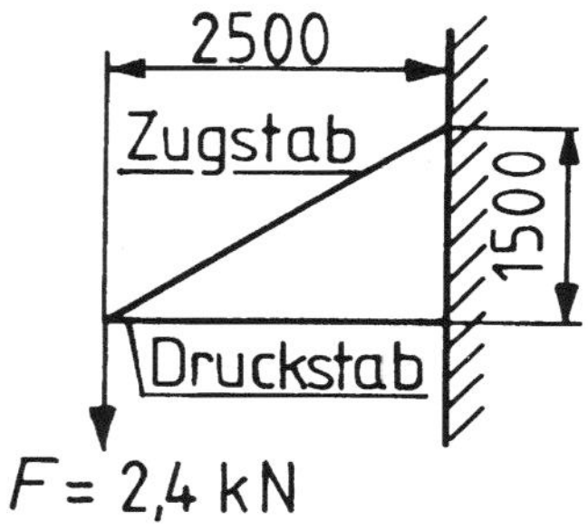


**2. Aufgabe:** Jede Zugstange der Anhängergabel kann maximal 8 kN aufnehmen.
Wie viel kN darf dann die Zugkraft *F* sein?

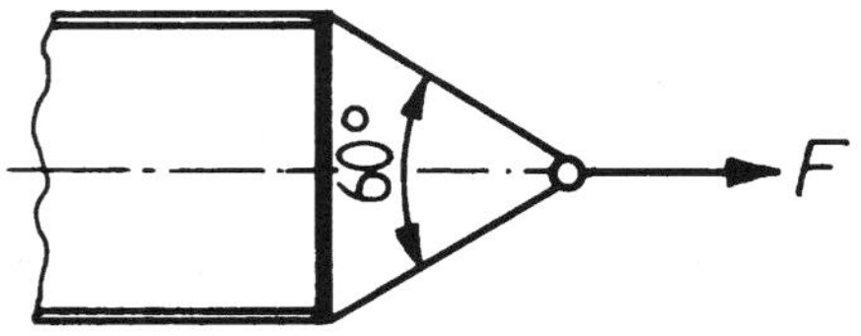

**3. Aufgabe:** Auf eine Stütze wirken folgende Einzelkräfte: $F_1 = 3$ kN, $F_2 = 4$ kN, $F_3 = 6$ kN. Bestimmen Sie mit Hilfe eines Kraftecks die resultierende Kraft $F_R$.

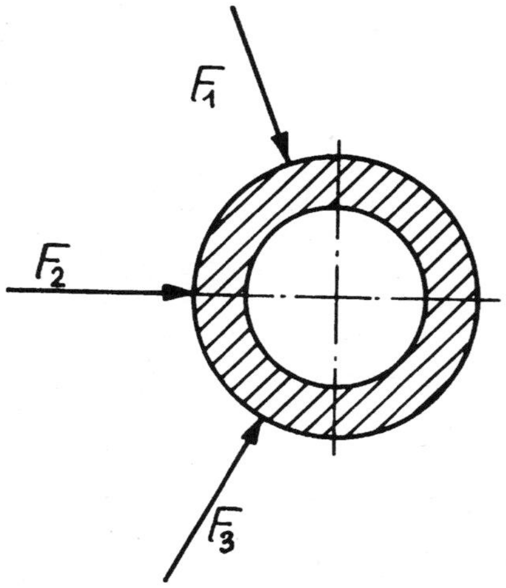


**4. Aufgabe:** Welche Gewichtskraft $F_G$ (in kN) darf gehoben werden, wenn jedes Stahlseil mit höchstens 50 kN belastet werden darf? Lösen Sie die Aufgabe durch Zeichnung und Rechnung.

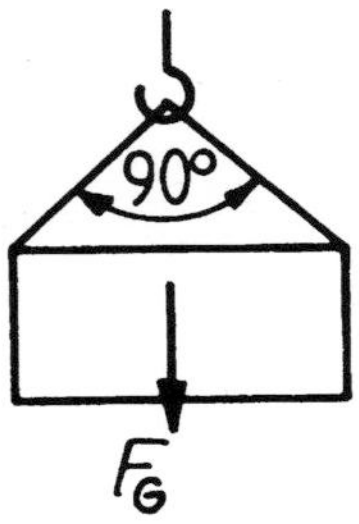


**5. Aufgabe:** Am Ende eines Gartentores wirkt eine Kraft $F$ von 400 N (siehe Skizze). Wie groß (in N) sind die Zug- bzw. Druckkräfte in den Stäben 1 und 2?

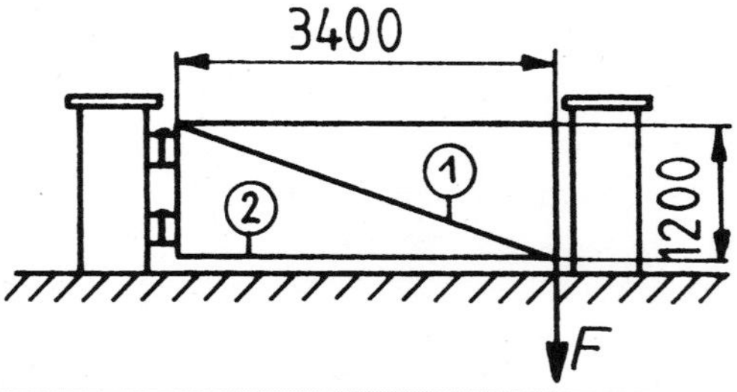

| Technische Mathematik Konstruktionsmechaniker und Metallbauer | Datum: | Drehmoment | F 2 |
|---|---|---|---|
| Name: | Klasse: | | 2 |

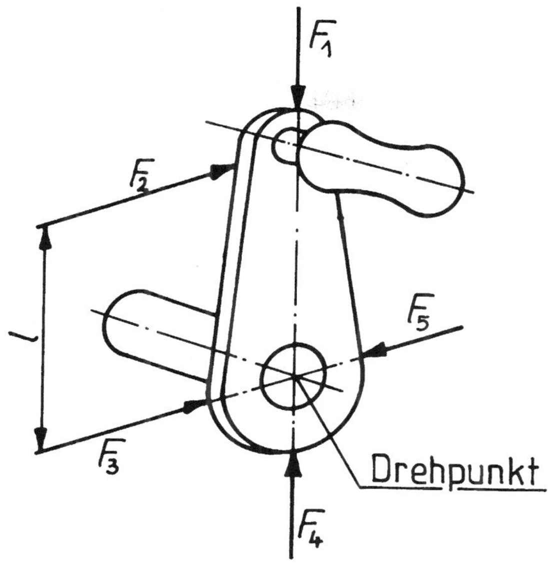


In der Physik wird die skizzierte Kurbel auch als ________________ bezeichnet.

Eine Drehwirkung wird nur mit der Kraft ______ erzielt. Diese Drehwirkung wird ________________ genannt. Mit den anderen Kräften wird kein Drehmoment erzielt, weil ihre ________________ durch den Drehpunkt gehen.

Um ein Drehmoment zu erzeugen, sind daher zwei Voraussetzungen notwendig:

– ________________ (z. B. 300 N)

– ________________ (= ________________ Abstand der Wirkungslinie vom Drehpunkt)

Das Drehmoment wird umso größer, je ____________ die Kraft und je ____________ der Hebelarm ist.

$M =$ (______) ______ in ______

______ in ______

**1. Aufgabe:** Die gezeichnete Kurbel wird mit der Kraft von 300 N bewegt. Der Hebelarm hat eine Länge von 20 cm. Berechnen Sie das Drehmoment (in Nm).

**2. Aufgabe:** Das maximale Drehmoment für die Zylinderkopfschrauben eines Kompressors ist mit 60 Nm angegeben.

a) Berechnen Sie die Kraft (in N) bei 240 mm wirksamer Schlüssellänge.

b) Wie lang (in mm) muss die Hebellänge sein, wenn nur 200 N Anzugskraft aufgebracht werden?

**3. Aufgabe:** a) Wie groß ist das Drehmoment (in Nm), wenn die Kraft $F_1$ mit 200 N zu Grunde gelegt wird?
b) Berechnen Sie das Drehmoment (in Nm), wenn $F_2$ wirkt und ebenfalls 200 N beträgt.

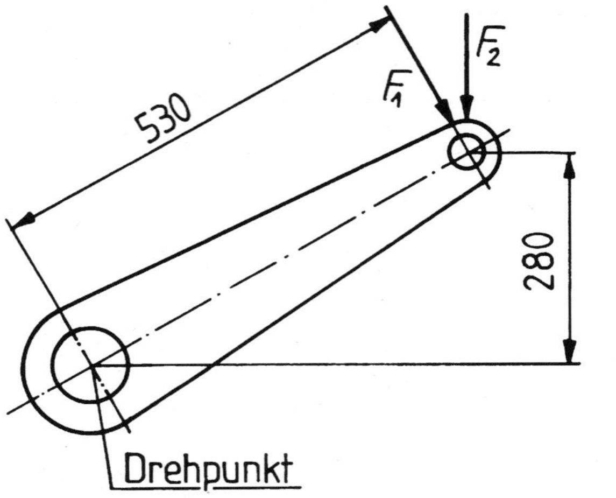


**4. Aufgabe:** Ein Gartentor ist in A und B gelagert.
a) Welches Drehmoment (in Nm) tritt im Lager A auf?
b) Berechnen Sie die Lagerkraft (in N) in B.

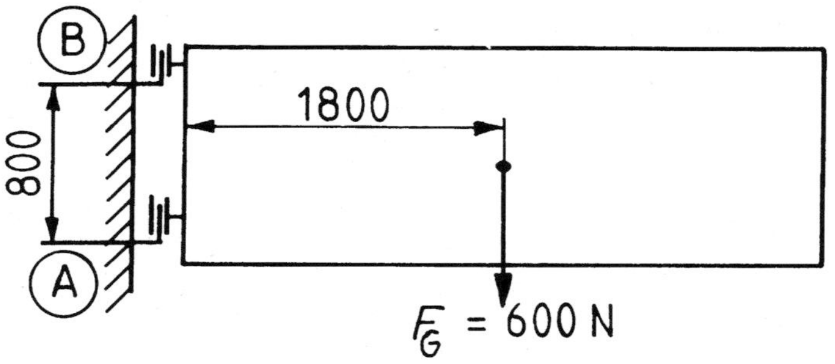

## A. Kräfte in Vordächern

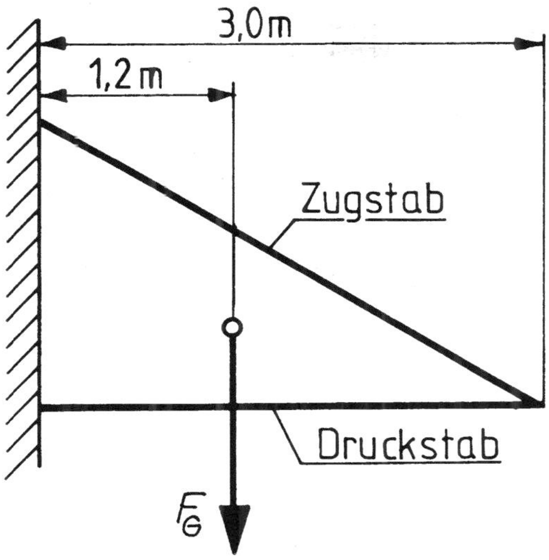


Die Gewichtskraft eines Vordaches beträgt 3 000 N. Welche Kräfte (in N) werden im Zug- und Druckstab übertragen?

Lösung mit Hilfe des ______________________________:

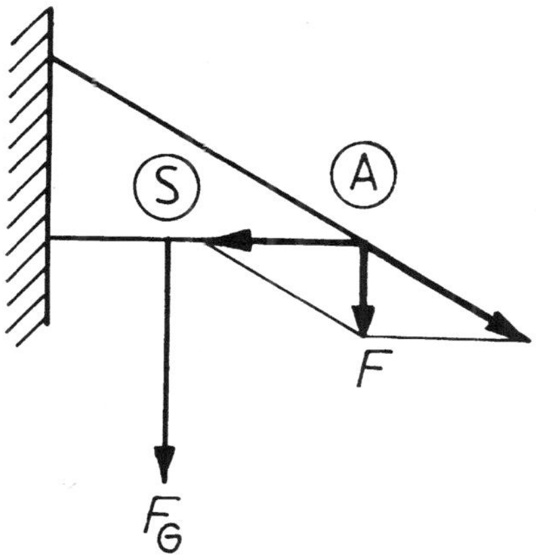


Soll die Kraft $F$ bei A das gleiche Moment erzeugen wie die Gewichtskraft $F_G$ bei S, so muss diese Kraft $F$ ______________ als die Gewichtskraft $F_G$ sein:

$M_S = M_A$

__________ = __________

______ =

______ =

______ = __________

Zeichnen Sie nun das Kräfteparallelogramm.

KM: 1 cm ≙ 400 N

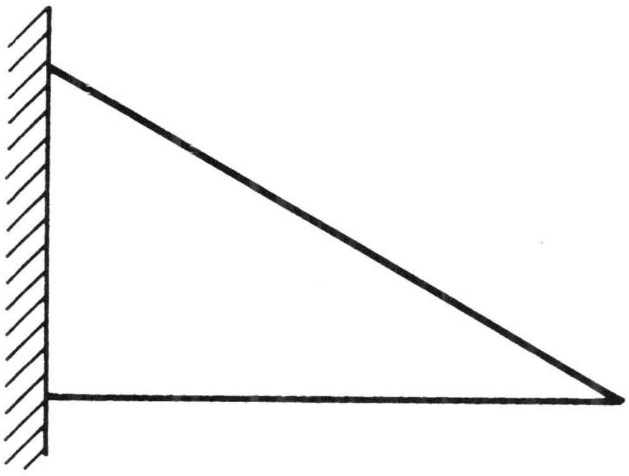

Lösung: $F_D$ = ________ cm ≙ __________ N

$F_Z$ = ________ cm ≙ __________ N

## B. Kräfte in Aufhängung von Türen und Toren

Eine feuerhemmende Stahltüre ist im Halslager A und im Spurlager B aufgehängt, liegt aber nur im Spurlager B auf. Es sind zeichnerisch und rechnerisch (in N) zu bestimmen:

a) Stützkraft $F_A$ im Halslager
b) Waagrecht gerichtete Kraft $F_{Bx}$ im Spurlager
c) Senkrecht gerichtete Kraft $F_{By}$ im Spurlager
d) Stützkraft $F_B$ im Spurlager

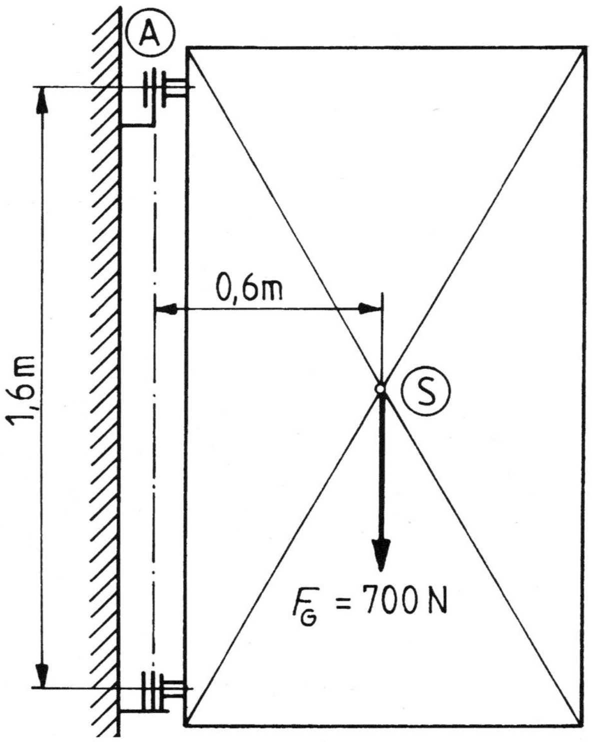


**1. Zeichnerische Lösung** KM: 1 cm ≙ 200 N

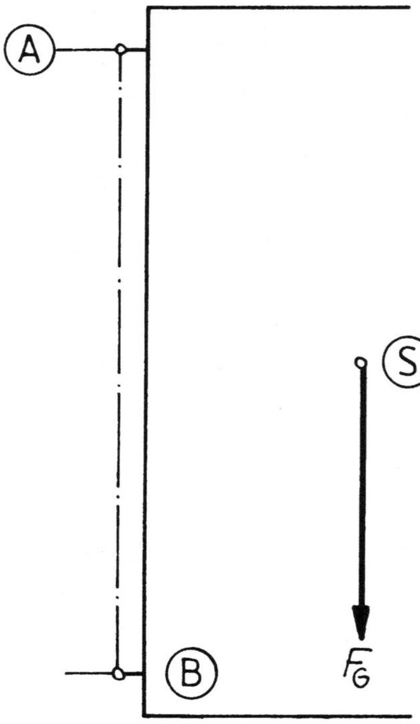


Lösung:

$F_A$ = ________ cm ≙ ________ N

$F_B$ = ________ cm ≙ ________ N

$F_{Bx}$ = ________ = ________ N

$F_{By}$ = ________ = ________ N

**2. Rechnerische Lösung**

a) Drehmoment im Lager B:

$M_B$ = ________

$M_B$ = ________

$M_B$ = ________

b) $F_{Bx} = F$___ = ________

c) $F_{By} = F$___ = ________

d) $F_B$ = ________

$F_B$ = ________

$F_B$ = ________

Stützkraft im Lager A:

$M_A$ = ________

$M_A$ = ________

___ =

___ =

___ = ________

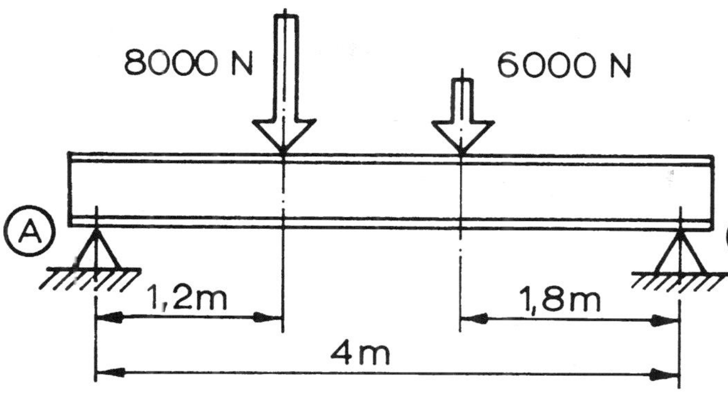


Ein Träger liegt an den Lagern A und B auf.
Wie groß sind die Auflagerkräfte (in N), wenn die Eigengewichtskraft nicht berücksichtigt wird?

**Auflagerkraft bei A**

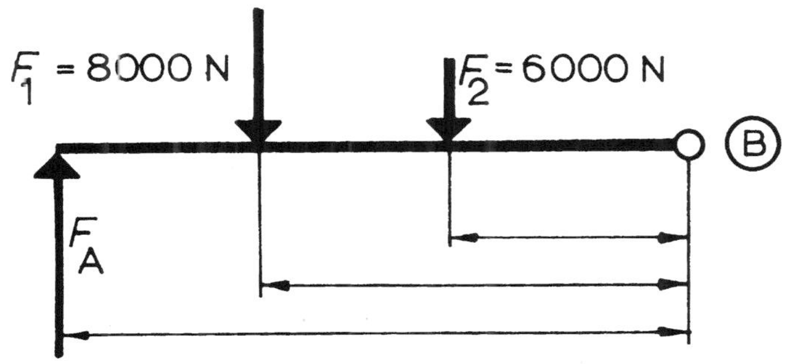


Zur Ermittlung der Auflagerkraft bei A wird als Drehpunkt ______ angenommen.

Der Träger wirkt dann als ______________ .

Die beiden Kräfte $F_1$ und $F_2$ erzeugen linksdrehende ________________ :

$\Sigma M_l$ = ______________________ $\Sigma$ = Summe

Damit Gleichgewicht herrscht, muss ein gleichgroßes ________________ -drehendes Moment entgegenwirken.

Dieses wird gebildet aus der ____________________ bei ______ und der ____________________ :

$\Sigma M_r$ = ______________

Gleichgewicht liegt also vor, wenn gilt:

$$\Sigma M_r = \Sigma M_l$$

$$F_A \cdot l = F_1 \cdot l_1 + F_2 \cdot l_2$$

$F_A$ =

$F_A$ =

$F_A$ =

$F_A$ =

$F_A$ =

**Auflagerkraft bei B**

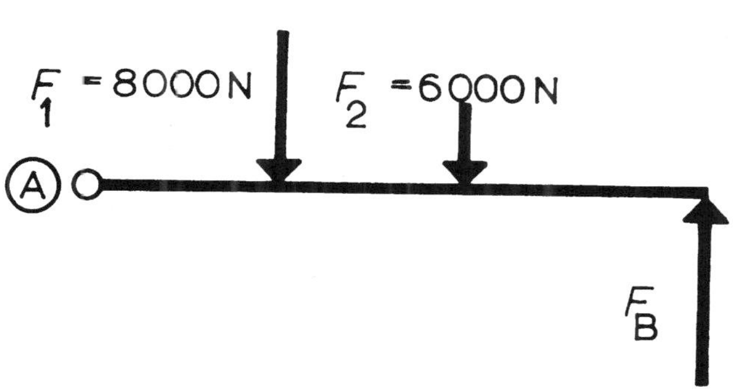


Als Drehpunkt wird jetzt ______ angenommen:

$F_B$ =

$F_B$ =

$F_B$ =

$F_B$ =

Tragen Sie in die Skizze die Länge der Hebelarme ein.

**Vergleichen Sie:**

| | | |
|---|---|---|
| Auflagerkraft bei A | $F_A$ = | N |
| Auflagerkraft bei B | $F_B$ = | N |
| Gesamtauflagerkraft | = | N |

| | | |
|---|---|---|
| Belastungskraft | $F_1$ = | N |
| Belastungskraft | $F_2$ = | N |
| Gesamtbelastungskraft | = | N |

$F_A + F_B =$

Ist eine Auflagerkraft, z. B. $F_A$ bekannt, erhält man $F_B$ durch folgende Rechnung:

$F_B =$ ____________________

$F_B =$ __________ N

$F_B =$

$F_A =$

**Aufgabe:** Der gezeichnete Träger wird von den beiden Kräften $F_1 = 3$ kN und $F_2 = 1\,850$ N belastet. Berechnen Sie die Auflagerkräfte (in N).

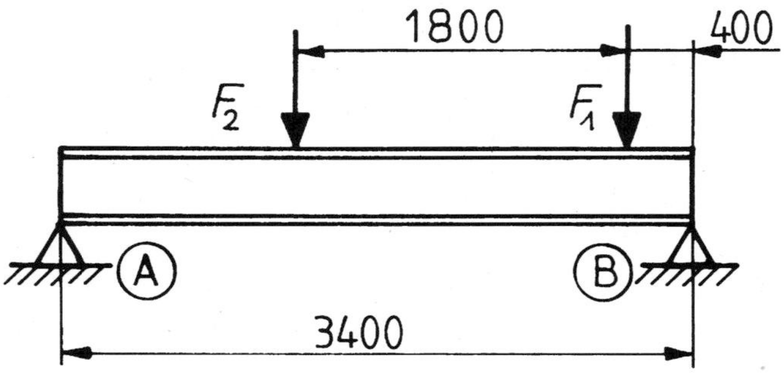


Fertigen Sie zuerst eine Skizze an, in welcher der Drehpunkt bei B angenommen wird.

Zeichnen Sie die Belastungskräfte und deren Hebelarmlängen in Formelbuchstaben ein.

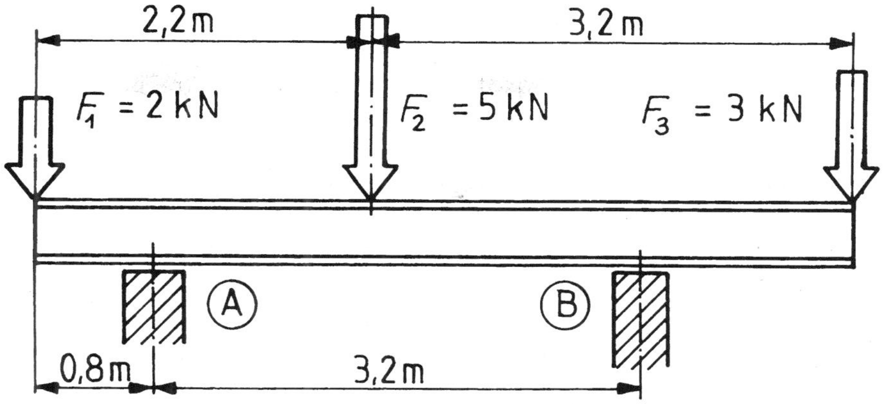


Berechnen Sie die Auflagerkräfte (in kN), wenn die Eigengewichtskraft nicht berücksichtigt wird.

Träger, welche über ihre Auflager hinausreichen und auch dort belastet werden, heißen ____________________-Träger.

**Auflagerkraft bei A**

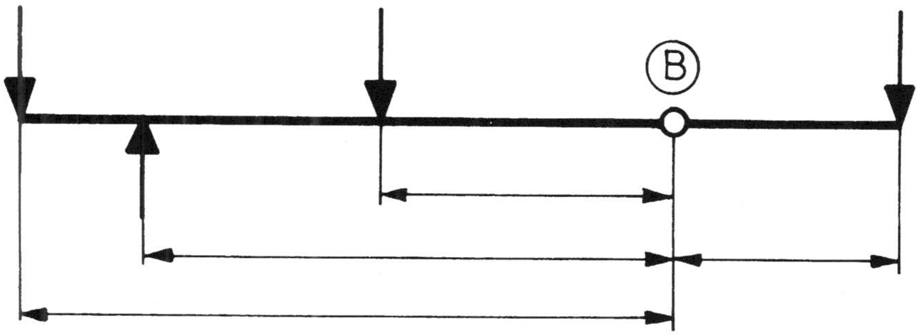


Als Drehpunkt wird _____ angenommen.

Auch beim Kragarmträger gilt: $\Sigma M_r = \Sigma M_l$

Summe der rechtsdrehenden Momente = Summe der linksdrehenden Momente

$$F_A \cdot l_A + F_3 \cdot l_3 = F_1 \cdot l_1 + F_2 \cdot l_2$$

$$F_A \cdot l_A = F_1 \cdot l_1 + F_2 \cdot l_2 - F_3 \cdot l_3$$

$F_A$ =

$F_A$ =

$F_A$ =

$F_A$ =

$F_A$ =

**Auflagerkraft bei B**

Als Drehpunkt könnte jetzt _____ angenommen werden. Einfacher ist jedoch – wie schon beim Stützträger – folgender Weg:

$F_A + F_B$ = ____________________

$F_B$ = ____________________

$F_B$ = ____________________

$F_B$ = _____

**Aufgabe:** Ein Träger wird vom Mauerwerk und von einer Konsole abgestützt. Berechnen Sie die zu A und B senkrecht gerichteten Auflagerkräfte (in kN).

$F_1 = 3$ kN

$F_2 = 5$ kN

$F_3 = 4$ kN

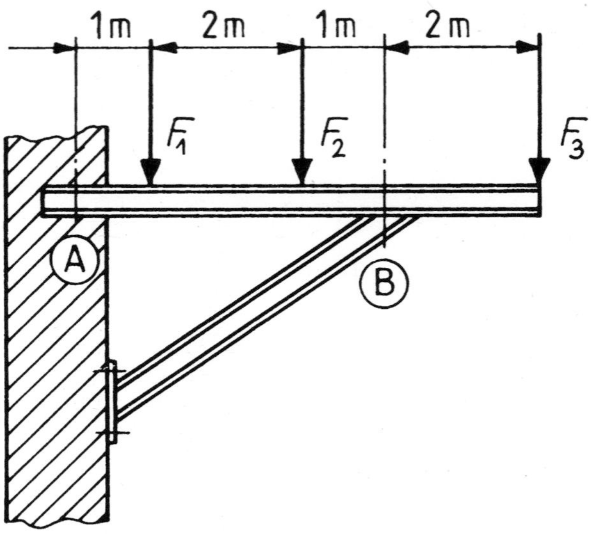

| Technische Mathematik Konstruktionsmechaniker und Metallbauer | Datum: | Auflagerkräfte – Streckenlast und Eigengewichtskraft | F 2 |
|---|---|---|---|
| Name: | Klasse: | | 6 |

## A. Streckenlast

Ein 6 m langer Stützträger wird auf 4 m Länge von der Streckenlast $F' = 3$ kN/m belastet. Das Eigengewicht des Trägers wird nicht berücksichtigt.
Berechnen Sie die Auflagerkräfte A und B (in kN).

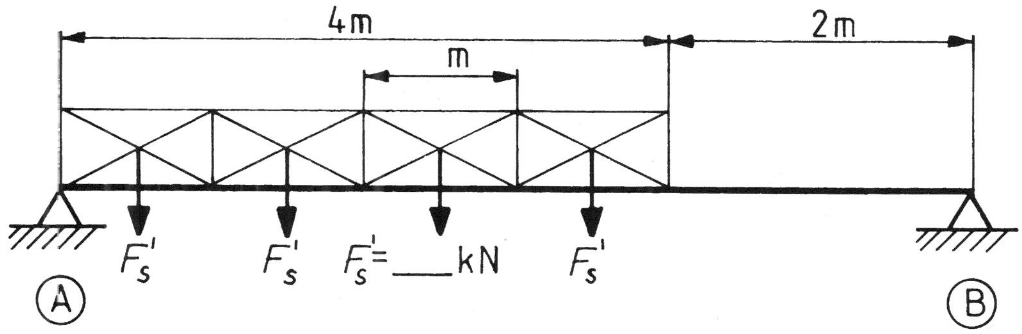


**Auflagerkraft bei A**

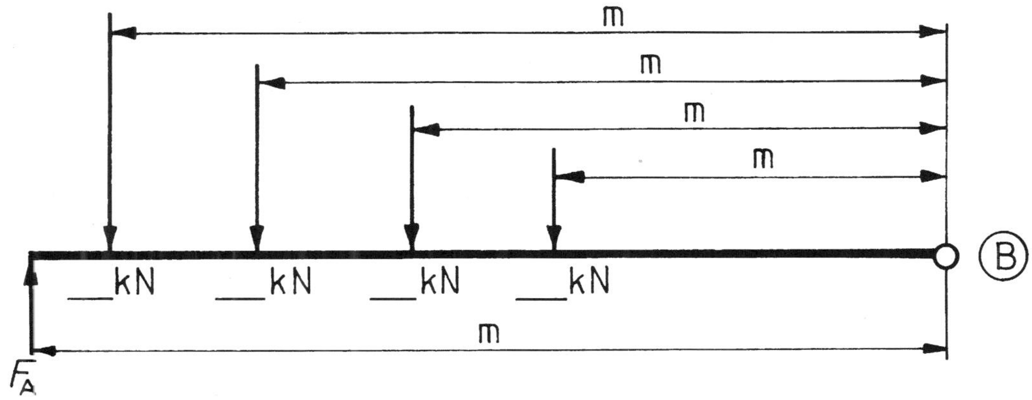


$\Sigma M_r = \Sigma M_l$

___ = ___

___ = ___

___ = ___

___ = 

___ = ___

**Auflagerkraft bei B**

$F_B$ = ___

$F_B$ = ___

$F_B$ = ___

Gesamte Streckenlast $F$ = ___ = ___ = ___

Diese Last kommt einer Einzelkraft gleich, welche im ___ angreift:

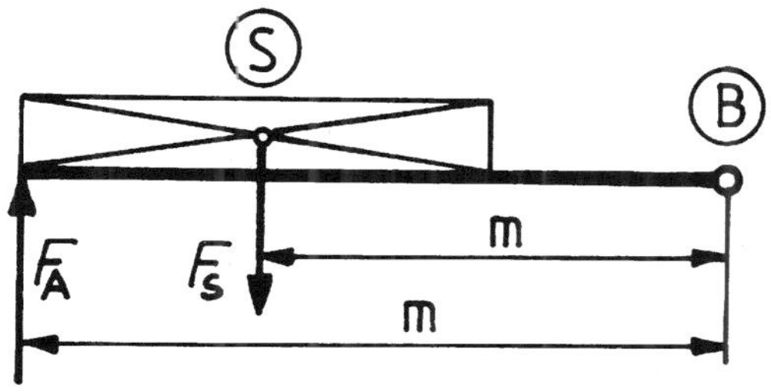


$\Sigma M_r = \Sigma M_l$

= ___

___ = ___

___ = 

___ = ___

## B. Eigengewichtskraft

Ein 6 m langer Kragarmträger I 320 hat eine längenbezogene Masse $m' = 61$ kg/m.
Berechnen Sie die Auflagerkräfte bei A und B (in N).

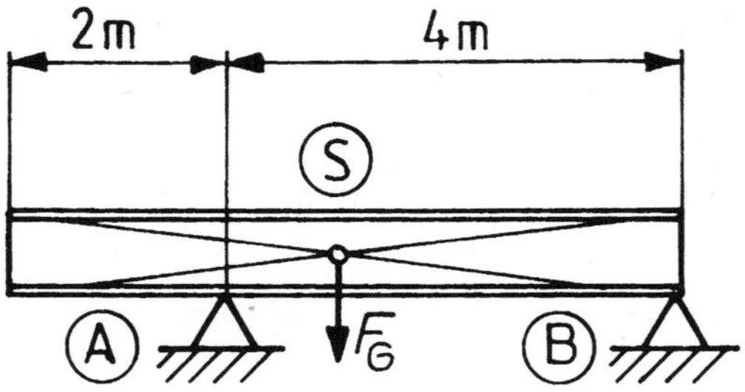


Auch das Eigengewicht kommt einer Einzelkraft gleich, welche im Schwerpunkt S angreift.

Masse des Trägers:

$m$ = ______

$m$ = ______

$m$ = ______

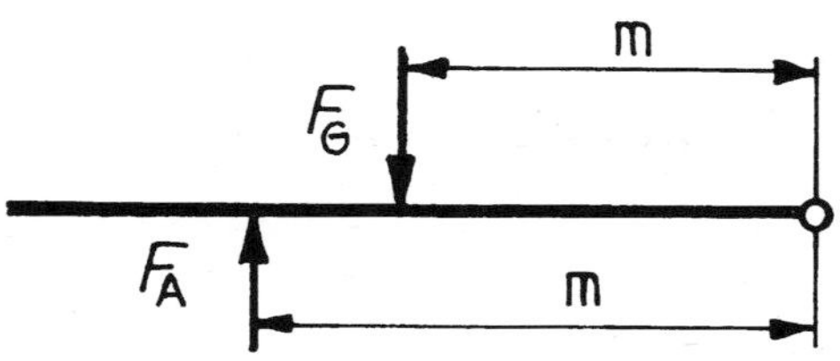


Gewichtskraft des Trägers:

$F_G$ = ______

$F_G$ = ______

$F_G$ = ______

$\Sigma M_r = \Sigma M_l$

______ = ______

______ = ______

______ =

______ = ______

Auflagerkraft bei B:

$F_B$ = ______

$F_B$ = ______

$F_B$ = ______

**Aufgabe:** Der skizzierte Kragarmträger IPB 260 ($m' = 93$ kg/m) belastet seine Auflager mit
- einer Einzellast $F_1 = 6$ kN
- einer Streckenlast $F'_S$ mit 500 N/m und
- seiner Eigengewichtskraft $F_G$.

Berechnen Sie die Auflagerkräfte (in N).

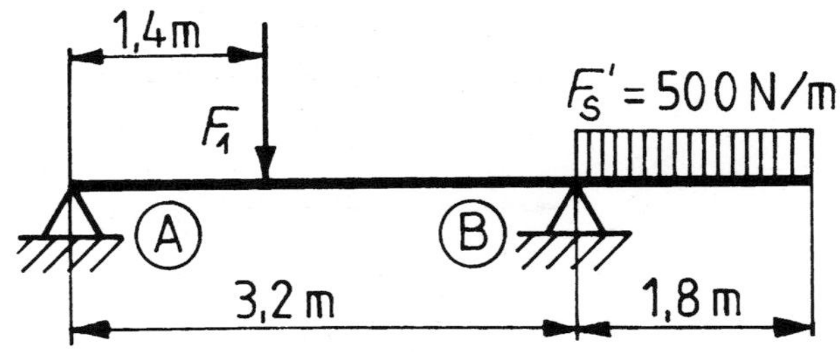

# Beanspruchung auf Zug I

## A. Zugspannung

Flachstahl mit einer Querschnittsfläche von 40 mm² wird mit der Zugkraft von 3 200 N belastet.
Wie groß ist die auftretende Zugspannung?

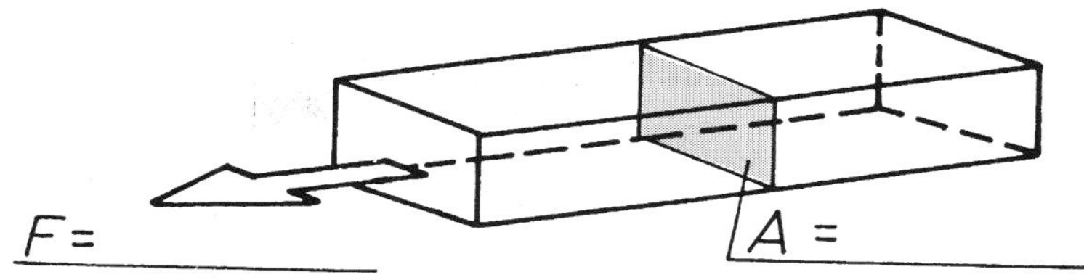


Die Zugspannung gibt an, welche Kraft in N auf 1 mm² Querschnitt entfällt.

Formelzeichen: ________ (sigma/Zug)

Benennung: ________

________ mm² ——▶ ________ N

________ mm² ——▶ = ____________

$\sigma_Z$ = (N/mm²)

*F* in ________

*A* in ________

Häufig wird die Fläche *A* auch mit *S* (= Spannungsfläche) abgekürzt.

## B. Zulässige Zugspannung

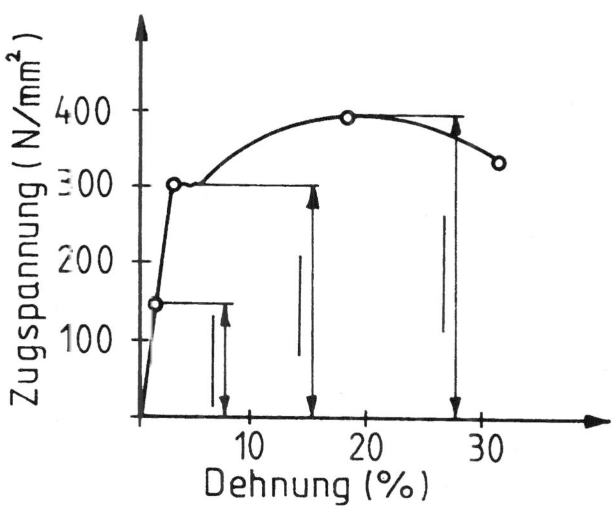


Bauteile dürfen sich bei Beanspruchung nicht bleibend verformen. Der Werkstoff darf daher höchstens bis zu seiner ____________ ____________ belastet werden.

Diese wird manchmal auch als ________-Spannung bezeichnet.

Aus Sicherheitsgründen werden Werkstoffe aber nur mit einem Teil dieser Streckgrenze belastet.

Diese geringere Zugspannung heißt ________ ________ Zugspannung.

$R_m$ = ____________

$R_e$ = ____________

$\sigma_{z\,zul}$ = ____________

**Beispiel:**

| | | | |
|---|---|---|---|
| Streckgrenze | $R_e$ | = | 300 N/mm² |
| zulässige Zugspannung | $\sigma_{z\,zul}$ | = | 150 N/mm² |
| Sicherheitszahl | $\nu$(nü) | = | _____ . |

Die Größe der Sicherheitszahl $\nu$ hängt ab
- ob Menschenleben in Gefahr sind
- ob materielle und wirtschaftliche Schäden entstehen können
- vom Belastungsfall (siehe Technologie)

Belastungsfall I: ____________, II: ____________, III: ____________
Die Festigkeitswerte für die verschiedenen Belastungsfälle werden den Tabellenbüchern entnommen.

Berechnen Sie die zulässige Zugspannung eines T-Profils (DIN EN 10055 – S275 JR, früher USt 44-2) für den Belastungsfall III und 3-facher Sicherheit. Entnehmen Sie die Grenzspannung (= Streckgrenze) einem Tabellenbuch.

**Geg.:** ____________

**Ges.:** ________

Bei 1-facher Sicherheit ——▶ ________ N/mm²

Bei ___-facher Sicherheit ——▶ = ________ N/mm²

$\sigma_{z\,zul}$ = (N/mm²) _____ in ________

____________

**1. Aufgabe:** Für ein Bauteil aus GS-60 ist bei 1,6-facher Sicherheit die zulässige Zugspannung für den Belastungsfall I zu berechnen.

**2. Aufgabe:** Eine Zugstange mit 160 mm$^2$ Querschnitt wird mit der Kraft von 20 kN belastet.
Berechnen Sie die auftretende Zugspannung.

**3. Aufgabe:** In einer Stahlkonstruktion wird Flachstahl aus S185 (früher St 33) mit 30 · 6 mm Querschnitt auf Zug belastet. Die Mindestzugfestigkeit ist 330 N/mm$^2$.
Wie viel kN Zugkraft kann der Stahl mindestens aufnehmen bis er reißt?

**4. Aufgabe:** Welche Zugkraft (in kN) darf ein Quadratstahl S235 JR (früher St 37-2) 30 · 30 mm bei wechselnder Belastung aufnehmen, wenn 3-fache Sicherheit vorzusehen ist?

# Beanspruchung auf Zug II

**1. Aufgabe:** Ein Rundstahl wird mit 14,4 kN auf Zug belastet.
Welchen genormten Durchmesser (in mm) muss der Rundstahl mindestens haben, wenn die Grenzspannung bei 180 $N/mm^2$ liegt und 2,5-fache Sicherheit vorzusehen ist?

**2. Aufgabe:** Ein Drahtseil besteht aus 8 Litzen mit je 17 Drähten von 0,3 mm Durchmesser.

a) Welche Zugspannung (in $N/mm^2$) liegt bei einer Belastung von 5000 N vor?

b) Wird das Drahtseil mit 14 kN belastet, ist die Streckgrenze erreicht.
Wie viel $N/mm^2$ beträgt diese?

c) Berechnen Sie die Sicherheitszahl.

**3. Aufgabe:** Eine Sechskantschraube M 12 mit dem Kerndurchmesser von 9,85 mm besitzt die Festigkeitsklasse 10.9.

a) Welche Zugkraft (in kN) kann die Schraube bei 3-facher Sicherheit übertragen?

b) Welche Zugkraft (in kN) kann die Schraube bis zum Bruch mindestens übertragen?

**4. Aufgabe:** Eine Krankette soll die Masse von 2 t heben.

Berechnen Sie den Mindestdurchmesser (in mm) eines Kettengliedes aus S235 JR (früher St 37-2) bei 2,5-facher Sicherheit und dem Belastungsfall II, wenn beide Querschnitte eines Kettengliedes gleichmäßig belastet werden.

Die Beanspruchung auf Druck wird sinngemäß wie die Beanspruchung auf ____________ gerechnet.
Für den Index „z“ (Zug) wird der Index „d“ (Druck) gesetzt und statt der Streckgrenze $R_e$ die Druckfestigkeit $\sigma_{dB}$, bei Stahl und Stahlguss die Quetschgrenze $\sigma_{dF}$.
Ändern Sie nun die folgenden Formeln um.

**Beanspruchung auf Zug**

$\sigma_z = \frac{F}{A}$ →

**Beanspruchung auf Druck**

= (N/mm²)

______ in ____________

______ in ____________

$\sigma_{z\,zul} = \frac{R_e}{\nu}$ →

**Für Stahl und Stahlguss:**

= (N/mm²)

______ in ____________

______ in ____________

**Für alle anderen Metalle:**

= (N/mm²)

______ in ____________

______ in ____________

**1. Aufgabe:** Welche Druckspannung (in N/mm²) tritt in einer Stahlstütze mit 36 cm² Querschnitt auf, wenn sie mit 648 kN belastet wird?

**2. Aufgabe:** Ein Bauteil aus GS-45 mit der Quetschgrenze von 135 N/mm² wird auf Druck beansprucht. Berechnen Sie die zulässige Druckspannung (in N/mm²) bei 1,8-facher Sicherheit.

**3. Aufgabe:** Welche Druckkraft (in kN) kann das skizzierte Stahlrohr übertragen, wenn die Quetschgrenze 140 N/mm² beträgt und 2,5-fache Sicherheit gefordert ist?

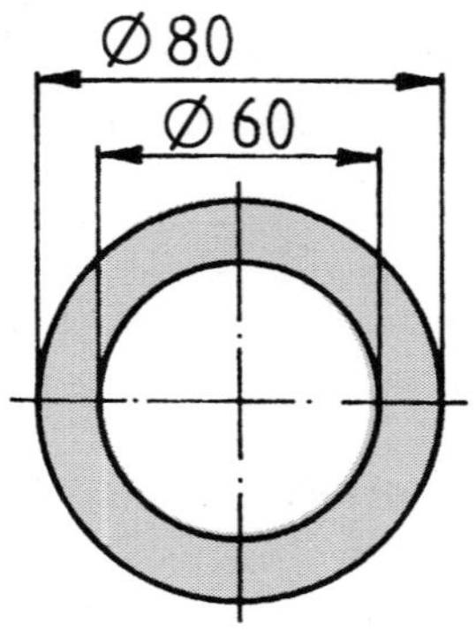


**4. Aufgabe:** Eine quadratische Säule (siehe Skizze) hat eine Masse von 31,8 t zu tragen. Die zulässige Druckspannung beträgt 80 N/mm².
Berechnen Sie die erlaubte lichte Weite (in mm).

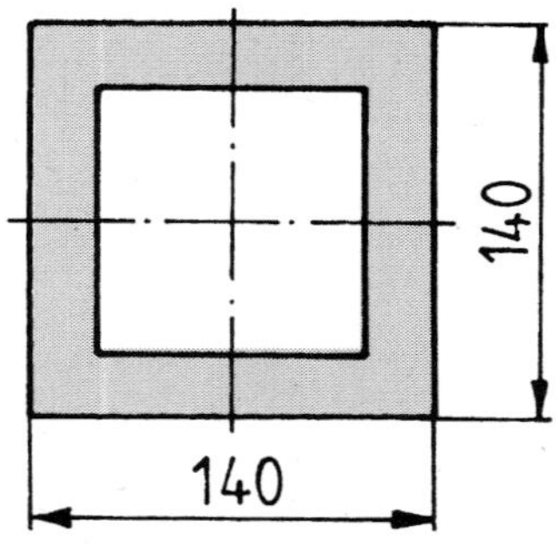

| Technische Mathematik Konstruktionsmechaniker und Metallbauer | Datum: | Druck | F 2 |
|---|---|---|---|
| Name: | Klasse: | | 9 |

Der 700 cm² große Abschlussdeckel eines Druckbehälters wird mit der Kraft von 56 000 N belastet. Welcher Druck (in N/cm² und in bar) herrscht im Behälter?

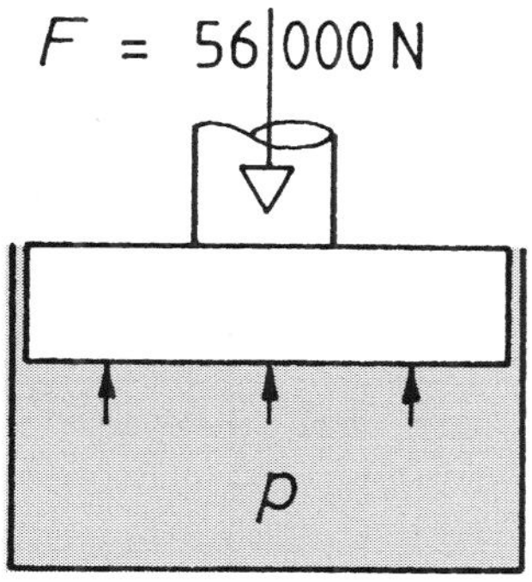


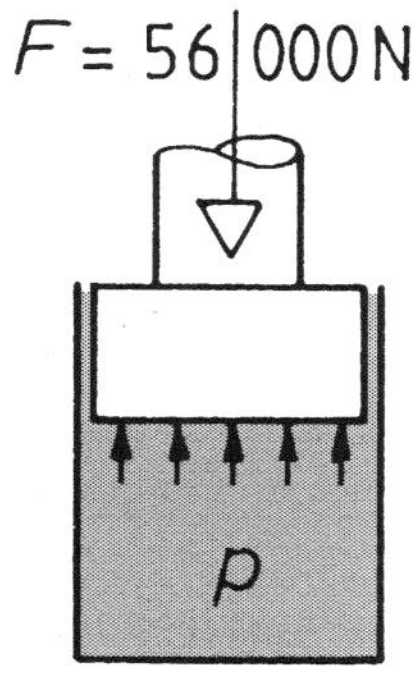


Bei gleicher Kraft $F$

und großer Fläche $A$
ist der Druck $p$ ____________.

und kleiner Fläche $A$
ist der Druck $p$ ____________.

**Geg.:** ______________________________________________________________

**Ges.:** ______

Auf ________ cm² ⟶ ________________ N

auf ________ cm² ⟶ = ________________

| $p$ = |
|---|

( ________ ) ______ in ______
______ in ______

In Flüssigkeiten und Gasen wird als Druckeinheit auch häufig das ________ verwendet.

| 10 N/cm² = 1 bar |
|---|

$p$ = ______ bar

**1. Aufgabe:** Die Feder eines Sicherheitsventils übt eine Kraft von 80 N aus. Der wirksame Durchmesser des Ventils ist 20 mm.
Bei wie viel bar öffnet das Sicherheitsventil?

**2. Aufgabe:** Der Arbeitskolben einer hydraulischen Richtpresse hat 80 mm Durchmesser. Beim Richten von verzogenen Profilstählen wird ein Druck von 20 bar erzeugt.
Mit welcher Kraft (in kN) wird ausgerichtet?

**3. Aufgabe:** Der Warmwasserbereiter im Waschraum einer Werkstätte wird mit einem maximalen Druck von 6 bar betrieben.
Wie viel Schrauben benötigt man für den Reinigungsdeckel mit 400 mm Durchmesser, wenn eine Schraube mit 3 140 N beansprucht werden darf?

**4. Aufgabe:** Der Blindstopfen in einer Druckluftanlage muss die Belastung von 94,2 N bei 12 bar Betriebsdruck aufnehmen.
Wie groß (in $cm^2$) darf die Fläche des Stopfens höchstens sein und wie groß ist dann sein Durchmesser (in mm)?

## A. Flächenpressung ebener Flächen

Die skizzierte quadratische Fundamentplatte mit 400 cm² Auflagerfläche muss eine Kraft von 600 kN übertragen.
Wie groß (in N/mm²) ist die Flächenpressung?

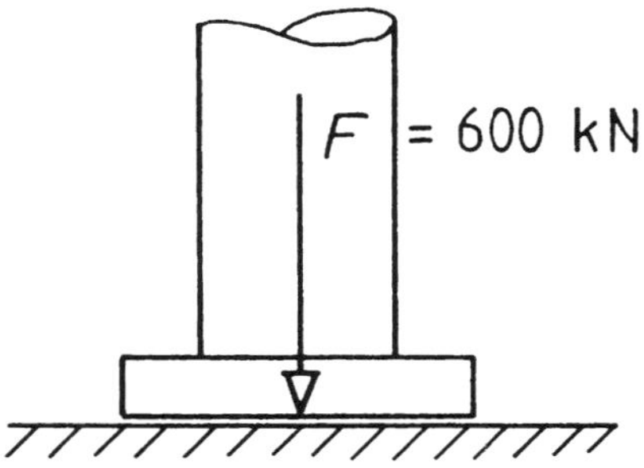


Werden Bauteile auf ____________ beansprucht, so wird die an den Berührflächen auftretende Spannung als Flächenpressung $p$ bezeichnet.

**Geg.:** ______________________________________________

**Ges.:** ______

Auf ________ mm² ⟶ ________________ N

auf ________ mm² ⟶ = ________________

$p$ = ( ________ ) ______ in ______

______ in ______

## B. Flächenpressung gewölbter Flächen

Ein Bolzen ist 50 mm lang und hat einen Durchmesser von 30 mm. Er muss die Druckkraft von 90 kN übertragen.
Wie groß (in N/mm²) ist in der Bohrung die Flächenpressung?

**Geg.:** ______________________________________________

**Ges.:** ____

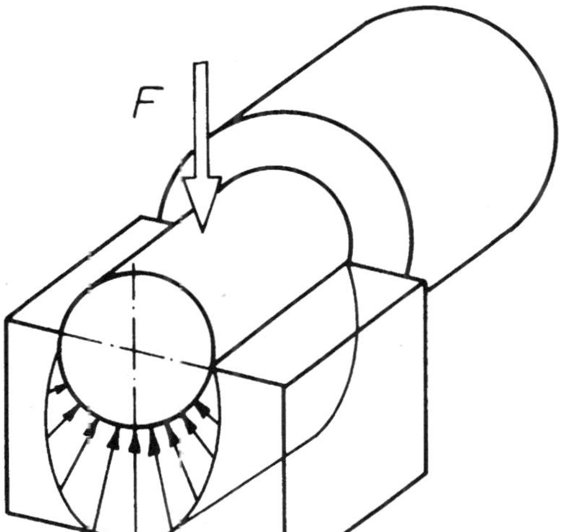


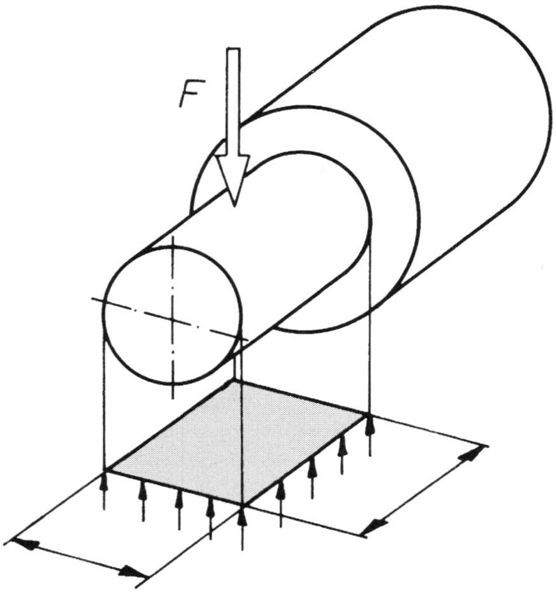


Die Flächenpressung ist bei gewölbten Flächen in der Mitte am ______________ und nimmt nach den Seiten hin ________. Um einen Mittelwert zu erhalten, wird als Berührungsfläche die Fläche eines ______________ (= projizierte Fläche) eingesetzt, gebildet aus ______ und ______.

$A$ = ______________________ $p$ =

$A$ = ______________________ $p$ =

$A$ = ______________________ $p$ = ______________________

## C. Flächenpressung am Niet- und Schraubenschaft

Die skizzierte zweischnittige Nietverbindung soll eine Kraft von 2 400 N übertragen. Der geschlagene Niet hat 12 mm Durchmesser.
Berechnen Sie die maximale Flächenpressung in N/mm².

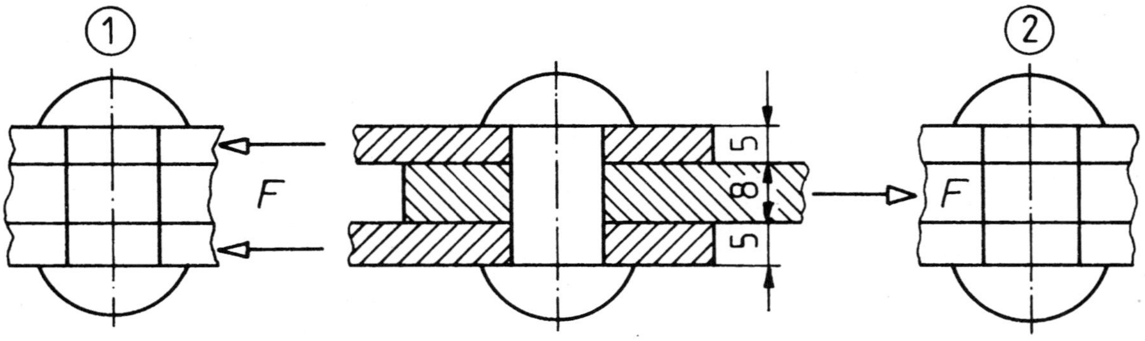


Die Flächenpressung am Niet- und Schraubenschaft wird auch als ______________________ bezeichnet.

**Aufgabe:** Kennzeichnen Sie in den beiden Skizzen (1) und (2) farbig die projizierten Flächen.

Am größten ist die Lochleibung bei ◯, weil dort die Kraft von der ______________ Fläche übertragen werden muss.

**Geg.:**
**Ges.:**

**1. Aufgabe:** Wie lang (in mm) muss ein Bolzen mit 20 mm Durchmesser sein, damit er bei einer zulässigen Flächenpressung von 18 N/mm² 12,6 kN übertragen kann?

**2. Aufgabe:** Ein Niet mit 8 mm Durchmesser verbindet zwei Bleche von je 10 mm Dicke. Die Lochleibung darf 20 N/mm² nicht überschreiten.
Welche Kraft (in N) kann übertragen werden?

| Technische Mathematik Konstruktionsmechaniker und Metallbauer | Datum: | Scherfestigkeit – Beanspruchung auf Schub | F 2 |
|---|---|---|---|
| Name: | Klasse: | | 11 |

1. Das Materia ________________ getrennt werden, z. B.

____________________________________________

= Beanspruchung auf ______________________

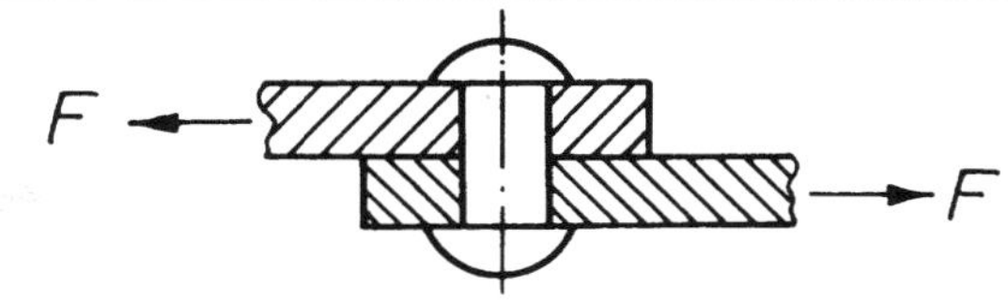


2. Das Material ________________ getrennt werden, z. B.

____________________________________________

= Beanspruchung auf ______________________

Der skizzierte Niet mit 12 mm Durchmesser wird auf Schub beansprucht. Seine Mindestzugfestigkeit beträgt 340 N/mm$^2$, die Sicherheit soll 2-fach sein.

a) Wie groß (in N/mm$^2$) ist die Scherfestigkeit?
b) Wie viel N/mm$^2$ beträgt die zulässige Scherspannung?
c) Mit welcher Kraft (in N) darf der Niet auf Schub belastet werden?

Unterscheiden Sie:

– Beanspruchung auf Zug oder Druck: _______ (sigma)

– Beanspruchung auf Schub oder Abscherung: _______ (tau)

**Geg.:** ____________________________________________

**Ges.:** a) _______ b) _______ c) _______

a) Vergleichen Sie:

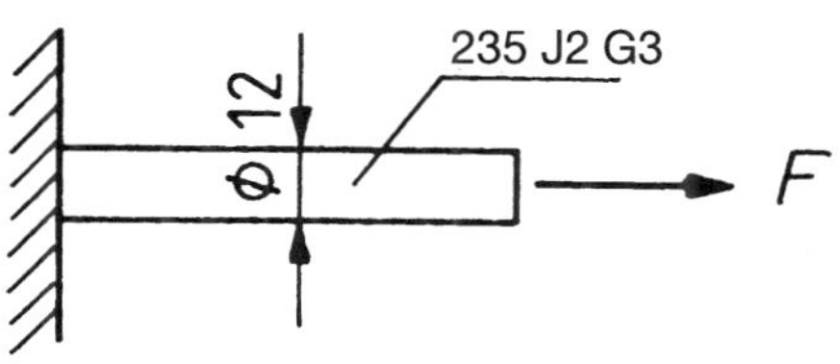


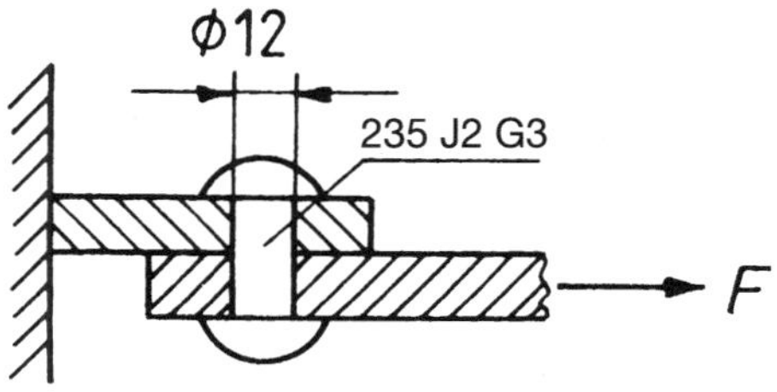


Obwohl Durchmesser und Material gleich sind, kann der Stahl bei Beanspruchung auf

_______________ ______________ belastet werden. | _______________ ______________ belastet werden.

Ist die Scherfestigkeit nicht bekannt, kann sie bei den Metallen mit Hilfe der Mindestzugfestigkeit errechnet werden:

| $\tau_{sB}$ = |
|---|

(N/mm$^2$) $R_m$ in N/mm$^2$

$\tau_{sB}$ = ________________

$\tau_{sB}$ = ________________

b)

| $\tau_{a\,zul}$ = |
|---|

(N/mm$^2$) _______ in __________

______________________________

$\tau_{a\,zul}$ =

$\tau_{a\,zul}$ = ________________

c) $A$ = Auf ______ mm$^2$ ⟶ ______ N,

$A$ = auf ______ mm$^2$ ⟶ ____________________ = ________ N

$A$ = ________________

| $F$ = |
|---|

(N) ______ in __________

______ in __________

**1. Aufgabe:** Mit welcher Kraft (in kN) darf ein Quadratstahl 8 · 8 mm auf Schub beansprucht werden, wenn die Mindestzugfestigkeit 340 N/mm² beträgt und 4-fache Sicherheit vorhanden sein soll?

**2. Aufgabe:** Ein Gelenkbolzen wird mit der Kraft von 30,1 kN auf Schub beansprucht. Welcher Durchmesser (in mm) ist zu wählen, wenn die Mindestzugfestigkeit 370 N/mm² beträgt und 2,5-fache Sicherheit gefordert ist?

**3. Aufgabe:** Mit welcher Kraft (in kN) kann der skizzierte Bolzen in der zweischnittigen Verbindung beansprucht werden, wenn die zulässige Scherspannung 230 N/mm² beträgt? Zeichnen Sie die gefährdeten Querschnitte ein.

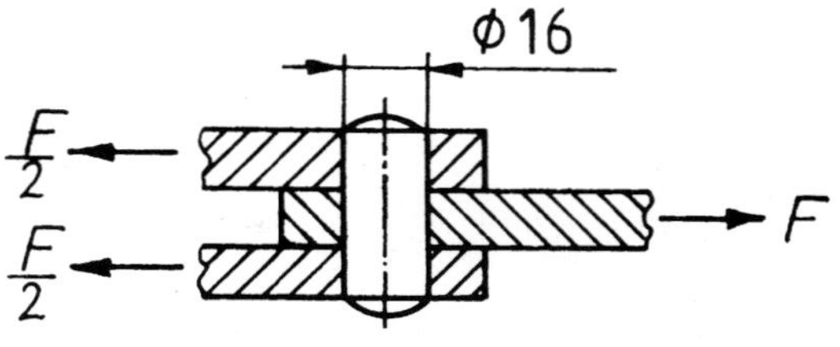

Aus 3 mm dickem Stahlblech werden Scheiben mit 20 mm Durchmesser ausgeschnitten. Die Scherfestigkeit liegt bei 200 N/mm².

a) Wie lang (in mm) ist die Schnittkantenlänge?
b) Wie viel mm² misst die Schnittfläche?
c) Welche Schnittkraft (in N) ist zum Ausschneiden erforderlich?

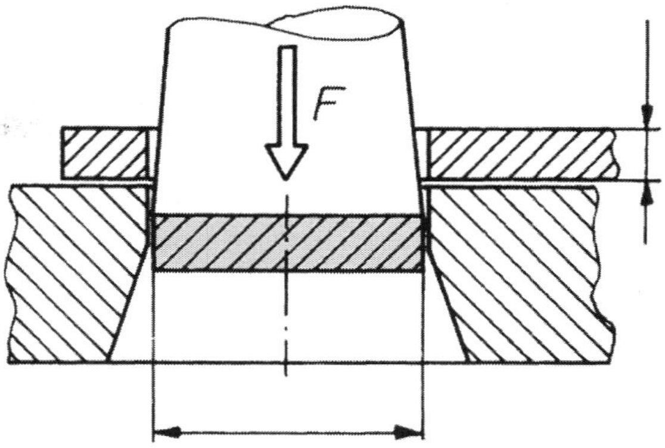


**Geg.:** ______________________________

______________________________

**Ges.:** a) ______ b) ______ c) ______

a) Schnittkantenlänge $L$

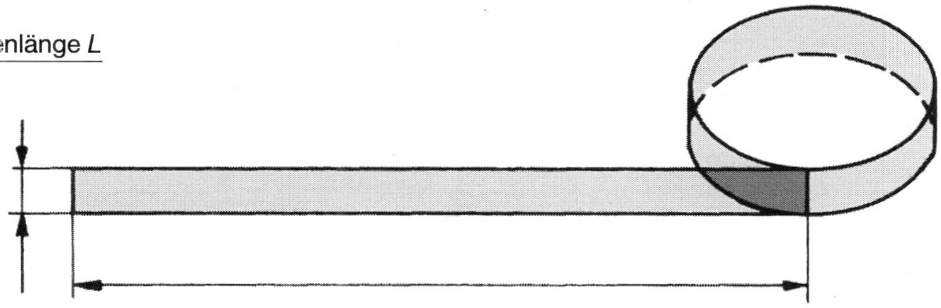

Die Schnittkantenlänge ist hier der ______________________________:

$L$ = ______________

$L$ = ______________ Quadrat → $L$ = ______________

$L$ = ______________ Rechteck → $L$ = ______________

b) Schnittfläche $A$

| $A$ = | (mm²) |
|---|---|

Schnittkantenlänge ______ in ______

Werkstoffdicke ______ in ______

$A$ = ______________

$A$ = ______________

c) Schnittkraft $F$

Beanspruchung auf Schub → Werkstoff ______________ getrennt werden.

Beanspruchung auf Abscherung → Werkstoff ______________ getrennt werden.

Beim Abscheren darf deshalb nicht mit $\tau$ ______, sondern muss mit $\tau$ ______ gerechnet werden.

| $F$ = | (N) |
|---|---|

______ in ______

______ in ______

$F$ = ______________

$F$ = ______________

**1. Aufgabe:** Welche Schnittkraft (in N) ist mindestens erforderlich, um aus 2 mm dickem Stahlblech mit der Zugfestigkeit von 370 N/mm² quadratische Teile mit 15 mm Seitenlänge auszuschneiden?

**2. Aufgabe:** Eine hydraulische Presse mit 200 kN Presskraft soll Scheiben mit 80 mm Durchmesser ausschneiden. Wie dick (in mm) darf das Blech sein, wenn die Scherfestigkeit 125 N/mm² beträgt?

**3. Aufgabe:** Laschen sollen nach Skizze ausgeschnitten werden. Der Werkstoff hat eine Zugfestigkeit von 400 N/mm². Wie groß sind die Schneidkräfte (in kN)

a) für das Vorlochen und
b) für das Ausschneiden?

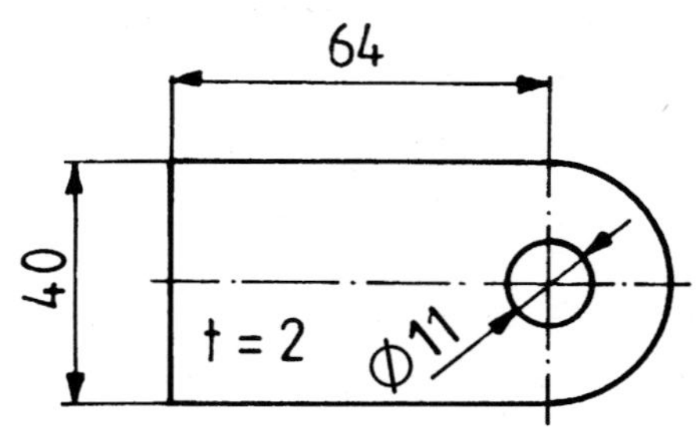

| Technische Mathematik Konstruktionsmechaniker und Metallbauer | Datum: | Beanspruchung auf Torsion | F 2 |
|---|---|---|---|
| Name: | Klasse: | | 13 |

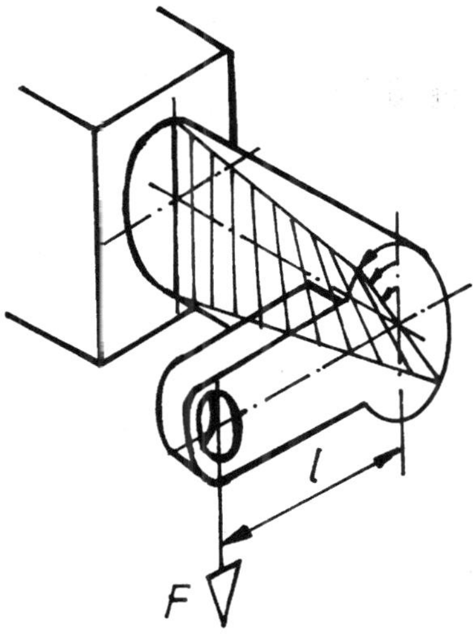


Wird ein Bauteil um seinen Mittelpunkt verdreht (= ________________ ), so werden die Werkstofffasern gegeneinander verschoben. Die auftretende Spannung wird als ________________________ -Spannung bezeichnet. Diese ist in den äußeren Fasern am ________________ und nimmt zum Mittelpunkt hin ________ .

**A.** Die **Torsionsspannung** wird durch das Torsions- ________________________ ( __________ ) erzeugt.
Seine Größe hängt ab:

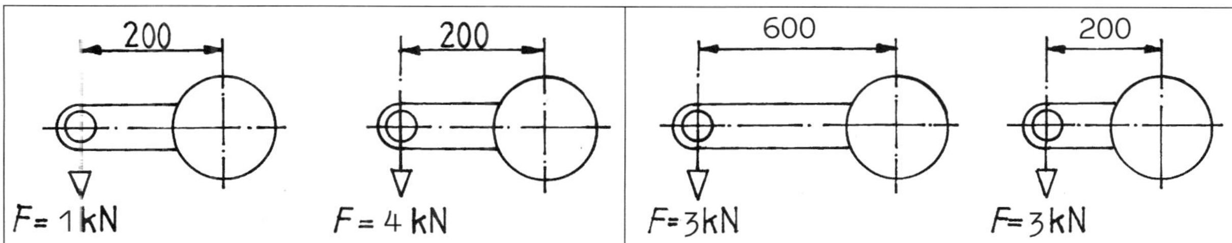


| | |
|---|---|
| 1. Von der Größe der __________ ( ___ ) | 2. Von der __________ ( ___ ) des ______________ |

$M_T$ = ______________

Das Torsionsmoment $M_T$ kann folgende Benennung haben:

| Kraft $F$ in | Hebelarmlänge / in | | |
|---|---|---|---|
| | mm | cm | m |
| N | ________ | ________ | ________ |

Meist wird mit der Einheit ______________ gerechnet.

Wie groß (in Ncm) ist das Torsionsmoment, wenn eine Kraft von 80 N in 200 mm angreift?

**Geg.:** ________________________________________

**Ges.:** _____

**B.** Die Größe der Torsionsspannung hängt – außer vom Torsionsmoment – noch von der __________ und den Abmessungen des verwendeten Querschnittes ab. Dies wird im polaren ________________________ ________________ ( _____ ) berücksichtigt. Seine Benennung ist ________ .

**Polare Widerstandsmomente** (Auswahl)

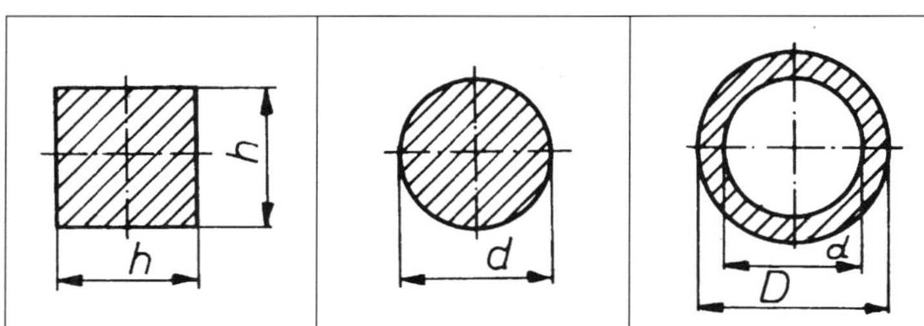


| | | |
|---|---|---|
| $W_p = 0{,}208 \cdot h^3$ | $W_p = \dfrac{d^3 \cdot \pi}{16}$ | $W_p = \dfrac{(D^4 - d^4) \cdot \pi}{16 \cdot D}$ |

Berechnen Sie das polare Widerstandsmoment (in $cm^3$) für eine Vollwelle mit 20 mm Durchmesser.

**Geg.:** ______________________________

**Ges.:** ____

**C.** Die **Torsionsspannung** $\tau_T$ wird aus dem ______________________________ $M_T$ und dem polaren ______________________________ $W_p$ berechnet:

$$\text{Torsionsspannung} = \frac{\text{Torsionsmoment}}{\text{polares Widerstandsmoment}}$$

____ = $\left(\frac{N}{cm^2}\right)$ $M_T$ in __________

$W_p$ in __________

Welche Torsionsspannung (in N/mm) tritt in der umseitig skizzierten Welle mit den bisher berechneten Größen auf?

**Geg.:** ______________________________

**Ges.:** ______

**Aufgabe:** Welche Kraft (in N) kann ein Quadratstahl mit 8 mm Kantenlänge und bei 160 mm Hebelarmlänge übertragen, wenn die Torsionsspannung von 120 $N/mm^2$ nicht überschritten werden darf?

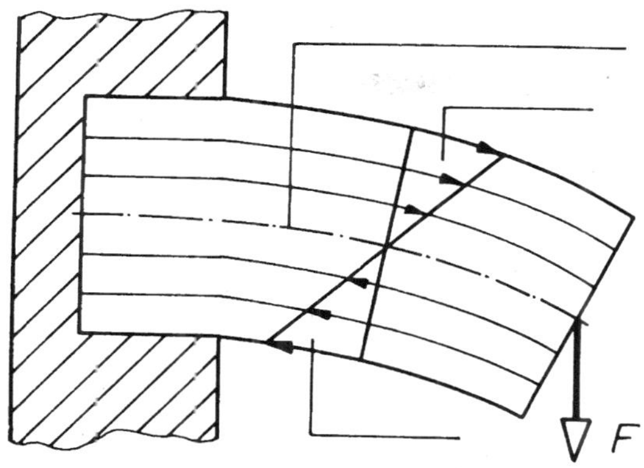


Wird ein Bauteil auf Biegung beansprucht, so werden die Werkstofffasern im oberen Querschnitt ________________, im unteren Querschnitt ________________. Die neutrale Faser bleibt unverändert; in ihr treten ________________ Spannungen auf.

Die größte auftretende Spannung wird als ______________-Spannung bezeichnet. Sie tritt dort auf, wo das Biege-________________ (________) am größten, der Querschnitt des Bauteils daher am meisten gefährdet ist.

**Biegemoment**
Die Größe des Biegemoments hängt ab:

| | | | |
|---|---|---|---|
| 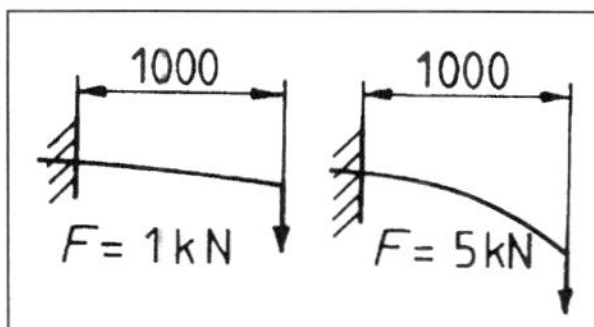  | 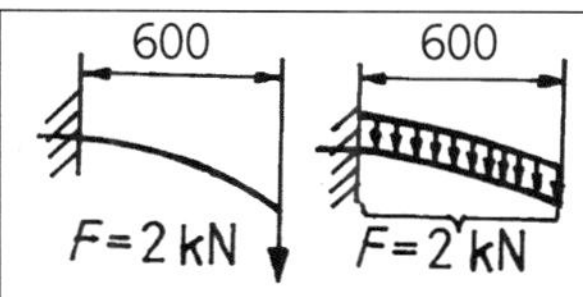  | 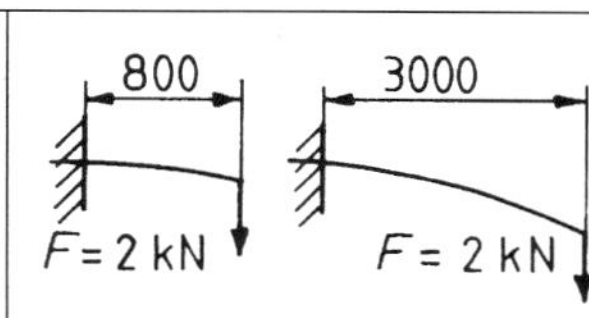  | 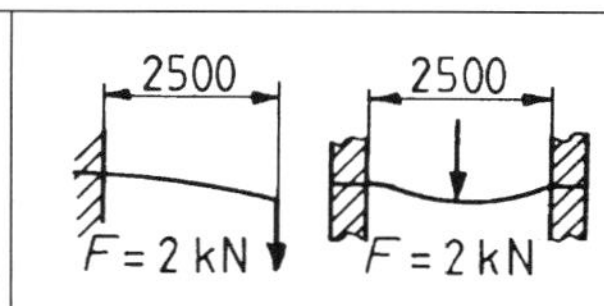  |
| Von der Größe der ________________ | Von der ______________ ______________ der Kraft | Von der ______________ des ______________ | Von der Art der ______________ |

**Verschieden eingespannte Träger und ihre Biegemomente**

| einseitig eingespannt | auf zwei Stützen aufliegend | doppelseitig eingespannt |
|---|---|---|
| 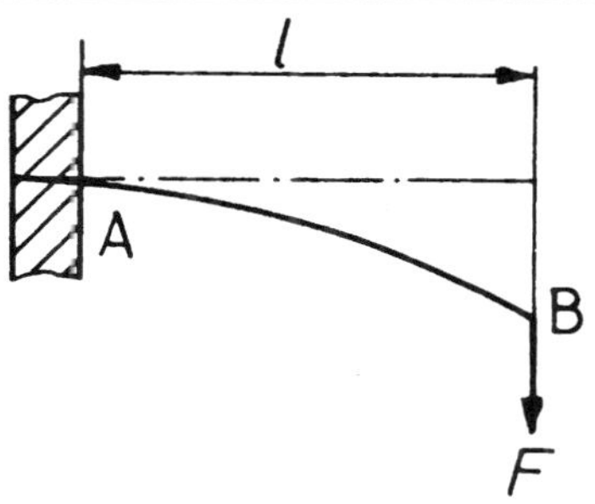  | 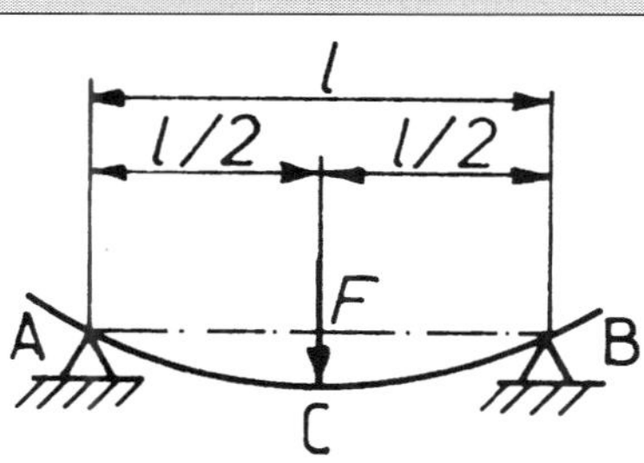  | 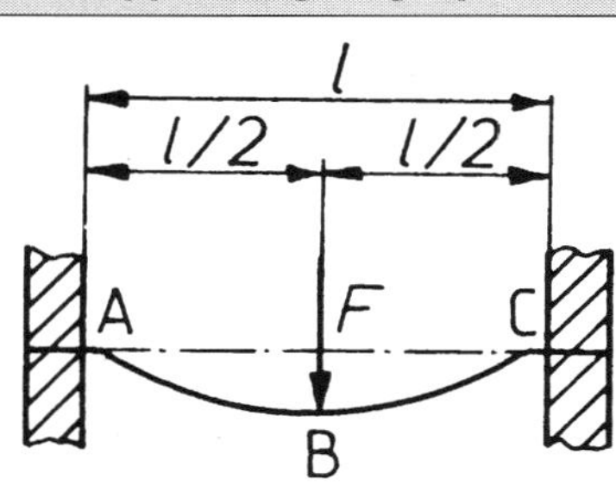  |
| 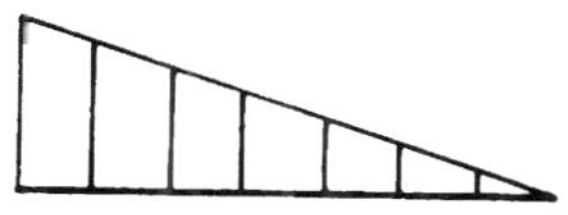 Maximales Biegemoment bei ______________ | 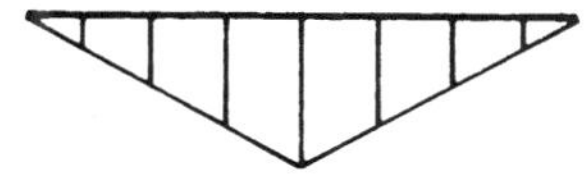 Maximales Biegemoment bei ______________ | 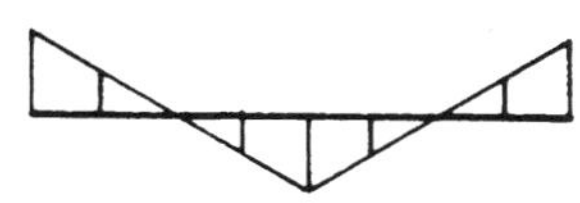 Maximales Biegemoment bei ______________ |
| Für Träger mit einer Einzelkraft *F* belastet gilt: | | |
| $M_b$ = | $M_b$ = | $M_b$ = |
| Für Träger mit gleichmäßig verteilter Belastung durch Streckenlast $F_S$: | | |
| $M_b$ = | $M_b$ = | $M_b$ = |

**Aufgabe:** 1. Kennzeichnen Sie in den Skizzen den gefährdeten Querschnitt, z. B. (D)
2. Ziehen Sie das maximale Biegemoment farbig nach.

**1. Aufgabe:** Der skizzierte Träger wird mittig mit der Einzelkraft von 2 kN belastet.
Wie groß (in Ncm) ist sein maximales Biegemoment?

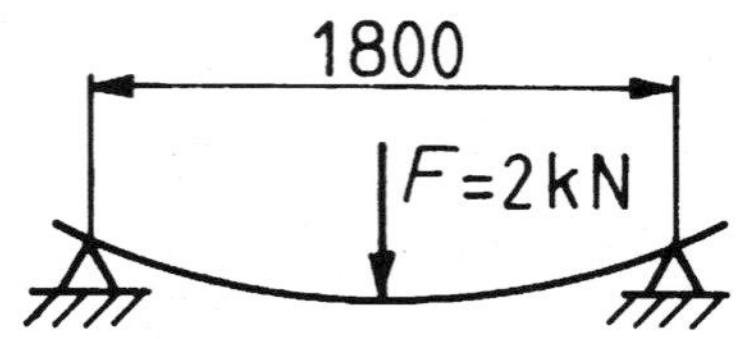


Das Biegemoment kann folgende Benennungen haben:

| Kraft *F* in | Hebelarmlänge *l* in | | |
|---|---|---|---|
| | mm | cm | m |
| N | ________ | ________ | ________ |

Meist wird mit der Einheit __________ gerechnet.

**2. Aufgabe:** Mit welcher Einzelkraft (in kN) darf ein 400 mm langer, einseitig eingespannter Träger in der Mitte höchstens belastet werden, wenn das Biegemoment nicht größer als 800 Nm sein darf?
Berechnen Sie die Belastung, wenn sie gleichmäßig verteilt ist.

**3. Aufgabe:** Ein doppelseitig eingespannter Träger wird mit 12 kN auf Biegung beansprucht.
Berechnen Sie seine größtmögliche Länge (in mm),
– bei mittiger Einzelbelastung
– bei gleichmäßig verteilter Belastung,
wenn das maximale Biegemoment 2400 Nm sein darf.

## Axiales Widerstandsmoment

Die Größe der Biegespannung hängt – außer vom Biegemoment – noch von folgenden Faktoren ab:

| | | |
|---|---|---|
| 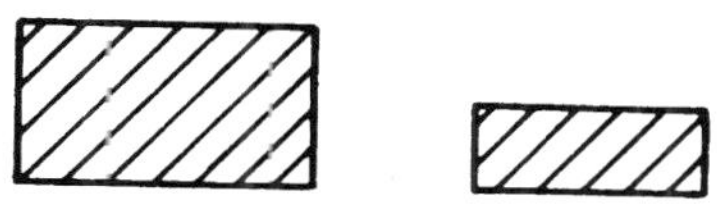 |  | 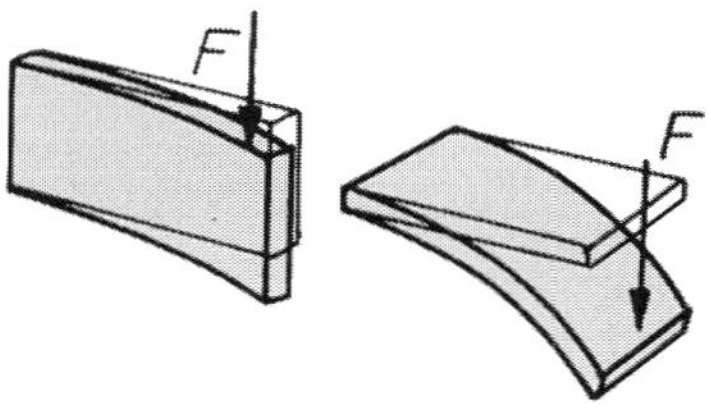<br> |
| 1. Von der ______________ der Querschnittsfläche | 2. Von der ______________ des Trägerquerschnittes | 3. Von der Lage der ______________ zum Trägerquerschnitt |

Diese Einflüsse werden im ________________________________ ( ____ ) berücksichtigt. Die Benennung ist ________ .

Für genormte Profile wird das Widerstandsmoment aus Tabellenbüchern entnommen, für einfache Querschnitte wird es berechnet.

Dabei ist die Lage der Biegeachse zu beachten:

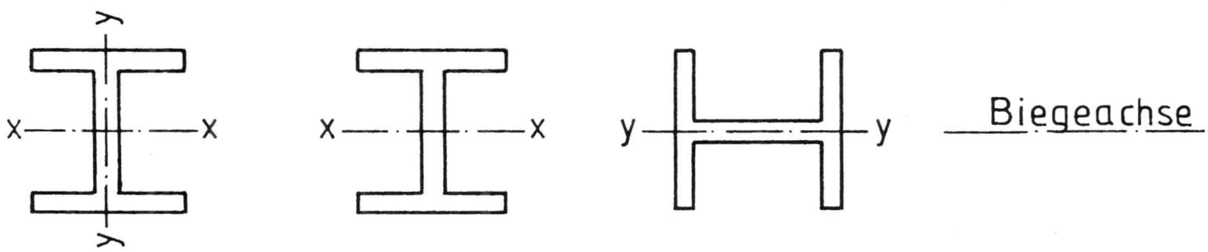


Man unterscheidet daher folgende Widerstandsmomente:

– die Biegeachse ist die x-Achse = $W_{\_\_}$

– die Biegeachse ist die y-Achse = $W_{\_\_}$

Es gibt allerdings auch Querschnittsformen, bei denen $W_x = W_y$ ist, also keine Unterscheidung notwendig ist.

Skizzieren Sie solche Querschnitte: ____________________________________________

## Axiale Widerstandsmomente einfacher Querschnitte

| | | | | |
|---|---|---|---|---|
| 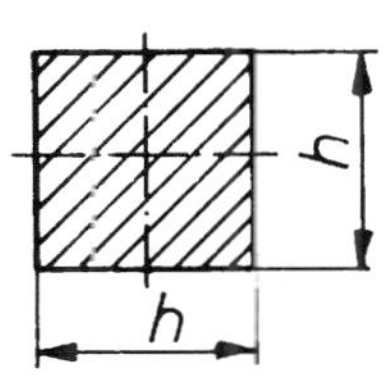<br> | 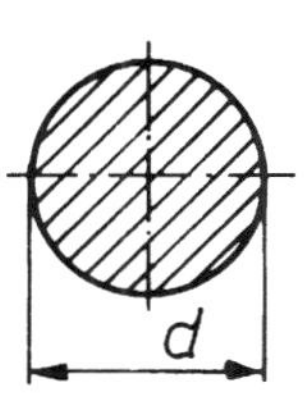<br> | 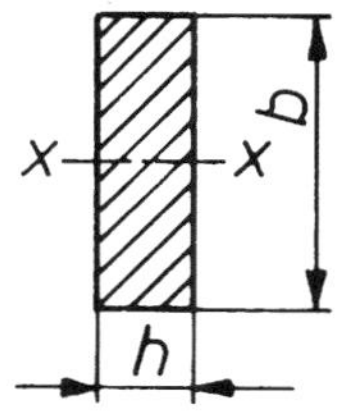<br> | 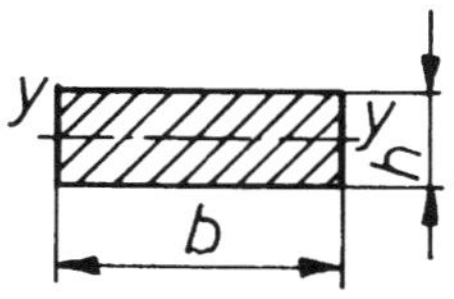<br> | 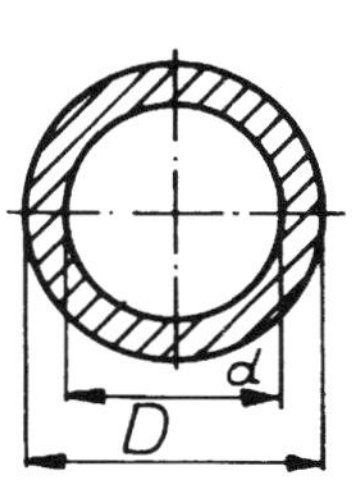<br> |
| $W = \frac{h^3}{6}$ | $W = \frac{d^3 \cdot \pi}{32}$ | $W_x = \frac{h \cdot b^2}{6}$ | $W_y = \frac{b \cdot h^2}{6}$ | $W_y = \frac{(D^4 - d^4) \cdot \pi}{32 \cdot D}$ |

 

**1. Aufgabe:** Berechnen Sie das Widerstandsmoment (in $cm^3$) eines Quadratstahles mit 30 mm Kantenlänge.

**2. Aufgabe:** Wie groß sind die Widerstandsmomente (in $cm^3$) für Flachstahl 40 · 8 mm, wenn
a) hochkantig und
b) flachkantig gebogen wird?

**3. Aufgabe:** Ergänzen Sie die Tabelle.

| | U 200 | IPB 180 | L 80 x 40 x 6 | TB 50 | I 120 |
|---|---|---|---|---|---|
| $W_x$ ($cm^3$) | ______ | ______ | ______ | ______ | ______ |
| $W_x$ ($cm^3$) | ______ | ______ | ______ | ______ | ______ |

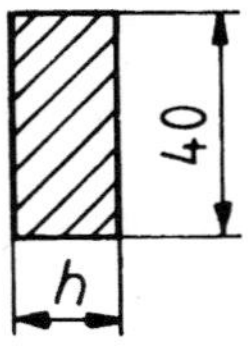


**4. Aufgabe:** Für einen 40 mm breiten Flachstahl (siehe Skizze) wurde ein Widerstandsmoment von 4 $cm^3$ berechnet.
Bestimmen Sie $h$ (in mm) bei hochkantigen und bei flachkantigem Biegen.

**Biegespannung**

Ein einseitig eingespannter Flachstahl (siehe Skizze) wird im Abstand von 500 mm mit 1200 N auf Biegung beansprucht.
Berechnen Sie
a) das maximale Biegemoment (in Ncm),
b) das axiale Widerstandsmoment (in cm³),
c) die auftretende Biegespannung (in N/cm² und N/mm²).

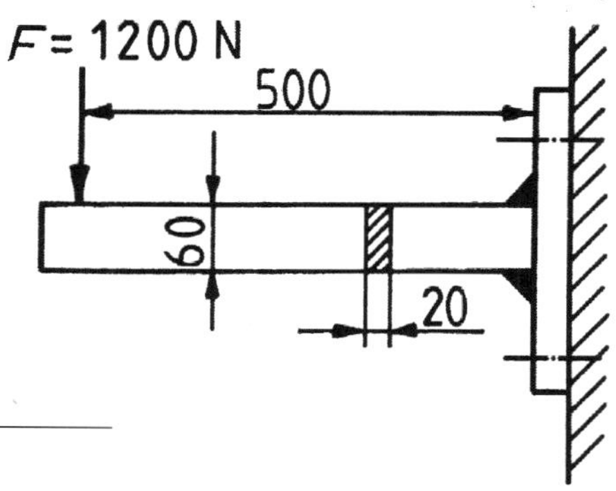


**Geg.:** ______________________

**Ges.:** a) ______ b) ______ c) ______

a) b)

Die Biegespannung $\sigma_b$ wird aus dem ______________ $M_b$ und dem ______________ $W$ berechnet:

$$\text{Biegespannung} = \frac{\text{Biegemoment}}{\text{axiales Widerstandsmoment}}$$

___ = ( ________ ) $M_b$ in ________
$W$ in ________

______ =

______ = ______________ = ______________

**1. Aufgabe:** Der skizzierte T-Stahl aus S235 JR (früher St 37-2) hat eine zulässige Biegespannung von 50 N/mm². Berechnen Sie das auftretende Biegemoment (in Ncm) und das Widerstandsmoment (in cm³). Wählen Sie ein geeignetes hochstegiges T-Profil aus.

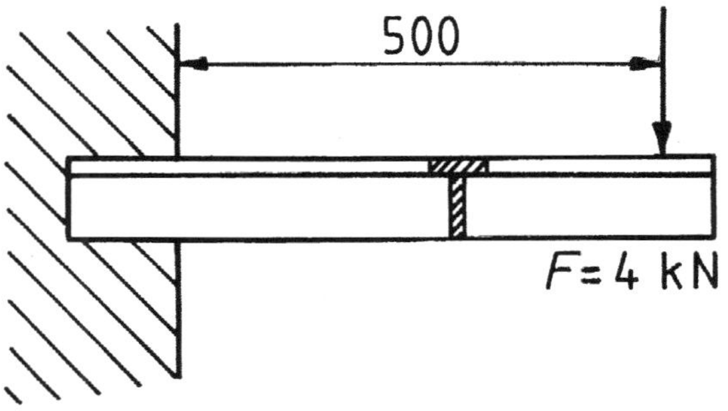

**2. Aufgabe:** Ein I-Träger DIN 1025 – 2 – S235 JR – IPB 180 ist auf 3 m Länge doppelseitig eingespannt und wird auf Biegung beansprucht. Die zulässige Biegespannung beträgt 60 N/mm$^2$.
Mit wie viel kN darf der Träger in der Mitte höchstens belastet werden, wenn a) die Biegeachse x-x und b) die Biegeachse y-y ist?

**3. Aufgabe:** Eine Achse mit 800 mm Lagerabstand trägt in der Mitte die Kraft von 2,5 kN. Die Biegespannung darf 80 N/mm$^2$ nicht übersteigen. Welcher Achsdurchmesser (in mm) ist vorzusehen?

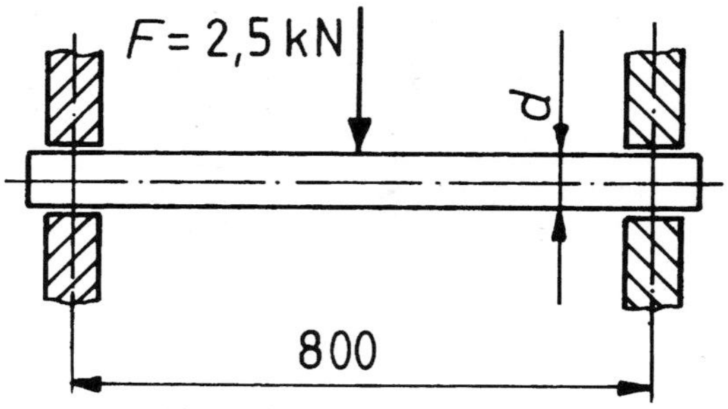

# Beanspruchung auf Knickung



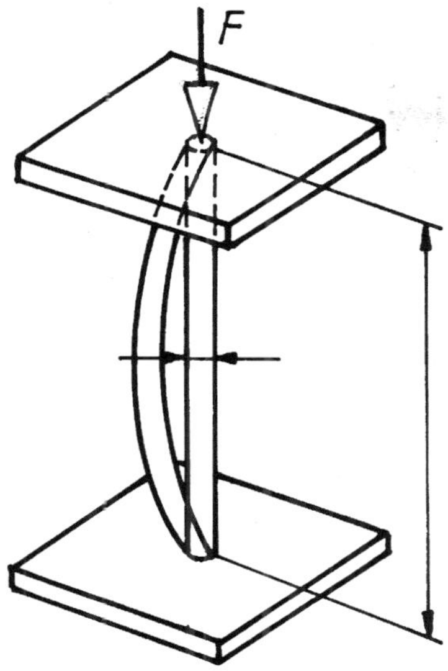


Knickung tritt bei ____________________ und ____________________ Bauteilen (z. B. Stützen im Stahlbau) auf.

Dabei weicht das Profil zur Seite aus.

Die Richtung, in die das Bauteil ausknickt, ist besonders von der ____________________ (z. B. ● ⊔ ) des Querschnitts abhängig.

Profile aus Stahl knicken immer dorthin aus, wo weniger ____________________ vorhanden ist.

Beispiele:

Skizzieren Sie Profile, die keine bevorzugte Ausknickrichtung haben:

Die Belastbarkeit auf Knickung hängt ab

- von der ____________________ des Profils ( ●-⊏ )
- von der Größe der ______________________________ ($20\ cm^2 - 200\ cm^2$)
- vom ____________________ (St – Al), ausgedrückt durch das Elastizitätsmodul
- von der ____________________ (2 m – 20 m) des Bauteils
- von der Art der ____________________ →

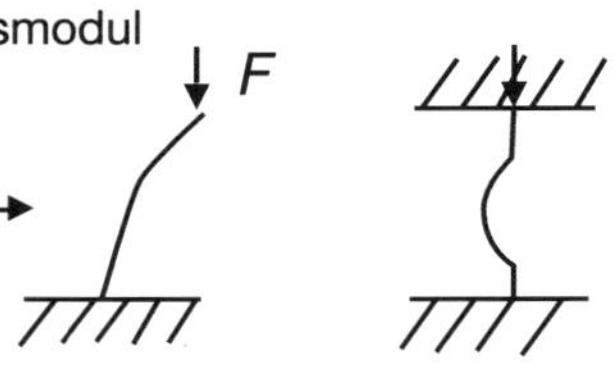


Die Art der Einspannung wird nach Euler
durch folgende Belastungsfälle unterschieden:

| I | II | III | IV |
|---|---|---|---|
|  | 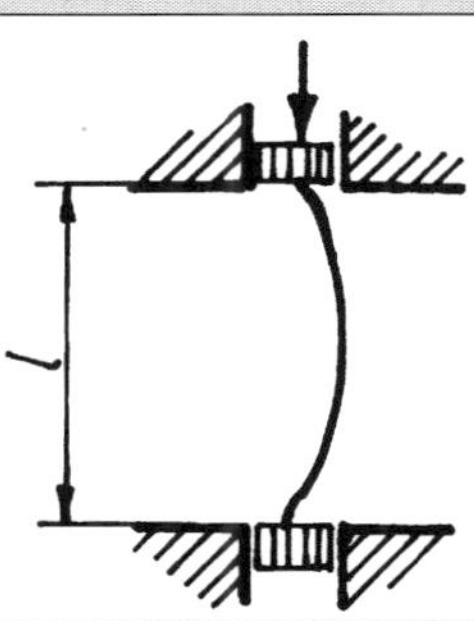 | 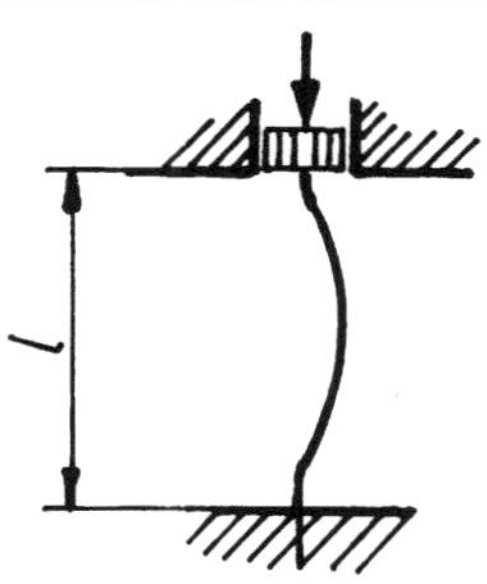 | 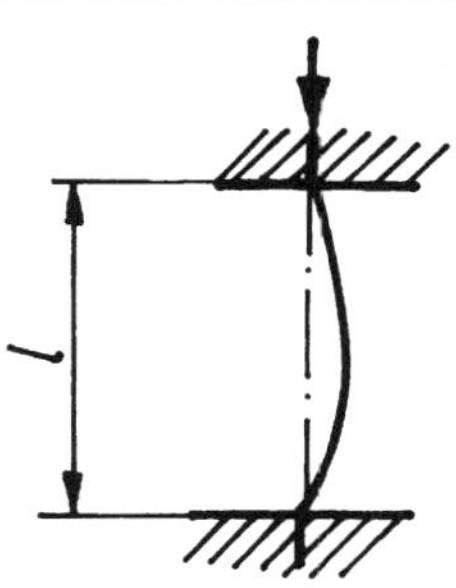 |
| $l_k = 2 \cdot l$ | $l_k = l$ | $l_k = 0{,}7 \cdot l$ | $l_k = 0{,}5 \cdot l$ |

Dabei bedeutet: $l$ = Länge der Stütze
$l_K$ = rechnerische Knicklänge

## A. Knickbeanspruchung untergeordneter Bauteile

$$F_{k\,zul} = \frac{\pi^2 \cdot E \cdot I}{l_k^2 \cdot \nu}$$

$F_{k\,zul}$ = zulässige Knickkraft in kN

$E$ = Elastizitätsmodul in $kN/cm^2$ (siehe Tabellenbuch) für Stahl $E \approx 21\,000\ kN/cm^2$

$I$ = Flächenmoment in $cm^4$ (siehe Tabellenbuch)

$l_k$ = rechnerische Knicklänge in cm

$\nu$ = Sicherheitszahl

**Flächenmomente einfacher Querschnitte**

| | | |
|---|---|---|
| 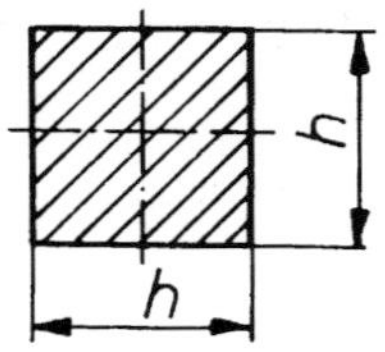 | 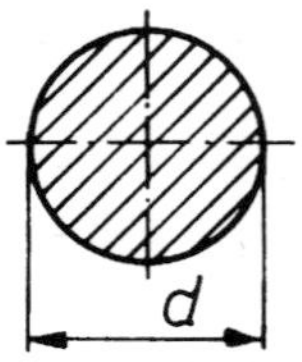 | 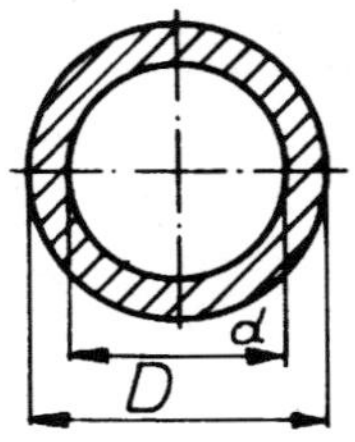 |
| $I = \frac{h^4}{12}$ | $I = \frac{d^4 \cdot \pi}{64}$ | $I = \frac{(D^4 - d^4) \cdot \pi}{64}$ |

**Aufgabe:** Für die 2,8 m hohe Stütze eines Vordaches soll die zulässige Knickkraft (in kN) berechnet werden. Es wird ein Stahlrohr ($D$ = 50 mm, $d$ = 38 mm) im Belastungsfall IV verwendet, die Sicherheit soll 3-fach sein.

**Geg.:** ______________________________

______________________________

**Ges.:** ______________________________

## B. Knickbeanspruchung im Stahlhochbau

Für den Stahlhochbau sind besondere Berechnungsverfahren vorgeschrieben. Hier wird u.a. auch die Schlankheit der Stütze berücksichtigt.

## A. Temperatur

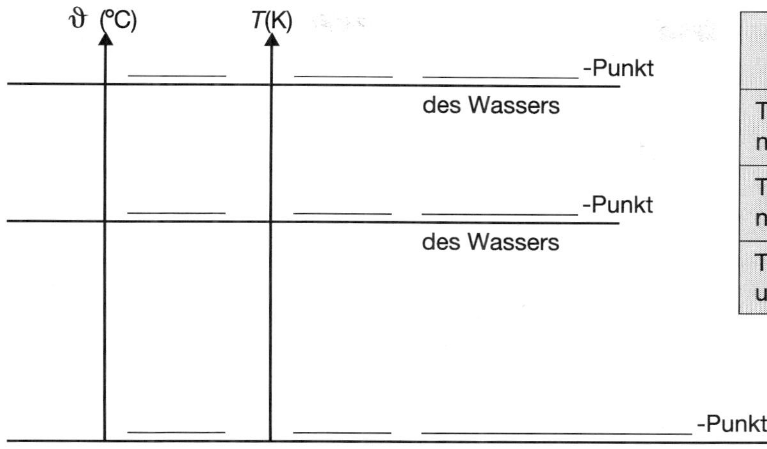


| | Formelzeichen | Einheitszeichen |
|---|---|---|
| Temperatur nach Celsius | ______ | ______ |
| Temperatur nach Kelvin | ______ | ______ |
| Temperaturunterschied | ______ | ____ oder ____ |

**1. Aufgabe:** Wie viel K sind 20 °C

**Geg.:** ________________

**Ges.:** ___

| = | (___) |
|---|---|

___ = ______________

___ = ______________

**2. Aufgabe:** Rechnen Sie – 5 °C in K um.

**Geg.:** ________________

**Ges.:** ___

______________________

______________________

______________________

**3. Aufgabe:** Wie viel °C entsprechen 300 K?

**Geg.:** ________________

**Ges.:** ___

| = | (___) |
|---|---|

___ = ______________

___ = ______________

**4. Aufgabe:** Wieviel °C sind 263 K?

**Geg.:** ________________

**Ges.:** ___

______________________

______________________

______________________

**5. Aufgabe:** Wasser wird von 12 °C auf 77 °C erhitzt.
Wie groß ist die Temperaturdifferenz?

**Geg.:** ________________________________

**Ges.:** _____

| = | (___) |
|---|---|
| = | (___) |

| = |
|---|

___ = ______________

___ = ______________

## B. Wärmemenge

Zum Härten werden 3 kg Stahl von 20 °C auf 800 °C erhitzt.
Welche Wärmemenge (in Wh) ist dazu erforderlich?

Formelzeichen: _____

Einheitszeichen: _____

Umrechnungen:

1 Wh = ____________ Ws

1 kWh = ____________ Wh

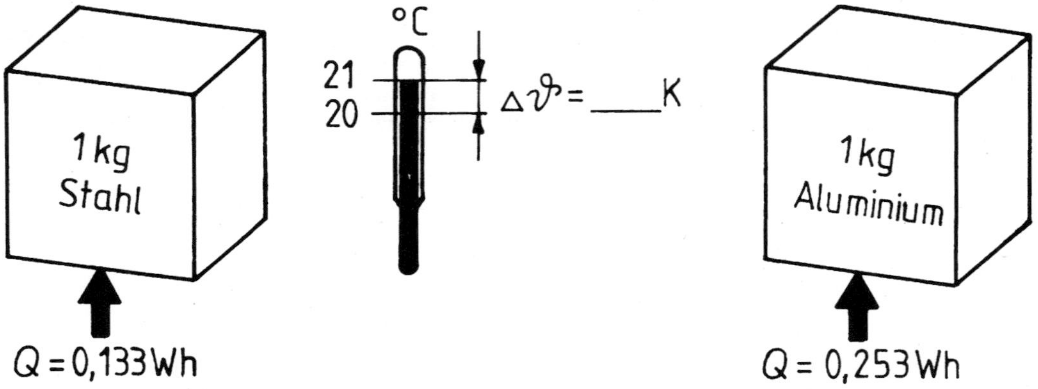


Jeder Stoff benötigt seine ihm eigene Wärmemenge; sie wird als ______________________ Wärmekapazität $c$ bezeichnet:

| Stoff | $c\ \left(\frac{\text{Wh}}{\text{kg}\cdot\text{K}}\right)$ | Stoff | $c\ \left(\frac{\text{Wh}}{\text{kg}\cdot\text{K}}\right)$ |
|---|---|---|---|
| Aluminium | 0,253 | Luft | 0,278 |
| Beton | 0,245 | Stahl | 0,133 |
| Blei | 0,036 | Wasser | 1,160 |
| Gusseisen | 0,152 | Ziegelsteine | 0,290 |
| Kupfer | 0,108 | Zink | 0,107 |
| Cu-Zn-Legierung | 0,106 | Zinn | 0,063 |

Die spezifische Wärmekapazität $c$ eines Stoffes gibt an, welche ______________________ notwendig ist, um __________ eines Stoffes um __________ zu erwärmen.

**Geg.:** ______________________________________________________________

**Ges.:** ____

1 kg Stahl um 1 K ⟶ ____________ Wh

____ kg Stahl um 1 K ⟶ ________________ Wh

____ kg Stahl um ________ K ⟶ ______________________ = ____________ Wh

| | | |
|---|---|---|
| $Q =$ | (Wh) | $m$ in ______ |
| | | $c$ in ______________ |
| | | $\Delta\vartheta$ in ______ |

**1. Aufgabe:** In einer Werkstatt werden zum Duschen 200 l Wasser (1 l ≙ 1 kg) von 10 °C auf 40 °C aufgeheizt. Wie viel kWh sind dazu an Wärmeenergie notwendig?

**2. Aufgabe:** Eine 30 cm dicke Außenwand aus Ziegelsteinen ist 5 m lang und 3 m hoch. Die Dichte von Ziegelstein ist 1400 kg/m³. Welche Wärmemenge (in kWh) ist notwendig, um sie von –10 °C auf 15 °C aufzuheizen?

Welche Wärmestrom in Watt durchströmt die 1 $m^2$ große Fläche einer Außenwand aus Normalbeton von 30 cm Dicke bei einem Temperaturunterschied von 1 K?
Wärmeleitzahl für Normalbeton $\lambda = 2{,}1\ W/(m \cdot K)$
Wärmeübergangskoeffizient an der Wandinnenseite $\alpha_i = 7{,}69\ W/(m^2 \cdot K)$
Wärmeübergangskoeffizient an der Wandaußenseite $\alpha_a = 25\ W/(m^2 \cdot K)$

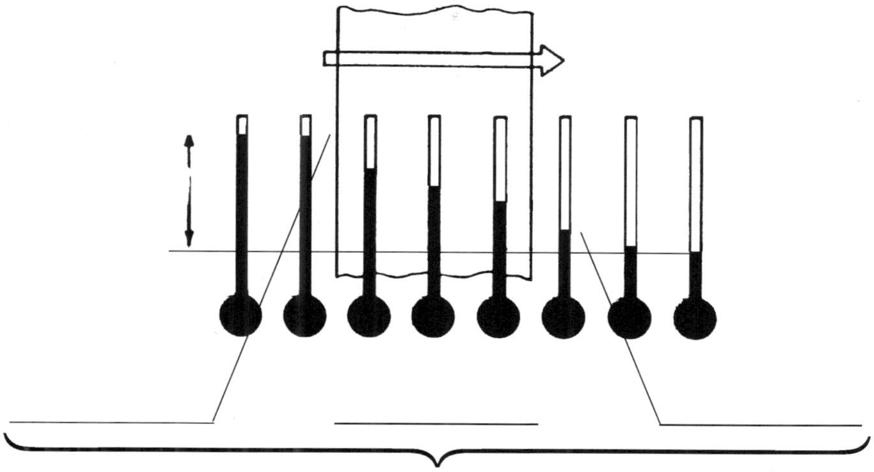

werden zusammengefasst in der

Wärme- ____________________ -Zahl = _______ -Zahl

Diese Zahl gibt an, welcher Wärme- __________ in __________ durch die Fläche von __________ hindurchgeht, wenn die Temperaturdifferenz __________ ist.

Die Benennung der *k*-Zahl ist:

Sie wird nach folgenden Formeln berechnet:

| | |
|---|---|
| $\frac{1}{k} =$ | $k =$ |

$\frac{1}{k} =$ ______ ; $\frac{1}{\alpha_i} =$ ______ ; $\frac{d}{\lambda} =$ ______ ; $\frac{1}{\alpha_a} =$ ______ ;

| | |
|---|---|
| ___ = ________________________________ | $k =$ |

| Formelzeichen | Bezeichnung | Benennung |
|---|---|---|
| $k$ | Wärmedurchgangskoeffizient oder *k*-Zahl | $\frac{W}{m^2 \cdot K}$ |
| $\frac{1}{k}$ = ______ | Wärme- ______________________ | |
| $\alpha$ | Wärme- ______________________<br>oder Wärme- ______________________ | |
| $\frac{1}{\alpha_i}$ = ______ | Wärme- ______________________<br>__________ | |
| $\frac{1}{\alpha_a}$ = ______ | Wärme- ______________________<br>__________ | |
| $d$ | __________ | |
| $\lambda$ | Wärme- ______________________ | |
| $\frac{d}{\lambda}$ = ______ | Wärme- ______________________ | |

**Wärmeübergangswiderstände**

| | | |
|---|---|---|
| An der Außenseite von Gebäuden | $\alpha_a = 25 \frac{W}{m^2 \cdot K}$ | $R_a = 0{,}04 \frac{m^2 \cdot K}{W}$ |
| An der Innenseite von Räumen an Wand-, Tür- und Fensterflächen | $\alpha_i = 7{,}96 \frac{W}{m^2 \cdot K}$ | $R_i = 0{,}13 \frac{m^2 \cdot K}{W}$ |

**Geg.:** ________________________________________

**Ges.:** ________________________________________

**Aufgabe:** Eine Wand aus Stahlbeton ($k = 3{,}195 \frac{W}{m^2 \cdot K}$, $R_k = 0{,}313 \frac{m^2 \cdot K}{W}$) erhält nachträglich eine Außenverkleidung mit folgendem Aufbau:
5 cm Wärmedämmung, $\lambda = 0{,}03$ W/m · K
2 mm Aluminiumblech, $\lambda = 200$ W/m · K
Berechnen Sie die neue Wärmedurchgangszahl.

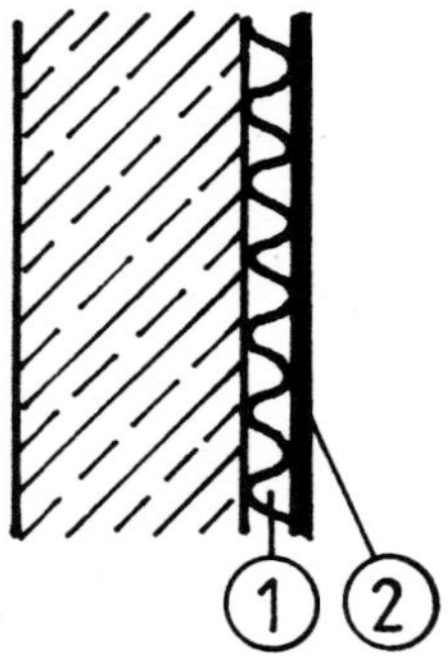

Ist zwischen zwei Stoffen ein Temperaturunterschied vorhanden, strömt ______________. Die in der Zeiteinheit – meist 1 Stunde – transportierte Wärmeenergie heißt Wärme- ______________.

Formelzeichen: ____

Einheitszeichen: Wärmemenge je Zeiteinheit ⟶ ____ = ____

Umrechnung: ______________ = ______________

Durch eine Betonwand strömt bei gleicher Fläche, gleicher Dicke und gleicher Temperaturdifferenz ______________ Wärme als durch eine Ziegelwand. Die Größe dieses Wärmestromes wird durch die Wärmedurchgangszahl angegeben. Sie wird mit ____ abgekürzt und heißt deshalb auch ____-Zahl.

Eine 14 $m^2$ große Außenwand aus Ziegelsteinen hat eine Wärmedurchgangszahl von 0,6 $W/m^2 \cdot K$. Die Raumtemperatur beträgt 20 °C, die Außentemperatur –10 °C.

Welcher Wärmestrom (in W) geht durch diese Wand verloren?

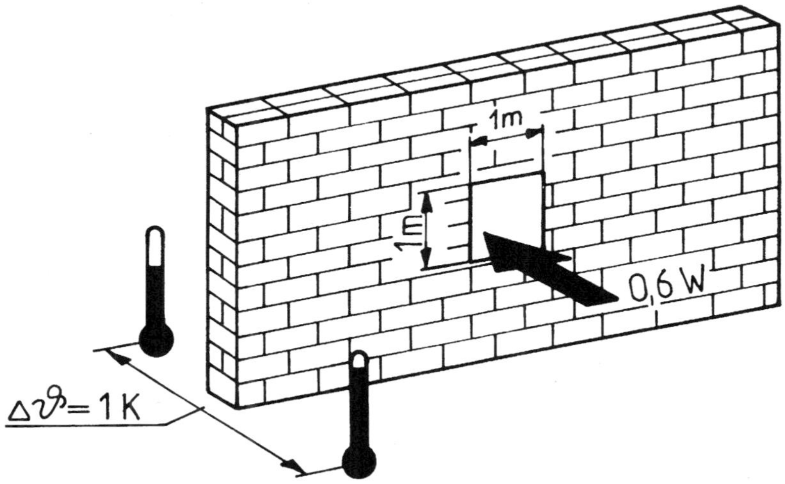


$k$ = 0,6 $W/m^2 \cdot K$ bedeutet:

______ $m^2$ durchströmen bei ______ K Temperaturunterschied ⟶ ______ W

______ $m^2$ durchströmen bei ______ K Temperaturunterschied ⟶ ______________ W

______ $m^2$ durchströmen bei ______ K Temperaturunterschied ⟶ ______________ W = ______ W

| $\dot{Q}$ = | ( ___ ) |
|---|---|

___ in ______

___ in ____________

______ in ______

**1. Aufgabe:** Ein Aluminiumfenster mit Isolierverglasung besitzt eine Wärmedurchgangszahl von 2,8 $W/m^2 \cdot K$, die Fläche beträgt 1,8 $m^2$.
Wie viel Watt durchströmen das Fenster, wenn die Raumtemperatur 20 °C beträgt und die Außentemperatur mit –12 °C angenommen wird?

**2. Aufgabe:** a) Eine Außenwand ist 3,4 m lang und 2,8 m hoch. Sie besteht aus Lochziegeln und besitzt eine *k*-Zahl von 1,28 $W/m^2 \cdot K$. Die Differenz zwischen der Innen- und Außentemperatur beträgt 32 K. Wie viel Watt durchströmen diese Wand?

b) Nachträglich wurde eine Fassadenverkleidung mit Wärmedämmung angebracht. Die neue Wärmedurchgangszahl beträgt jetzt 0,35 $W/m^2 \cdot K$.

c) Wie viel Watt werden durch die wärmegedämmte Fassadenverkleidung eingespart?

**3. Aufgabe:** Bei der Renovierung eines Wohnhauses wurden alle einfachverglasten Fenster ($k_1$ = 5,2 $W/m^2 \cdot K$) gegen wärmegedämmte Aluminiumfenster mit Isolierverglasung ($k_2$ = 2,7 $W/m^2 \cdot K$) ausgewechselt. Die Fenster besitzen zusammen eine Fläche von 18,4 $m^2$.
Wie viel Watt werden eingespart, wenn eine durchschnittliche Innentemperatur von 18 °C und eine Außentemperatur von –10 °C zugrundegelegt wird?

Ein Hoftor aus Stahl ist bei 10 °C 4,20 m lang. Im Sommer erwärmt es sich durch Sonneneinstrahlung auf 60 °C.
Um wie viel mm dehnt es sich dabei aus?

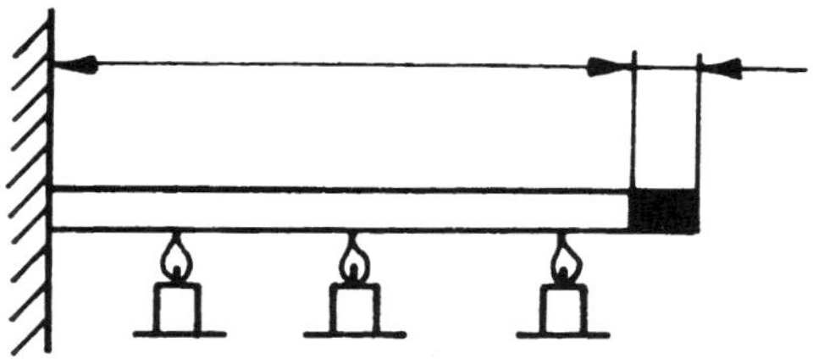

Fast alle Stoffe dehnen sich bei Erwärmung aus und ziehen sich beim Abkühlen zusammen.

Bei gleicher Ausgangslänge $l_0$ und gleichem Temperaturunterschied $\Delta\vartheta$ dehnen sich die Stoffe ______________________

______________________ aus.

In Versuchen wurde die Längenänderung bei 1 K Temperaturunterschied ermittelt und durch Längenausdehnungszahl (= Längenausdehnungskoeffizient) $\alpha$ ausgedrückt:

| Stoff | $\alpha \left(\frac{mm}{m \cdot K}\right)$ | $\alpha \left(\frac{1}{K}\right)$ oder ($K^{-1}$) | Stoff | $\alpha \left(\frac{mm}{m \cdot K}\right)$ | $\alpha \left(\frac{1}{K}\right)$ oder ($K^{-1}$) |
|---|---|---|---|---|---|
| Aluminium | 0,024 | 0,000024 | PE (hart) | 0,16 | 0,00016 |
| Beton | 0,012 | 0,000012 | PE (weich) | 0,20 | 0,00020 |
| Blei | 0,029 | 0,000029 | PVC | 0,08 | 0,00008 |
| Gusseisen | 0,011 | 0,000011 | Stahl | 0,012 | 0,000012 |
| Kupfer | 0,017 | 0,000017 | Ziegel | 0,006 | 0,000006 |
| Kupfer-Zink-Legierung | 0,019 | 0,000019 | Zink | 0,029 | 0,000029 |
| Kupfer-Zinn-Legierung | 0,018 | 0,000018 | Zinn | 0,023 | 0,000023 |

Die Längenausdehnungszahl für Stahl ist ______________, bzw. ______________. Dies bedeutet:

Stahl von ______ Länge dehnt sich bei 1 K Temperaturunterschied um ______________ aus, bzw.

Stahl von ______ Länge dehnt sich bei 1 K Temperaturunterschied um ______________ aus.

**Geg.:** ______________________________________________

**Ges.:** ______

1 m Stahl dehnt sich bei 1 K Temperaturunterschied um ____________ mm

______ m Stahl dehnen sich bei 1 K Temperaturunterschied um ______________ mm

______ m Stahl dehnen sich bei ______ K Temperaturunterschied um ______________________ = ____________

$\Delta l$ =

**Einheiten** (Benennungen)

1. $\alpha$ in mm/m · K

   $l_0$ in ______

   $\Delta l$ in ______

   $\Delta\vartheta$ in ______

2. $\alpha$ in 1/K = $K^{-1}$

   $l_0$, $\Delta l$ } ____________ Einheit, z. B. ______________________________

   $\Delta\vartheta$ in ______

**1. Aufgabe:** Wie viel mm müssen für die Dehnungsfuge eines 2,6 m langen Schaufensters aus Aluminium vorgesehen werden, wenn im Winter –20 °C und im Sommer 60 °C angenommen werden?

**2. Aufgabe:** Ein Brückengeländer aus Aluminiumprofil hat sich durch Erwärmung von 0 auf 40 °C um 19,2 mm ausgedehnt.
Berechnen Sie die Ausgangslänge (in m).

**3. Aufgabe:** Ein Ring aus einer Kupfer-Zink-Legierung hat bei 15 °C einen Durchmesser von 79,5 mm. Er soll auf einer Welle mit 80 mm Durchmesser aufgeschrumpft werden.
Auf welche Temperatur muss der Ring erwärmt werden?

**4. Aufgabe:** Durch Erwärmung von 18 auf 38 °C dehnt sich ein 4375 mm langes Profil um 7 mm aus.
Welcher Werkstoff liegt vor?

| Technische Mathematik Konstruktionsmechaniker und Metallbauer | Datum: | Volumenausdehnung fester und flüssiger Stoffe | F 2 |
|---|---|---|---|
| Name: | Klasse: | | 20 |

**A.** Ein Fass ist mit 100 l Schmieröl gefüllt.
Um wie viel Liter nimmt das Volumen des Öls zu, wenn die Temperatur um 20 K steigt?

Wie bei der Längenausdehnung wurde durch Versuche die Volumenänderung bei 1 K Temperaturunterschied ermittelt und durch die Volumenausdehnungszahl ________ in ________ oder ________ ausgedrückt:

| Stoff | Stahl | Benzin | Heizöl | Schmieröl | Wasser |
|---|---|---|---|---|---|
| Volumenausdehnungszahl | 0,000036 | 0,0011 | 0,00075 | 0,00093 | ________ |

Vergleichen Sie z.B. bei Stahl die Längenausdehnungszahl $\alpha$ mit der Volumenausdehnungszahl $\gamma$.

$\alpha$ = ____________________ ⟷ $\gamma$ = ____________________

Volumenausdehnungszahl $\gamma$ = ________________

**Geg.:** ____________________________________________

**Ges.:** ______

$\Delta V$ = ____________________

$\Delta V$ = ____________________________

$\Delta V$ = __________

**B.** Ein Brauchwasserbereiter ist mit 200 l Wasser von 10 °C gefüllt und wird auf 70 °C erwärmt.
Um wie viel Liter dehnt sich das Wasser aus?
Vergleichen Sie die Volumenausdehnung von Öl und Wasser:

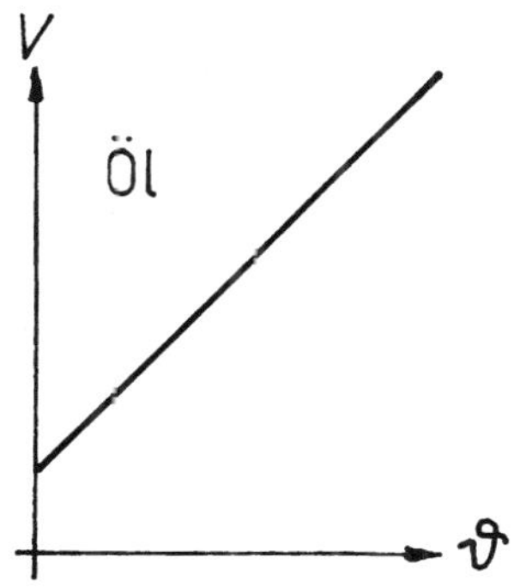


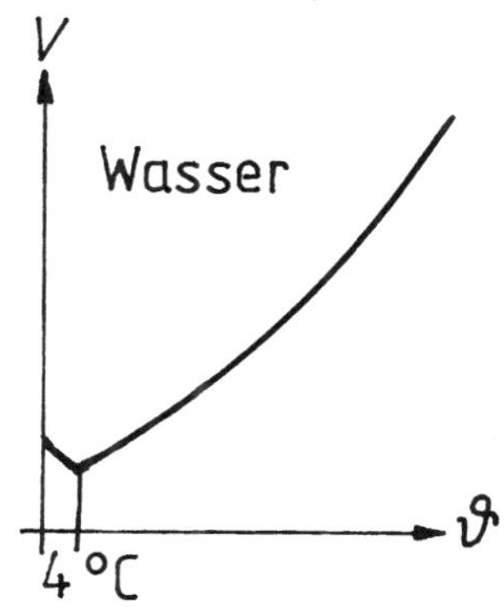


Wasser dehnt sich ____________________ aus. Es hat bei 4 °C sein ________________ Volumen und seine ________________ Dichte. Wird Wasser von 0 auf 4 °C erwärmt, nimmt das Volumen ______, wird es von 4 auf 100 °C erwärmt, nimmt das Volumen ______ . Gefriert Wasser zu Eis, ________________ sich das Volumen um 11%.

Wasser macht bei der Volumenausdehnung daher eine Ausnahme; man spricht von der ____________________ des Wassers. Die Volumenausdehnungszahl $\gamma \approx 0{,}0003$ 1/K ist nur ein gerundeter Wert.

**1. Aufgabe:** Für die Beheizung einer Montagehalle werden im Sommer 10 000 l Heizöl mit 35 °C getankt. Um wie viel Liter ist im Winter bei –5 °C weniger im Lagerbehälter?

**2. Aufgabe:** In einem Kanister befinden sich 5 l Bohrwasser. Durch ein Versehen blieb er im Freien und fror ein. Um wie viel Liter nimmt das Volumen zu?

**3. Aufgabe:** Ein Kraftstofftank aus Stahlblech fasst bei 20 °C 62 l Benzin.
Überprüfen Sie, ob Benzin überläuft, wenn 60 l eingefüllt werden und mit einem Temperaturanstieg auf 40 °C gerechnet wird.
Berücksichtigen Sie dabei auch die Ausdehnung des Benzintanks.

Name:

# Geradläufige Treppen

Von der Fachtheorie her kennen Sie die Bezeichnungen, Abkürzungen und Maße an Treppen:

| | Abkürzung | Hauptverkehrstreppe | Nebentreppe |
|---|---|---|---|
| Steigungshöhe (Steigung) | ______ | ______ | ______ |
| Auftrittsbreite (Auftritt) | ______ | ______ | |
| Durchgangshöhe | ______ | größer als ______ m | |
| Anzahl der Steigungen | ______ | | |
| Stockwerkshöhe | ______ | | |
| Lauf- oder Gehlinienlänge | ______ | | |

Die Schrittlänge des Menschen beträgt etwa 630 mm. Dies entspricht zwei ______________________

und einer ______________________ .

______ ≈ 630 mm

Ein Einfamilienhaus mit 2,75 Stockwerkshöhe soll eine gerade, einläufige Treppe mit der Steigung von etwa 170 mm erhalten.

Berechnen Sie:

a) Anzahl der Steigungshöhen
b) Steigungshöhe
c) Auftrittsbreite
d) Länge der Lauflinie

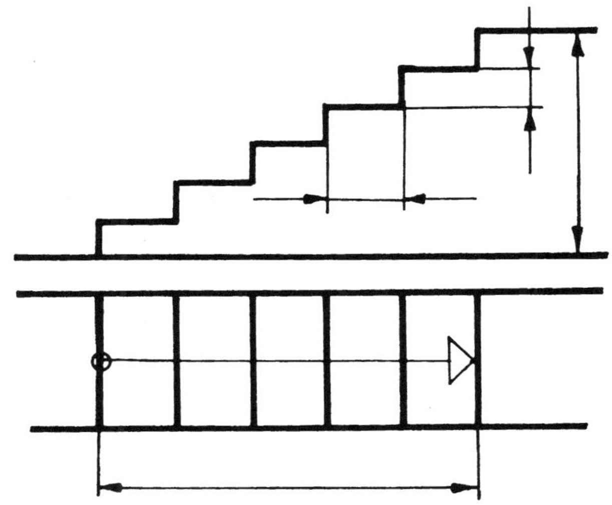

**Geg.:** ______________________

**Ges.:** a) ______ b) ______ c) ______ d) ______

a) $n$ =

$n$ = ______________

Gewählt:

$n$ = ________ Steigungen

$n$ =

b) $s$ =

$s$ = ______________ mm

$s$ ≈ ______________ mm

$s$ =

c) $2 \cdot s + a \approx 630$ mm

$a \approx$

$a$ = ______________

$a$ = ______________

$a$ = ______________ mm

d) Orientieren Sie sich an der Zeichnung

Bei ______ Steigungen → ______ Auftritte,

bei ______ Steigungen → ______ Auftritte

$l$ = ______________

$l$ = ______________ mm

$l$ =

**1. Aufgabe:** Für die gezeichnete einläufige, gerade Treppe sind die erforderlichen Maße zu berechnen.

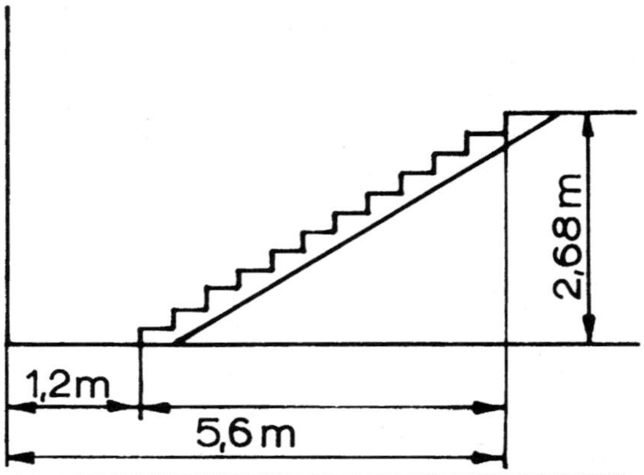


**2. Aufgabe:** Bestimmen Sie *s*, *a* und *l* bei 16 Steigungen. Überprüfen Sie die Durchgangshöhe.

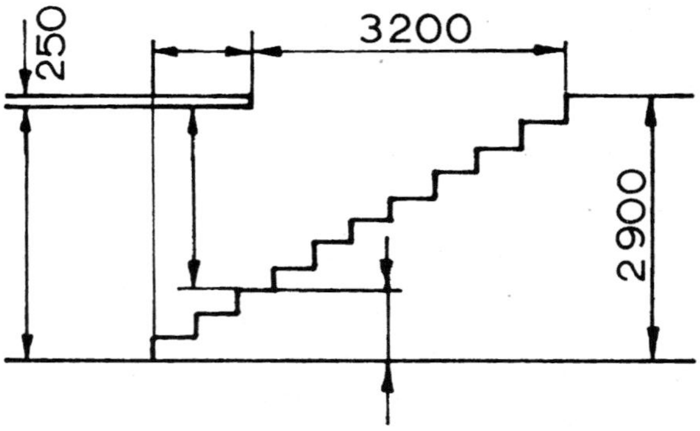

Für den gezeichneten Grundriss (Draufsicht) ist eine Treppe zu berechnen.
Stockwerkshöhe $h$ = 2,60 m,
Steigung $s \approx$ 170 mm

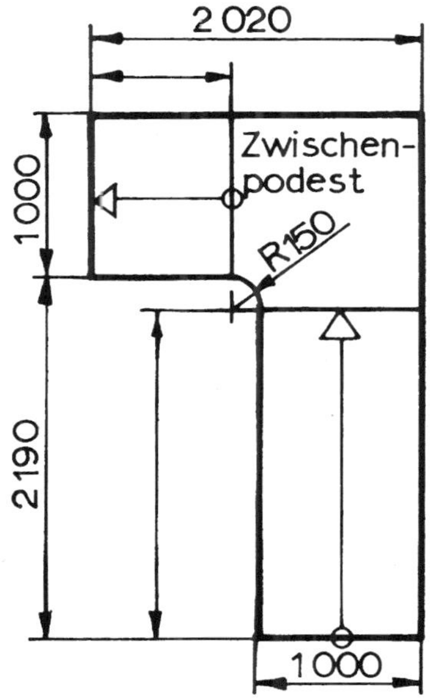


a) **Anzahl der Steigungen**

$n$ =

$n$ =

$n$ = ___________; gewählt: $n$ = ______ Steigungen

b) **Steigungshöhe**

$s$ =

$s$ =

$s$ = _________ mm

c) **Auftrittsbreite**

$a \approx$ _______________

$a$ = _______________

$a$ = _______________

$a$ = _________ mm

d) **Länge der Lauflinie**

$l$ = _______________

$l$ = _______________

$l$ = _______________

$l$ = _________ mm

a)

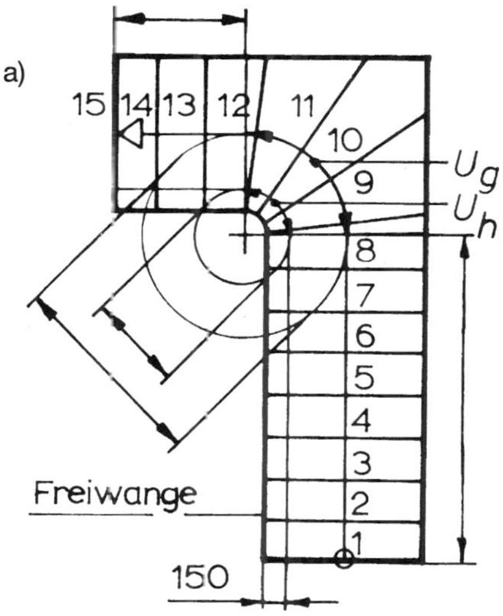


An Lauflinienlänge steht aber nur zur Verfügung:

_________ mm + _________ mm = _________ mm. Eine gerade Treppe mit Zwischenpodest kann deshalb ___________ gebaut werden.

Gewählt wird eine viertel- _______________________ Treppe.

Das Zwischenpodest wird durch _______________________ ersetzt.

Die keilförmigen Stufen werden _______________________ . Dabei bleibt die _______________________ auf der Gehlinie stets gleich.

**Länge der Lauflinie**

$l$ = _________ + _________ +

$l$ = _________ + _________ + _________

$l$ = _________ mm

**Auftrittsbreite**

$l = (n - 1) \cdot a$

$a$ =

$a$ =

$a$ =

$a$ = _________ mm

**Probe mit Schrittlänge 630 mm**

$2 \cdot s + a \approx 630$ m

_________ + _________ =

_________ + _________ = _________ mm (brauchbar) (unbrauchbar)

Die verzogenen Stufen müssen an der Freiwange ______________________________ werden. Weil nach DIN 18065

150 mm von der schmalsten Stelle entfernt die Auftrittsbreite noch mindestens ____________mm betragen muss, wird die Verschmälerung an dieser Hilfslauflinie berechnet:

Verschmälerung $\Delta U$ = Viertelkreisbogen auf der ______________________________

– Viertelkreisbogen auf der ______________________________

$\Delta U$ = ____________________

$\Delta U$ =

$\Delta U$ = ____________________

$\Delta U$ = ___________ mm

In der Zeichnung a werden die Stufen ___________mit ___________, also ___________Stufen verzogen. Auf diese

___________Stufen muss die Verschmälerung von ___________mm aufgeteilt werden. Damit der Übergang vom geraden zum verzogenen Teil allmählich erfolgt, erhält die erste und letzte verzogene Stufe von der gesamten Verschmälerung einen Teil, die zweite und vorletzte Stufe zwei Teile usw.

| **Stufe** | **Teile** | **Verschmälerung** | **Stufenbreite in 150 mm Abstand von der Freiwange** |
|---|---|---|---|
| _____ | _____ | ___________ mm | ________________ = ___________ mm |
| _____ | _____ | ___________ mm | ________________ = ___________ mm |
| _____ | _____ | ___________ mm | ________________ = ___________ mm |
| _____ | _____ | ___________ mm | ________________ = ___________ mm |
| _____ | _____ | ___________ mm | ________________ = ___________ mm |
| | _____ | ___________ mm | |

als 100 mm

_____Teile ≙ ___________ mm

1 Teil ≙ = ___________ mm

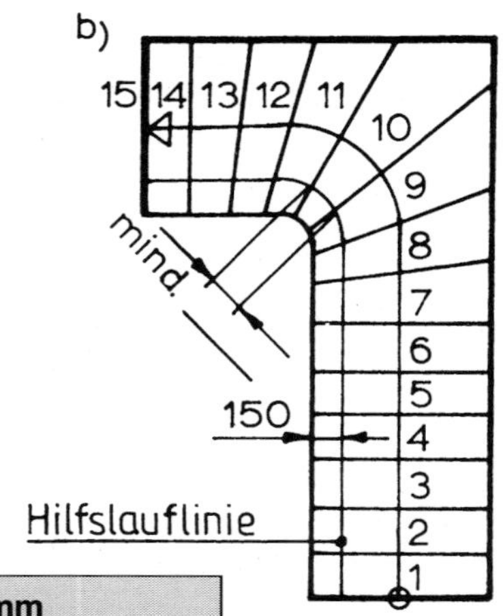


Eine oder mehrere Stufen vor und nach der Krümmung werden ebenfalls mit verzogen.

**Gründe:**

1. Weil sich die Verschmälerung auf mehrere Stufen verteilt, wird die Breite des Auftritts an der Freiwange ______________________.
2. Die Treppe wird besser ______________________.

**Aufgabe:** Berechnen Sie die Verschmälerung nach Zeichnung b.

| **Stufe** | **Teile** | **Verschmälerung** | **Stufenbreite in 150 mm Abstand von der Freiwange** |
|---|---|---|---|
| _____ | _____ | ___________ mm | ________________ = ___________ mm |
| _____ | _____ | ___________ mm | ________________ = ___________ mm |
| _____ | _____ | ___________ mm | ________________ = ___________ mm |
| _____ | _____ | ___________ mm | ________________ = ___________ mm |
| _____ | _____ | ___________ mm | ________________ = ___________ mm |
| _____ | _____ | ___________ mm | ________________ = ___________ mm |
| _____ | _____ | ___________ mm | ________________ = ___________ mm |
| | _____ | ___________ mm | |

als 100 mm

_____Teile ≙ ___________ mm

1 Teil ≙ = ___________ mm

**A.** An einem Quadratstahl mit dem Querschnitt 60 x 60 mm soll durch Schmieden ein 90 mm langer Zapfen 50 x 20 mm abgesetzt werden. Das Schmiedeteil einschließlich Zapfen ist 200 mm lang.

a) Welche Länge (in mm) muss für den Zapfen als Schmiedezugabe gerechnet werden?

b) Für Abbrand wird ein Zuschlag von 20% angenommen.
Welche Schmiedezugabe (in mm) einschließlich Zuschlag für Abbrand muss jetzt berücksichtigt werden?

c) Welche Rohlänge (in mm) muss das Schmiedeteil vor der Bearbeitung haben?

**Vereinbarung:** Die Maße des Rohteils erhalten den Index „1“,
die Maße des geschmiedeten Teils den Index „2“.

**Geg.:** ______________________

______________________

**Ges.:** a) _____ b) _____ c) _____

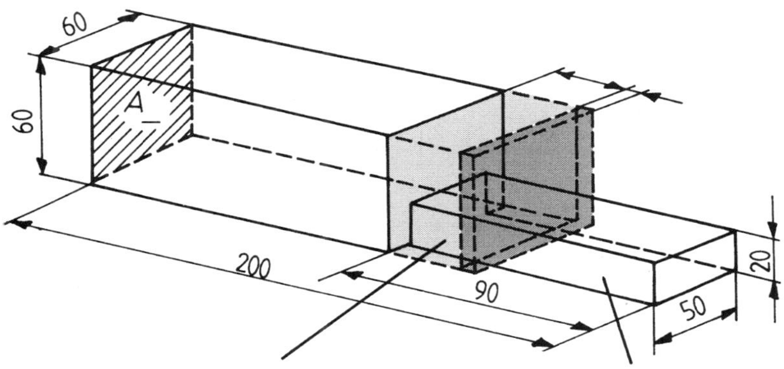


a) _____ = _____

_____ = _____

=

_____ =

_____ = _____

b) Durch das Erwärmen auf Schmiedetemperatur geht wegen der Bildung von _____________ Material verloren. Dieser Verlust wird als _____________ bezeichnet und prozentual der Schmiedezugabe ohne Abbrand dazugerechnet:

100 % ≙ _____

1 % ≙

_____ % ≙ = _____

$l_1 + l_Z$ = _____

$l_1 + l_Z$ = _____

Oder kürzer:

$l_1 + l_Z$ = _____

$l_1 + l_Z$ = _____

c) $l_{ges}$ = _____

$l_{ges}$ = _____

**B.** Kann das Volumen eines Schmiedeteils wegen seiner unregelmäßiger Form nicht berechnet werden, so kann sein Volumen mit Hilfe der ________________ und der ________________ bestimmt werden.
Für ein Schmiedeteil aus Stahl wurde die Masse von 4,71 kg ermittelt.
Wie lang (in mm) muss das Rohteil aus Quadratstahl mit 80 mm Seitenlänge sein, wenn Abbrandverluste unberücksichtigt bleiben?

**Geg.:** ________________________________________________

**Ges.:** ______

**1. Aufgabe:** An einem Flachstahl 60 x 40 mm soll ein Zapfen mit 40 mm Durchmesser und 80 mm Länge angeschmiedet werden.
Wie viel mm müssen dem Flachstahl vor dem Schmieden dazugerechnet werden, wenn der Zuschlag für Abbrand mit 16% angenommen wird?

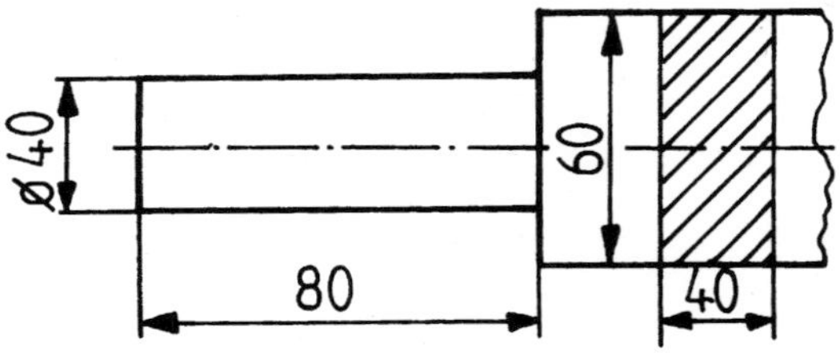


**2. Aufgabe:** Ein beschädigtes schmiedeeisernes Türband (siehe Skizze) soll ersetzt werden. Das noch vorhandene Band wiegt 1,18 kg.
Welche Länge (in mm) muss ein Flachstahl 100 x 10 mm aus S235 JR bei 10% Abbrand haben?

Vor einer Auftragserteilung holt der Kunde von mehreren Firmen ______________ ein. Den Auftrag erhält der Betrieb mit dem preisgünstigsten Angebot und guter, fachgerechter ______________.

Nach Ausführung des Auftrags sind die im Angebot genannten Preise die Grundlage für die ______________ ______________.

**1. Aufgabe:** Kalkulieren Sie die Fertigung und Montage eines Gartentores mit 1,2 · 1 m.

| **Fertigungsmaterial** | | | Einzelpreis | Gesamtpreis |
|---|---|---|---|---|
| 4,4 | m | Rechteckrohr 50 x 20 x 2 . . . . . . . . . . . . . . . . . . . . . . | 1,87 €/m | ______ € |
| 8,8 | m | Rechteckrohr 20 x 10 x 1,5 . . . . . . . . . . . . . . . . . . . . | 0,88 €/m | ______ € |
| 1 | Stück | Rohrrahmen-Einsteckschloss . . . . . . . . . . . . . . . . . | 22,72 €/Stück | ______ € |
| 1 | Stück | Zylinderschloss mit 2 Schlüsseln . . . . . . . . . . . . . . | 19,20 €/Stück | ______ € |
| 1 | Stück | Anschlag mit elektr. Türöffner . . . . . . . . . . . . . . . | 31,10 €/Stück | ______ € |
| 2 | Stück | Anschweißbänder . . . . . . . . . . . . . . . . . . . . . . . . . | 7,67 €/Stück | ______ € |
| 1 | Stück | Türdrücker . . . . . . . . . . . . . . . . . . . . . . . . . . . . . | 10,34 €/Stück | ______ € |
| 1 | Stück | Türknopf . . . . . . . . . . . . . . . . . . . . . . . . . . . . . . | 8,80 €/Stück | ______ € |
| 4 | Stück | Rosetten . . . . . . . . . . . . . . . . . . . . . . . . . . . . . . | 1,88 €/Stück | ______ € |
| $^1/_4$ | kg | Rostschutzfarbe . . . . . . . . . . . . . . . . . . . . . . . . . | 4,30 €/kg | ______ € |
| | | Normteile (Schrauben) . . . . . . . . . . . . . . . . . . . . . | 0,90 €/Stück | ______ € |
| | | | | ______ € |

**Fertigungs- und Montagelöhne**

| | | |
|---|---|---|
| Schlosser: | 4,5 Stunden mit 12,82 €/Stunde | ______ € |
| Hilfsarbeiter: | 3,5 Stunden mit 9,18 €/Stunde | ______ € |
| | | ______ € |

Materialgemeinkosten 20 %, Fertigungsgemeinkosten 140 %, Wagnis und Gewinn 12 %, Mehrwertsteuer 15%.
Die Gemeinkosten für Verwaltung und Vertrieb sind in den Material- bzw. Lohngemeinkosten enthalten.

**Klärung**

**Fertigungsmaterial** = Einkaufspreise aus den Listen der Großhändler für das Material, wobei Frachtkosten, Preisnachlass und Teuerungszuschläge zu berücksichtigen sind.

**Materialgemeinkosten** = Kosten für Lagerung und Transport der Materialien, Ausgaben für Schweißmaterial, Schmiedekohle, Verschnitt usw., Abschreibung für Maschinen und Geräte, Ausgaben für Miete, Beleuchtung, Heizung der Werkstätte, des Lagers usw.
Weil diese Kosten einzeln nicht kalkulierbar sind, werden sie dem Fertigungsmaterial als prozentualer Aufschlag zugerechnet.

**Fertigungs- und Montagelöhne:** Sie errechnen sich aus den Stundenlöhnen und der Arbeitszeit.
Zuschläge für Überstunden, Auslöse, Fahrgelder usw. sind dazuzurechnen.

**Fertigungsgemeinkosten:** Diese ergeben sich aus dem Arbeitgeberanteil für die Sozialversicherung und die Unfallversicherung, sowie die Aufwendungen für Lohnfortzahlung bei Krankheit, bezahlten Urlaub, Urlaubs- und Weihnachtsgeld, vermögenswirksame Leistungen usw.
Berechnungsgrundlage sind die Fertigungs- und Montagelöhne.

**Gemeinkosten für Verwaltung und Vertrieb:** Nur bei größeren Betrieben werden diese besonders kalkuliert. Kleinere Betriebe rechnen sie den Material- bzw. den Fertigungsgemeinkosten zu.

**1. Materialkosten**

________________________________ = ________ €

________________________________ = ________ €

________________________________ = ________ €

**2. Fertigungs- und Montagekosten**

________________________________ = ________ €

________________________________ = ________ €

________________________________ = ________ €

3. ________________________________ = ________ €

4. ________________________________ = ________ €

5. ________________________________ = ________ €

6. ________________________________ = ________ €

7. ________________________________ = ________ €

Im Angebot heißt es dann:

| Position | Anzahl | Gegenstand | Einzelpreis | | Gesamtpreis | |
|---|---|---|---|---|---|---|
| | | | Euro | Cent | Euro | Cent |
| 12 | 1 | Gartentor 1,2 · 1 m, aus Rechteckrohr, einschl. Sicherheitsschloss, elektr. Türöffner und Türdrücker, grundiert, mit Montage | | | | |
| Nach Addition aller Positionen wird die Mehrwertsteuer dazugerechnet. | | | | | | |
| | | 16 % Mehrwertsteuer | | | | |
| Angebotspreis | | | | | | |

**2. Aufgabe:** a) Stellen Sie ein Schema für den Aufbau der Kalkulation auf.
b) Kalkulieren Sie in diesem Schema den Brutto-Verkaufspreis für eine Aluminium-Haustüre. Fertigungsmaterial einschl. Eloxieren 312,14 €, Fertigungslöhne 197,17 €. Materialgemeinkosten 25 %, Fertigungsgemeinkosten 125 %, Wagnis und Gewinn 10 %, Mehrwertsteuer 16 %.

________________________________ = ________ €

________________________________ = + ________ €

________________________________ = ________ €

________________________________ = ________ €

________________________________ = + ________ €

________________________________ = + ________ €

________________________________ = ________ €

________________________________ = + ________ €

________________________________ = ________ €

________________________________ = + ________ €

________________________________ = ________ €

| Technische Mathematik Konstruktionsmechaniker und Metallbauer | Datum: | Übungsaufgaben | F 2 |
|---|---|---|---|
| Name: | Klasse: | | 25 |

## 1. Kräfte

1. Zeichnen Sie folgende Kraft im Kräftemaßstab 1 mm ≙ 10 N:
   $F$ = 520 N, Wirkungslinie 30 °C zur Waagrechten, Richtungspfeil nach unten links.

2. Am skizzierten Winkelhebel greifen die beiden Kräfte $F_1$ = 5 kN und $F_2$ = 3 kN rechtwinkelig an.
   a) Bestimmen Sie zeichnerisch die Belastung (in kN) im Lager A.
   b) Überprüfen Sie das Ergebnis durch Rechnung.

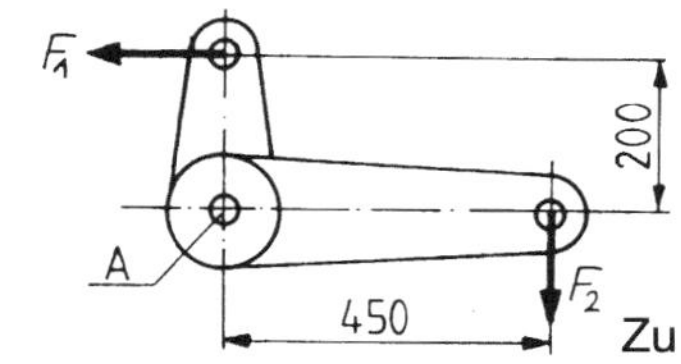

Zu 2.

3. Bei einem Werkstattkran wird als zulässige Belastung 500 kg angegeben.
   Bestimmen Sie durch Zeichnen die Kräfte in den beiden Streben (in kN)

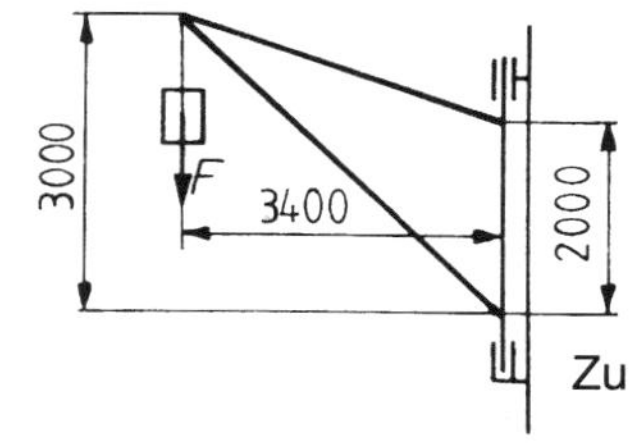

Zu 3.

## 2. Drehmoment

1. An dem gezeichneten Hebel greift die Kraft von 160 N an.
   Welches Drehmoment (in Nm) wird erzeugt?

Zu 1.

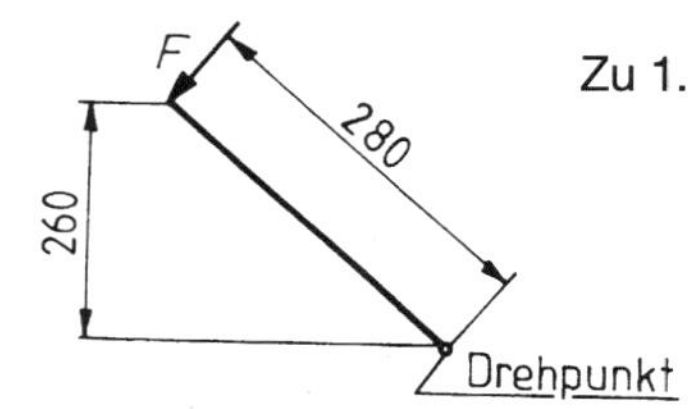


2. Berechnen Sie das Drehmoment (Aufgabe 1), wenn die Kraft senkrecht nach unten angreift.

3. Mit der skizzierten Winde soll eine Masse von 100 kg gehoben werden.
   Berechnen Sie die Kraft an der Handkurbel (in N).

Zu 3.

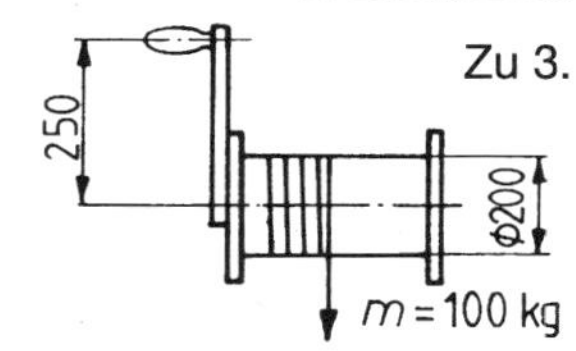


4. Die Gewichtskraft einer Überdachung mit 1200 N greift vom Drehpunkt im Abstand von 1,4 m an.
   a) Ermitteln Sie das Drehmoment im Lager A.
   b) Welcher Zugkraft (in N) muss das Lager B standhalten?

Zu 4.

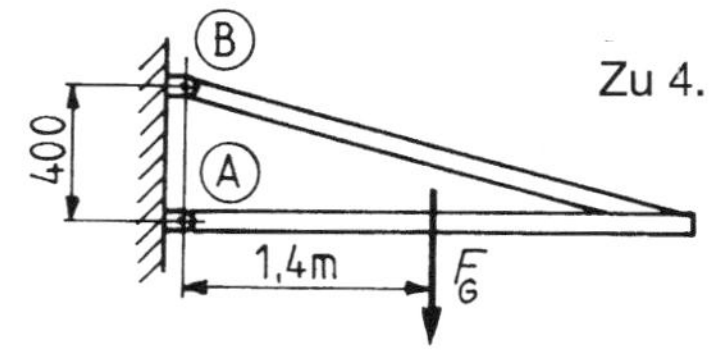


## 3. Kräfte in Vordächern und in den Aufhängungen von Türen und Toren

1. Bestimmen Sie die Zug-, bzw. Druckkräfte (in kN) in den beiden Stäben.

Zu 1.

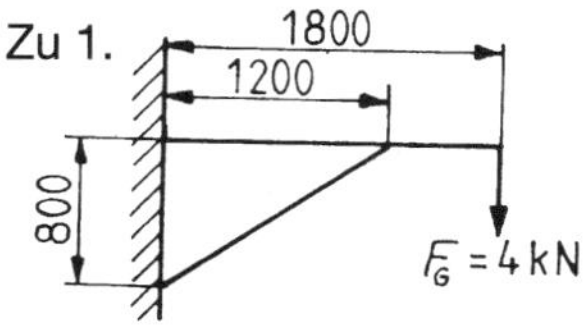


2. Ein Werkstattkran ist im Halslager A und im Spurlager B drehbar gelagert (siehe Skizze).
   Bestimmen Sie durch Zeichnen und berechnen Sie die Stützkräfte $F_A$, $F_B$, $F_{Bx}$ und $F_{By}$ (in kN).

Zu 2.

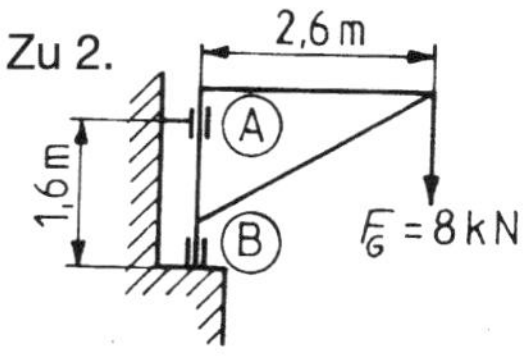


3. Für einen Wandschwenkkran sind folgende Kräfte (in kN) zu ermitteln:
   a) Die Zug-, bzw. Druckkraft in den Streben 1 und 2
   b) Die Kraft $F_A$ im Halslager, sowie die Kräfte $F_{Bx}$, $F_{By}$ und $F_B$ im Spurlager.

Zu 3.

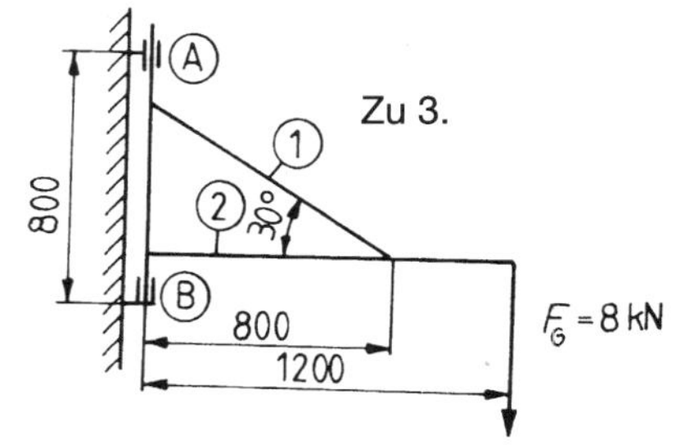

**4. Auflagerkräfte – Stützträger (Träger auf zwei Stützen)**

1. Berechnen Sie die Lagerkräfte (in N), die durch die Zugkraft des Treibriemens entstehen. Das Eigengewicht wird nicht berücksichtigt.

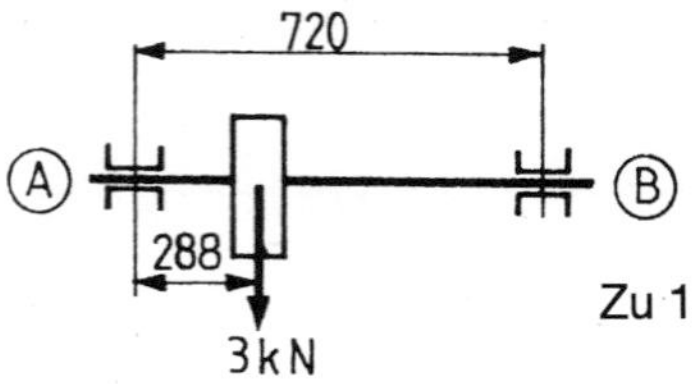


Zu 1.

2. Die skizzierte Laufkatze trägt die Masse von 600 kg. Berechnen Sie die Auflagerkräfte (in N), wenn das Eigengewicht vernachlässigt wird.

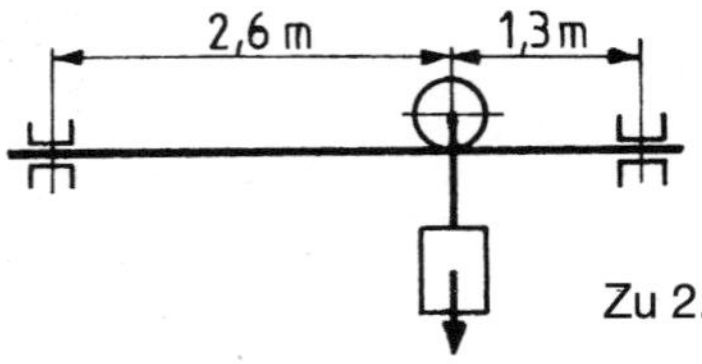


Zu 2.

3. Ein 5 m langer Stahlträger IPE 300 wird durch die beiden Kräfte $F_1$ = 3,8 kN und $F_2$ = 1400 N belastet. Die Eigengewichtskraft wird nicht berücksichtigt.
   Welche Kräfte (in N) müssen die Lager A und B aufnehmen?

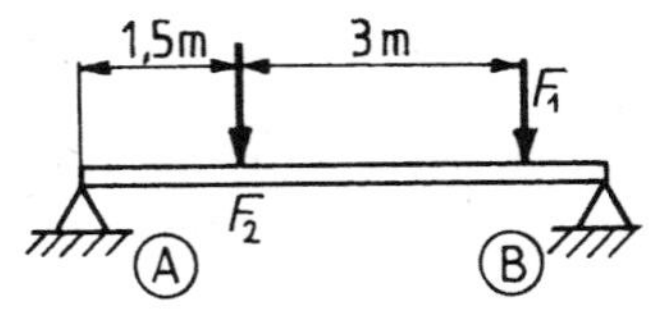


Zu 3.

**5. Auflagerkräfte – Kragarmträger**

1. Ein Träger wird von $F_1$ = 2 kN, $F_2$ = 4 kN und $F_3$ = 3,5 kN belastet.
   Berechnen Sie die Auflagerkräfte $F_A$ und $F_B$ in kN.

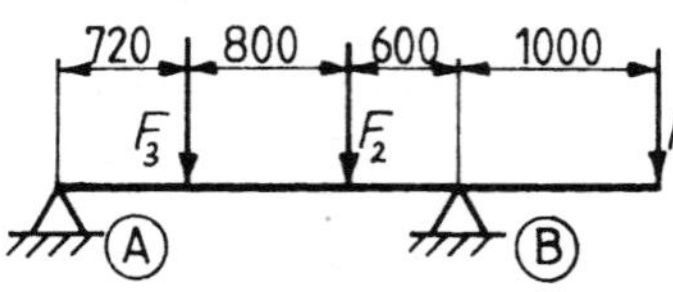


Zu 1.

2. Die Lager der skizzierten Welle werden durch drei Riemenscheiben belastet:
   $F_1$ = 2,5 kN, $F_2$ = 5 kN, $F_3$ = 1,8 kN.
   Berechnen Sie die Auflagerkräfte (in kN), wenn die Masse der Welle nicht berücksichtigt wird.

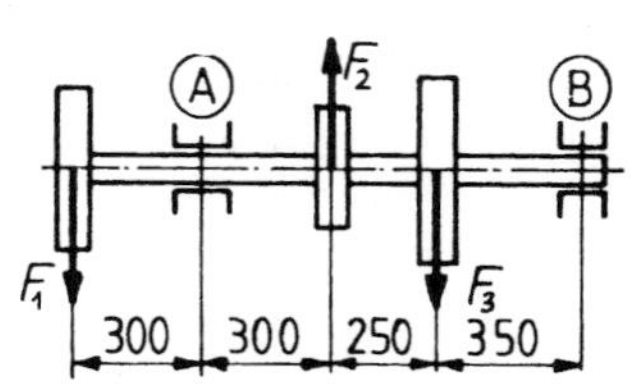


Zu 2.

**6. Auflagerkräfte – Streckenlast und Eigengewichtskraft**

1. Ein gefüllter Warmwasserbereiter hat die Masse von 900 kg und liegt auf den Stützen A und B auf.
   Berechnen Sie die Auflagerkräfte (in kN).

Zu 1.

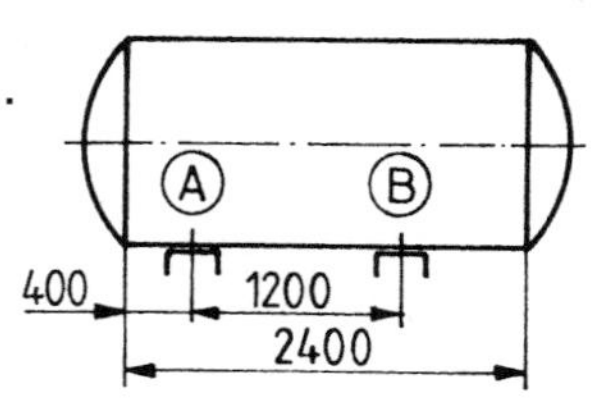


2. Ein Träger mit der Gesamtlänge von 7 m hat eine längenbezogene Masse von 61 kg/m. Er belastet seine Lager A und B mit
   - einer Einzelkraft $F_1$ = 8 kN
   - einer Streckenlast zwischen A und B mit $F'_S$ = 600 N/m und
   - seiner Gewichtskraft $F_G$.

   Bestimmen Sie die Auflagerkräfte (in N).

Zu 2.

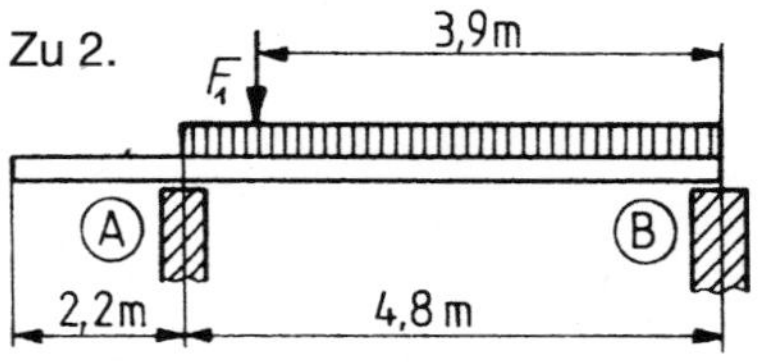


**7. Beanspruchung auf Zug**

1. Ein Flachstahl aus S185 (Mindestzugfestigkeit 330 N/mm²) hat den Querschnitt 40 · 8 mm.
   Berechnen Sie die größtmögliche Zugkraft (in kN) bis zum Bruch.

2. Die Spannung (in N/mm²) in den Querschnitten A-A und B-B der gezeichneten, 10 mm dicken Lasche ist für 50 kN Zugkraft zu berechnen.

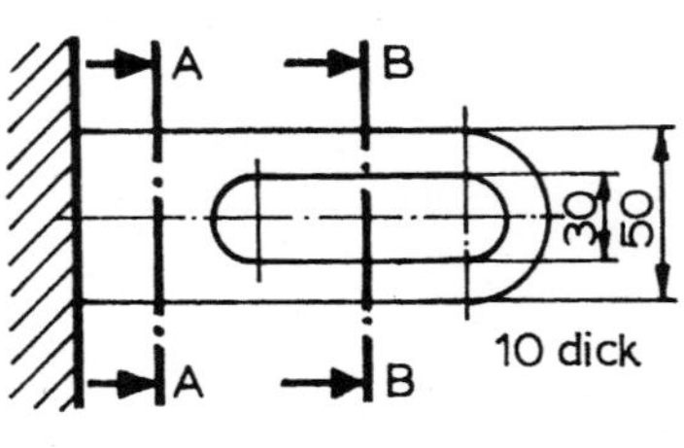


Zu 2.

3. An einem Flachstahl 40 · 6 mm wird ein Zugversuch durchgeführt. Bei 50,4 kN Zugkraft ist die Streckgrenze erreicht, die Höchstzugkraft liegt bei 81,6 kN.
   Wie groß sind $R_e$ und $R_m$ (in N/mm²)?

4. Ein Flachstahl mit der Streckgrenze von 240 N/mm² soll bei 3-facher Sicherheit die Zugkraft von 40 kN übertragen.
   Wie dick (in mm) muss der Flachstahl bei 50 mm Breite gewählt werden?

5. Eine Kette mit der Streckgrenze von 336 N/mm² soll bei 3-facher Sicherheit die Masse von 2,5 t heben. Dabei werden beide Querschnitte eines Kettengliedes gleichmäßig auf Zug belastet.
   Welcher Durchmesser (in mm) ist für die Kettenglieder zu wählen?

6. Der Deckel eines Druckbehälters hat einen Durchmesser von 600 mm und wird mit Sechskantschrauben M 10 (Kerndurchmesser 8,16 mm) der Festigkeitsklasse 8.8 befestigt. Im Behälter herrscht ein positiver Überdruck von 8 bar. Wieviel Schrauben sind erforderlich, wenn die Sicherheit gegen die Streckgrenze 2-fach sein soll und die Schrauben auf Zug belastet werden?

7. Welche Sicherheit liegt vor, wenn eine Schraube M 16 mit 13,5 mm Kerndurchmesser und der Festigkeitsklasse 6.8 mit 17 kN auf Zug belastet wird?

8. Ein Quadratstahl mit der Streckgrenze von 200 N/mm² soll bei 4-facher Sicherheit die Zugkraft von 16,2 kN übertragen.
   Berechnen Sie seine Abmessungen (in mm).

## 8. Beanspruchung auf Druck

1. Wie viel N/mm² beträgt die Druckspannung in einem Quadratstahl mit 40 mm Seitenlänge bei einer Druckbelastung von 100 kN?

2. Eine Säule aus EN-GJL-300 wird auf Druck belastet. Die Druckfestigkeit beträgt 150 N/mm², die Sicherheitszahl soll 2,5 sein.
   Berechnen Sie die zulässige Druckspannung (in N/mm²).

3. Ein Vordach wird von zwei Rohren (60 mm Außendurchmesser und 5 mm Wandstärke) getragen. Die zulässige Druckspannung beträgt 40 N/mm².
   Berechnen Sie, mit welcher Kraft (in kN) ein Rohr auf Druck belastet werden kann.

4. Mit welcher Druckkraft (in kN) darf ein Hohlprofil aus E295 mit den Maßen 60 · 40 · 4 belastet werden, wenn die Quetschgrenze 200 N/mm² beträgt und 4-fache Sicherheit vorzusehen ist?

## 9. Druck

1. Rechnen Sie in N/cm² um:
   a) 1,8 bar b) 0,6 bar c) 20 bar

2. Rechnen Sie die folgenden Drücke in bar um:
   a) 20 N/cm² b) 140 N/cm² c) 4 N/mm²

3. Der Kolben eines Rohrbiegeapparates hat 14 mm Durchmesser und wird mit der Kraft von 300 N bewegt.
   Wie viel bar Druck werden erzeugt?

4. Das Typenschild an einem Druckluftbehälter zum Sandstrahlen gibt als maximalen Betriebsdruck 20 bar an. Der Abschlussdeckel hat 320 mm Durchmesser und wird von Schrauben gehalten, wobei eine Schraube die Kraft von 9 kN aufnehmen kann.
   a) Wie groß ist die Kraft (in kN), die auf den Deckel lastet?
   b) Wie viel Schrauben sind vorzusehen?

## 10. Beanspruchung auf Flächenpressung

1. Die quadratische Fundamentplatte eines Vordaches muss die Kraft von 512 kN aufnehmen. Die zulässige Flächenpressung des Bodens beträgt 20 N/mm².
   Welche Seitenlänge (in mm) muss die Platte haben?

2. Ein Lagerzapfen hat 40 mm Durchmesser und ist 80 mm lang. Die Flächenpressung soll die Quetschgrenze von 150 N/mm² bei 3-facher Sicherheit nicht überschreiten.
   Welche Kraft (in kN) kann übertragen werden?

3. Eine 12 mm dicke Lasche muss die Kraft von 21,6 kN übertragen. Die Flächenpressung in der Lasche darf bei 2,5-facher Sicherheit nicht größer als die Quetschgrenze von 180 N/mm² sein.
   Welchen Durchmesser (in mm) muss der Bolzen haben?

4. Durch eine zweischnittige Einfachnietung (siehe Skizze) werden drei Flachstähle mit je 20 mm Dicke verbunden und sollen 15 kN übertragen. Die Lochleibung soll bei 4-facher Sicherheit die Quetschgrenze von 200 N/mm² nicht überschreiten.
Welcher Nietdurchmesser (in mm) ist zu wählen?

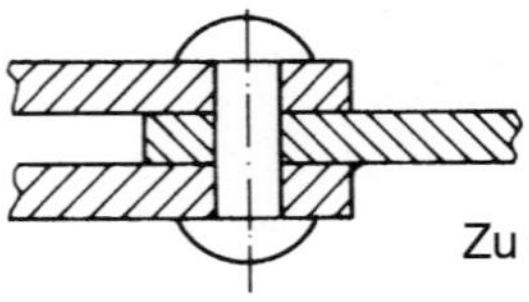
Zu 4.

**11. Scherfestigkeit – Beanspruchung auf Schub**

1. Welche Kraft (in N) kann eine Spannhülse mit 14 mm Außen- und 10 mm Innendurchmesser auf Schub übertragen, wenn die Scherfestigkeit 320 N/mm² beträgt und 1,6-fache Sicherheit vorhanden sein soll?

2. Der Tragbolzen einer Seilrolle (siehe Skize) hat eine Mindestzugfestigkeit von 390 N/mm² und soll bei 3-facher Sicherheit die Masse von 6,5 t tragen.
Welcher Durchmesser (in mm) ist bei Schubbeanspruchung zu wählen?

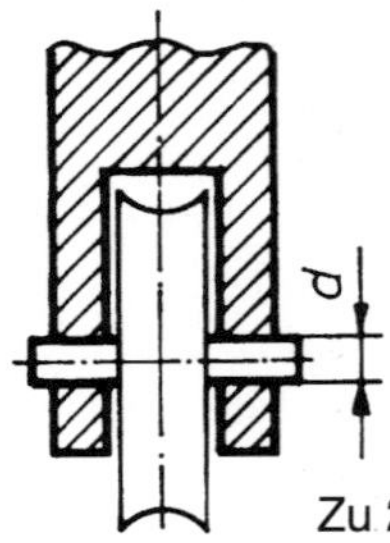

Zu 2.

3. Welche Sicherheit liegt vor, wenn der Schaft einer Schraube (Güteklasse 9.8) von 12 mm Durchmesser mit 20 kN auf Schub beansprucht wird?

4. In einer Stahlkonstruktion soll der Knotenpunkt durch Nieten (Einfachlaschennietung) hergestellt werden. Die Nieten ($R_m$ = 320 N/mm²) haben einen Durchmesser von 10 mm, es ist 2-fache Sicherheit verlangt.
Wie viel Nieten sind bei Beanspruchung auf Schub erforderlich?

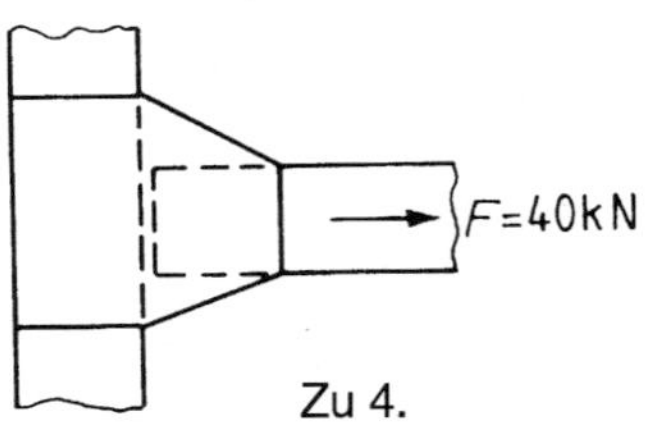

Zu 4.

**12. Scherfestigkeit – Beanspruchung auf Abscherung**

1. Der skizzierte Winkel ist aus 3 mm dickem Blech mit 350 N/mm² Zugfestigkeit auszuschneiden.
Berechnen Sie die erforderliche Schnittkraft in kN.

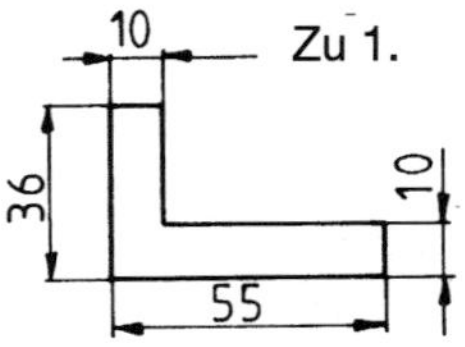

Zu 1.

2. Eine Presse mit 100 kN soll 4 mm dickes Blech mit 200 N/mm² Scherfestigkeit lochen.
Berechnen Sie den größtmöglichen Durchmesser in mm.

3. Bis zu welcher Blechstärke (in mm) kann eine Maschine mit 400 kN Presskraft Formbleche mit 320 N/mm² Scherfestigkeit und 250 mm Schnittkantenlänge ausschneiden?

**13. Beanspruchung auf Torsion**

1. Ermitteln Sie mit Hilfe des Tabellenbuches das polare Widerstandsmoment (in cm³) für folgende Profile:
   a) Hohlprofil DIN 59 410 – S355 JO – 80 x 40 x 5
   b) Hohlprofil DIN 59 411 – S235 JR – 40 x 40 x 2,6

2. Für ein Bauteil wurde ein polares Widerstandsmoment von 20 cm³ berechnet.
Bestimmen Sie die Abmessungen (in mm) für eine Vollwelle und für einen Quadratstahl.

3. Eine Schraube M 12 (Kerndurchmesser = 9,85 mm) besitzt eine maximale Torsionsspannung von 420 N/mm².
   a) Wie groß (in cm³) ist das polare Widerstandsmoment?
   b) Berechnen Sie das Torsionsmoment (in Ncm).
   c) Bei welcher Kraft $F$ (in N) besteht die Gefahr, dass die Schraube abgedreht wird?

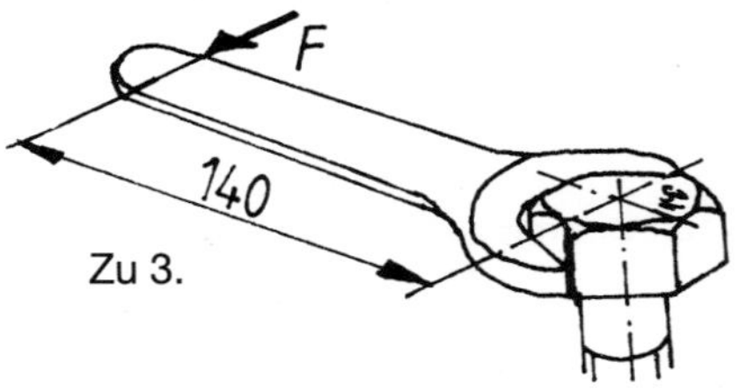

Zu 3.

4. Eine Vollwelle soll das Torsionsmoment von 80 Nm aufnehmen. Die zulässige Torsionsspannung ist 200 N/mm².
Wie groß (in mm) muss der Wellendurchmesser mindestens sein?

## 14. Beanspruchung auf Biegung

### Biegemoment

1. Berechnen Sie das maximale Biegemoment (in Nm) eines einseitig eingespannten Trägers bei einer Einzelbelastung von 600 N in 720 mm Abstand.

2. Ein 2,4 m langer Träger ruht auf zwei Stützen und wird auf Biegung belastet. Sein Biegemoment darf 2280 Nm nicht überschreiten.
Mit welcher Kraft (in kN) darf er mittig belastet werden?

3. Ein Träger aus T-Stahl ist 800 mm lang und an beiden Enden fest in eine Halterung eingeschweißt. In der Mitte wird er mit der Kraft von 2,6 kN auf Biegung belastet.
Berechnen Sie das maximale Biegemoment (in Ncm).

### Axiales Widerstandsmoment

4. Tragen Sie mit Hilfe des Tabellenbuches die Widerstandsmomente ein:

| | Warmgefertigtes Stahlrohr 60 · 40 · 4 | IPE 300 | Winkel 50 · 6 | IPB 120 | U 80 |
|---|---|---|---|---|---|
| $W_x$ (cm³) | | | | | |
| $W_y$ (cm³) | | | | | |

5. Vergleichen Sie die Widerstandsmomente (in cm³) von
a) Rundstahl mit 40 mm Durchmesser und
b) Rohr mit 40 mm Außendurchmesser und 5 mm Wandstärke.

6. Für ein Bauteil wurde ein Widerstandsmoment von 4,5 cm³ berechnet.
Bestimmen Sie die Abmessungen (in mm) für
a) Quadratstahl und b) Rundstahl

7. Für ein Bauteil aus U-Profil (S235 JR G2) wurde das Widerstandsmoment mit 7 cm³ bestimmt.
Welche Abmessungen muss der U-Stahl für folgende Biegefälle haben?

8. Geben Sie mit Hilfe des Tabellenbuches die Abmessungen folgender Profile an, wenn das Widerstandsmoment 40 cm³ beträgt:

| Biegeachse | U-Profil DIN 1026-S235 JR G2 | T-Profil DIN EN 10025-S235 JR G2 | IPE-Profil DIN 1025-S235 JR |
|---|---|---|---|
| x-x | | | |
| y-y | | | |

9. Vergleichen Sie die Widerstandsmomente $W_x$ (in cm³) für folgende Profile aus Stahl:
U 100 – T100 – I 100 – IPB 100.

### Biegespannung

10. Ein Flachstahl 30 · 10 mm ist einseitig eingespannt und wird im Abstand von 300 mm mit der Kraft von 50 N auf Biegung beansprucht.
Berechnen Sie die auftretenden Spannungen (in N/mm²) bei hoch- und bei flachkantigem Biegen.

11. Im Abstand von 3600 mm liegt ein mittelbreiter I-Träger DIN 1025-5-S235 JO G2 – IPE 240 auf zwei Stützen auf und wird in x-Richtung auf Biegung beansprucht. Die zulässige Biegespannung beträgt 60 N/mm².
Mit welcher Kraft (in kN) darf er mittig belastet werden?

12. Die zulässige Biegespannung eines einseitig eingespannten Trägers 50 N/mm². Im Abstand von 500 mm muss er die Kraft von 4 kN aufnehmen.
Berechnen Sie das Widerstandsmoment $W_x$ (in cm³) und wählen Sie aus dem Tabellenbuch einen geeigneten U-Stahl nach DIN 1026 – S235 JR G2.

**15. Beanspruchung auf Knickung**

1. Mit Hilfe des Tabellenbuches ist das Elastizitätsmodul in kN/mm² (Mittelwert) für folgende Werkstoffe zu bestimmen:
   a) EN-GJL-300 b) GS-38 c) EN-GJMW-350 d) Aluminium-Legierung

2. Ermitteln Sie für eine 3 m lange Stütze die rechnerische Knicklänge bei folgenden Belastungsfällen:
   a) Oben und unten fest eingespannt
   b) Oben und unten beweglich eingespannt
   c) Nur unten fest eingespannt

3. Ein 2,5 m langes Vierkant-Stahlrohr ist nur unten fest eingespannt. Das Flächenmoment des Rohres beträgt 12 $cm^4$.
   Mit welcher Kraft (in N) darf das Rohr bei 2-facher Sicherheit auf Knickung belastet werden?

4. Mit wie viel kN darf der Kolben der hydraulischen Hebeanlage auf Knickung beansprucht werden, wenn 4-fache Sicherheit vorhanden sein soll?

zu 4.

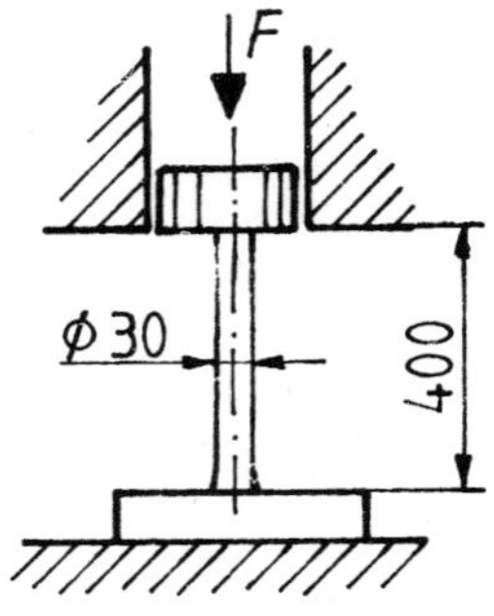


**16. Temperatur und Wärmemenge**

1. Ergänzen Sie die Tabelle:

| | a) | b) | c) | d) | e) | f) |
|---|---|---|---|---|---|---|
| $\vartheta$ (°C) | 16 | | – 5 | | – 273 | |
| $T$ (K) | | 297 | | 261 | | 273 |

2. Stellen Sie den Temperaturunterschied fest:
   a) Anfangstemperatur 12 °C
   Endtemperatur 38 °C
   b) Außentemperatur – 8 °C
   Raumtemperatur 20 °C
   c) Kaltwassertemperatur 283 K
   Warmwassertemperatur 60 °C
   d) Messbereich des Quecksilberthermometers von – 30 bis 400 °C
   e) Temperatur im Sommer 307 K
   Temperatur im Winter – 17 °C
   f) Anfangstemperatur – 10 °C
   Endtemperatur 270 K

3. Für eine Schrumpfverbindung wird ein Messingring (Cu-Zn-Legierung) mit 2,6 kg von 20 °C auf 350 °C erwärmt. Wie viel Wh Wärmeenergie sind dazu erforderlich?

4. a) Wie viel kg Wasser können mit 1 kWh von 10 auf 60 °C erwärmt werden?
   b) Um wie viel K können mit 1 kWh Wärmeenergie 17,24 kg Stahl erwärmt werden?

5. Eine Betondecke ist 5 m lang, 4 m breit und 25 cm dick. Die Dichte $\varrho$ ist 1,6 kg/dm³.
   Welche Wärmemenge (in kWh) nimmt die Decke auf, wenn sie sich von 12 auf 20 °C erwärmt?

**17. Wärmedurchgangszahl**

1. Berechnen Sie die Wärmedurchgangszahl für eine Isolierverglasung (siehe Skizze) mit 15 mm Luftzwischenraum.
   Wärmeleitzahlen: Glas $\lambda = 0{,}8$ W/m · K
   Luft $\lambda = 0{,}1$ W/m · K

zu 1.

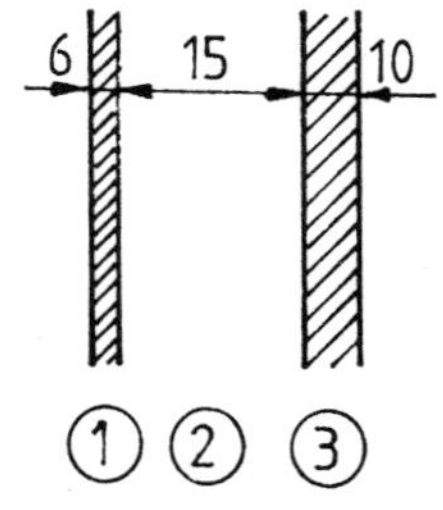


2. Eine Außenwand erhält nachträglich eine Fassadenverkleidung und hat dann folgenden Wandaufbau:
   1,5 cm Innenputz, $\lambda = 0{,}87$ W/m · K
   30 cm Ziegel, $\lambda = 0{,}68$ W/m · K
   2 cm Luftschicht, $\lambda = 0{,}1$ W/m · K
   4 cm Wärmedämmung, $\lambda = 0{,}04$ W/m · K
   19 mm Fichtenbretter, $\lambda = 0{,}13$ W/m · K
   Berechnen Sie die neue *k*-Zahl

3. Eine Schaufensterscheibe und eine Isolierglasscheibe haben die Glasdicken 8 mm, bzw. 2 x 4 mm und 10 mm Luftzwischenraum.
   Berechnen Sie für beide Scheiben die *k*-Zahl.
   Luft: $\lambda = 0{,}1$ W/m · K, Glas: $\lambda = 0{,}8$ W/m · K

**18. Wärmeströmung**

1. Für ein Flachdach ($l$ = 8,4 m, $b$ = 5,5 m) mit der $k$-Zahl 0,62 W/m² · K ist der Wärmestrom (in W) zu berechnen. Die Raumtemperatur beträgt 18 °C, die Außentemperatur – 12 °C.

2. Der Wärmestrom durch eine Außenwand ist 324 W. Die Wärmedurchgangszahl beträgt 0,75 W/m² · K, Raumtemperatur und Außentemperatur sind mit 22 bzw. – 14 °C festgelegt.
   Wie groß (in m²) ist die Wandfläche?

3. Der Wärmestrom vom Fenster eines Bades an die Außenluft wurde mit 265 W berechnet. Das Aluminiumfenster ist 2,6 · 1,2 m. Die Temperatur im Bad beträgt 24 °C, die Außentemperatur – 10 °C.
   Welche Wärmedurchgangszahl (in W/m² · K) hat das Fenster?

**19. Längenausdehnung**

1. Eine Stahlbrücke ist 320 m lang.
   Berechnen Sie die Längenausdehnung (in mm), wenn Temperaturen zwischen – 20 °C und 60 °C angenommen werden.

2. Ein PE-Rohr (hart) hat sich durch die Erwärmung von 20 auf 60 °C um 20 mm ausgedehnt.
   Bestimmen Sie die Rohrlänge (in m) bei 20 °C.

3. Ein Geländer aus Aluminiumprofil ist 120 m lang. Zur Aufnahme der Längenausdehnung wird alle 8 m ein Dehnungsabstand vorgesehen (siehe Skizze).
   Wie groß (in mm) muss dieser Abstand mindestens sein, wenn die Temperaturdifferenz mit 80 K angenommen wird?

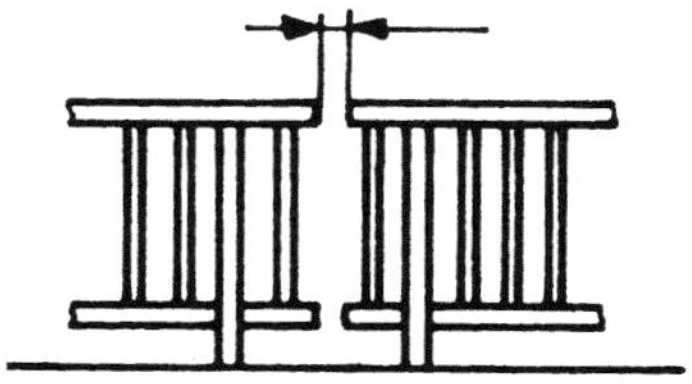
zu 3.

4. Ein Stahlträger ist bei 20 °C 5000 mm lang.
   Berechnen Sie die größte und die kleinste Länge (in mm) bei 70 °C und – 30 °C.

**20. Volumenausdehnung fester und flüssiger Stoffe**

1. Ein metallverarbeitender Betrieb kauft im Sommer 4000 l Heizöl mit 30 °C.
   Um wie viel Liter ist das Volumen mehr als im Winter bei 0 °C?

2. Ein Kunststoffbehälter aus PE (hart) fasst bei 10 °C 50 l.
   Wie viel Liter kann der Behälter bei 30 °C aufnehmen?

3. In einem stehenden zylindrischen Behälter mit 40 cm Durchmesser werden 50 l Wasser von 10 °C eingefüllt.
   Um wie viel mm steigt der Wasserspiegel, wenn die Wassertemperatur auf 40 °C erhöht wird?
   Die Ausdehnung des Behälters wird nicht berücksichtigt.

**21. Geradläufige Treppen**

1. Berechnen Sie für eine gerade Treppe bei 2,85 m Stockwerkshöhe und einer Steigung von maximal 170 mm die Anzahl der Steigungen und deren genaue Höhe, die Auftrittsbreite und die Lauflinienlänge.

2. Für die Stahltreppe zu einem 4,2 m höher liegenden Lager steht eine Lauflänge von 5,3 m zur Verfügung.
   Berechnen Sie $n$, $s$ und $a$.

3. Bestimmen Sie für die gezeichnete zweiläufige Podesttreppe für beide Läufe die erforderlichen Konstruktionsmaße. Die Steigung soll 175 mm nicht überschreiten.

zu 3.

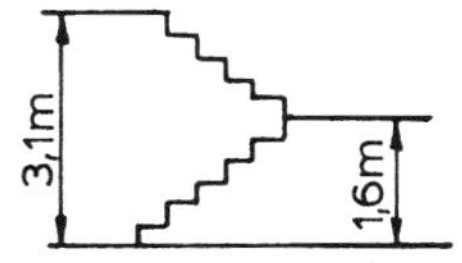

## 22. Gewendelte Treppen

1. Berechnen Sie für die viertelgewendelte Treppe:
   a) Länge der Gehlinie,
   b) Anzahl der Steigungen bei einer Stockwerkshöhe von 2,75 m, wobei die Steigungshöhe unter 180 mm liegen soll,
   c) Steigungshöhe,
   d) Auftrittsbreite,
   e) Schrittlänge,
   f) Viertelkreisbögen auf der Lauflinie und der Hilfslauflinie,
   g) Gesamtverschmälerung,
   h) Auftrittsbreite der 7 verzogenen Stufen auf der Hilfslauflinie.

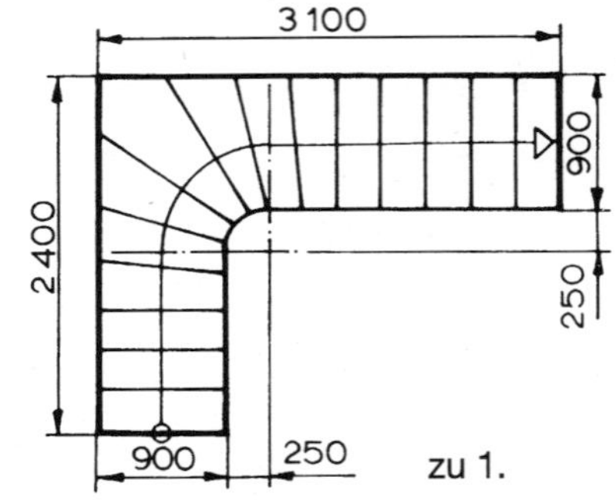

zu 1.

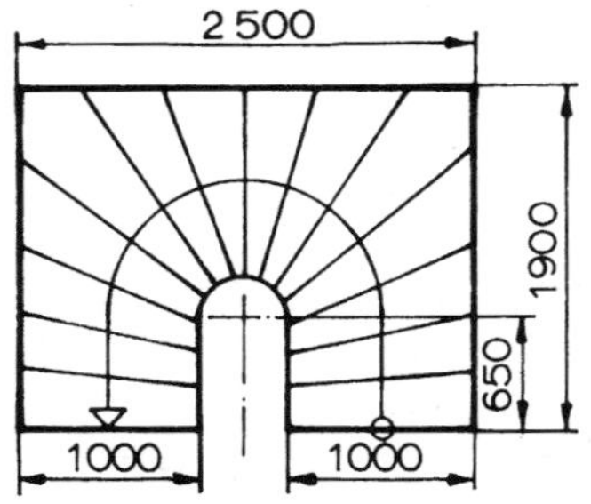

zu 2.

2. Berechnen Sie in der Reihenfolge wie bei Aufgabe 1 die halbgewendelte Treppe, wenn alle Stufen verzogen werden.
   Stockwerkshöhe 2,75 m,
   Steigungshöhe etwa 180 mm

## 23. Zugabe und Rohlänge bei Schmiede- und Pressteilen

1. An einem Rundstahl mit 80 mm Durchmesser wird ein quadratischer Zapfen 40 x 40 mm mit 100 mm Länge angeschmiedet.
   Wie viel mm beträgt die Schmiedezugabe? Abbrandverluste werden nicht berücksichtigt.

2. Welche Rohlänge (in mm) muss das Schmiedeteil vor der Bearbeitung haben, wenn mit 20% Abbrandverlust gerechnet wird?

3. Wie viel mm müssen bei 15% Abbrandverlust als Schmiedezugabe gerechnet werden?

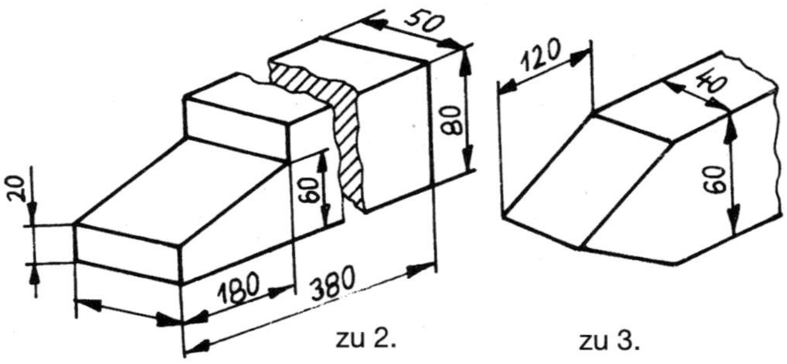

zu 2.  zu 3.

4. An Vierkantstäbe mit 30 mm Kantenlänge werden pyramidenförmige Spitzen mit 100 mm Länge angeschmiedet.
   Mit welcher Schmiedezugabe (in mm) muss bei 10% Abbrand gerechnet werden?

5. In einem Gesenk sollen aus Rundstahl mit 40 mm Durchmesser Hülsen gepresst werden (siehe Skizze).
   Berechnen Sie die Rohlänge (in mm), wenn keine Abbrandverluste entstehen.

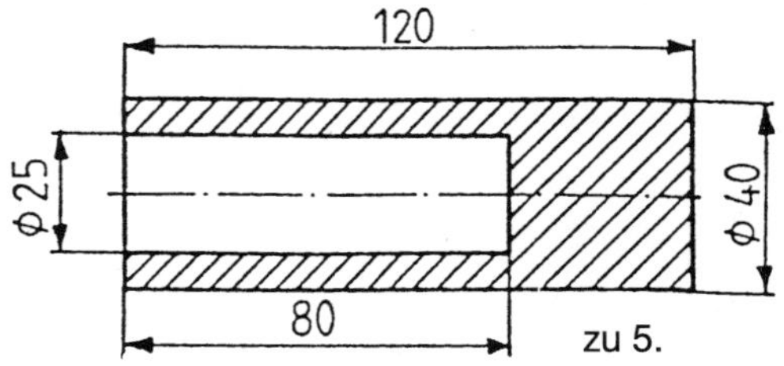

zu 5.

## 24. Kalkulation

1. Kalkulieren Sie den Brutto-Verkaufspreis mit Montage für eine Dachrinne.
   Fertigungsmaterial 64,16 €, Fertigungs- und Montagelöhne 72,20 €. Materialgemeinkosten 26%, Fertigungsgemeinkosten 145%, Wagnis und Gewinn 7%, Mehrwertsteuer 16%.

2. Ein Kunde bestellt ein Fenstergitter 1000 · 800 mm. Stellen Sie den Rechnungsbetrag einschließlich 16% Mehrwertsteuer fest.
   Fertigungsmaterial: 9,2 m 4 kt-Stahl 12 · 12, 0,98 €/m; 1/4 kg Rostschutzfarbe, 2,40 €/kg,
   Fertigungs- und Montagelöhne: 4 1/2 Stunden zu 13,05 €/Stunde,
   Materialgemeinkosten 28%, Fertigungsgemeinkosten 140%, Wagnis und Gewinn 8%.